**Yusuf Hazara Ebrahim**

# Zmiana mikrotemperatury i forma zabudowy miejskiej

Yusuf Hazara Ebrahim

# Zmiana mikrotemperatury i forma zabudowy miejskiej

Wydawnictwo Bezkresy Wiedzy

Cover image: www.ingimage.com

This book is a translation from the original published under ISBN 978-620-0-09390-5.

Publisher:
Wydawnictwo Bezkresy Wiedzy
is a trademark of
Dodo Books Indian Ocean Ltd., member of the OmniScriptum S.R.L Publishing group
str. A.Russo 15, of. 61, Chisinau-2068, Republic of Moldova Europe
Printed at: see last page
**ISBN: 978-620-0-81348-0**

# ZMIANA MIKROTEMPERATURY I FORMA ZABUDOWY MIEJSKIEJ

Podręcznik metodologii badań dotyczący oceny i doceniania wpływu

**Yusuf Hazara Ebrahim**

# Spis treści

## DYDYKACJA

Praca ta jest poświęcona pamięci mojej zmarłej matki (Pani Lillian Lela Ebrahim Orloff: 01.05.1936 - 01.09.2000); zmarłej starszej siostry (Pani Shamim Ebrahim Abdulkadir Abdulkayum: 08.02.1959 - 27.04.2003); oraz zmarłego ojca (Pan Ebrahim Atma Singh Hazara Singh: 02.01.1934 - 04.06.2004).

## PREFACE

Jeden z zewnętrznych egzaminatorów składających pracę doktorską autora miał następującą opinię naukową i uwagi szczegółowe: po pierwsze, że p. Ebrahim wykazał, że istnieje związek między formą zabudowy miejskiej a mikrotemperaturą w Osiedlu Komarock Infill B, wynikający ze sposobu planowania, zagospodarowania i przebudowy osiedla; po drugie, że praca dyplomowa odzwierciedla odpowiednie zrozumienie tematu przez kandydata oraz że hipoteza badawcza została sprawdzona i udowodniona jako słuszna; po trzecie, że praca dyplomowa wykazała zastosowanie metodologii, którą planiści, architekci i deweloperzy mogą wykorzystać przy podejmowaniu badań nad wpływem formy zabudowy miejskiej na zmiany mikrotemperaturowe w miastach i na obszarach miejskich.
Ogólne komentarze tego samego zewnętrznego egzaminatora zawierały następujące elementy: po pierwsze, istnieje kilka kwestii ortograficznych i gramatycznych w treści pracy magisterskiej i w części referencyjnej, które wskazałem w ołówku, że należy się nimi zająć; po drugie, rozdział metodologii badań, który biegnie od strony 76 do strony 202, jest długi i może być skondensowany poprzez połączenie więcej niż jednego aspektu w ramach wykresów bez utraty jasności czynników, których dotyczy. Niektóre z zagadnień omawianych w tym rozdziale mogą stanowić osobny rozdział dotyczący obszaru badań, który określiłby kontekst badań w szerszym mieście Nairobi; po trzecie, kandydata można zachęcić do wskazania dobrego redaktora, z którym będzie współpracował przy przygotowaniu podręcznika metodologicznego dotyczącego oceny wpływu formy zbudowanej w mieście na zmiany mikrotemperaturowe, co ostatecznie może przyczynić się do lepszego zrozumienia związku między formą zbudowaną w mieście a zmianami klimatycznymi; Po czwarte, wyniki pracy dyplomowej powinny być dzielone z rządami krajowymi i powiatowymi, które często są wzywane do zmiany decyzji użytkowników bez naukowych wytycznych, z którymi można by ocenić wpływ ich decyzji na szersze krajowe i globalne obawy dotyczące wpływu śladu człowieka na zmiany klimatyczne.
Oprócz odniesienia się do tych uwag w pracy końcowej, komentarze te zostały wykorzystane przez autora wraz z innymi w przygotowaniu dwóch następujących książek na temat oceny i doceniania wpływu formy zbudowanej w miastach na zmiany mikrotemperaturowe: podręcznika metodyki badawczej i wytycznych planowania projektu naukowego.
Inny zewnętrzny egzaminator zauważył w rozdziale dotyczącym metodologii badań, że część metodologii opierała się na wykorzystaniu oprogramowania Ebenergy Software (opracowanego przez autora). Przydatne mogłoby być włączenie (do i w załączniku) walidacji oprogramowania w stosunku do innych podobnych programów. Na przykład, Thermal Comfort Score (strona 150) może być porównany do obliczeń Ecotect (z AutoDesk), ASHRAE Thermal Comfort Tool, kalkulator PMV, itp. Pilotażowy badanie był

bardzo przydatny w podkreślaniu słabości i możliwości, jego korzyści dla badania były dość oczywiste i pozytywne.

W zakresie i ograniczeniach badania autor zauważył, że narzędzia cyfrowe i analogowe wykorzystywane w badaniu obejmowały: projektowanie i rozwój szablonu temperatury do analizy bioklimatycznej w krajach tropikalnych (Ebrahim, 2010d), rozwój narzędzi cyfrowych w Kenii (Ebrahim, 2010c), Ebenergy Software (Ebrahim, 2010) oraz projektowanie i rozwój Ebstats Software (Ebrahim, 2015). Istnieją również inne narzędzia, takie jak Stata Software (Kiel, 2015), Excel (Gottfried, 2002) oraz rejestratory danych (Onset HOBO Data Loggers, 2007) wykorzystywane w badaniu. Nie było zamiaru ani próby zmiany lub rozwoju programu do analizy danych lub urządzeń pomiarowych. Niemniej jednak, pewne braki w stosowanych narzędziach, w odniesieniu do ilości lub jakości, zostały rozpoznane i opisane, z nadzieją, że autorzy lub dostawcy tych narzędzi zajmą się tymi brakami.

Ponadto, w odniesieniu do rozdziału dotyczącego metod analizy danych, drugi zewnętrzny egzaminator zauważył, że należy pochwalić ogromną ilość zebranych, posortowanych i podsumowanych danych. Autor wygenerował znaczną ilość danych, które mogą być wykorzystane do omówienia więcej niż jednej kwestii w przyszłości. Inną kwestią jest szczegółowe wyjaśnienie analizy statystycznej powyższych danych, choć raczej zbędne, pomogło to autorowi zrozumieć, co oznaczają te wyniki. Analiza została przeprowadzona w sposób bardzo systematyczny, a jej wyniki zostały dobrze przedstawione i wyjaśnione.

Ostateczne przedłożenie pracy zawierało część dotyczącą proponowanych obszarów do dalszych badań, Załącznik 1 standardowe arkusze obserwacji w formie tabelarycznej, Załącznik 2 dane w formie tabelarycznej oraz Załącznik 3 tabelę rysunków. Ponadto w przygotowaniu znajduje się podręcznik dotyczący metod badań architektonicznych, a także metod analizy danych dotyczących oceny i oceny oddziaływania na formę zabudowy miejskiej w zakresie zmian temperatury w skali mikro.

W odniesieniu do rozdziałów dotyczących wyników badań, wniosków i zaleceń, drugi zewnętrzny egzaminator zauważył, że rozdział piąty dotyczący wyników był najłatwiejszym rozdziałem do prześledzenia i że rozdziały te miały duży sens poprzez: po pierwsze, podsumowanie wyników w rysunkach (np. strony 242 i 250); po drugie poprzez wykorzystanie zdjęć na poparcie argumentów (strona 244); po trzecie poprzez manipulowanie wynikami w celu stworzenia nomogramów prognostycznych i zaradczych dla zmiennych budynku i przestrzeni otwartej (strony 266, 267, 269 i 270), a po czwarte poprzez podsumowanie wyników zmiennych budynku i przestrzeni otwartej na rysunkach 5.14 (strona 271) i 5.15 (strona 272). Wnioski te były zgodne z ustalonymi badaniami. Interesujące było zauważyć, że niektóre zmienne są nadrzędne w stosunku do innych. Być może wymaga to dalszych badań.

Od tego czasu opublikowano dwa artykuły na temat zmian mikrotemperaturowych w odniesieniu do formy budownictwa miejskiego, aby częściowo odnieść się do niektórych z powyższych kwestii: wykorzystanie map rozkładu izotermicznego dla zrównoważonego rozwoju w środowisku zmieniającym się pod wpływem temperatury (Ebrahim & Rukwaro, 2017 r.) oraz wykorzystanie prognostycznego i zaradczego wykresu nomogramu budynków dla zrównoważonego rozwoju w środowisku zmieniającym się pod wpływem temperatury (Ebrahim & Rukwaro, 2017a).

W tym kontekście pierwszy zewnętrzny egzaminator zauważył, że teza ta dotyczy zmian klimatycznych i urbanizacji. Jest to ważne studium uwzględniające katastrofalne skutki zmian klimatycznych, przez które przechodzi świat. Badanie to jest istotne w diagnozowaniu tego, co dzieje się z lokalnymi zmianami temperatury w formie urbanistycznej i dlaczego wpływa to na społeczną i ekonomiczną działalność człowieka. W badaniu tych zjawisk zaobserwowano, że zmiany klimatyczne są nieuniknione i rośnie zainteresowanie zrozumieniem problemu urbanizacji, takiego jak miejskie wyspy ciepła, co z kolei pobudza szczegółowe badania skutków lokalnych zmian klimatycznych. Ponadto w badaniu zauważono, że większość władz, takich jak Sekretariat ONZ ds. Zmian Klimatu, zgadza się, że klimat się zmienia i że powinien być powiązany z działalnością człowieka. Niektóre z obserwowanych zmian przejawiają się w negatywnej korelacji między pokryciem roślinnością a temperaturami powierzchni ziemi w ośrodkach miejskich, wzrostem temperatury powierzchni ziemi na obszarach zabudowanych oraz wysoką produkcją dwutlenku węgla i tlenku węgla. W związku z tym w badaniu zauważono, że zmiany te powodują obawy ekonomiczne i zdrowotne dla kenijskich ośrodków miejskich. Na podstawie tych obserwacji badano wpływ urbanizacji na zmiany mikrotemperaturowe w Nairobi, Osiedle Komarock.

Głównym celem badań jest określenie wpływu formy zabudowy miejskiej na zmiany mikrotemperaturowe. Głównym wynikiem tego badania jest dostarczenie planistom i architektom modeli planowania i projektowania, które integrują powstający system wartości zmian temperatury z odpowiednimi i zrównoważonymi formami zabudowy miejskiej. Od czerwca 2013 r. do września 2015 r. kandydat korzystał z projektów badań wzdłużnych. Rozdział poświęcony syntezie i interpretacji wyników jest dobrze napisany i zawiera właściwe wnioski wynikające z wyników badań oraz zweryfikowanych władz w ramach teoretycznych. Wykorzystano ustalenia ilościowe i jakościowe. Wykorzystanie graficznych reprezentacji i opisowej analizy statystycznej jest widoczne w dyskusji.

Obserwacje dotyczące tego rozdziału i wymagające wyjaśnienia obejmowały następujące zagadnienia: po pierwsze, jak nomogram prognostyczny i zaradczy (rysunek 5.10 i rysunek 5.13) pomaga w podejmowaniu decyzji w tym badaniu? Zawartość graficzna na rysunku 5.14 jest nieczytelna; wyjaśnij, w jaki sposób wyniki przedstawione w ostatnim akapicie dowodzą, że są zgodne z zaleceniami Sekretariatu ONZ ds. Zmian Klimatu o wartości poniżej 2 stopni Celsjusza? Wyjaśnij dalej arkusze podsumowujące (rysunek 5.14 i rysunek 5.15), w jaki sposób planista i architekt mogą wykorzystać je w projektowaniu i planowaniu, aby zminimalizować zmiany mikrotemperaturowe w środowisku budowlanym; podsumowanie pojawiające się na tej stronie powinno zwieńczyć badanie, przedstawiając mocne argumenty na temat tego, w jaki sposób wyniki tego badania wypełniły lukę wiedzy zidentyfikowaną w literaturze i praktyce.

Odniesienia i cytaty w tekście zastosowane w niniejszym opracowaniu to APA, a zatem kandydat musi się do niego dostosować i być konsekwentny.

Jeśli chodzi o wkład studiów w wiedzę, pierwszy zewnętrzny egzaminator zauważył, że badania wykazały, iż zmiany temperatury w pobliżu ziemi dla każdego obszaru są bezpośrednio zależne od decyzji planistycznych, projektowych i rozwojowych realizowanych przez architektów i planistów. Badania sugerują, że dzięki zastosowaniu dwóch lub więcej zmiennych formy zabudowy miejskiej, wpływ na zmianę mikrotemperatury byłby bardziej wyraźny. Badanie kończy się wnioskiem, że decyzja podjęta dziś przez architekta miałaby długoterminowy wpływ na przyszłość w zakresie zmian mikrotermicznych i zrównoważonej formy zabudowy miejskiej.

18 grudnia 2017 roku Senat Uniwersytetu w Nairobi, za radą Rady Szkół Podyplomowych, zatwierdził rekomendację Rady Egzaminacyjnej o przyznaniu Ebrahimowi Yusufowi Hazarze stopnia doktora filozofii w dziedzinie architektury do pracy magisterskiej pt. "Wpływ miejskiej formy budowlanej na zmiany mikrotemperaturowe: studium przypadku osiedla Komarock Infill B, Nairobi" (Ebrahim, 2017), oraz o przyjęciu na studia w Zgromadzeniu, które odbyło się 22 grudnia 2017 roku.

Książka ta, zatytułowana "Micro-temperature change and urban built form (research methodology textbook on the assessment and appreciation of the impact)", stanowi kontynuację książki "Preparation for academic research and theses from undergraduate to postgraduate degree levels" (Ebrahim, 2018c). W miarę rozwoju tych dwóch książek okazało się, że istnieje potrzeba podzielenia ich na dwie części, przy czym druga z nich wnosi wkład, a druga napędza pierwszą. Przygotowanie do badań naukowych i prac dyplomowych jest opracowaniem przez autora materiału zebranego podczas podejmowania studiów doktoranckich, którego celem jest pomoc innym w osiągnięciu własnych ambicji związanych ze stopniem uniwersyteckim, którego warunkiem jest złożenie pracy dyplomowej.

Zmiana mikrotemperaturowa i forma zabudowy miejskiej (podręcznik metodologii badań nad oceną i docenianiem wpływu) jest kontynuacją pracy doktorskiej autora zatytułowanej "Wpływ formy zabudowy miejskiej na zmianę mikrotemperaturową: studium przypadku Komarock Infill B Estate Nairobi" (Ebrahim, 2017), która z woli Boga będzie kontynuowana w odpowiednim czasie.

W czerwcu i lipcu 2018 roku w "Research Gate Network" zostały załadowane i rozpowszechnione różne sekcje i części książki o zmianach mikrotemperaturowych i formie urbanistycznej, z następującymi komentarzami i raportem z publikacji na dzień 16 października 2018 roku:

**PODZIĘKOWANIA**

Dziękuję Wszechmogącemu Bogu za to, że zabrał mnie tak daleko w tym dziele i uznał Jego obecność i wkład w to samo. Chciałbym również podziękować mojej żonie Hawa; córce Hannan; wnuczce Zohreen; synowej Soulthy; oraz synom Ebrahimowi i Imranowi za cierpliwość i wytrwałość podczas badań, pisania prac dyplomowych; oraz za proces pisania tej książki.

The Research Gate Network do inkubacji sekcji i części książki. Następujące osoby uczestniczyły w śledzeniu, komentowaniu i rekomendowaniu różnych sekcji i części książki: Avar Ivica (operator systemu przesyłowego gazu); Ali Mekki (Uniwersytet Sfax, Tunezja); Daniel Condurache (Gheorghe Asachi Technical University of Lasi, Lasi, Rumunia); Hima AbdelKader (El-Qued University, Algier, Algieria); Konstantina Ioannidov (National and Kapodistrian, Uniwersytet Ateński, Grecja); C.A. Saliya (Auckland University of Technology, New Zealand); Richard L. Douglass (Eastern Michigan University, Ypsilanti, Stany Zjednoczone); Darko Pavlovic; John Mendy (University of Lincoln, Anglia); Paul Slater (Ulster University, Irlandia Północna); oraz Francisco Javier Caro Gonzalez (Universidad de Sevilla, Hiszpania).

Książka jest serią bezpośrednich cytatów pochodzących od różnych autorów i autorytetów, które zostały należycie uwzględnione po każdym cytacie i w bibliografii do wykorzystania w przyszłości. Autor pragnie szczególnie podziękować i uznać za obszerne cytaty z ich prac w porządku alfabetycznym z użyciem nazwiska, jeśli dotyczy: R.E. Allen Ed; P. Alreck & R. Settle; A. Charles; R. Chimhundu; Commission for Higher Education (CHE); M. Di Pierro; D. Eck & J. Ryan; A.T. Gardner; G. Garg; J. Golden; B.S. Gottfried; D.N. Gujarati; W. Heisenberg; Normy ISO; M. Kabiru i A. Njenga; Kenia Bureau of Standards; Kenya Meteorological Department; Kenyatta University School of Education; M.W. Kiel; G.K. King'Oriah; O.H. Koenigsberger *et al*; C.R. Kothari; D. Littlefield Ed; D.R. Montello & P.C. Sutton; A. Mugenda; O. Mugenda; B.K. Mutai; E. Neufert & P. Neufert; New York University; P. Ngau & A. Kumssa; Onset HOBO Data Loggers; R.W. Rukwaro; G. Singh & J. Singh; D. Steward; J.M. Swales; and University of Nairobi; University of South Carolina; Wikipedia.

Wszystkim wyżej wymienionym osobom i instytucjom wyci±gam rękę z wdzięczno¶ci±, jednakże wszelkie koncepcyjne lub fizyczne błędy w zleceniu i zaniechaniu s± moimi własnymi. Wszelkie dalsze uwagi, które pomogą mi rozwinąć głębszy wgląd w te problemy, są bardzo mile widziane.

Yusuf Hazara Ebrahim PhD
Nairobi, Kenia, październik 2018.

**W PORZŠDKU: SERIA PODRĘCZNIKÓW DO NAUKI BUDOWLANEJ**
**KSIĄŻKA 3: TEMATY AKTUALNE**
**CZĘŚĆ 13: ZMIANY MIKROTEMPERATUROWE I FORMY ZABUDOWY MIEJSKIEJ (PODRĘCZNIK METODOLOGII BADAŃ DOTYCZĄCY OCENY I OCENY ODDZIAŁYWANIA)**

Pisanie tej książki było motywowane pierwszymi komentarzami zewnętrznych egzaminatorów do pracy doktorskiej (Ebrahim, 2017: The effect of urban built form on micro-temperature change - a case study of Komarock Infill B Estate, Nairobi); przez potrzebę przygotowania podręcznika metodologii badań nad oceną i docenieniem wpływu miejskiej formy zbudowanej na zmianę mikro-temperatury, co ostatecznie może przyczynić się do lepszego zrozumienia relacji pomiędzy miejską formą zbudowaną a zmianą klimatu.
Podręcznik podzielony jest na dwadzieścia dwa rozdziały zgodnie z tematem i istotą badań, którymi były: zrozumienie i interpretacja relacji pomiędzy niezależnymi zmiennymi formy zbudowanej zurbanizowanej a zależną zmienną zmiany mikrotemperaturowej. Każdy rozdział ma na celu refleksję nad celami badań i pytaniami badawczymi, argumentami i prezentacją metod i narzędzi, pojęć, zasad, teorii i ich zastosowania wraz z ogólnym przepływem od początkowego wrażenia do rysowania wyników, ustaleń, podsumowań i powiązań z następnym rozdziałem. Podpozycje odnoszą się do tych pojęć, zasad, przepływu idei i istoty tego rozdziału, w logicznej kolejności. Dostarczone jest oprogramowanie Ebstats 2018 (Microsoft Excel Platform) do wykorzystania w pracy.

## ROZDZIAŁ ONE: WPROWADZENIE:

Rozdział pierwszy, wstęp zawiera podtytuły omawiające podejście badawczo-badawcze; metody i podejście metodologiczne; zjawiska środowiskowe; wpływ i manifestację zjawisk; ocenę i docenianie zjawisk; formę zabudowy miejskiej; zmiany mikrotemperaturowe; zakres kontekstowy i ograniczenia podręcznika oraz podręcznik metodologii badań.
Niniejsze opracowanie bada zależność między zmianą mikrotermury jako zmienną zależną a formą urbanistyczną jako zmienną niezależną i podejmuje studium przypadku ustrukturyzowanych dzielnic Osiedla Komarock Infill B w klimacie wyżyny Nairobi. Celem studium była identyfikacja i określenie wpływu istotnych zmiennych formy zabudowy miejskiej na zmiany temperatury oraz opracowanie zrównoważonej formy zabudowy miejskiej w świetle strategii projektowania i planowania w środowisku o zmieniającej się temperaturze.

## ROZDZIAŁ II: PROJEKTOWANIE KLIMATYCZNE I MIKROKLIMAT

Rozdział drugi dotyczący projektowania klimatycznego i mikroklimatu zawiera podpozycje omawiające formy budownictwa miejskiego i zmiany temperatury; znaczenie zmiennych formy budownictwa miejskiego i zmian temperatury; zrównoważoną formę budownictwa miejskiego i mikroklimat oraz zastosowanie strategii projektowania i planowania w środowisku o zmiennej temperaturze.

## ROZDZIAŁ TRZECI: PRZEGLĄDY TEORETYCZNE

Rozdział trzeci poświęcony przeglądom teoretycznym zawiera podtytuły omawiające równanie bilansu cieplnego; zespół chorego budynku; opublikowane dane klimatyczne i klimat miejsca; zmiany temperatury; badania miejskich wysp ciepła; temperaturę powietrza atmosferycznego; uniwersalne porozumienia w sprawie zmian klimatu; badania kanionów miejskich; formy budownictwa miejskiego i mikroklimatu; projektowanie zewnętrznej przestrzeni miejskiej; oraz podsumowanie metod teoretycznych.

**ROZDZIAŁ CZWARTY: PRZEGLĄDY KONCEPCYJNE**

Rozdział czwarty dotyczący przeglądów koncepcyjnych zawiera podtytuły omawiające model ram koncepcyjnych; potencjał kontroli klimatycznych; wbudowaną reprezentację schematyczną zmiennych; oraz badanie zjawiska zmiennych przestrzennych.

**ROZDZIAŁ PIĄTY: ZMIENNE DEFINICJA POJĘCIOWA I OPERACYJNA**

Rozdział piąty poświęcony definicji pojęciowej i operacyjnej zmiennych zawiera podtytuły omawiające definicję pojęciową zmiennych; operacjonalizację pojęć; operacyjną definicję zmiennych; model pojęciowy; oraz hipotezę badania.

**ROZDZIAŁ SZÓSTY: METODY I ŚRODKI**

Rozdział szósty dotyczący metod i środków zawiera podpozycje omawiające projekt badań i ramy metodologiczne; projekt badań dotyczących zmian w czasie; pomiary zmiennych; pomiary zmiennej zależnej; standardowe zestawienie tabelaryczne zmiennej zależnej, rejestratory danych, standardowy tygodniowy wsad i zestawienie tabelaryczne zarejestrowanych pobranych danych; standardowe zestawienie tabelaryczne temperatur tygodniowych zarejestrowanych danych; standardowe zestawienie tabelaryczne średnich temperatur zarejestrowanych danych; standardowe zestawienie tabelaryczne średnich temperatur miesięcznych oraz dane bazowe dla stacji meteorologicznej; wykreślone dane bazowe i temperaturowe; standardowy tabelaryczny arkusz obserwacji; pomiary niezależnych zmiennych; zmienne dotyczące regulacji planowania; zmienne dotyczące regulacji budynków; zmienne dotyczące elementów budowlanych, atrybutów i postaw; zmienne dotyczące otwartej przestrzeni; standardowy tabelaryczny cyfrowy arkusz obserwacji; zalety i wady stosowania projektowania badań wzdłużnych; badania panelowe i projektowanie wzdłużne; wykaz ocenianych zmiennych; oraz testy istotności i poziomu zaufania.

**ROZDZIAŁ SIÓDMY: ŹRÓDŁA DANYCH I PROJEKTOWANIE BADAŃ**

Rozdział siódmy poświęcony źródłom danych i projektowi badawczemu zawiera podtytuły omawiające podstawowe źródła danych; cyfrowe źródła pozyskiwania danych; wtórne źródła danych; rysunki architektoniczne i źródła pokrewne; mapy Google i źródła pokrewne; stację meteorologiczną i związane z nią źródła temperatury; narzędzia badawcze; metodę obserwacji; książkę i arkusze obserwacji; dziennik wsadowy; dziennik rejestratora danych; listy kontrolne i tabulacje.

**ROZDZIAŁ ÓSMY: GRUPOWANIE PARTII I POBIERANIE PRÓBEK DANYCH**

Rozdział ósmy, dotyczący grupowania partii i pobierania próbek danych, zawiera podtytuły omawiające populację próby i jednostkę analizy; atrybuty powierzchni; podejście do planowania i projektowania; technikę pobierania próbek; projektowanie grupowania i pobieranie próbek.

**ROZDZIAŁ DZIEWIĄTY: WIARYGODNOŚĆ I ZASADNOŚĆ BADAŃ**

Rozdział dziewiąty dotyczący wiarygodności i ważności badań zawiera główne podpozycje omawiające wiarygodność, ważność, ważność wewnętrzną i zewnętrzną, zagrożenia dla ważności wewnętrznej, zagrożenia dla ważności zewnętrznej oraz wspólne skutki związane z procesem badawczym.

**ROZDZIAŁ DZIESIĄTY: WYKORZYSTANIE NARZĘDZI CYFROWYCH DO PRZETWARZANIA I PRZYGOTOWYWANIA DANYCH**

Rozdział dziesiąty dotyczący wykorzystania narzędzi cyfrowych do gromadzenia danych i ich przygotowania zawiera podtytuły omawiające przetwarzanie informacji surowych z rejestratorów danych; dziennik zapytań; dziennik gromadzonych danych; dane ze stacji meteorologicznych; szablon temperatury; szczegóły dotyczące wykresów wsadowych; skonsolidowany dziennik roboczy partii i oprogramowanie Ebstats; skonsolidowany arkusz podsumowujący; oraz podsumowanie analizy danych.

Metody zastosowane w badaniu miały przede wszystkim charakter ilościowy i statystyczny oraz projekt badań podłużnych. Badacz korzystał z metod obserwacyjnych z narzędziami badawczymi wykorzystującymi arkusze obserwacyjne, listy kontrolne, tabele oraz różne techniki cyfrowe stosowane przy gromadzeniu, przetwarzaniu i analizie danych zebranych za pomocą cyfrowych rejestratorów danych. Jednostką pomiaru dla potrzeb badania była powierzchnia, a z możliwych 240 powierzchni wybrano 30 powierzchni metodą klastrową, która została zamodelowana na podstawie atrybutów powierzchni, podejścia projektowego oraz danych zebranych w okresie od 8 czerwca 2013 r. do [19] września 2015 r. Dane Międzynarodowej Stacji Meteorologicznej Lotniska im. Jomo Kenyatta zostały wykorzystane do ustalenia bazy klimatycznej dla danego miesiąca, w którym dane zostały zebrane i stanowiły podstawę do obliczenia rzeczywistej zmiany temperatury.

Dostarczony jest plik Microsoft Excel o nazwie "B3 P14 MCRM Textbk Ebstats 2018" w formacie CD lub można go pobrać (Odwiedź: https://www.researchgate.net/publication/325464622 lub https://www.researchgate.net/publication/325396409) na czytelnej platformie do wykorzystania w tej części opracowania.

**ROZDZIAŁ JEDENASTY: BADANIE PILOTAŻOWE**

Rozdział jedenasty poświęcony badaniom pilotażowym zawiera podtytuły omawiające arkusz obserwacji 1; ogólnie; dane surowe z badań terenowych; badanie zmian temperatury w skali mikro (zmienna zależna); oraz techniki symulacyjne.

**ROZDZIAŁ DWUNASTY: ANALIZA DANYCH I METODY**

Rozdział dwunasty dotyczący analizy i metod analizy danych zawiera podpozycje omawiające tabelaryzowanie i wyświetlanie przetwarzanych danych dotyczących budynków i otwartej przestrzeni; potrzeby i techniki analizy danych; analizę przetwarzanych danych; statystyki zbiorcze; matrycę korelacji Pearsona; test normalności, test wieloliniowości; heteroskalastykę; wyniki regresji wielokrotnej; oraz prognozowanie.

**ROZDZIAŁ TRZYNASTY: KORZYSTANIE Z NARZĘDZI GRAFICZNYCH**

W rozdziale trzynastym dotyczącym wykorzystania narzędzi graficznych znajdują się podtytuły omawiające przeznaczenie informacji i możliwości prezentacji graficznej; zdjęcia; tabela rozkładu częstotliwości; wykres słupkowy; wykres rozpraszający; wielokąt częstotliwości; wykres nadprzestrzenny; krzywa biegunowa; nomogram; mapa rozkładu izoterm; oraz wykresowa tabela zbiorcza.

**ROZDZIAŁ CZTERNASTY: WYKORZYSTANIE CYFROWYCH NARZĘDZI ANALIZY STATYSTYCZNEJ**

Rozdział czternasty dotyczący wykorzystania cyfrowych narzędzi analitycznych w statystyce zawiera podpozycje omawiające potrzeby w zakresie danych i technik analizy cyfrowych narzędzi statystycznych; Microsoft Excel; Ebstats Software; Stata Software; testy danych i analizy prowadzone na potrzeby wytycznych; podsumowanie ram analitycznych; oraz refleksje na temat metod badawczych.

**ROZDZIAŁ PIĘTNASTY: STUDIUM PRZYPADKU**

W rozdziale piętnastym poświęconym studiom przypadku znajdują się podtytuły omawiające atrybuty powierzchni próbobrania; planowanie i podejście do projektowania próbobrania; oraz tematy.

**ROZDZIAŁ SZESNASTY: FORMA BUDOWNICTWA MIEJSKIEGO I WPŁYW NA ZMIANY MIKROTEMPERATUROWE**

Rozdział szesnasty dotyczący formy budynków miejskich i wpływu na zmiany mikrotemperaturowe zawiera podtytuły omawiające zebrane dane i zbiorcze statystyki dotyczące budynków; zmienne dotyczące przestrzeni otwartej - zebrane dane i zbiorcze statystyki; zmienne dotyczące budynków - szacowana gęstość jądra; oraz zmienne dotyczące przestrzeni otwartej - szacowana gęstość jądra.

**ROZDZIAŁ SIEDEMNASTY: STATYSTYKA BUDOWNICTWA MIEJSKIEGO I ZMIANY MIKROTEMPERATUROWE**

W rozdziale siedemnastym poświęconym statystyce budownictwa miejskiego i zmianom mikrotermicznym omówiono podpozycje dotyczące macierzy korelacji Pearsona, testu Shapiro-Wilka W (Z), współczynników inflacji wariancji oraz testu chi-square.

**ROZDZIAŁ OSIEMNASTY: BUDOWNICTWO MIEJSKIE - INTERWENCJA W ZAKRESIE ZMIANY MIKROTEMPERATURY**

Rozdział osiemnasty dotyczący interwencji w formie budynków miejskich w zakresie zmian mikrotemperaturowych zawiera podtytuły omawiające wyniki regresji wielokrotnej dla budynku i przestrzeni otwartej, wyniki rozpraszania zmiennych budowlanych, wyniki rozpraszania zmiennych dla przestrzeni otwartej, wykres hiperprzestrzeni, regresję wielokrotną, test współczynnika regresji, wartość P, test T, test F o znaczeniu ogólnym, test kwadratu R oraz test współczynnika nachylenia.

Wyniki badań wykazały, że na zmiany temperatury w pobliżu gruntu dla każdego obszaru bezpośredni wpływ mają decyzje dotyczące planowania, projektowania i rozwoju wdrażane przez architektów i planistów. Badania sugerują, że dzięki zastosowaniu dwóch lub więcej zmiennych o charakterze urbanistycznym, wpływ na zmianę mikrotemperatury byłby bardziej wyraźny. W badaniu stwierdza się, że decyzja podjęta dziś przez architekta miałaby długofalowe skutki na przyszłość w zakresie zmiany mikrotemperatury i zrównoważonej formy zabudowy miejskiej.

**ROZDZIAŁ DZIEWIĘTNASTY: STOSOWANIE NARZĘDZI PREDYKCYJNYCH**
W rozdziale dziewiętnastym dotyczącym stosowania narzędzi predykcyjnych znajdują się podtytuły omawiające rozkład izotermiczny, zmienność międzypowierzchniową oraz nomogram predykcyjny.

**ROZDZIAŁ DWUDZIESTY: WYTYCZNE DOTYCZĄCE PLANOWANIA I PROJEKTOWANIA**
W rozdziale dwudziestym dotyczącym wytycznych w zakresie planowania i projektowania znajdują się podtytuły omawiające zmienność i tendencję w budownictwie miejskim; wytyczne dotyczące istotnych zmiennych dotyczących budynków; wytyczne dotyczące orientacji budynku, klasyfikacji budynków, bliskości dróg budowlanych, rodzaju budynku, wielkości działki, pokrycia terenu budynku i stosunku powierzchni działki budowlanej; wytyczne dotyczące istotnych zmiennych dotyczących otwartej przestrzeni; orientacja w przestrzeni otwartej, bliskość drogi w przestrzeni otwartej, kąt padania światła w przestrzeni otwartej, współczynnik zacienienia przestrzeni otwartej, długość przestrzeni otwartej, powierzchnia przestrzeni otwartej oraz wytyczne dotyczące współczynnika twardości krajobrazu w przestrzeni otwartej; wytyczne dotyczące zmienności i trendu zmian mikrotermicznych; wytyczne dotyczące rozkładu izotermicznego; forma zabudowy miejskiej i zależność zmian mikrotermicznych; wytyczne dotyczące zmienności między działkami; oraz wytyczne dotyczące testowania hipotez.

**ROZDZIAŁ DWUDZIESTY JEDEN: STOSOWANIE NARZĘDZI ZARADCZYCH**
W rozdziale dwudziestym pierwszym, dotyczącym stosowania narzędzi zaradczych, znajdują się podtytuły omawiające wytyczne dotyczące nomogramów zaradczych, schematyczne arkusze podsumowujące oraz refleksja nad ustaleniami.

**ROZDZIAŁ DWUDZIESTY DRUGI: WNIOSKI I ZALECENIA**
Rozdział dwudziesty drugi dotyczący wniosków i zaleceń zawiera podtytuły, w których omówiono cel wytycznych, podsumowanie ustaleń, ustalenia z testowania hipotez, oświadczenie o filozofii, ograniczenia ustaleń, wnioski, implikacje wytycznych w praktyce i teorii, zalecenia i sugerowane obszary dalszych badań.

**BIBLIOGRAFIA, ZAŁĄCZNIKI, GLOSARIUSZ I INDEKS**
Na końcu tekstu znajduje się bibliografia. Bibliografia to wykaz książek na dany temat lub przez danego autora, opracowanie historyczne i tematyczne książek, ich autorstwa i wydań itp. (Allen Ed., 1985, s. 66), a następnie załączniki lub materiały pomocnicze na końcu książki (Allen Ed., 1985, s. 30), słownik lub słownik lub lista słów technicznych lub specjalnych (Allen Ed., 1985, s. 314) oraz indeks lub alfabetyczna lista tematów itp. z odniesieniami zwykle na końcu książki (Allen Ed., 1985, s. 374).

## ROZDZIAŁ ONE: WPROWADZENIE:

Tytuł tej książki brzmi:

Zmiana mikrotemperaturowa i forma zabudowy miejskiej (podręcznik metodologii badawczej do oceny i oceny oddziaływania)

Przed wyruszeniem w tę podróż, aby poznać treść tej pracy, należy koniecznie zdefiniować następujące słowa: tytuł; książka; podręcznik; temat; nazwa; przedmiot; cel; przedmiot; podmiot; subiektywny; myśl; dyskusja; i rozmowa.

Jak sugeruje tytuł tej książki, jest ona podręcznikiem metodologii badawczej i stanowi podstawę do oceny i docenienia wpływu różnych aspektów miejskiej formy zbudowanej na zjawisko zmiany mikrotemperaturowej, a w wielu przypadkach książka jest traktowana w kategoriach tytułu (Allen Ed., 1985, s. 790).

Książka w najprostszym znaczeniu to zestaw drukowanych lub pisanych kartek oprawionych na jednej krawędzi okładką. Interesujące jest jednak to, że książka jest kompozycją literacką przeznaczoną do druku o szerokim spektrum (Allen Ed., 1985, s. 78). Z drugiej strony, podręcznik jest książką do wykorzystania w nauce, a zwłaszcza standardową relacją z przedmiotu i jest wzorowy, dokładny i instruktażowo typowy (Allen Ed., 1985, s. 778). Tytuł podręcznika opisuje szczegółowo metodologię badawczą stosowaną w ocenie i docenianiu wpływu zabudowy miejskiej na zmiany mikro-temperaturowe.

Tematem tej książki jest specyficzna metodologia badawcza opracowana przez autora (Ebrahim, 2017) i daje temat (dominująca melodia w kompozycji: Allen Ed., 1985, s. 779) do dyskusji, temat rozmowy lub dyskursu (Allen Ed., 1985, s. 794).

Nazwa książki jest słowem, przez które mówi się o pojedynczej książce lub słowem oznaczającym przedmiot myśli, zwłaszcza tym, które ma zastosowanie do wielu książek, reputację (Allen Ed., 1985, s. 487). Obiekt odnosi się do rzeczy materialnej, którą można zobaczyć lub dotknąć, osoby lub rzeczy, do której skierowane jest działanie lub uczucie, rzeczy poszukiwanej lub mającej na celu (Allen Ed., 1985, s. 504 - 505), podczas gdy cel odnosi się do umysłu, faktycznie istniejącego, zajmującego się rzeczami zewnętrznymi lub wykazującego fakty nie zabarwione uczuciami lub opiniami, czegoś poszukiwanego lub mającego na celu (Allen Ed., 1985, s. 505), który jest środkiem do oceny i oceny wpływu miejskiej formy zbudowanej na zmianę mikro-temperatury.

Temat odnosi się do tematu dyskusji, opisu lub przedstawienia, sprawy, która ma być traktowana lub rozpatrywana (Allen Ed., 1985, s. 749); podczas gdy subiektywny lub wynikający ze świadomości lub sposobu myślenia lub percypowanego podmiotu w przeciwieństwie do rzeczy rzeczywistych lub zewnętrznych, nieobiektywny, obrazowy; nadający znaczenie lub zależny od osobistych opinii lub idiosynkrazji (Allen Ed., 1985, s. 749).

Myśl jest procesem, siłą lub sposobem myślenia, wydziałem rozumowania; sposobem myślenia związanym z określonym czasem lub ludźmi itp. trzeźwa refleksja, rozważania, idea lub rozumowanie wytworzone przez myślenie, intencję, to co się myśli, swoją opinię (Allen Ed., 1985, s. 783).

Dyskusja pochodzi od głównego słowa "Dyskusja", które ma być rozważane poprzez mówienie lub pisanie, lub prowadzenie rozmowy na jakiś temat (Allen Ed., 1985, s. 209). Rozmowa jest nieformalną wymianą myśli przez wypowiadane słowa (Allen Ed., 1985, s.

158), podczas gdy dyskurs jest długotrwałym traktowaniem tematu lub długim mówieniem lub pisaniem na jego temat (Allen Ed., 1985, s. 208); co przywołuje metodologię badań.

Tak więc książka rozpoczyna się od zdefiniowania elementów składowych przed przystąpieniem do rozmowy dyskursowej pod następującymi nagłówkami: podejście badawcze i śledcze; metody i podejście metodologiczne; zjawiska środowiskowe; ocena i docenianie zjawisk; wpływ i manifestacja zjawisk; forma zabudowy miejskiej; zmiana mikrotemperaturowa; zakres i ograniczenia kontekstowe podręcznika; oraz podręcznik metodologii badawczej.

## 1.1 BADANIA I PODEJŚCIE BADAWCZE

Badania są systematycznym badaniem i badaniem materiałów i źródeł itp. w celu ustalenia faktów i wyciągnięcia nowych wniosków (Allen Ed., 1985, s. 634), podczas gdy badanie jest badaniem, badaniem; systematycznym badaniem (Allen Ed., 1985, s. 388).

Badanie polega na przeprowadzeniu rzetelnego dochodzenia lub krytycznego badania danego zjawiska. Polega na wyczerpującym badaniu, badaniu lub eksperymentowaniu według pewnej logicznej kolejności. Badania polegają również na krytycznej analizie istniejących wniosków lub teorii w odniesieniu do nowo odkrytych faktów. Jest to bardzo potrzebne w ciągle zmieniającym się świecie, w którym postęp technologiczny ciągle stwarza nowe możliwości. Badania oznaczają zatem ciągłe poszukiwanie nowej wiedzy i zrozumienia otaczającego nas świata (Mugenda & Mugenda, 2003, str.1). Badania mają na celu odkrycie nowej wiedzy, opisanie zjawiska, umożliwienie przewidywania, kontrolę, wyjaśnienie zjawisk i rozwój teorii (Mugenda i Mugenda, 2003, str. 2 - 3).

Wiedza odnosi się do poznania, co jest znane człowiekowi, rzeczy, faktów lub przedmiotu i stanowi sumę tego, co jest znane ludzkości i stanowi podstawę każdej gałęzi wiedzy i zakresu informacji danej osoby (Allen Ed., 1985, s. 406 - 407). Wiedza pochodzi z badań, doświadczenia, tradycji, autorytetu i intuicji (Mugenda i Mugenda, 2003, s. 3-4).

W podręczniku omówiono związek między badaniami a nauką oraz cele podejścia naukowego.

### BADANIA I NAUKA

Nauka może być postrzegana z dwóch uzupełniających się punktów widzenia (statycznego lub dynamicznego), z których żaden nie jest koniecznie lepszy od drugiego, a żaden nie jest sam w sobie kompletny bez drugiego. Ze statycznego punktu widzenia, nauka jest zdefiniowana jako system obecnych powiązanych ze sobą zasad, praw i teorii wyjaśniających zjawiska we wszechświecie i w samym wszechświecie. Pogląd ten bierze pod uwagę to, jaka istnieje wiedza i doświadczenie, które są wynikiem nauki, oraz to, co jest badane przez ludzi chcących zrozumieć zakres nauki. Pogląd ten bierze pod uwagę wszystko to, co zostało odkryte na temat naturalnych zjawisk wszechświata wynikających z systematycznego badania przez człowieka od początku czasu. Zawiera wszystkie opublikowane materiały dokumentujące badania empiryczne i inne badania eksperymentalne (Król Oriasz, 2013, s.1).

Nauka jest wykorzystywana lub zaangażowana w naukę i podąża za systematycznymi metodami nauki i wymaga wyszkolonych umiejętności (Allen Ed., 1985, s. 668), natomiast nauka jest dziedziną wiedzy obejmującą usystematyzowaną obserwację i eksperymentowanie ze zjawiskami. Nauka wymaga systematycznej i sformułowanej wiedzy, zgodnie z lub zasadami, przy użyciu umiejętnej techniki, prowadzącej do uporządkowanego zbioru wiedzy na dany temat (Allen Ed., 1985, s. 667). Naukowa metoda badania jest powszechnie przyjętym procesem weryfikacji prawdy z hipotez empirycznych o tym, jak pewne zjawiska, będące przedmiotem dowolnych badań, są akceptowane przez zmienne - które same są zjawiskami (Król oriasz, 2013, s. 3).

Podejście naukowe jest osobistym i społecznym wysiłkiem człowieka, w którym idee i dowody empiryczne są logicznie stosowane do tworzenia i oceny wiedzy o rzeczywistości. Metody badań naukowych są zestawem technik i procedur dla empirycznych badań naukowych, wraz z logiką i konceptualnymi podstawami, które łączą badania naukowe i łączą je z teorią merytoryczną (Montello & Sutton, 2013, s. 19).

## CELE PODEJŚCIA NAUKOWEGO

Celem nauki lub podejścia naukowego jest tworzenie i ocenianie wiedzy o rzeczywistości w oparciu o cztery następujące stopniowe cele: opis, przewidywanie, wyjaśnianie i kontrola.

Opis wymaga od naukowców rozróżnienia i opisania podstawowych zjawisk (podmiotów i zdarzeń) w tej dziedzinie, i jest zasadniczo intelektualnym aktem klasyfikacji (kategoryzacji) wspólnym dla wszystkich stworzeń naukowych, ale często przeprowadzanym szczególnie systematycznie przez naukowców.

Prediction stara się przewidywać zjawiska, o których nie można się dowiedzieć jedynie poprzez bezpośrednią obserwację. Najpotężniejszymi narzędziami prognozowania dostępnymi dla naukowców są wnioski statystyczne (probabilistyczne) (zarówno ekstrapolacje jak i interpolacje) ze schematów obserwacji.

Wyjaśnienie próbuje wyjaśnić, dlaczego istnieje jakiś opisany i przewidywany wzorzec i wymaga wyjaśnienia związków przyczynowo-skutkowych pomiędzy podmiotami i zdarzeniami.

Kontrola następuje po opisie, przewidywaniu i wyjaśnianiu zjawisk w obszarze zainteresowania, zwykle chcą wykorzystać zdobytą wiedzę do kontroli lub doprowadzenia do pożądanych zmian w zjawiskach (Montello & Sutton, 2013, s. 9-10).

## 1.2 METODY I PODEJŚCIE METODOLOGICZNE

Metoda odnosi się do szczególnej formy postępowania, szczególnie w działalności umysłowej; porządek, regularne nawyki; uporządkowany układ idei, podczas gdy metodologia jest nauką o metodzie lub zbiorze metod stosowanych w działalności (Allen Ed., 1985, s.462). Podręcznik zawiera definicje pojęć: metody badawcze, metodologia badawcza, projektowanie badań, narzędzia cyfrowe i analogowe.

## METODY BADAWCZE

Metody badawcze są zbiorem naukowo zatwierdzonych lub tradycyjnie przyjętych lub sekwencyjnie powiązanych kroków, technik lub procedur prowadzenia badań. Ogólnie rzecz biorąc, metoda powinna w idealnym przypadku dawać oczekiwany wynik, produkt lub wynik, gdy jest podejmowana w logicznej progresji. Większość dyscyplin posiada swoje własne specyficzne metody, których stosowanie i ważność są poparte specyficznymi metodologiami lub przesłankami. W badaniach metody odnoszą się do procedur lub technik, które są stosowane w celu opracowania właściwego gromadzenia danych, identyfikacji i wyboru reprezentatywnych lub celowych próbek, gromadzenia i analizy danych oraz interpretacji i udostępniania wyników badań w sprawozdaniach, konferencjach i warsztatach. Jasno nakreślone kierunki i procedury mają tendencję do zwiększania spójności i uzyskiwania wyników, które mogą być powielane gdzie indziej. Jest to ważna cecha rygorystycznych badań naukowych. To właśnie z tego powodu metody stosowane w badaniach naukowych są zawsze opisywane tak, aby inni mogli sami powielać badania lub identyfikować słabe punkty, które mogą wprowadzać błędy w procesie (Mugenda & Mugenda, 2012, s. 279 - 280).

## METODYKA BADAWCZA

*Metodologia badawcza* jest uzasadnieniem i założeniami, które leżą u podstaw wykorzystania zestawu metod w badaniach. Metodologia polega na podawaniu wyraźnych szczegółów i powodów stosowania poszczególnych metod, a nie na ich stosowaniu. Obejmuje ona zasady, które określają najlepszy sposób wdrażania i interpretacji takich metod i procedur. W prawidłowo opracowanych metodologiach naukowcy opierają swoje metody na swoich założeniach dotyczących rzeczywistości. Na przykład metoda naukowa opiera się na założeniu stabilnej rzeczywistości, która może być podzielona na koncepcje i zmienne. Zmienne te mogą być obserwowane, opisywane i mierzone. W oparciu o ten zestaw założeń badacz może następnie opracować odpowiednie metody obserwacji i pomiaru interesujących go zjawisk (Mugenda & Mugenda, 2012, s. 279).

## PROJEKT BADAWCZY

Projekt badawczy jest planem strategicznym, który określa ogólny zarys i główne cechy prac, jakie należy podjąć w ramach badania. Opisuje on, w jaki sposób strategia badawcza odnosi się do konkretnych celów i zadań studium oraz czy kwestie badawcze są teoretyczne czy też ukierunkowane na politykę. Pomaga on naukowcowi zorganizować studium badawcze zgodnie z ustalonymi wytycznymi, zasadami i procedurami. Naukowcy, którzy są silnie zorientowani na eksperymenty, zwłaszcza w dziedzinie nauk biologicznych i fizycznych, zazwyczaj podkreślają, że termin ten powinien mieć zastosowanie wyłącznie do badań eksperymentalnych. Jednak ze względu na szybki rozwój w tej dziedzinie, badania naukowe wykraczają dziś poza badania eksperymentalne i obejmują wiele rodzajów badań. Koncepcja "projektowania badań" jest obecnie używana w szerszym znaczeniu w odniesieniu do ogólnej koncepcji badań, w tym opisu wszystkich pojęć, zmiennych i kategorii, propozycji relacyjnych oraz metod zbierania danych i analiz. Pokazuje ono również, w jaki sposób strategia badawcza będzie uwzględniała konkretne cele i zadania badania oraz czy kwestie badawcze są teoretyczne, czy też ukierunkowane na politykę.

Projekt badania powinien zatem odnosić się do procesu, który badacz będzie realizował od początku do końca badania (Mugenda & Mugenda, 2012, s. 278 - 279).

Opracowanie koncentrowało się na projekcie badań podłużnych, w którym dane temperaturowe były zbierane metodą obserwacyjną, a narzędziami badawczymi były arkusze obserwacyjne, listy kontrolne i tabele z 30 badanych powierzchni oraz 16 badanych powierzchni otwartych, dróg lub ścieżek w okresie od 8 czerwca 2013 r. do [19] września 2015 r.

## NARZĘDZIA CYFROWE I ANALOGOWE

Obecne narzędzia cyfrowe są ze swej natury bardzo ogólne i dlatego zostały uznane za nieodpowiednie do wykorzystania w obecnym badaniu. W związku z tym oryginalne narzędzia i techniki musiały zostać zaprojektowane i przetestowane przed ich zastosowaniem w badaniu w następujących formatach: standardowe arkusze obserwacji w formie tabelarycznej; znormalizowane rysunki; oraz dane w formie tabelarycznej.

Do standardowych tabelarycznych arkuszy obserwacji odniesiono się w rozdziale szóstym (Metody i środki), a w szczególności w części szczegółowo opisującej metody gromadzenia danych. W rozdziale dziesiątym (Metody i środki), a zwłaszcza w części szczegółowo opisującej metody gromadzenia danych, odniesiono się do standardowych rysunków i tabelarycznych danych w ramach przetwarzania danych (rozdział dziesiąty): Wykorzystanie narzędzi cyfrowych do przetwarzania i przygotowywania danych; rozdział jedenasty: Badania pilotażowe) i analizy (rozdział dwunasty: Analiza i metody analizy danych); prezentacja (rozdział piętnasty): Studium przypadku; rozdział szesnasty: Urbanistyczna forma budowlana i wpływ na zmiany mikrotemperaturowe; rozdział siedemnasty: Statystyka budownictwa miejskiego i zmiany mikrotemperaturowe; Rozdział osiemnasty: Statystyka budownictwa miejskiego i wpływ na zmiany mikrotemperaturowe; Rozdział osiemnasty: Wpływ budownictwa miejskiego na zmiany mikrotemperaturowe); oraz dyskusja (Rozdział dwudziesty: Wytyczne dotyczące planowania i projektowania).

Cyfrowe i analogowe narzędzia wykorzystane w badaniu obejmowały: projektowanie i rozwój szablonu temperatury do analizy bioklimatycznej w krajach tropikalnych (Ebrahim, 2010d), rozwój narzędzi cyfrowych w Kenii (Ebrahim, 2010c), Ebenergy Software (Ebrahim, 2010) oraz projektowanie i rozwój Ebstats Software (Ebrahim, 2015).

Istnieją również inne narzędzia, takie jak oprogramowanie Stata Software (Kiel, 2015), Excel (Gottfried, 2002) oraz rejestratory danych (Onset HOBO Data Loggers, 2007) wykorzystywane w badaniu. Nie było zamiaru ani próby zmiany lub rozwinięcia programu do analizy danych lub urządzeń pomiarowych. Niemniej jednak, pewne braki w stosowanych narzędziach, w odniesieniu do ilości lub jakości, zostały rozpoznane i opisane, z nadzieją, że autorzy lub dostawcy tych narzędzi zajmą się tymi brakami.

Data loggers są cyfrowymi odpowiednikami termometru analogowego i zostały udostępnione do badań przez Wydział Architektury i Budownictwa (University of Nairobi) od dostawcy, M/s Onset HOBO Data Loggers (2007).

## 1.3 ZJAWISKA ŚRODOWISKOWE

Środowisko jest związane ze środowiskiem, które jest otoczeniem, zwłaszcza jako wpływające na życie ludzi lub warunki lub okoliczności życia (Allen Ed., 1985, s. 245). Badanie środowiska jest po prostu badaniem relacji człowiek-środowisko i uznaje relację między człowiekiem a środowiskiem za wzajemną lub wzajemną: działalność człowieka wpływa na środowisko, a środowisko wpływa na działalność człowieka (Montello & Sutton, 2013, s.15).

Zjawiskiem jest każde wydarzenie, zdarzenie, zdarzenie, incydent, epizod lub wynik interesu naukowego, który może być naukowo obserwowany, opisany, kontrolowany i wyjaśniony. Zjawisko stanowi zatem rzeczywistość konkretnego zdarzenia lub wydarzenia na świecie, ponieważ istnieje ono niezależnie od własnych doświadczeń. Wiedza wyjaśnia zjawiska, które są doświadczane. Zjawiska mogą być postrzegane przez zmysły człowieka lub istnieją jako abstrakcje, pojęcia lub idee. W wielu okolicznościach obserwowalne zjawisko w ludzkiej inteligencji istnieje jedynie jako abstrakcja w umyśle badacza (Mugenda & Mugenda, 2012, s. 237).

## ZJAWISKA ZMIAN KLIMATYCZNYCH

W ostatnim czasie obserwuje się rosnące zainteresowanie zjawiskiem zmian klimatycznych, zwłaszcza w skali mikro, a także stowarzyszeniowym zagadnieniem zrównoważonego rozwoju; kwestie te rzeczywiście budzą niepokój na szczeblu międzynarodowym, sądząc po licznych zgromadzeniach i konwencjach, takich jak Rio de Janeiro (1992), Kyoto (1997), Nairobi (2006), Kopenhaga (2009), miasto Meksyk (2010) i Bali (2012). Społeczność naukowa postrzega wiedzę na temat zmian temperatury w skali mikro jako ważną dla rozwiązania problemu środowiskowego, przy czym należy najpierw zrozumieć podstawowe przyczyny i mechanizmy (Ramowa Konwencja Narodów Zjednoczonych w sprawie zmian klimatu, 2006). Wbrew przekonaniu, dyskusje w Limie (2014 r.) zakończyły się bardzo niewielkim sukcesem, jeśli chodzi o przeniesienie agendy, do której doszło wcześniej, w rzeczywistości jedynym osiągniętym porozumieniem było "dokonanie postępu w następnym spotkaniu".

W Paryżu w 2015 r. strony zgodziły się na utrzymanie wzrostu średniej globalnej temperatury na poziomie znacznie poniżej 2 stopni Celsjusza powyżej poziomu sprzed epoki przemysłowej oraz na kontynuowanie wysiłków na rzecz ograniczenia wzrostu temperatury do 1,5 stopnia Celsjusza powyżej poziomu sprzed epoki przemysłowej, uznając, że znacznie ograniczy to ryzyko i wpływ zmian klimatu (Ramowa konwencja Narodów Zjednoczonych w sprawie zmian klimatu, 2015c, s. 21). Jednak porozumienie paryskie wymagało również od stron porozumienia ratyfikowania, przyjęcia lub zatwierdzenia przez podpisanie w siedzibie Organizacji Narodów Zjednoczonych w Nowym Jorku od 22 kwietnia 2016 r. do [21] kwietnia 2017 r. (Ramowa konwencja Narodów Zjednoczonych w sprawie zmian klimatu, 2015c, s. 30).

Gospodarki rozwijające się, takie jak BRICS (odniesienie do krajów Brazylii, Rosji, Indii, Chin i RPA), potrzebują nowych źródeł energii, aby zaspokoić głód napędzania swoich rosnących gospodarek i nowych wymagań wobec swoich obywateli (Ramowa Konwencja Narodów Zjednoczonych w sprawie zmian klimatu, 2015 r.). Wzrasta zapotrzebowanie na paliwa kopalne (zwłaszcza ropę naftową) i gazy, ale rośnie również podaż z nowych źródeł i dotychczas nierentownych dostaw, co powoduje, że spadek cen paliw ma negatywny wpływ na nowych konsumentów z niższych przedziałów dochodowych, wchodzących na rynek. Tendencja ta jest niezrównoważona i prowadzi do zwiększonej emisji dwutlenku węgla i tlenku węgla, a przy niszczącym wpływie na warstwę ozonową, wyższą warstwę atmosfery ziemskiej, biorąc pod uwagę zwiększony efekt cieplarniany (Koenigsberger *i in.* , 1973, s. 37). W dążeniu do osiągnięcia swoich celów uprzemysłowienia i innych, kraje BRICS utrzymały status quo poprzez dalsze stosowanie węgla i innych nieefektywnych metod, które pogarszają powyższą sytuację.

## ZMIANY KLIMATU I URBANIZACJA

Zmiany klimatyczne wydają się nieuniknione i rośnie zainteresowanie zrozumieniem problemów urbanizacji, takich jak miejskie wyspy ciepła, co z kolei stymuluje szczegółowe badanie skutków lokalnych zmian klimatycznych przez naukowców z krajów rozwiniętych, którzy poszukują formuły regionalnej dla swoich miast (Oke, 1988).

Coraz częściej urbanizacja staje się wyzwaniem dla ogromnej większości afrykańskich rządów i planistów. Chociaż Afryka pozostaje najmniej zurbanizowanym kontynentem, to ostatnio wykazuje najszybsze tempo urbanizacji na świecie. Obecnie kontynent afrykański doświadcza największego wzrostu urbanizacji w tempie 3,5 procent rocznie; oczekuje się, że tempo to utrzyma się do 2050 roku. Z drugiej strony, około 72% mieszkańców miast w Afryce Subsaharyjskiej żyje w warunkach slumsów (African Population and Health Research Center, 2014, p.xvii).

Brak badań nad zmianami klimatycznymi w krajach rozwijających się ogranicza wiele decyzji podejmowanych i stosowanych przez decydentów politycznych (Tayanc & Toros, 1997, s. Abstract), wywołując tym samym tego rodzaju badania. Na przykład podczas kongresu w Limie (2014 r.) większość domów mediowych twierdziła, że rok 2014 przyniósł największy wzrost temperatur w historii. Niektóre władze mogą się nie zgadzać co do jednostki miary, ale większość z nich zgadza się obecnie, że zmiana klimatu jest nie tylko związana ze zmianą klimatu, ale także z działalnością człowieka (Sekretariat Narodów Zjednoczonych ds. Zmian Klimatu, 2015a).

## PRZEJAWY ZMIANY KLIMATU

Negatywny wpływ na ogólny bilans klimatyczny Ziemi przejawia się w ogólnym wzroście ekstremalnych temperatur w danym miesiącu w jednym regionie, podczas gdy w innym regionie mogą występować zimniejsze temperatury (Koenigsberger *i in.,* 1973: 37). Na przykład w 2014 r. w Australii odnotowano zwiększoną częstotliwość występowania pożarów lasów z powodu ekstremalnie suchej pogody, która trwała przez dłuższy czas. Inne kraje, takie jak Tokio (Japonia) i Londyn (Anglia) doświadczyły okresów śniegu i lodu w miesiącach, które tradycyjnie miały być łagodniejsze (Aljazeera, 2014). Oceany i arktyczna góra lodowa również nie zostały oszczędzone, a życie morskie zostało zdziesiątkowane z powodu zwiększonej temperatury i topnienia bloków lodowych, które unoszą się w dół i wpływają na ogólne prądy oceaniczne (British Broadcasting Corporation, 2010).

Na poziomie globalnym kwestie takie jak zliczanie dwutlenku węgla, zubożenie warstwy ozonowej i związane z tym szkodliwe skutki nowotworów i innych chorób ludzkich, zmniejszenie pokrywy roślinnej, gromadzenie się dwutlenku węgla i tlenku węgla, innych zanieczyszczeń i cząstek pyłu, topnienie pokrywy lodowej w górach i na biegunach arktycznych i antarktycznych, podnoszenie się poziomu mórz i zmiany we wzorcach pogodowych, między innymi, są przyczyną problemów gospodarczych i zdrowotnych we wszystkich krajach świata. Globalizacja i marginalizacja spowodowały, że kraje rozwijające się, takie jak Kenia, należą do najbardziej poszkodowanych. Istnieje zatem potrzeba zbadania i wprowadzenia mechanizmów łagodzenia skutków i zapobiegania im na poziomie lokalnym, aby zaradzić takim negatywnym zmianom i związanym z nimi katastrofom (Shuckburg, 2007, s. 6).

## ZMIANY KLIMATU W KENII

Badania nad miejskimi wyspami ciepła wskazały na konkretną zależność pomiędzy temperaturami rejestrowanymi w miastach w porównaniu z obszarami wiejskimi i powiązały je z kluczowymi wskaźnikami wzrostu miast, takimi jak zależność pomiędzy zmianami temperatury a wzrostem populacji (Makhoka & Shisanya, 2010). Populacja Kenii wynosi 47 039 449 osób, a jej dzienne tempo wzrostu wynosi 3 388 lub jedna osoba urodzona co pięć sekund (Wydział Statystyki ONZ). Kenia znajduje się na trzydziestym miejscu na świecie pod względem tempa wzrostu liczby ludności. Biorąc pod uwagę poprawę średniej długości życia i spadek śmiertelności niemowląt, Organizacja Narodów Zjednoczonych szacuje, że do 2020 roku liczba ludności Kenii wzrośnie do 51,7 mln (Kenya Population Clock, 2016).

Nairobi, stolica Kenii, jest świadkiem ogromnego wzrostu kluczowych wskaźników miejskich. Nairobi jest obecnie trzynastym co do wielkości miastem w Afryce pod względem liczby ludności i czwartym pod względem rozwoju infrastruktury i obszaru jej pokrycia (Kenya Laborum, 2016). Liczba jego mieszkańców wzrosła ze 120.000 w czasie pierwszego spisu powszechnego w 1948 r. do 2.137, 570 w 1999 r. (Republika Kenii, 1999), do 3.138.369 w 2009 r. (Kenijskie Narodowe Biuro Statystyczne, 2009), a obecnie wynosi 3,5 miliona mieszkańców w samym mieście, z 6,54 miliona w metropolii (Kenijskie Zegary Ludnościowe, 2016). Nairobi rosło w tempie 5 procent rocznie w latach 1969-1999, co stanowi jeden z najszybszych wzrostów w mieście w Afryce i przewiduje się, że w przyszłości będzie rosło jeszcze szybciej (African Population and Health Research Center, 2014, s.1).

Temperatura powierzchni ziemi stanowi ważną zmienną klimatyczną związaną ze zmianami klimatu i jest wskaźnikiem bilansu energetycznego na powierzchni ziemi, biorąc pod uwagę, że temperatura powierzchni ziemi jest kluczową zmienną w fizyce procesu zachodzącego na powierzchni ziemi. Badanie wykorzystujące zdjęcia satelitarne Nairobi z lat 1986, 1995, 2002 i 2010 zostało wykorzystane do określenia pokrycia powierzchni ziemi, znormalizowanego wskaźnika różnicy wegetacji i temperatury powierzchni ziemi przez okres 24 lat, w ramach badania dynamicznego wpływu zmian użytkowania ziemi na temperaturę powierzchni ziemi (Mumina i Mundia, 2014, s. 38).

W badaniu zauważono, że urbanizacja przebiega z lasami, plantacjami, krzewami, użytkami zielonymi i gołymi terenami ustępującymi miejsca terenom zabudowanym. Badanie sugeruje ujemną korelację pomiędzy pokryciem roślinnością a temperaturą powierzchni ziemi, wskazując tym samym, że zmniejszenie pokrycia roślinnością z terenów gołych na tereny zabudowane doprowadzi do wzrostu temperatury powierzchni ziemi (Mumina i Mundia, 2014, s. 38).

## MANIFESTACJE ZMIAN TEMPERATURY

Objawem zmian temperatury są mgławy i mgły występujące w wyżynnym regionie klimatycznym Nairobi oraz zmiany w strukturze opadów związane z procesem urbanizacji. Badanie aerozoli atmosferycznych i rozwój spektrometru fluorescencji rentgenowskiej rozproszonej energii w Kenii sugeruje, że zjawisko widzialności jest najbardziej oczywistym ludzkim postrzeganiem zanieczyszczenia powietrza i czynników zmian klimatycznych (Gatari, 2006, str.11).

Badanie miejskiej wyspy ciepła w Nairobi wykazało, że wpływ zmian temperatury na zdrowie człowieka to wzrost częstości występowania udarów cieplnych i śmiertelności (Meffert, 1981). W innym badaniu dotyczącym klęsk żywiołowych i katastrof spowodowanych przez człowieka oraz ich wpływu na budynki zauważono, że degradacja środowiska naturalnego jest często czynnikiem przekształcającym zagrożenie naturalne lub ekstremalne zmiany klimatyczne w katastrofę w związku z katastrofami spowodowanymi klimatem i zasoleniem oceanów, wzorcami wiatrów i aspektami ekstremalnych warunków pogodowych, w tym suszami, obfitymi opadami, falami upałów i intensywnością cyklonów tropikalnych w związku ze zmianami ilości opadów na szeroką skalę (McDonald, 2003, s. 16).

Badanie pozytywnego wpływu urbanizacji na wieżę zmienności opadów miasta Nairobi wykazało nieznaczny wzrost liczby dni deszczowych w latach 1969-1983 i dalszy spadek w latach 1984-2008. Jednakże w trakcie badań zaobserwowano znaczny wzrost ilości opadów w okresie badań, przypisywany działalności antropogenicznej w mieście, która zwiększa ilość jąder kondensacji chmur w atmosferze miejskiej, powodującej powstawanie opadów (Ongoma Otieno & Onyango (2015, s. 234).

Wszystkie te badania i wskaźniki uwiarygodniają opracowanie naukowych wytycznych planowania projektu dotyczących oceny i doceniania wpływu lub formy zabudowy miejskiej na zmiany mikrotemperaturowe w mieście Nairobi. Celem tego badania było zbadanie wpływu urbanizacji, a przede wszystkim formy zabudowy miejskiej na zmiany mikrotemperaturowe w badanym obszarze. Wyniki badań stanowią cenne narzędzie w przyszłych badaniach pokrewnych, próbujących znaleźć możliwe rozwiązania dla potencjalnych wyzwań, jakie niosą ze sobą zmiany temperatury na poziomie lokalnym i w szerszym ujęciu, zmiany środowiskowe na poziomie globalnym, a także opracować odpowiednie narzędzia i środki do realizacji zrównoważonych form budowlanych.

## 1.4 ODDZIAŁYWANIE I MANIFESTACJA ZJAWISK

Wytyczne te obejmowały Kothari i Garg (2014) pięć etapów systematycznego definiowania problemu badawczego oraz model "tworzenia przestrzeni badawczej" opracowany przez Swalesa (1990) w sprawie ustanowienia techniki związanej z określeniem wpływu i manifestacji zjawisk.

Technika Kothari i Garg w tym celu polega na podjęciu następujących kroków, z reguły jeden po drugim: przedstawienie problemu w sposób ogólny; zrozumienie natury problemu;

zapoznanie się z dostępną literaturą; opracowanie pomysłów w drodze dyskusji; oraz przeformułowanie problemu badawczego na propozycję roboczą (Kothari & Garg, 2014, s. 25).

Model Swalesa obejmuje trzy ruchy: ustanowienie terytorium (ruch 1: sytuacja); ustanowienie niszy (ruch 2: problem); oraz zajęcie niszy (ruch 3: rozwiązanie).

Ustalenie terytorium (krok 1: sytuacja) obejmuje następujące trzy kroki: stwierdzenie centralności (krok 1); uogólnienie tematu (krok 2); oraz przegląd poprzednich pozycji badawczych (krok 3).

Ustanowienie niszy (krok 2: problem) obejmuje cztery sposoby: kontrpozwanie (sposób 1); wskazanie luki (sposób 2); postawienie pytania (sposób 3); oraz kontynuowanie tradycji (sposób 4).

Zajęcie niszy (krok 3: rozwiązanie) obejmuje następujące trzy kroki: nakreślenie celów (krok 1A) i ogłoszenie aktualnych badań (krok 1B); ogłoszenie głównych wyników (krok 2); oraz wskazanie struktury artykułu badawczego (krok 3) (Swales, 1990).

## USTANOWIENIE TERYTORIUM

Właściwości zmiany mikro-temperatury nie są jeszcze do końca poznane. Dlatego też, biorąc pod uwagę ograniczony charakter zasobów Ziemi i różnice w ich alokacji, poszczególne narody muszą negocjować zakup węgla w odniesieniu do pokrycia roślinnością naturalną i audytów środowiskowych. Takie negocjacje i porozumienia muszą prowadzić do wprowadzenia w życie i egzekwowania nakazów dotyczących regulacji klimatycznych na poziomie krajowym, regionalnym i subregionalnym w celu istotnego uzupełnienia na poziomie globalnym (Sekretariat Narodów Zjednoczonych ds. Zmian Klimatu, 2015a).

Zmiany mikrotemperaturowe stanowią część szerszej dyskusji na temat zmian klimatycznych i środowiskowych, a ponadto są częścią nauk budowlanych i projektowania termicznego nauczanego w szkołach architektonicznych. Dzieje się tak, ponieważ temperatura jest doznaniem, które człowiek kojarzy z ciepłem i przestrzennym otoczeniem (Allen Ed., 1985, s. 774).

Temperatura może być wygodnie mierzona zarówno techniką analogową, jak i cyfrową, a udokumentowany materiał dowodowy udostępniony w celu powiązania jej z komfortem cieplnym i sposobem jego porównania z konkretnym regionem klimatycznym (Szokolay, 2011, s. 20 - 22).

Niektórzy badacze twierdzą, że obserwacje dotyczące zjawisk związanych ze zmianą mikrotermury zostały albo błędnie przedstawione w odniesieniu do relacji między formą zbudowaną a zmianą mikrotermury (Shuckburg, 2007, s. 6-7; Littlefield Ed., 2008, s. 35,5-35,6 i Meffert, 1981, s. 2), albo że nie przeprowadzono wystarczających badań uzasadniających ocenę wartościową stopnia zmiany lub jej przyczyn. Twierdzenia te zostały zbadane w rozdziale 2 (Przegląd literatury). Kilka badań sugerowało pewne aspekty formy zbudowanej mające wpływ na zmianę mikrotemperatury, w tym badania Gatari (2006, s. 11) dotyczące aerozoli i Shuckburg (2007, s. 6-7) dotyczące zmiany użytkowania gruntów.

Klimat danego obszaru i możliwości technologiczne wydają się mieć pozytywną długoterminową korelację z istniejącą architekturą, a co za tym idzie, z formą budowlaną, jak przedstawiają to prace Capeluto (2002) na temat gorącego i suchego klimatu Izraela, Lam (2004) na temat klimatu w Chinach i Rosenlund (1995) na temat klimatu pustynnego. Jednak taki obszar badań związany z klimatem wyżynnym Nairobi nie został jeszcze podjęty.

## USTANOWIENIE NISZY

Podczas gdy istniejące badania wyraźnie wykazały, że aerozole i inne gazy cieplarniane przyczyniły się do zmian klimatu i ogólnych zmian temperatury, nie uwzględniły one roli formy budowlanej, zwłaszcza na poziomie miejskim i w skali całego miasta, w tej zmianie klimatu. Zmiany Klimatu 2007", Czwarty Raport Oceny Międzyrządowego Zespołu ONZ ds. Zmian Klimatu (Shuckburg, 2007), który przedstawia autorytatywną ocenę wpływu zmian klimatycznych na obszary tropikalne, gdzie urbanizacja wynosi obecnie około siedemdziesięciu procent w krajach uprzemysłowionych i różni się w obrębie każdego z mniej rozwiniętych krajów.

Środowisko budowlane Nairobi jako badany region jest klasyfikowane jako klimat tropikalny wyżynny, a potwierdzone dane meteorologiczne są dostępne w kenijskim departamencie meteorologicznym (1984, s. 61, za okres obejmujący lipiec 1984) oraz historycznie z ówczesnego wschodnioafrykańskiego departamentu meteorologicznego (1970) za okres 1959-1968 włącznie. Międzynarodowy Port Lotniczy Jomo Kenyatta jest największym lotniskiem we wschodniej i środkowej Afryce i znajduje się około 18 km na wschód od Nairobi Central Business District (Kenya Laborum, 2016). Jomo Kenyatta International Airport Nairobi biuro Departamentu Meteorologicznego jest najbliższą stacją meteorologiczną do miejsca studiów Osiedle Komarock i jest wymieniony jako na 01o 18'South szerokości geograficznej, 36o 45' długości geograficznej wschodniej, z wysokością 1798 metrów nad poziomem morza.

Badanie to może teraz postawić kilka podstawowych pytań, takich jak: "dlaczego temperatury na poziomie mikro są wyższe na obszarach miejskich w porównaniu z obszarami wiejskimi? "O ile więcej jest wyższych temperatur w miastach w porównaniu z obszarami wiejskimi?" "Jaka część zbudowanej formy przyczynia się do zmiany mikro-temperatury?" Kwestia klimatu wyżynnego badanego obszaru Nairobi również musi być włączona do równania.

## ZAJMUJĄCY NISZĘ

Problem i wyzwania, jakie stwarzają zmiany mikrotemperaturowe, można skontekstualizować poprzez pokazanie ich przejawów, w formie zabudowanej, na obszarach miejskich. Na początku lat 60-tych, aż do połowy lat 90-tych, rząd koncentrował się na dostarczaniu terenów i programów usługowych, dzięki którym obywatele mogliby nabyć działkę lub teren i zbudować dom, z zapewnieniem takich usług jak woda i elektryczność, a następnie nieruchomość byłaby realizowana jako jednorodzinny budynek jedno- lub dwukondygnacyjny, powszechnie nazywany maisonette. Przykładami takich systemów usług były: Dandora, Doonholm, Umoja, Buruburu i Komarock. Ta zasada stanowiła podstawę dla podobnych projektów w innych miastach i miasteczkach Kenii (Kimani & Musungu, 2010; Nairobi Urban Study Group, 1973 i Nairobi Urban Study Group, 1973a).

W tym tempie i sposobie rozwoju istniało opóźnienie aż do wyborów w 2002 r., kiedy to ówczesna partia polityczna Sojuszu Narodowego Tęczowa Koalicja (NARC) wygrała wybory, z wyraźnym zobowiązaniem do rozwoju infrastruktury, poprawy standardu życia dla wszystkich; następnie zobowiązanie to zostało potwierdzone i wzmocnione przez rząd w 2013 r., który w celu zaspokojenia zapotrzebowania na mieszkania, ograniczenia rozrastania się miast i osiedli mieszkaniowych, do tej pory związanych z rozwojem obszarów miejskich.

W Kenii 60-70 procent ludności miejskiej żyje w nieplanowanych strukturach (African Population and Health Research Center, 2014, p.xvii), żyjąc za mniej niż jednego dolara dziennie lub Kenya Shillings 102 , w oparciu o aktualne kursy wymiany (Kenya Bureau of Statistics, 1999 i Kenya Population Clock, 2016).

Stowarzyszenie Architektoniczne Kenii szacuje, że tylko 30 procent budowli w obszarach miejskich jest projektowanych i nadzorowanych przez profesjonalistów, co oznacza, że 70 procent budowanych form jest wdrażanych przez profesjonalistów, ponadto Stowarzyszenie szacuje, że przemysł budowlany ma zbudować 140.000 jednostek mieszkalnych, aby dodać do zasobów budowlanych rocznie, przez następne dwadzieścia lat, jeśli ma sprostać obecnemu deficytowi mieszkaniowemu (Gakuru, 2006). Badania te sugerują szansę dla zorganizowanych dzielnic i okazję do badań, jak sugeruje obecne badanie.

Tło tego badania wykazało istnienie luki w badaniach, w oparciu o trwającą dyskusję na temat skutków, przyczyn i implikacji zmian klimatu. Badanie wykazało istnienie luki w odniesieniu do związku między zmianami mikrotermicznymi a formami budowlanymi w miastach. W celu uzupełnienia tej luki, w dalszej części badania zaprezentowano stanowisko problemu.

## 1.5 OCENA I DOCENIANIE ZJAWISK

Wytyczne te obejmowały metody Rukwaro (2016 r.) i Mugenda (2011 r.) służące ustaleniu techniki związanej z określeniem sposobów i środków oceny i doceniania zjawisk.

Pisząc problematykę przy użyciu Metody Rukwaro (2016), należy wyartykułować i skupić się na następujących czterech kluczowych zagadnieniach, które stanowią główne punkty problematyki: opisać idealną sytuację, w której badane zjawisko powinno być zjawiskiem, czyli podstawową teorią lub zasadą, która wyjaśnia problem lub dostarcza intelektualnego kontekstu problemu; opisać, jaka jest doświadczana sytuacja niepożądana lub jakie kontrowersje lub konflikty istnieją; wyjaśnić konsekwencje doświadczanej sytuacji niepożądanej na podstawie przypadkowych obserwacji lub istniejących danych dotyczących problemu; oraz określić, co badanie zamierza zbadać w celu wypełnienia luki w wiedzy, która stworzyłaby pożądaną sytuację dla badanego problemu (Rukwaro, 2016, s. 1).17).

Model Mugenda (2011) dzieli problematykę na cztery następujące komponenty: propozycja główna; propozycja interaktywna; propozycja spekulacyjna; cel i uzasadnienie badania (Mugenda, 2011, s. 132 - 136).

### GŁÓWNA PROPOZYCJA

Względy środowiskowe i klimatologiczne mają wpływ na projektowanie i planowanie formy budowlanej, w której temperatura powietrza zewnętrznego wpływa na proces dynamiki termicznej i warunki komfortu wewnętrznego (Hough, 1989, s.28). Temperatury w miastach rosną (Littlefield Ed., 2008, s. 35.5 - 35.6) poprzez zjawisko zmian klimatycznych i tworzenie wysp ciepła (Szokolay, 2011, s. 75).

Jednakże temperatura w mieście generalnie wzrasta i jako taka zbudowana forma musi z konieczności dostosować się do tych zmian poprzez proces modernizacji, w którym istniejące struktury są modyfikowane i następuje transformacja już zbudowanych struktur i dzielnic w celu dostosowania ich do zmieniającego się środowiska. Zmiana ta jest w rzeczywistości przeprowadzana stopniowo przez użytkowników, poprzez zmianę zastosowań użytkowych i remonty, czego przykładem jest Osiedle Komarock.

Takie zmiany nie są jednak planowane i z natury rzeczy nie są zorganizowane w taki sposób, aby uwzględniać zmiany temperatury. Wykorzystując dane temperaturowe zaczerpnięte z przeważająco otwartych naziemnych stacji meteorologicznych do projektowania klimatycznego, można zauważyć, że forma zabudowy na obszarach miejskich nie reaguje na zmiany temperatury w środowisku (Environment & Urbanization, 2015, s. 163 - 164).

W odniesieniu do planowania takich miast jak Nairobi, w badaniu zauważono, że planiści fizyczni nie uwzględniają w wystarczającym stopniu zagęszczeń wymaganych przez przepisy dotyczące planowania fizycznego, które zostały przedstawione w podręczniku planowania (Littlefield Ed., 2008 i Neufert & Neufert, 2000), rozdziale 303 (Prawa Kenii, 1968) i rozdziale 286 (Prawa Kenii, 2009) ustawy o planowaniu przestrzennym. W wyniku tego niestosowania się do wytycznych i przepisów dotyczących planowania, forma zabudowy miejskiej nie reaguje na mikroklimat, a co za tym idzie, na zmiany temperatury.

## WSPÓŁDZIAŁAJĄCA PROPOZYCJA

Przypadkowe obserwacje formy budowlanej wskazują, że w zmiennych budowlanych brakuje wyraźnych pomysłów lub koncepcji, które wiązałyby zmiany temperatury ze zorganizowanymi dzielnicami. Na przykład, w dzielnicach i strukturach niezabudowanych brakowało sensownej i zrównoważonej formy budowlanej, która wyrażałaby strategie projektowania i planowania w zmieniającym się środowisku temperaturowym.

Badanie pilotażowe wykazało, że dwa domy w tym samym stylu budowlanym (willa), umieszczone w różnych orientacjach, spowodowały, że w otwartej przestrzeni przylegającej do komórki testowej, którą były pokoje mieszkalne, rejestrowano różne temperatury. Padło zatem pytanie: co należy zrobić, aby doprowadzić do tego, co tłumaczyłoby przyczynę i wpływ temperatury na zrównoważoną formę budowlaną? Niniejsze opracowanie jest próbą odpowiedzi na to pytanie i zbadania zmian klimatycznych w mieście.

Ponadto badanie koncentruje się na zmianach temperatury w pobliżu ziemi, tj. na poziomie mikroskopu przestrzennego. Istotą badania jest identyfikacja pracujących zmiennych i powiązanie ich z rozwojem zrównoważonym. Obecnie można zadać kilka podstawowych pytań w związku z określeniem problemu badawczego dla potrzeb badania: "dlaczego i o ile w większym stopniu temperatury na poziomie mikro są wyższe na obszarach miejskich w porównaniu z obszarami wiejskimi? A "jaka część zbudowanej formy przyczynia się do zmiany temperatury?"

## PROPOZYCJA SPEKULACYJNA

Wcześniejsze badania nad zmianami mikrotemperaturowymi wykazały, że zbudowana forma pozbawiona jest przejawów związanych ze zmianą otoczenia temperaturowego. Obejmowały one analizę bioklimatyczną klimatu Kenii (Ebrahim Ed, 2010), termiczny projekt dachu dla tropikalnych budynków mieszkalnych (Ebrahim, 2008b), wydajność oświetlenia dziennego elementów budowlanych (Ebrahim, 2008a), odpowiednie zadaszenie i względy energetyczne dla ciepłych i wilgotnych klimatów (Ebrahim, 2008), syndrom chorego budynku i bioklimatyczna klasyfikacja regionalna w Kenii (Ebrahim, 2011a) oraz diagnozowanie, działania naprawcze i techniki modernizacji w przypadku zespołu chorego budynku w klimacie wyżynnym (Ebrahim, 2011). Istnieje pole do dalszych badań w tej dziedzinie (Oliver, 1973, s. 235).

## CEL I UZASADNIENIE BADANIA

Badania nad zmianami mikrotermicznymi i formą zabudowy miejskiej przekraczają granice ustalonych dyscyplin, a współczesny ekolog potrzebuje szerokiego zaplecza w dość zróżnicowanych dyscyplinach, aby docenić takie badania. Celem takiego badania jest ułatwienie zrozumienia istniejących zależności i promowanie racjonalnej interpretacji pojęć klimatycznych, ponieważ odnoszą się one zarówno do środowiska naturalnego, jak i zmodyfikowanego przez człowieka (Oliver, 1973, s. 1).

Ponownie, oczywiste jest, że klimat ma wyraźny wpływ na roślinność, ale nie jest to relacja jednokierunkowa i równie oczywiste jest, że pokrywa roślinna musi mieć wpływ na klimat. Taki wzajemny wpływ jest widoczny na różnych poziomach badań, gdzie wykazano, że na poziomie lokalnym, roślinność ma wyraźny wpływ na reżim klimatyczny zarówno na poziomie mezo- jak i mikro (Oliver, 1973, str. 164). Ponadto nie można oczekiwać, że dom zaprojektowany dla ciepłego, suchego obszaru będzie funkcjonował z większą wydajnością, w innym klimacie. Istnieje oczywista przepaść między formą domu a jego funkcją na dużych obszarach (Oliver, 1973, s. 228). Anyamba (2011, s. 277) zadał pytanie: "Ponieważ architektura jest zawsze specyficzna dla danego miejsca, czy może być specyficzna dla danego kontynentu? Proponowane badanie postawiło podobne pytanie "biorąc pod uwagę, że forma zabudowy nieruchomości i jej przejaw w postaci zmiany mikrotemperatury jest specyficzna dla danego terenu, czy może być ona specyficzna dla danego regionu klimatycznego?

Obecnie nie istnieje studium zapewniające właściwą interpretację formy zabudowy miejskiej w dzielnicach strukturalnych, takich jak Komarock Estate Nairobi, a w szczególności Infill B Phase of the estate (Environment & Urbanization, 2015, s.164). Opracowanie to było próbą zbadania, dlaczego tak się dzieje i dalszego zbadania, w jaki sposób można zharmonizować formę budowlaną ze zmianami mikro-temperatury.

## 1.6 FORMA ZABUDOWY MIEJSKIEJ

Miejski jest przeciwieństwem wiejskiego i odnosi się do życia lub lokalizacji w mieście (Allen Ed., 1985, str. 832), podczas gdy użytkowanie gruntów *wiejskich* jest klasyfikowane jako funkcja środowiska fizycznego, które obejmuje grunty rolne, lasy, parki narodowe i nieużywane grunty, takie jak pustynie, zarośla i inne. (King'Oriah, 2013, s. 297). *Miasta* są tworami człowieka, wynikającymi z konieczności odpowiedniego usytuowania ludzi i ich działalności, w oparciu o mikroklimat i czynniki mezoklimatyczne w regionie (Król Oriasz, 2013, s. 342). Obszary miejskie w kontekście Afryki Wschodniej liczą ponad dwa tysiące mieszkańców i są uznawane za miejskie tak długo, jak długo pełnią funkcje administracyjne i ochronne, usług socjalnych, komunikacyjne i transportowe, handlowe, przemysłowe i energetyczne (Król Oriasz, 2013, s. 298).

Zbudowany odnosi się do próby modyfikacji otoczenia człowieka w celu dostosowania go do jego podstawowych potrzeb i ideologii związanych z komfortem, percepcją i przekonaniami (Koenigsberger *i in.,* 1973, s. 41), a także pada ofiarą podstawowych zagadnień projektowych związanych ze społeczeństwem, technologią, środowiskiem, a w szczególności z klimatem (Olgyay i Olgyay, 1963). *Forma związana* jest z kształtem, układem części i aspektem widzialnym bytów (Allen Ed., 1985, s. 290), jest to fizyczna manifestacja związana z bytem, a w przypadku studiów z budowaną formą kształty, rozmiary, kolor, wymiary, gęstość, kompozycja, atrybuty i ogólna logistyka. *Formy zbudowane są wynikiem przestrzegania przez* projektantów i planistów procesu budowlanego i konstrukcyjnego regulowanego przez normy i przepisy prawa budowlanego i planistycznego.

Miejska forma budowlana jest akronimem trzech czasowników, przy czym rządy i Agencje Narodów Zjednoczonych rozróżniają obszary wiejskie i miejskie w oparciu o logistykę ludności, wiąże się z wyzwaniami wynikającymi z migracji wiejsko-miejskiej, rozwoju miast, gęstości i wzorców (Mugenda i Mugenda, 2012, s. 341 - 342: Ekologia miejska i urbanizacja) i może być dzielona jako budynki i przestrzenie otwarte. *Budynek* to dowolna konstrukcja w dowolnym celu i z dowolnych materiałów, skonstruowana i używana do zamieszkania przez ludzi lub w dowolnym innym celu (Singh & Singh, 2010, str. 96). *Przestrzeń otwarta* jest integralną częścią działki, pozostawioną otwartą dla linii nieba (Singh & Singh, 2010, s. 98). Na rysunku 1.6. przedstawiono szczegóły dotyczące otwartej przestrzeni naziemnej.

## KENIJSKA FORMA PRAWNA I NORMY PRAWNE

Zbudowane standardy formy mogą być ustalane lokalnie lub pożyczane od uznanych międzynarodowych instytucji. Lokalne standardy są ustalane przez Kenijskie Biuro Standardów (2007), natomiast standardy międzynarodowe można uzyskać m.in. z metrycznego podręcznika planowania i projektowania (Littlefield Ed., 2008), danych architektów Neufert (Neufert & Neufert, 2000) oraz standardów ISO.

Prawodawstwo w Kenii to albo akty prawne parlamentu albo załączone do nich regulaminy ustanawiane przez rządy okręgów i powiązane oraz zatwierdzane przez różne ministerstwa w imieniu rządu centralnego lub państwa. Według Komisji Wdrażania Konstytucji (2010) następujące przepisy prawa budowlanego i planistycznego Kenii mają znaczenie i są stosowane w budownictwie i zagospodarowaniu przestrzennym: Ustawa o Krajowej Komisji Ziemskich (2012), Ustawa o gruntach (2012), Przepisy Korporacyjne dotyczące gruntów (1989), Kodeks Budowlany (1968), Ustawa Mieszkaniowa (2009), Ustawa o zarządzaniu środowiskiem (1999), Rozporządzenie w sprawie oceny oddziaływania na środowisko i audytu (2003), Konstytucja Kenii (2010), Ustawa o samorządach lokalnych (1986) oraz Ustawa o obszarach miejskich Kenii (2011).

Najmniejszą niepodzielną jednostką ustawodawczą jest działka. Działka zwana również działką to kawałek ziemi otoczony określonymi granicami (Singh & Singh, 2010, s.99). Działki z dwiema stronami przylegającymi do siebie i przecinającymi się ulicami nazywane są działkami narożnymi.

Uprawnienia dyskrecjonalne odnoszą się do uprawnień niektórych ministerstw rządu centralnego w Kenii, pozwalających niektórym organom na uchwalanie regulaminów, przygotowywanie planów rozwoju i strategii wzrostu, które kontrolują rozwój (Harvard University Graduate School of Design i University of Nairobi (2007), Erring & Ismail (1980), King'Oriah (2013 i 1980), Nairobi Urban Study Group (1973) i (1973a) oraz Singh i Singh (2010, s. 4-54 i s. 95-133)).

Kodeks budowlany jest dokumentem, który Ministerstwo Samorządu Lokalnego (Republika Kenii: Ustawa o samorządzie lokalnym, 2010) upoważnia Radę Okręgu Nairobi (NCC) do przygotowania, jak np. dokument z 1968 r. o budynkach i budowlach adoptowanych (Republika Kenii: Kodeks budowlany, 1976). Kodeks budowlany jest obecnie poddawany przeglądowi, a jego projekty zostały rozesłane do zainteresowanych stron z branży budowlanej w celu uzyskania uwag i komentarzy przed jego przyjęciem.

Linia zabudowy to linia, do której cokół budynku, przylegający do ulicy, może zgodnie z prawem rozciągać się i jest również określana jako pierzeja budynku lub niepowodzenie budowlane (Singh & Singh, 2010, s. 97). Powierzchnia cokołu to zabudowana powierzchnia zadaszona mierzona na poziomie podłogi (Singh & Singh, 2010, s. 98).

Zastępca odnosi się do zastępcy, zwłaszcza biskupa lub zastępcy (Allen Ed., 1985, s. 757), i jest zbiorem obserwowalnych atrybutów, cech lub zachowań, które mogą być wykorzystane do przedstawienia abstrakcyjnej koncepcji, zmiennej lub idei (Mugenda & Mugenda, 2012, s. 321). W badaniu wykorzystano substytuty, ponieważ badaczowi trudno było uzgodnić roboczą definicję pewnych zmiennych związanych z formą budynku, takich jak typ budynku, klasyfikacja budynku itp. Ponadto, forma zbudowana była kombinacją kilku innych koncepcji. Na przykład, typ budynku jako zmienna może być tylko sensownie zdefiniowany jako odniesienie do kombinacji kilku mierzalnych atrybutów, takich jak wysokość budynku w metrach.

## KLASYFIKACJA BUDYNKÓW

Budynki mogą być klasyfikowane jako wolnostojące, w zabudowie bliźniaczej i szeregowej. Dom wolnostojący to dom, który ma otwarty teren wokół siebie. Domy w zabudowie bliźniaczej mają jedną wspólną ścianę z przyległym domem. Rząd domów ma dwie ściany wspólne z przyległym domem, nazywane również ścianami partyjnymi.

## TYPY BUDYNKU

Typy budynków składają się z willi, maisonette, mieszkań i wieżowców. Willa to dom parterowy. Rysunek 1.1 przedstawia szczegóły działki dla willi.

Rysunek 1.1: Szczegóły działki - Willa.
Źródło: Badanie terenowe (2013).

Maisonette to dwupiętrowy dom, który tworzył większość typów budynków dominujących w Osiedlu Komarock Infill B. Rysunek 1.2 przedstawia szczegóły dotyczące działki pod zabudowę Maisonette.

Mieszkania mają od trzech do siedmiu pięter, a każde piętro może mieć dwie lub więcej kamienic. W Kenii wymaga się, aby w mieszkaniach z więcej niż pięcioma piętrami znajdowała się winda. W związku z tym, w przypadku mieszkań klasy średniej, większość deweloperów ograniczyłaby wysokość w celu zapewnienia zgodności z prawem i jako środek obniżający koszty.

Wieżowce są budynkami o wysokości powyżej siedmiu kondygnacji i nie mogą być dopuszczone przez prawo strefowe obowiązujące na terenie Osiedla Komarock Infill B.

## CECHY BUDOWLANE

Powierzchnia podłogi to użytkowa powierzchnia zadaszona budynku na dowolnym poziomie podłogi (Singh & Singh, 2010, s. 98).

Pokój mieszkalny to pokój zajmowany lub przeznaczony do zamieszkania przez jedną lub więcej osób jako gabinet, pokój dzienny, sypialny, jadalny, kuchnia, obszar itp. i nie obejmuje korytarzy, toalet itp. (Singh & Singh, 2010, s.101).

Obłożenie jest również znane jako grupa użytkowania, stanowi ono główny cel, dla którego budynek lub część budynku jest używana lub przeznaczona do użytkowania (Singh & Singh, 2010, s. 99). Obłożenie mieszkalne to jedna z klas budynków w Kenii, która wymaga zmiany licencji użytkownika w celu zmiany sposobu użytkowania. Użytkowanie może mieć również charakter pojedynczy lub wielokrotny.

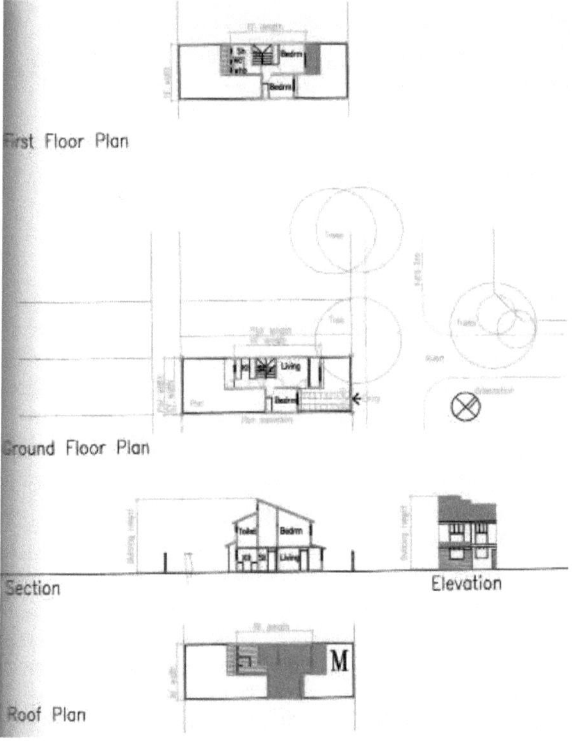


Rysunek 1.2: Szczegóły działki - Maisonette.

Źródło: Badanie terenowe (2015).

Wysokość budynku dla dachu skośnego to pionowa odległość mierzona od średniego poziomu linii środkowej sąsiedniej ulicy do punktu, w którym zewnętrzna powierzchnia ściany zewnętrznej przecina gotową powierzchnię dachu skośnego (Singh & Singh, 2010, s. 96).

Wysokość pomieszczenia to pionowa odległość mierzona od powierzchni gotowej podłogi do powierzchni gotowego sufitu (Singh & Singh, 2010, s.97).

## 1.7 ZMIANA MIKROTEMPERATURY

"Mikro" to układ scalony oparty na regule określania odstępów czasowych lub względnych wymiarów lub serii stopni, które można określić jako makro, mezo lub mikro. Makro odnosi się do dużych lub dużych (Allen Ed., 1985, s. 440), podczas gdy mezo odnosi się do średnich lub pośrednich (Allen Ed., 1985, s. 461), a mikro odnosi się do małych (Allen Ed., 1985, s. 463).

Pogoda to chwilowy stan środowiska atmosferycznego w danym miejscu (Koenigsberger *i in.,* 1973, s. 3). Klimat natomiast to włączenie w czasie stanów fizycznych środowiska atmosferycznego, charakterystycznych dla danego położenia geograficznego (Koenigsberger i in., *1973,* s.3). W Osiedlu Komarock klasyfikacja klimatu polegała na uśrednieniu regularnych danych meteorologicznych zbieranych z badanych działek i otwartych przestrzeni w postaci temperatur powietrza w celu określenia średniej tygodniowej i ostatecznie miesięcznych danych temperaturowych.

Makroklimat odnosi się do klimatu opisanego dla regionu i jest informacją publikowaną przez najbliższe obserwatorium meteorologiczne - tj. klimatu dla regionu, poziomu osadnictwa lub planowania (Koenigsberger *i in.,* 1973, s. 31). Mezoklimat odnosi się do części klimatu osiedla lub poziomu zabudowy (Koenigsberger i in., 1973, s. 31). Mikroklimat, który czasami odnosi się do klimatu terenu, może oznaczać wszelkie odchylenia od klimatu większego obszaru; każde miasto, miasteczko lub wieś, a nawet dzielnica w mieście może mieć swój własny klimat - tj. klimat działki lub poziom elementu budowlanego (Koenigsberger i in., *1973, s. 31*). Projektantów interesują w szczególności te aspekty klimatu, które wpływają na komfort człowieka i użytkowanie budynków, do których zaliczają się między innymi średnie, zmiany i skrajności temperatur, różnice temperatur między dniem a nocą (zakres dzienny).

Temperatura jest stopniem lub natężeniem ciepła ciała w stosunku do innych, zwłaszcza odczytanym z termometru lub odebranym dotykiem (Allen Ed., 1985, s. 774).

Mikrotemperatura w odniesieniu do kontekstu badań polegała na pomiarze temperatury powietrza, a dane zbierane w odległości półtora metra od ziemi. Rejestratory danych stacjonowały na otwartej przestrzeni bezpośrednio obok salonu, biura lub sklepu na terenie działki lub otwartej przestrzeni do pomiaru, w celu odzwierciedlenia i uwzględnienia metod i technik stosowanych przez lokalną stację meteorologiczną. Zarejestrowana temperatura powietrza zewnętrznego ($D_o$), została przetworzona na pojedynczą wartość, zwaną dalej zależną zmienną mikro-temperaturą dla danej powierzchni lub przestrzeni otwartej w stopniu $^{Celsjusza}$ ($^{o}C$).

Mikrotemperaturę można zrównać z temperaturą powietrza zewnętrznego ($D_o$) i zmianą ($\Delta$) tej temperatury. Tak więc zmiana temperatury powietrza zewnętrznego ($\Delta To$) lub po prostu ($\Delta T$) będzie oznaczać zmianę temperatury zewnętrznej. Mikrotemperatura może być ten aspekt temperatury, który jest związany z mikroklimatem (Koenigsberger *i in.,* 1973, str.13).

## 1.8 KONTEKSTOWY ZAKRES I OGRANICZENIA PODRĘCZNIKA

Kontekst odnosi się do części, które poprzedzają i następują po słowie lub fragmencie i ustalają jego dokładne znaczenie lub okoliczności (Allen Ed., 1985, s. 155). Kontekst, zakres i ograniczenia badania można omówić pod następującymi nagłówkami: położenie geograficzne miasta; klimat; zorganizowane sąsiedztwo; oraz warunki komfortu cieplnego.

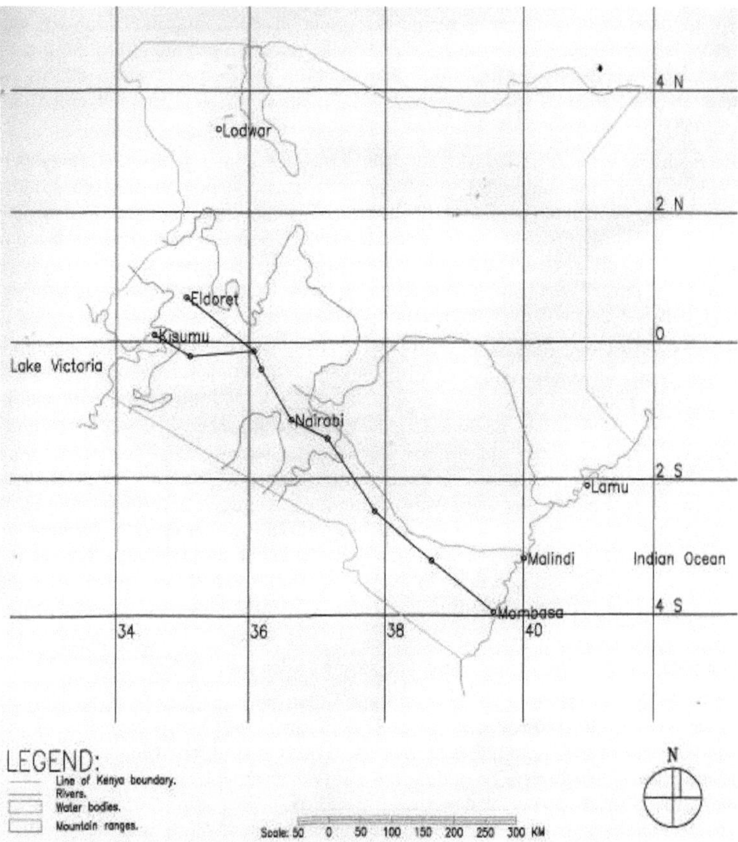


Rysunek 1.3: Lokalizacja miasta Nairobi.

Źródło: Zaadaptowane z kenijskiego oddziału meteorologicznego (1984, p.V.).

## GEOGRAFICZNE OTOCZENIE MIEJSKIE

Zakres fizyczny badań nad związkiem pomiędzy zmianami mikrotermicznymi a formą zabudowy miejskiej jest ograniczony do geograficznego obszaru miejskiego Nairobi, położonego przy głównej drodze z Mombasy na wybrzeżu kenijskim do przygranicznego miasta Malaba w Ugandzie. Nairobi jest stolicą Kenii; rysunek 1.3 ilustruje położenie Nairobi w stosunku do innych miast i miasteczek Kenii. Nairobi znajduje się około jednego stopnia na południe od równika, 37 stopni na linii długości geograficznej i na ogół doświadcza klimatu górskiego (Hooper, 1975, str. 94 - 116).

Powiat Nairobi składa się z trzech głównych okręgów: Centralnego Okręgu Gospodarczego, Nairobi Core Nairobi oraz Nairobi Metropolitan Region jak pokazano na rysunku 1.4. Większość zorganizowanych dzielnic, takich jak Buru Buru, Kayole i Komarock została zbudowana głównie w kierunku wschodnim miasta. Obwodnica otacza Region Metropolitalny Nairobi, przy czym do osiedla Komarock można dojechać z Obwodnicy Wschodniej i na drogę Kangundo.

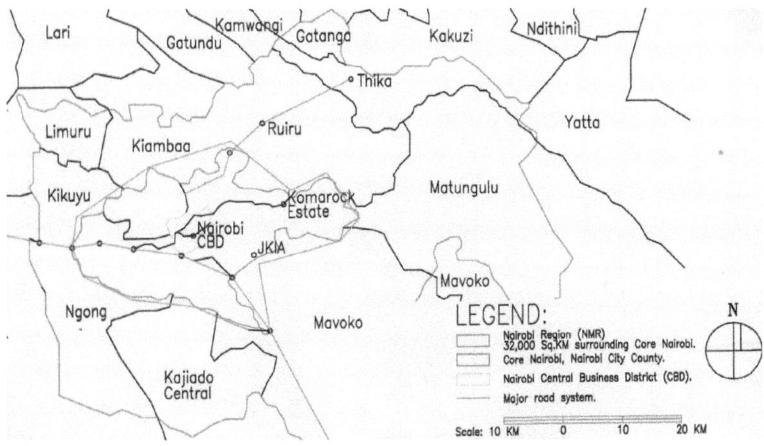


Rysunek 1.4: Region Metropolii Nairobi i lokalizacja Osiedla Komarock.

Źródło: Dostosowane przez Komisję ds. Wykonania Konstytucji (2010).

## KLIMAT

Punktem odniesienia jest pomiar kontrolowany, przeprowadzany przed zabiegiem doświadczalnym i stosowany głównie do analizy porównawczej zmiennej badawczej (University of South Carolina, 2014: Glossary of Research Terms).

Klimat bazowy jest pojęciem stosowanym w badaniu w celu porównania dziennych i rocznych zmian temperatury powietrza zewnętrznego. Odczyty temperatury zostały porównane z odczytami stacji meteorologicznej w regionie, która była stacją meteorologiczną znajdującą się na lotnisku międzynarodowym Jomo Kenyatta. Wykorzystując dane z tej stacji, w efekcie badania wyeliminowano efekt zmiennej wysokości, długości i szerokości geograficznej w równaniu. To również mocno ugruntowało ten klimatyczny region jako miejską wyżynę, z Nairobi jako bazą.

Tropikalny klimat wyżynny to regiony górskie i płaskowyż o wysokości od 900 do 1200 m n.p.m., które doświadczają klimatów, między dwoma dwudziestoma stopniami Celsjusza. Nairobi jest przykładem miasta należącego do tego regionu klimatycznego (Koenigsberger *i in.*, 1973, s. 30). Hooper (1975, s. 96) odnosi się do tego regionu jako do strefy górskiej. Charakter klimatu wyżynnego jest pod wieloma względami podobny do klimatu złożonego lub monsunowego, z wyraźną porą deszczową. Dominuje w nim silne promieniowanie słoneczne, często z umiarkowaną lub chłodną temperaturą powietrza. Nawet w najcieplejszej części roku, temperatury powietrza rzadko przekraczają trzydzieści stopni Celsjusza. Jednak wahania dzienne mogą wynosić nawet dwadzieścia stopni Celsjusza. Wyraźny spadek temperatur występuje w klimacie górskim, który znajduje się dalej od równika. Wilgotność nie jest nadmierna i istnieje prawie stały, nigdy nie bardzo silny ruch powietrza (Koenigsberger *i in.*, 1973, s. 229).

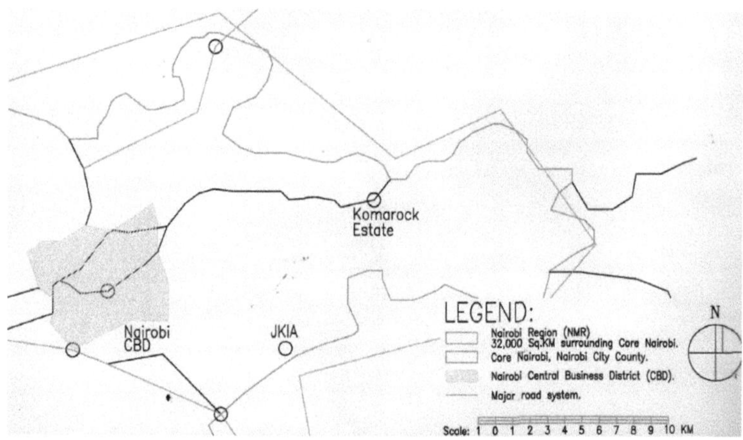


Rysunek 1.5. Lokalizacja Osiedla Komarock i Stacji Meteorologicznej JKIA.

Źródło: Dostosowane przez Komisję ds. Wykonania Konstytucji (2010).

## ZORGANIZOWANE SĄSIEDZTWO

Ze względu na ograniczenia czasowe i finansowe wynikające z procesu akademickiego, niniejsze opracowanie ograniczyło się do studium przypadku zorganizowanej dzielnicy składającej się z dwustu czterdziestu działek, skupionej głównie na obszarze zwanym Fazą Infill B, na terenie Komarocka. Rysunek 1.5 wskazuje lokalizację Osiedla Komarock w stosunku do Centralnego Rejonu Biznesowego Nairobi oraz Międzynarodowego Portu Lotniczego Jomo Kenyatta. Podobno region metropolitalny Nairobi ma powierzchnię trzydziestu dwóch tysięcy kilometrów kwadratowych (Global Resource Information

Database UNEP, Commission for the Implementation of the Constitution, 2010). Stacja meteorologiczna znajdująca się na Międzynarodowym Lotnisku Jomo Kenyatta została wykorzystana do ustalenia temperatury bazowej i ustalenia współczynnika zmian w badaniu.

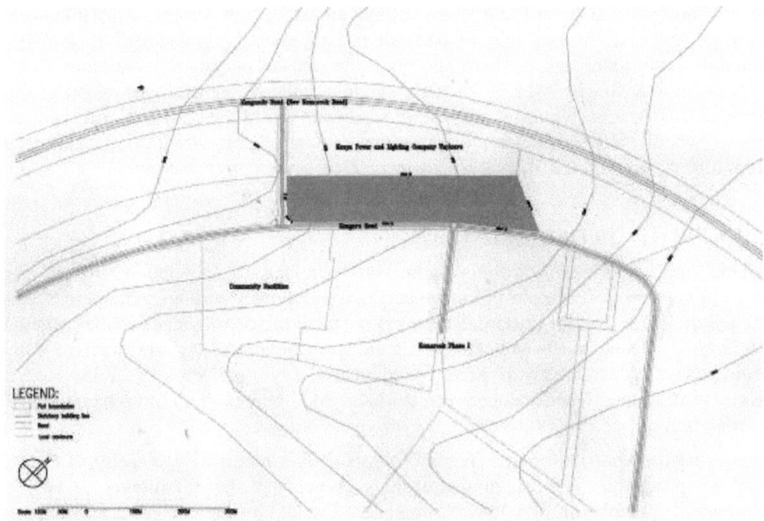


Rys. 1.6 Plan lokalizacji osiedla Komarock Infill B.

Źródło: Zaadaptowane z rysunków MMI Architects.

Rysunek 1.6 przedstawia plan lokalizacji i kontekst Osiedla Komarock Infill B w odniesieniu do sąsiadujących z nim osiedli i infrastruktury, takiej jak Faza I Komarock i obiekty komunalne. Osiedle Infill B oflankowane jest przez Kenia Power and Lighting Company Limited, Kangundo Road (New Komarock Road), która prowadzi do miasta Matungulu i która wchodzi w skład Proponowanego Regionu Metropolitalnego Nairobi, oflankowanego również przez inne hrabstwa i miasta. Studium porównawcze z innymi dzielnicami lub innymi osiedlami w Nairobi wykraczałoby poza zakres niniejszego opracowania i stanowiłoby podstawę dla przyszłych badań.

Sąsiedztwo jest związane z dzielnicą lub okolicą (Allen Ed., 1985, s. 482) i dobrze wpisuje się w koncepcję wizerunku miasta i jego elementów postulowaną przez Lyncha (1960). W obrębie tej dzielnicy istniałyby budynki i struktury o różnych stylach, klasyfikacjach i logistyce. W opracowaniu wykorzystano wytyczne Singh'a i Singh'a (2010) dotyczące planowania przestrzennego, takie jak pas zieleni, mieszkalnictwo, budownictwo publiczne, centra rekreacyjne, system drogowy, infrastruktura transportowa i planowanie przestrzenne. Ich punktem wyjścia są budynki mieszkaniowe i mieszkalne, a w tym przypadku są to domy jednorodzinne, bliźniaki, rzędy domów, apartamentów lub mieszkań oraz wieżowce (Singh & Singh, 2010, s. 6, s. 27 i s. 96-103).

Konstrukcja i struktura odnosi się do sposobu, w jaki rzecz jest skonstruowana, ramy nośne lub istotne części (Allen Ed., 1985, s. 746).

Zorganizowane sąsiedztwo w pewnym sensie oznacza zaplanowane środowisko, które jest zgodne z odpowiednimi przepisami obowiązującymi na danym terenie. Zorganizowane i zaplanowane budynki, szczególnie w odniesieniu do miasta, składałyby się z różnych komponentów lub jednostek w taki sposób, aby miasto osiągnęło znaczenie żywego organizmu (Singh & Singh, 2010, s. 4 i 10).), zgodnie z planem generalnym miasta (Kimani & Musungu, 2010), a następnie w przypadku planowanych budynków w Kenii, zgodnie z różnymi ustawami i aktami prawnymi parlamentu (ustawy Kenii, 2012, 2010, 2009 i 1968 oraz Republiki Kenii, 2014, 2012, 2012a, 2010 i 1976).

**WARUNKI KOMFORTU CIEPLNEGO**

Omówienie mikrotemperatury ograniczono do temperatury powietrza bliżej ziemi; obliczono ją na wysokości około półtora metra nad poziomem podłogi, odzwierciedlając i porównując dobrze z danymi dostarczonymi przez stacje meteorologiczne (Koenigsberger *i in.* , 1973, s.13). Dane porównawcze zostały przeprowadzone z wykorzystaniem danych meteorologicznych dostarczonych przez międzynarodowy port lotniczy Jomo Kenyatta (Kenijski Departament Meteorologiczny, 1984, s. 61). Nie podjęto próby zebrania ani zestawienia danych benchmarkingowych dotyczących temperatury.

Przyjęto i zastosowano normalne normy i wskaźniki zapewniające komfort cieplny. Temperatura powietrza jest miarą komfortu cieplnego, a inne zmienne związane z promieniowaniem cieplnym, przepływem powietrza i wilgotnością względną, które odnoszą się do komfortu cieplnego, zostały potraktowane w sposób subiektywny, poprzez zastosowanie Wykresu Bioklimatycznego, jak ogólnie zalecany przez Koenigsbergera *i in.* (1973, s. 50 - 51), w zastosowaniu klimatu jeziora Kenii przez Ebrahima Eda. (2010) oraz poprzez zastosowanie Higrotermicznej Skali Komfortu wykorzystanej przez Mefferta (1980, s. 16) w badaniu Lamu.

Do standardów projektowych wykorzystanych w studium należały: Kenya Bureau of Standards (KBS, 2007) oraz International Organization of Standards (ISO, 1995, 1996 i 2001), które wskazują standardy niezbędne do utrzymania komfortu cieplnego przestrzeni (Koenigsberger *et al.* , 1973, s. 47 - 51).

Teoretyczne ograniczenia dla badań obejmowały: równanie bilansu cieplnego (Koenigsberger *i in.* , 1973, s. 75 - 76), temperaturę nadmiaru promieniowania (Meffert, 1981, s. 2) oraz koncepcję temperatury solnego powietrza (Koenigsberger *i in.* , 1973, s. 74). Uniwersalnym porozumieniem w sprawie zmian klimatu wykorzystanym w badaniu był Sekretariat Narodów Zjednoczonych ds. Zmian Klimatu (UNCCS: 2015a), oceniany przez paryskie porozumienie klimatyczne.

## 1.9 PODRĘCZNIK METODOLOGII BADAŃ

W podręczniku omawiane są pytania badawcze, cele, założenia badawcze, uzasadnienie i znaczenie badania.

**PYTANIA BADAWCZE BADANIA**

W wytycznych starano się odpowiedzieć na następujące pytania badawcze:

i. Jakie są zmienne formy miejskiego budownictwa, które powodują zmiany temperatury na terenie Studium Osiedla Komarock?

ii. Jaki wpływ na zmiany temperatury mają znaczące zmienne formy zabudowy miejskiej?

iii. Jaki wpływ na zmiany temperatury mają strategie projektowania i planowania zabudowy miejskiej?

## CELE BADANIA

Głównym celem tych wytycznych było określenie wpływu formy zabudowy miejskiej na zmianę mikrotemperatury. W związku z tym konieczne było podjęcie następujących zadań:

i. Identyfikacja miejskich obiektów budowlanych tworzących zmienne powodujące zmiany temperatury na terenie Studium Osiedla Komarock,

ii. Określenie wpływu istotnych zmiennych dotyczących budynków miejskich na zmiany temperatury, oraz

iii. Opracowanie strategii projektowania i planowania z myślą o zrównoważonej formie zabudowy miejskiej w środowisku o zmieniającej się temperaturze.

## ZAŁOŻENIA BADAWCZE

Celem tych założeń była pomoc w określeniu, w jaki sposób i dlaczego zjawisko zmiany mikrotemperaturowej jest związane z formą zabudowy miejskiej, w przypadku odcinków strukturalnych, jak ma to miejsce w przypadku osiedla Nairobi Komarock, a w szczególności w dzielnicach takich jak Infill B Estate.

Wynik badania przyczynia się do zrozumienia, identyfikacji i określenia istotnych zmiennych dotyczących budynków i otwartej przestrzeni, które powodują zmiany temperatury, a w końcu do zaproponowania wytycznych dotyczących planowania i projektowania, które realizują zrównoważone środowisko miejskie. W rezultacie zmienne te są badane na tle tego, jak przekładają się na strategie projektowania i planowania (Rukwaro, 1997, s. 7-8). W badaniu określono cztery założenia, które wymieniono poniżej:

i. Te czynniki zmian temperatury można zinterpretować w formie zabudowy miejskiej w dzielnicach strukturalnych;

ii. Formy miejskie mają zmienne, które mogą być wykorzystywane do pomiaru zmian temperatury;

iii. Zmiany temperatury są nieuniknione w związku z wahaniami klimatu na świecie i istnieje potrzeba opracowania zrównoważonej formy zabudowy miejskiej; oraz

iv. Zakłada się, że aby zmierzyć istotne zmiany w mikrotemperaturze, elementy statystyczne muszą być rejestrowane i analizowane przy użyciu metod ilościowych i technik graficznych.

## UZASADNIENIE BADANIA

Głównym rezultatem tych wytycznych jest dostarczenie planistom i architektom modeli planowania i projektowania, które integrują powstający system wartości zmian temperatury z odpowiednimi i zrównoważonymi formami zabudowy miejskiej.
Wytyczne te wynikają z potrzeby zapewnienia wykładowcy nauk budowlanych i edukacji architektonicznej, który będzie miał odpowiednie podejście prognostyczne i naprawcze, uwzględniające wpływ form budownictwa miejskiego na zmiany mikrotemperaturowe, a także spełniające normy krajowe i światowe. Dokumentacja dotycząca zależności pomiędzy zmiennymi formy zabudowy miejskiej a ich związkiem ze zmianami mikrotermicznymi jest ograniczona, szczególnie w zorganizowanych dzielnicach w tropikalnym, wyżynnym klimacie, takim jak ten dominujący w Komarock Estate Nairobi. W szczególności brak jest informacji na temat znaczenia systemów regulacji temperatury, które są niezbędne i w rozwoju koncepcji dotyczących planowania i projektowania form budowlanych dla zrównoważonego środowiska o zmieniającej się temperaturze.
Wyniki tego badania są przydatne do określenia albo błędnych wyobrażeń na temat teorii, albo metod stosowanych w poprzednich badaniach w celu rozwiązania problemu badawczego, a co za tym idzie, istotnej potrzeby ponownego przyjrzenia się problemowi i przedstawienia bardziej wiarygodnego stanowiska (Rukwaro, 2011, s. 20). Istniejąca literatura dotycząca przyczyn i przejawów zmian temperatury nie uwzględnia w wystarczającym stopniu zagadnień, które stanowią przedmiot niniejszego badania. Opracowanie to rozwija zatem architektoniczną i budowlaną formę manifestacji zmian temperatury w tropikalnym, wyżynnym klimacie osiedla, jakim jest Komarock.

Wnikliwy przegląd literatury dotyczącej badanego obszaru ujawnił, że istnieją przewidywania, choć nie w pełni sprawdzone, przy bardzo niewielkim nakładzie pracy na konkretny temat zmieniającej się temperatury i budowy formy. Hooper (1975, s. 94-116) pracujący w strefie wyżynnej oraz Koenigsberger *i in.* (1973, s. 229-233) pracujący lub udzielający schronienia dla tropikalnych klimatów wyżynnych głównie na obszarach wiejskich, przeprowadzili ocenę klimatu i tradycyjnego schronienia oraz sformułowali zalecenia dotyczące wykorzystania materiału, formy i rozważań planistycznych. Givoni (1969, str. 278 - 343) przedstawia ogólne zasady projektowania i wyboru materiałów, które uwzględniają budynki, klimat i właściwości elementów budowlanych w tych klimatach. Żaden z tych naukowców nie rozwinął jednak zagadnień dotyczących formy budownictwa miejskiego i jego wpływu na zmiany temperatury. Niniejsze opracowanie miało na celu wypełnienie tej luki w literaturze.

## ZNACZENIE BADANIA

W badaniu tym podkreślono, że podmioty działające na arenie zbudowanej muszą włączyć pojawiający się system wartości zmian temperatury do wytycznych dotyczących planowania i projektowania, jeśli ten ostatni ma być odpowiedni i zrównoważony. Te systemy wartości opierają się na środkach prognostycznych i zaradczych i nie zostały jeszcze włączone do prawodawstwa, kontroli budynków i planowania. Szkolenie architektoniczne musi iść w parze z postępem technologicznym i potrzebami związanymi ze zmianami społeczno-gospodarczymi, politycznymi i środowiskowymi w kraju. Szkolenie architektów nie określiło jednak przepływu wiedzy architektonicznej pomiędzy badaniami, szkoleniem a praktyką. Należy rozumieć, że umiejętności praktyczne są pochodną świata realnego, w którym dynamika ekologii, ekonomii, parametrów społecznych i politycznych jest kluczowa dla produktów końcowych architektury (Rukwaro, 2011, s. 314).

Studium tego rodzaju może być dla architektów wskazówką na temat materiałów budowlanych i przejawów zmian temperatury na tych materiałach, a także na temat tego, jak zmiany temperatury wpływają na kształt budynku. Ponadto badanie to pomoże studentom projektowania klimatycznego zrozumieć dynamikę zmian temperatury w stosunku do formy budowlanej. Istnieje problem nieefektywnego przepływu wiedzy architektonicznej, który wynika z faktu, że studia architektoniczne podejmowane na uczelniach nie są filtrowane z powrotem do praktykujących architektów (Rukwaro, 2011, s. 315).

Badania usprawniają rozwój teorii poprzez formułowanie koncepcji i uogólnianie zjawisk oraz walidację istniejących teorii. Dlatego też niniejsze opracowanie teoretyzuje, że formy budownictwa miejskiego muszą być projektowane i rozwijane w sposób zrównoważony, w oparciu o ich wpływ na środowisko, a w szczególności na mikro-temperaturę.

Wyniki badań dostarczają wykładowcy nauk budowlanych na poziomie uniwersyteckim odpowiednich narzędzi i materiałów dydaktycznych do oceny wpływu wyborów architektonicznych. Zazwyczaj rozpowszechnianie wyników badań polega na celowym, zorientowanym na cel przekazaniu informacji lub wiedzy, która jest specyficzna i potencjalnie użyteczna. W ten sposób wypełnia się lukę pomiędzy badaniami prowadzonymi przez pracowników naukowych, a przyszłymi praktykami, którzy ostatecznie realizują projekty. W związku z tym osoby zainteresowane edukacją architektoniczną odniosą korzyści z badań, ponieważ opracowane wyniki badań dostarczają strategii rozwiązywania sprzecznych kwestii, różnych wyników projektowych i możliwych wyborów projektowych, a tym samym umożliwiają architektom i planistom podejmowanie świadomych decyzji.

# ROZDZIAŁ II: PROJEKTOWANIE KLIMATYCZNE I PRZEGLĄDY MIKROKLIMATU

Rozdział drugi, przegląd literatury związanej z projektowaniem klimatycznym i mikroklimatem, kontynuuje przegląd literatury. Pierwszym celem badań była identyfikacja zmiennych o charakterze urbanistycznym, powodujących zmiany temperatury na terenie Badanego Osiedla Komarock. W tym celu dokonano przeglądu literatury związanej z kształtem budowli miejskich i zmianami temperatury. W ramach drugiego celu badawczego dokonano przeglądu literatury związanej ze znaczeniem zmiennych formy miejskiej budownictwa i zmian temperatury, zrównoważonej formy miejskiej budownictwa i mikroklimatu. W ramach trzeciego celu badawczego dokonano przeglądu literatury związanej z zastosowaniem strategii projektowania i planowania w środowisku zmieniającym się temperatury.

## 2.1 FORMA ZABUDOWY MIEJSKIEJ I ZMIANY TEMPERATURY

Aby zidentyfikować zmienne formy zbudowanej, które mają wpływ na zmiany temperatury, należy najpierw zrozumieć i przejrzeć literaturę związaną z rolą, jaką projekt klimatyczny odgrywa w planowaniu i projektowaniu form zbudowanych. Klimat, jako czynnik modyfikujący, odgrywa ważny aspekt w siłach wytwarzających formy i ma istotny wpływ na formy, które człowiek może chcieć stworzyć dla siebie (Rapoport, 1969, s. 83). W tym przypadku forma zbudowana jest zależna od klimatu i w efekcie od reżimu temperatury danego miejsca.

Istnieje związek pomiędzy zmienną klimatyczną i temperaturową a zmiennymi budowlanymi związanymi z typem budynku, otwartymi przestrzeniami i działalnością handlową. Prace badawcze przeprowadzone w 1927 r. w klimacie umiarkowanym, przy użyciu podstawowych urządzeń, wykazały, że całkowite przekształcenie naturalnego krajobrazu w domy, ulice, place, wielkie budynki użyteczności publicznej, wieżowce i instalacje przemysłowe spowodowało zmiany klimatu w dużych miastach (Geiger, 1975, s. 489).

Podstawową przyczyną występowania różnic w klimacie miejskim w regionach umiarkowanych była zmiana budżetów cieplnych i wodnych, zanieczyszczenie atmosferyczne, tereny zielone i twardy krajobraz, aktywne chemicznie produkty stałe i gazowe (Geiger, 1975, s. 489). Zidentyfikowane zmienne budowlane to zużycie materiałów twardych i wielkość budynków, natomiast zmienne dotyczące otwartej przestrzeni to współczynnik zacienienia, twardy krajobraz i wielkość otwartych przestrzeni.

Klimat miejski różni się od klimatu wiejskiego, a rozmiary tych różnic mogą być czasami dość duże, w zależności od warunków pogodowych, właściwości fizycznych i geometrycznych miejskich termosów oraz antropogenicznych źródeł wilgoci i ciepła występujących na tym obszarze, jak wynika z badań klimatu miejskiego i wysp ciepła w różnych miastach Stanów Zjednoczonych Ameryki (Taha, 1997, s. 99 -103).

Warunki pogodowe są agregowane w czasie, aby stworzyć klimat danego regionu. Termofizyczne właściwości miejskie mogą być wyrażone w trzech podstawowych słowach: właściwości miejskie, termofizyczne i fizyczne. Miejski jest odniesieniem związanym z mieszkaniem lub położeniem w mieście (Allen Ed., 1985, s. 832). Thermo odnosi się do ciepła (Allen Ed., 1985, s. 780), a przez to do temperatury. Fizyka odnosi się do praw natury i fizyki (Allen Ed., 1985, s. 554), a właściwości, odnosi się do typowych lub wyróżniających cech lub jakości. Tak więc, miejskie cechy cieplnofizyczne sugerowałyby zastosowanie fizyki w rozumieniu cech cieplnych miasta lub miast. Charakterystyka geometryczna miejsca składa się z geo, które odnosi się do ziemi (Allen Ed., 1985, s. 308), podczas gdy metryczna obejmuje pomiar (Allen Ed., 1985, s. 462). Charakterystyka geometryczna sugerowałaby charakterystyczny pomiar ziemi, a przez to skalę powierzchni ziemi.

Stężenia zanieczyszczeń miejskich mogą być dziesięciokrotnie wyższe niż w czystej atmosferze, a temperatura powietrza może być średnio o dwa stopnie Celsjusza wyższa. Symulacje sugerują, że rozsądny wzrost albedo w miastach może osiągnąć spadek temperatury powietrza nawet o dwa stopnie Celsjusza, a przy ekstremalnym wzroście albedo, lokalny spadek temperatury powietrza, w pewnych okolicznościach, może osiągnąć cztery stopnie Celsjusza (Taha, 1997, str. 99 -103).

Wyspa ciepła może występować na różnych skalach. Wyspy ciepła mogą występować wokół jednego budynku, niewielkiego baldachimu wegetatywnego lub dużej części miasta. Wyspy ciepła mogą być korzystne lub szkodliwe dla mieszkańców miasta i użytkowników energii (Taha, 1997, s. 99 -103).

Przyczyny i skutki klimatów miejskich i wysp ciepła są różnorodne, a ich interakcje złożone. Wyniki symulacji meteorologicznych sugerują, że miasta mogą w praktyce odwrócić działanie wysp cieplnych i zrównoważyć ich wpływ na zużycie energii po prostu poprzez zwiększenie albedo materiałów dachowych i brukowych oraz ponowne zalesianie obszarów miejskich. Jednak efekty ogrzewania antropogenicznego wydają się być stosunkowo niewielkie. Symulacje wskazują, że wpływ ogrzewania antropogenicznego może być istotny w ośrodkach miejskich, ale ma znikome znaczenie w obszarach mieszkalnych i handlowych (Taha, 1997, s. 99 -103). Wilgoć antropogeniczna i inne zanieczyszczenia pochodzą z działalności człowieka, takiej jak spalanie paliw kopalnych, a nie z procesów takich jak oddychanie i gnicie przyrody i źródeł ciepła obecnych na tym obszarze (Montello & Sutton, 2013, s. 14 i 17).

Rzeczywisty wpływ klimatu miejskiego i wysp ciepła na mieszkańców tych środowisk fizycznych zależy od cech lokalnego klimatu i jego przejawów w postaci zabudowanej, aby złagodzić skutki zmian klimatycznych. Ogólnie rzecz biorąc, wyspy ciepła na małej i średniej szerokości geograficznej są niepożądane, ponieważ przyczyniają się do chłodzenia ładunków, dyskomfortu termicznego i zanieczyszczenia powietrza, podczas gdy wyspy ciepła na dużej szerokości geograficznej stanowią mniejszy problem, ponieważ mogą zmniejszyć zapotrzebowanie na energię grzewczą (Taha, 1997, s. 99 -103).

Dane z monitoringu terenowego i symulacji meteorologicznych wskazują, że zmiany w albedo powierzchniowym i pokrywie roślinnej mogą być skuteczne w modyfikowaniu klimatu zbliżonego do powierzchniowego (Taha (1997, s. 99 -103). Zidentyfikowane zmienne formy zabudowy to albedo powierzchniowe, ewapotranspiracja z roślinności oraz ogrzewanie antropogeniczne ze źródeł ruchomych i stacjonarnych jako przyczyny zmian klimatu miejskiego.

## 2.2 ZNACZENIE BUDOWNICTWA MIEJSKIEGO W FORMIE ZMIENNYCH I ZMIAN TEMPERATURY

Rejestry zmian klimatycznych są prowadzone przez organizacje międzynarodowe. Zmian Klimatu (IPCC) został powołany w 1988 roku przez Światową Organizację Meteorologiczną (WMO) i Program Narodów Zjednoczonych ds. Ochrony Środowiska (UNEP) jako forum dla państw w celu rozwiązywania problemów związanych ze zmianami klimatu. Wstępne ustalenia IPCC obejmowały wzrost globalnej temperatury powierzchni ziemi o 0,75 stopnia Celsjusza od dwudziestego wieku. W ciągu ostatnich pięćdziesięciu lat odnotowano gwałtowne wzrosty. W latach 1998, 2002, 2003, 2004, 2005 itd. odnotowano wzrost średniej globalnej temperatury powietrza i oceanów, powszechne topnienie śniegu i lodu, wzrost średniego światowego poziomu morza oraz stężenie dwutlenku węgla i metanu w atmosferze w ciągu ostatnich 10 000 lat (Shuckburg, 2007, s. 6).

Konwencje międzynarodowe zalecają progi zmian temperatury w skali mikro, które państwa powinny utrzymać. W badaniach w klimacie umiarkowanym korzystano z komputerów, które przewidywały wzrost temperatury o 0,15 do 0,3 stopnia Celsjusza w porównaniu z 0,2 stopniami Celsjusza obserwowanymi w ciągu dekady. Przewidywania dotyczące przyszłych zmian klimatu po dwóch kolejnych dekadach zależą od założeń dotyczących przyszłej emisji gazów cieplarnianych i wskazują na ponurą przyszłość odpowiadającą wielkiej epoce lodowcowej, która miała miejsce 120 000 lat temu (Shuckburg, 2007, s. 6-7).

Rejestry zmian klimatycznych są również prowadzone przez specjalne jednostki utworzone przez różne uczelnie. Jednostka Badań Klimatycznych na Uniwersytecie Anglii Wschodniej w Norwich zarejestrowała i symulowała historię, wykorzystując siedemnaście zestawów danych do stworzenia rekordu średniej temperatury w lecie dla obu półkul od 1000 do 1991 roku, z 17 zestawów, 10 dla półkuli północnej, a pięć zestawów dla Szwecji, Syberii, Alberty i Idaho. Dane o rdzeniu lodowym to dwa zestawy dla Grenlandii i jeden zestaw dla Spitzbergenu. Średnie temperatury były wyższe w 1000 i 1998 roku, przy czym najwyższe zarejestrowane temperatury odnotowano w Rosji i na Alasce. Temperatury ponad czterdziestu pięciu stopni Celsjusza odnotowano w Australii Środkowej, państwach Zatoki Perskiej i Sudanie (McDonald, 2003, s. 102).

Zmiany temperatury w obszarach miejskich przypisano przyczynom, które obejmują: zniszczenie równowagi ekologicznej poprzez wylesianie, urbanizację i pustynnienie, niekontrolowaną emisję gazów cieplarnianych, materiały i procesy wymagające wysokiego zużycia energii, ingerencję człowieka w klimat lub środowisko, szkodliwe skutki nowych produktów, szkodliwe produkty uboczne procesów produkcyjnych poprzez promieniowanie i zanieczyszczenie oraz awarie systemów produkcyjnych, transportowych i technologicznych (McDonald, 2003, s. 16 i s. 109).

Zapisy zmian klimatycznych pomagają w tworzeniu teorii artykulacyjnych zmian temperatury w kontekście urbanizacji oraz w wyodrębnieniu istotnych zmiennych jako postępów w teorii. Zalecane zmienne obejmują: położenie Słońca względem budynku w odniesieniu do wysokości i azymutu słonecznego, orientację i nachylenie terenu, istniejące przeszkody na terenie budowy, możliwość przesłonięcia przez przeszkody poza terenem budowy, grupowanie i orientację budynków, rozmieszczenie dróg i usług, rodzaje oszklenia i projektowanie elewacji, charakter przestrzeni wewnętrznych, do których przenika promieniowanie słoneczne, zdolność izolacji i oporność materiałów (McDonald, 2003).

Temperatura powierzchni ziemi wydaje się być związana z procesem urbanizacji. Rzeczywiście, wzrost procesu urbanizacji prowadzi do zastępowania powierzchni naturalnych i ciągłego wzrostu sztucznego użytkowania gruntów, lokalnego pokrycia w postaci dróg, budynków i innych powierzchni antropogenicznych, czyniąc je nieprzepuszczalnymi (Mumina i Mundia, 2014, s. 41).

Ciągłe i ogromne zmiany w lokalnej strukturze użytkowania gruntów oraz rozrastanie się, wkraczanie i niszczenie ekosystemu w miejskiej przestrzeni zielonej doprowadziły do wzrostu intensywności temperatury powierzchni ziemi, sugerując tym samym wpływ form budowlanych na zmianę temperatury (Mumina i Mundia, 2014, s. 41).

Zmiany temperatury wydają się być związane ze wzrostem liczby ludności. Biorąc pod uwagę szacunki, że liczba ludności świata mieszkającej na obszarach miejskich prawdopodobnie znacznie wzrośnie w nadchodzących latach, a także przekonanie, że największy wzrost występuje w krajach rozwijających się; najbardziej prawdopodobne jest, że problemem na obszarach miejskich będzie wzrost temperatury powierzchni w wyniku ciągłych zmian i przekształceń powierzchni poprzednio przepuszczalnych w powierzchnie nieprzepuszczalne. Zmiany te będą miały wpływ na środowisko naturalne, a zanieczyszczenie powietrza jest czynnikiem przyczyniającym się do globalnego ocieplenia zwiększającego temperaturę powierzchni (Mumina i Mundia, 2014, s. 41).

Inne zmiany temperatury mają wpływ na absorpcję promieniowania słonecznego, szybkość parowania, temperaturę powierzchni, magazynowanie ciepła i turbulencje wiatrowe; wszystkie te warunki mieszczą się w miejskim zjawisku cieplnym wyspy (Mumina i Mundia, 2014, s. 41).

Ustalenia dotyczące zmian temperatury mogą pomóc planistom i architektom w podjęciu świadomych decyzji dotyczących projektowania zrównoważonej formy budynku. Szczególne znaczenie dla rządu hrabstwa Nairobi ma możliwość podjęcia działań poprzez opracowanie polityki mającej na celu dalszą kontrolę zmian w lokalnym pokryciu terenu, tak aby zminimalizować i zredukować ich wpływ, łagodząc tym samym mikroklimat miejski (Mumina i Mundia, 2014).

Zalecanym działaniem jest wprowadzenie zielonego budownictwa, jak również przyjęcie środków zapewniających ciągłą ochronę zielonych korytarzy i przestrzeni w Nairobi (Mumina & Mundia, 2014). Tabela 2.1 zawiera listę zmian mikrotemperaturowych, formy budownictwa miejskiego i innych zmiennych, uznanych za istotne w przeglądzie literatury pokrewnej.

Tabela 2.1: Wykaz zmian mikrotemperaturowych, postaci urbanistycznej i innych zmiennych uznanych za istotne w przeglądzie literatury pokrewnej.
Źródło: Opracowanie na podstawie przeglądu literatury pokrewnej (2016).

| **Pozycja** | **Autorzy (Rok)** | **Zmiany mikrotemperaturowe oraz zmienne postaci urbanistycznych budynków zidentyfikowane jako istotne w przeglądzie literatury pokrewnej** |
|---|---|---|
| 1 | Geiger (1975) | Zmiana temperatury, typ i wielkość budynku, wielkość otwartej przestrzeni, współczynnik zacienienia, działalność handlowa, zmiana budżetów cieplnych i wodnych, zanieczyszczenia atmosferyczne, tereny zielone i twardy krajobraz. |
| 2 | Meffert (1981) | Zmiany temperatury, temperatura powietrza atmosferycznego, pory dnia i tygodnia, rozwój miast, miejskie wyspy ciepła, wzrost miasta, wielkość populacji, przywrócenie spływu opadów, opóźnienie czasowe materiałów, powierzchnia twardych powierzchni, roślinność, wentylowany cień, ewapotranspiracja i chłodzenie, materiały o niskiej pojemności cieplnej, powierzchnie czarne lub lekkie, topografia, warunki klimatyczne, pory roku i populacja powietrza. |
| 3 | Taha (1997) | Temperatura powietrza, różnice temperatur między |

| | | miastem a wsią, wyspy ciepła, zmiany klimatu miejskiego, warunki pogodowe, właściwości termofizyczne, geometryczne, ogrzewanie antropogeniczne ze źródeł ruchomych i stacjonarnych, wilgotność antropometryczna, powietrzne źródła ciepła, stężenia zanieczyszczeń miejskich, powierzchnia miasta, albedo powierzchniowe materiałów dachowych i powierzchni do chodzenia, klasyfikacja budynków, zadaszenie drzew i ewapotranspiracja z roślinności. |
|---|---|---|

Tabela 2.1: Kontynuuje

| | | |
|---|---|---|
| 4 | McDonald (2003) | Temperatura, ruch słoneczny (wysokość i azymut słońca), orientacja i nachylenie terenu, istniejące przeszkody na terenie budowy, zacienienie przed przeszkodami poza terenem budowy, grupowanie i orientacja budynków, rozmieszczenie dróg i usług, rodzaje oszklenia i projekt elewacji, charakter przestrzeni wewnętrznych, izolacyjność i oporność materiałów. |
| 5 | Shulkburg (2007) | Globalna temperatura powierzchni, średnia temperatura powietrza, stężenie dwutlenku węgla i metanu w atmosferze. |
| 6 | Firth and Wright (2008) | Średnia temperatura, temperatura powietrza zewnętrznego, klasyfikacja budynków (tarasy płaskie i końcowe budowane celowo) oraz pory roku. |
| 7 | Komisja Wykonawcza ds. Konstytucji (2010) | Prawodawstwo w zakresie ochrony środowiska. |
| 8 | Kane *et al.* (2011) | Temperatura powietrza, wewnętrzna temperatura powietrza, wpływ na ustawodawstwo w zakresie ochrony środowiska, zachęty do przestrzegania przepisów w zakresie ochrony środowiska, klasyfikacja budynków (wolnostojące, płaskie, bliźniacze, w połowie i na końcu tarasu) oraz schemat użytkowania. |
| 9 | Montello i Sutton (2013) | Działalność człowieka, populacja ziemi i wody w powietrzu, siedliska dzikiej przyrody, utrata różnorodności biologicznej i prawodawstwo w zakresie ochrony środowiska. |
| 10 | Mumina i Mundia (2014) | Zmiana temperatury, temperatura powierzchni, temperatura powierzchni ziemi, magazynowanie ciepła, proces i tempo urbanizacji, obszar zabudowany, pokrycie roślinnością, wilgotność, lokalne pokrycie terenu (obszary zabudowane i nieużytkowane), wymiana powierzchni naturalnych, powierzchnie sztuczne (drogi, budynki i antropogeniczne), rozrastanie się miast, nierównowaga ekosystemów, miejskie tereny zielone, wzrost populacji, promieniowanie słoneczne, absorpcja, tempo parowania, turbulencje wiatrowe i zjawisko wysp ciepła. |

## 2.3 ZRÓWNOWAŻONA FORMA BUDOWNICTWA MIEJSKIEGO I MIKROKLIMAT

Przegląd literatury związanej ze związkiem między zrównoważoną formą urbanistyczną a mikroklimatem ułatwiłby badanie zależności między formą urbanistyczną a zmianą mikrotemperatury oraz określenie wpływu istotnych zmiennych formy urbanistycznej, które przyczyniają się do zmiany temperatury.

Zmiany temperatury wydają się być związane z degradacją środowiska. Badania środowiskowe, które formalnie pojawiły się jako dyscyplina w latach 60. ubiegłego wieku, dotyczą wpływu działalności człowieka na środowisko. Badania sugerują, że działalność człowieka jest odpowiedzialna za wyraźne zanieczyszczenie powietrza, ziemi i wody, ciągłe niszczenie siedlisk dzikiej przyrody na całym świecie i jednoczesną utratę różnorodności biologicznej (Montello & Sutton, 2013, s. 14-15).

Niezbędne są badania nad tymi aspektami form budowlanych, które przyczyniają się do zanieczyszczenia środowiska, zmniejszenia powierzchni terenów zielonych oraz zrównoważonego łączenia twardych i miękkich krajobrazów.

Wzrosło zainteresowanie społeczeństwa degradacją środowiska naturalnego oraz obawy o jej wpływ na przyrodę i zdrowie ludzkie, co doprowadziło do tego, że rządy krajów rozwiniętych przyjęły przepisy regulujące działania człowieka, które mają negatywny wpływ na środowisko naturalne. W Kenii ustawa o zarządzaniu środowiskiem z 1999 r. oraz rozporządzenie w sprawie oceny oddziaływania na środowisko i audytu środowiskowego z 2003 r. wymagają, aby ocena oddziaływania na środowisko była przeprowadzana za każdym razem, gdy osoby fizyczne lub deweloperzy chcą zmienić przeznaczenie i użytkowanie gruntów (Komisja ds. Wdrażania Konstytucji, 2010 r.). Prawodawstwo i mechanizmy regulacyjne zapewniają zatem, że wyniki badań przenikają do praktyki.

Rzecznictwo w badaniach środowiskowych zmniejszyłoby wpływ zmian temperatury. Badania powinny nie tylko uczyć, jak działa świat, ale także pomagać obywatelom w zmniejszaniu szkodliwego wpływu na środowisko (w tym na rośliny i inne zwierzęta) oraz zwiększać korzystne oddziaływanie (Montello & Sutton, 2013, s. 15). Wszystkie zainteresowane strony na etapie zmiany klimatu muszą odegrać swoją rolę w zapewnieniu zrównoważonej przyszłości dla wszystkich.

## 2.4 ZASTOSOWANIE STRATEGII PROJEKTOWANIA I PLANOWANIA W ŚRODOWISKU O ZMIENNEJ TEMPERATURZE

W celu opracowania strategii projektowania i planowania, z uwagi na zrównoważoną formę zabudowy miejskiej w środowisku o zmieniającej się temperaturze, dokonano przeglądu literatury związanej ze stosowaniem i wpływem strategii projektowania i planowania w różnych środowiskach. Przegląd literatury dotyczącej stosowania przepisów prawnych w zakresie zmian klimatu przyniósł lekcje na temat związku pomiędzy budownictwem na bazie i w środowisku o zmieniającej się temperaturze.

Badania nad zrozumieniem praktyk grzewczych stosowanych przez użytkowników w mieszkaniach w Wielkiej Brytanii, oceniły wpływ ustawy o zmianach klimatu z *2008 r.*, Zielonego Ładu z *2010 r.* oraz Światowej Organizacji Zdrowia (WHO), które sugerują, że mieszkania powinny być ogrzewane w temperaturze 21 stopni Celsjusza w salonie i 18 stopni Celsjusza w sypialni. W badaniach przeprowadzonych dla 290 gospodarstw domowych w Leicester (Wielka Brytania) opracowano sposób, w jaki ogrzewanie

gospodarstw domowych przy wymaganych temperaturach wewnętrznych promowało zdrowie i dobre samopoczucie mieszkańców budynków (Kane *i in.*, 2011).
Wszystkie badania wykazały, że gospodarstwa domowe były ogrzewane w niższych niż zalecane temperaturach 21 stopni Celsjusza. Ustawa o zmianach klimatycznych zobowiązała rząd Wielkiej Brytanii do redukcji emisji dwutlenku węgla o 80 procent, z poziomu z 1990 r. do 2050 r., podczas gdy Zielony Ład zapewnił, że właściciele domów otrzymali kredyt na poprawę efektywności energetycznej swoich nieruchomości i oczekiwano, że spłacą go za pomocą pieniędzy zaoszczędzonych na niższych rachunkach za energię (Kane *et al.*, 2011, s. 1-7).
Może istnieć symbiotyczna zależność pomiędzy zbudowanymi formami a zmianą temperatury. Zmniejszenie ilości energii zużywanej do ogrzewania pomieszczeń jest wyzwaniem, ponieważ jest ono związane z parametrami technicznymi budynku i jego systemów grzewczych, jak również z zachowaniem się użytkowników. Badanie, mające na celu powiązanie typu domu z temperaturą wewnętrzną (Kane *i in.*, 2011, s. 1-7, wykorzystywało rejestratory danych do monitorowania temperatury powietrza co godzinę między lipcem 2009 r. a marcem 2010 r. na temat typów budynków, które obejmowały budynki wolnostojące, płaskie, bliźniacze, średnio- i końcowe. Zgodnie z badaniem, typ budynku o zmiennej formie budowy wydaje się mieć związek ze zmianą temperatury. Profile temperaturowe wskazywały, że średnio mieszkania mają wyższe temperatury wewnętrzne niż inne typy domów. Wymagana jest dalsza analiza tego zestawu danych, aby w pełni odpowiedzieć na pytanie, dlaczego te właściwości mają niskie temperatury w okresach użytkowania (Kane *i in.*, 2011, s.1 - 7).
Wcześniejsze badania 224 angielskich mieszkań, przeprowadzone w okresie od 22 lipca do 31 sierpnia 2008 r., wykazały, że w sumie w pokojach mieszkalnych średnia temperatura wynosiła 21,4 stopnia Celsjusza, w sypialniach średnia temperatura wynosiła 21,5 stopnia Celsjusza, a średnia temperatura powietrza zewnętrznego w tym okresie wynosiła 15,3 stopnia Celsjusza (Firth & Wright, 2008).
Z powyższego badania wynika, że: mieszkania budowane celowo i tarasy końcowe miały najwyższe średnie temperatury latem i największy potencjał do przegrzania, mieszkania po 1990 roku miały najwyższe średnie temperatury i były bardziej narażone na przegrzanie, średnie temperatury latem w mieszkaniach były najwyższe wieczorem (17:15 do 23:15), a najniższe rano (06:45 - 09:00). Przeprowadzono dyskusję na temat zależności pomiędzy temperaturami wewnętrznymi i zewnętrznymi, z podkreśleniem, że konieczne są dalsze badania nad analizą tych dwóch temperatur (Firth & Wright, 2008, s.1).

## ROZDZIAŁ TRZECI: PRZEGLĄDY TEORETYCZNE

W rozdziale trzecim dokonano przeglądu literatury związanej z metodologią teoretyczną oraz opracowano ramy teoretyczne badań nad związkiem między zmianą mikrotermury a zmiennymi formy budowli miejskich, w postaci równania bilansu cieplnego; zespołu chorego budynku; opublikowanych danych klimatycznych i klimatu miejsca; zmiany temperatury; badań miejskich wysp cieplnych; temperatury powietrza solnego; uniwersalnych porozumień w sprawie zmian klimatu; badań kanionów miejskich; formy budowli miejskich i mikroklimatu; projektowania przestrzeni miejskiej na zewnątrz; oraz podsumowania metod teoretycznych.
Ramy teoretyczne dla badań nad związkiem między zmianą mikrotermiczną a formą zabudowy miejskiej były zbiorem powiązanych ze sobą koncepcji dotyczących tego, jaką formę przybiera struktura, oraz określenia, co należy zmierzyć i jakich relacji statystycznych

należy szukać (Rukwaro, 2016, s. 25). Teoria lub ramy teoretyczne to struktura służąca wyjaśnieniu zjawiska; określa ona konstrukty i prawa, które wzajemnie się z nimi wiążą. Konstrukcja jest pojęciem, abstrakcją lub ideą zaczerpniętą z konkretnej, podczas gdy szkielet odnosi się do głównej struktury lub szkieletu, który nie tylko nadaje formę i kształt całemu systemowi, ale także wspiera i utrzymuje wszystkie pozostałe elementy w logicznej konfiguracji (Mugenda, 2011, s. 11 i s. 34).

Opracowanie przedstawia teorię wyjaśniającą, dlaczego badany problem istnieje, zaczyna się od ram teoretycznych opracowanych na potrzeby badania, krytycznie analizuje teorie przedstawione przez zwolenników, którzy zajmowali się podobnym problemem w celu opracowania wykonalnych ram teoretycznych.

## 3.1 RÓWNANIE BILANSU CIEPLNEGO

Temperatura i klimat danego regionu ma głęboki wpływ na projektowanie zrównoważonej formy budowlanej. Zasadniczo do utrzymania komfortu cieplnego przestrzeni niezbędne są normy temperatury projektowej (TD), które są ustalane przez władze takie jak Kenia Bureau of Standards (KEBS) i International Organization of Standards (ISO) (Koenigsberger *et al.* 1973, str. 47 - 51). Temperatury projektowe są również stosowane w równaniu bilansu cieplnego (Koenigsberger i in. *1973, str.* 75 - 76) dla przegrody jako elementu form budowlanych w następujący sposób:

$$Qi + Qs \pm Qc \pm Qv \pm Qr \pm Qm - Qe = QTHB = 0 \quad \text{(wzór 3.1)}$$

Gdzie Qi jest przypadkowym przyrostem ciepła, Qs przyrostem ciepła słonecznego, Qc przyrostem lub utratą ciepła przez przewodzenie, Qv przyrostem lub utratą ciepła przez wentylację, Qr przyrostem lub utratą ciepła przez promieniowanie, Qm przyrostem lub utratą ciepła przez środki mechaniczne, Qe utratą ciepła przez parowanie i QTHB całkowitym bilansem cieplnym.

Incydentalne zyski ciepła (Qi) mogą obejmować zyski z samochodów, ludzi, żarówek elektrycznych, zwierząt lub zyski z codziennego użytkowania przestrzeni zewnętrznej i przegród zewnętrznych budynku. Zyski słoneczne (Qs) odnoszą się do orientacji budowanych form, urządzeń cieniujących, pokrywy roślinnej itp. Oczekuje się, że zyski lub straty ciepła w procesie przewodzenia (Qc) będą minimalne ze względu na kontakt w ciągu dnia, ale w nocy będą miały znaczący wpływ z powodu napromieniowania.

Zyski lub straty wentylacyjne (Qv) lub wpływ prądów powietrza zależą od temperatury i różnicy powierzchni, różnicy ciśnień, prądu wiatru i efektu komina, zestawień wlotowych i systemów pasywnych. Zyski lub straty z tytułu napromieniowania (Qr) wynikające z różnicy temperatur lub ciśnienia zależą od temperatury powierzchni w odniesieniu do odległości lub widoku urządzenia pomiarowego lub obiektu. Straty wynikające z wyparowania (Qe) związane z wykorzystaniem materiału, wilgocią i pokrywą roślinną w przypadku przesyłu, oddychania, dwutlenku węgla, poziomu tlenu i innych emisji. Kontrole mechaniczne (Qm) będą określać wydajność mechanicznego ogrzewania lub chłodzenia, aktywnych systemów i wymagań dotyczących klimatyzacji.

Całkowity bilans cieplny (QTHB) jest neutralny, gdy zyski i straty ciepła przez budowlę bilansują się same. W związku z tym oczekuje się, że forma budowlana zaprojektowana z myślą o komforcie człowieka w określonej temperaturze projektowej będzie zrównoważona w tym środowisku temperaturowym. Jednak gdy całkowity bilans cieplny wzrośnie (QTHB↑), pojawią się zyski wynikające np. z klimatu, a dokładniej ze zmiany temperatury (ΔT), co będzie miało negatywny wpływ na utrzymanie ciepła za pomocą środków mechanicznych (Qm). Wynika to z faktu, że do utrzymania warunków komfortu w postaci obciążenia klimatyzacji trzeba by wykorzystać więcej energii. Wraz ze wzrostem temperatury powietrza (do ↑) w wyniku naturalnego procesu termodynamiki oraz w zależności od strategii izolacyjnych i pojemnościowych stosowanych przez projektantów takich form budowlanych, temperatura wewnątrz pomieszczeń (Ti) wzrosłaby najbardziej, biorąc pod uwagę, że inne rzeczy utrzymywane są na stałym poziomie i odwrotnie (Koenigsberger *i in.* 1973, str. 75 - 77).

## 3.2 ZESPÓŁ CHOREGO BUDYNKU

W kraju o ograniczonych zasobach i wielu naglących potrzebach, większość mieszkańców takich przegrzanych konstrukcji i form zabudowy nie może sobie pozwolić na wydatki na urządzenia chłodzące niezbędne do utrzymania komfortu cieplnego i jako takie cierpi na schorzenia związane ze stresem termicznym. Takie negatywne warunki, dominujące w formach budowlanych, znane są pod nazwą Syndrom Chorego Budynku (SBS), a działanie naprawcze na formie budowlanej w celu przywrócenia komfortu cieplnego jest procesem doposażania form budowlanych przez projektantów i przekształceń przez użytkowników tych form budowlanych. Przeprowadzono badania nad diagnozowaniem, działaniami zaradczymi i technikami doposażania w chore formy budowlane w kenijskim klimacie wyżynnym (Ebrahim, 2011) i chorym zespole budowlanym oraz bioklimatyczną klasyfikacją regionalną w Kenii (Ebrahim, 2011a), a zalecenia są tego przykładem.

Identyfikacja głównych zmiennych uwypuklonych w relacjach i teoriach związanych ze zmianą mikro-temperatury i form zbudowanych była kolejnym krokiem w rozwoju ram teoretycznych badań. Temperatura jest mierzona w cieniu i w organizacjach meteorologicznych, zwykle w wentylowanej skrzyni (Stevenson Screen) na wysokości od 1,2 do 1,8 metra nad poziomem gruntu (Szokolay, 2011, s. 29).

## 3.3 OPUBLIKOWANE DANE KLIMATYCZNE I KLIMAT W TERENIE

Większość publikowanych danych klimatycznych jest zbierana ze stacji meteorologicznych, zwykle zlokalizowanych na terenie otwartym, często na lotniskach (Szokolay, 2011, s. 73). Danych klimatycznych do opracowania szukano w Oddziale Meteorologicznym Afryki Wschodniej (EAMD: 1970) i Kenii (KMD: 1984), a w szczególności w stacji meteorologicznej na Międzynarodowym Lotnisku Jomo Kenya (Kenijski Oddział Meteorologiczny, 1984, s. 61), która jest najbliższą stacją meteorologiczną w stosunku do Osiedla Komarock Infill B.

Klimat danego miejsca może się dość znacznie różnić od tego, na co wskazują dostępne dane z lokalnych stacji meteorologicznych (Szokolay, 2011, s. 73). Klimat, a w szczególności mikrotemperatura w Komarocku, mogła różnić się dość znacznie od tego, na co wskazują dostępne dane ze stacji meteorologicznej, i jest to główny temat niniejszego opracowania.

Według Szokolaya, pomiary na miejscu są niepraktyczne, ponieważ nie wystarczyłby rok, a rzadko jest dostępny taki czas na realizację projektu (Szokolay, 2011, s. 73). Dane zostały zebrane w Komarocku w okresie od 8 czerwca 2013 roku do [19] września 2015 roku.

W szkołach architektonicznych zwyczajowo uzyskuje się dane z najbliższej stacji meteorologicznej i ocenia się jakościowo, w jaki sposób i w jaki sposób klimat miejsca odbiega od klimatu wskazanego przez stacje meteorologiczne (Szokolay, 2011, s. 73). W badaniu wykorzystano oprogramowanie (Ebrahim, 2010, 2010c i 2010d) do synchronizacji danych z najbliższej stacji meteorologicznej i warunków terenowych.

## 3.4 ZMIANA TEMPERATURY

Przewidywano, że dzięki zrozumieniu teorii zmian temperatury, badanie e będzie w stanie zidentyfikować i przeprowadzić ocenę zmiennej zależnej. Zmiana temperatury ($\Delta T$), a w szczególności mikro-zmiana temperatury w stopniach Celsjusza, jest różnicą między temperaturą mierzonego powietrza ($T_o$) a odczytami temperatury z lokalnej stacji meteorologicznej opracowanymi jako temperatura bazowa (TB). Mikrotemperaturową zmianę obliczono za pomocą następującego wzoru:

$\Delta T = D_o - TB$ (Wzór 3.2)

## 3.5 BADANIA DOTYCZĄCE MIEJSKICH WYSP CIEPŁA

Prace badawcze nad różnymi aspektami budowy i zmian temperatury podjęli Givoni (1969), Lenihan i Fletcher (1978), Baker (1987), Njue i Kimeu (2010), Meffert (1981) i Koenigsberger (*et al.* , 1973).

W związku z tym badania te dostarczyły informacji na temat miejskiej wyspy ciepła w Nairobi, sugerując, że: rozwój miejski generalnie prowadzi do typowego wzrostu temperatury nawet w zupełnie innych warunkach topograficznych i klimatycznych, wyspy ciepła mają tendencję do wzrostu wraz ze wzrostem miasta, i jak sugeruje się proporcjonalnie do logarytmu wielkości populacji, wyspy ciepła na obszarach uprzemysłowionych są najsilniejsze w dni robocze, i że w okresach upałów wyspy ciepła tworzą obszary o znacznym wzroście śmiertelności, zwłaszcza wśród osób starszych (Meffert, 1981, s. 2).

Miejskie wyspy ciepła obserwacje i wyrażanie w kategoriach meteorologicznych przez albedo (Meffert, 1981, s. 2) oraz w kategoriach budowlanych przez koncepcję temperatury powietrza solankowego, gdzie nadmiar temperatury promieniowania jest wyrażany przez:

I. $\alpha/f$ (wzór 3.3)

Gdzie I to promieniowanie padające (W/m2), $\alpha$ to współczynnik (stosunek) absorbancji, a f to przewodność powierzchniowa (W/m2 $^{oC}$). Przewodność powierzchniowa zależy od konwekcyjnych i parowych właściwości danego materiału i jego ekspozycji.

## 3.6 TEMPERATURA POWIETRZA SOLNEGO

Temperatura powietrza słonecznego jest wartością temperatury, która wywołuje taki sam efekt termiczny jak dane promieniowanie padające. Koncepcja temperatury powietrza słonecznego łączy w sobie efekt grzewczy promieniowania słonecznego padającego na budynek z efektem ciepłego powietrza, a temperatura powietrza słonecznego jest dodawana do temperatury powietrza (Koenigsberger *i in.* , 1973, str.74), co zostało przedstawione w poniższym równaniu:

Ts =Do + [(I x a)/fo] (wzór 3.4)

Gdzie Ts jest temperaturą powietrza solnego ($^{oC}$), $T_o$ jest temperaturą powietrza zewnętrznego ($^{oC}$), I jest natężeniem promieniowania (W/m2), a jest absorbancją powierzchni, a $f_o$ jest przewodnością powierzchni zewnętrznej (W/m2 $^{oC}$).

## 3.7 POWSZECHNE POROZUMIENIA W SPRAWIE ZMIAN KLIMATU

Powszechne porozumienia w sprawie zmian klimatu są wykorzystywane przez regionalne i krajowe organy normalizacyjne do opracowywania wzorców odniesienia w zakresie zmian temperatury w skali mikro i przekładania ich na przepisy prawne przez odpowiednie rządy. Ramowa konwencja Narodów Zjednoczonych w sprawie zmian klimatu (UNFCCC: 2015a), licząca 196 stron, jest prawie powszechnym członkiem i jest traktatem macierzystym Protokołu z Kioto z 1997 r., który został ratyfikowany przez 192 strony (Sekretariat Narodów Zjednoczonych ds. Zmian Klimatu, 2015a, s. 2). Część zakresu raportu wymagała przeglądu i rozważenia wzmocnienia długoterminowego celu globalnego, odnosząc się do różnych kwestii przedstawionych przez naukę, w tym w odniesieniu do ocieplenia o 1,5 stopnia Celsjusza powyżej poziomu sprzed epoki przemysłowej (UNFCCC: 2015, s.3).
Według nauki, aby utrzymać wzrost średniej temperatury na świecie poniżej 2 stopni Celsjusza powyżej poziomu sprzed okresu uprzemysłowienia, konieczne są głębokie redukcje globalnych emisji gazów cieplarnianych, dlatego też strony powinny podjąć pilne działania w celu osiągnięcia tego długoterminowego celu, zgodnego z nauką i opartego na sprawiedliwości, który od tej pory będzie określany jako limit dla globalnego ocieplenia (UNFCCC: 2015, s.3).W przeglądzie literatury skoncentrowano się również na rozważeniu możliwości wzmocnienia długoterminowego celu globalnego, odnosząc się do różnych kwestii przedstawionych przez naukę, w tym w odniesieniu do wzrostu temperatury o 1,5 stopnia Celsjusza (UNFCCC: 2015, s. 4).
Jeśli chodzi o średnie temperatury na świecie, doniesienia ujawniły wzrost o 0,85 stopnia Celsjusza od 1880 roku; jest to dobre przybliżenie poziomów przedindustrialnych, podczas gdy inny doniósł, że 14 z ostatnich 15 lat było najcieplejszymi w historii, a rok 2014 był najgorętszym rokiem. Ponad 90 proc. energii zgromadzonej w systemie klimatycznym w latach 1971-2010 zostało wchłonięte przez oceany, co doprowadziło do ocieplenia oceanów. Jeśli chodzi o prognozy, do roku 2100 średnia zmiana temperatury na świecie prawdopodobnie przekroczy 1,5 stopnia Celsjusza w stosunku do poziomu sprzed epoki przemysłowej (UNFCCC: 2015, s. 6-7), z wyjątkiem sytuacji, w której ocieplenie prawdopodobnie nie przekroczy 2 stopni Celsjusza i będzie trwało po 2100 r., myślenie o rozwoju "jak zwykle" ma te same cechy, z tym że do 2100 r. prawdopodobnie przekroczy ono 2 stopnie Celsjusza. Ponadto raporty sugerują, że zmiany temperatury będą wykazywały zarówno zmienność międzyroczną, jak i dekadalną oraz różnice regionalne. Na przykład, jeśli chodzi o ekstremalne temperatury, fale upałów będą występować z większą częstotliwością i przez dłuższy czas (UNFCCC: 2015, s. 6-7).
W przypadku przekroczenia limitu temperatury, co czasami określa się mianem przekroczenia, ocieplenie może zostać przywrócone do tego limitu w dłuższym okresie, jeżeli zawartość dwutlenku węgla w atmosferze zostanie później aktywnie zmniejszona. Jeśli chodzi o aspekty długoterminowe, rzeczywista równowaga pod względem temperatury,

zwłaszcza wód oceanicznych i poziomu morza, zostałaby osiągnięta dopiero po kilku stuleciach w skali tysiącletniej. W dużym stopniu antropogeniczne zmiany klimatu, w tym zakwaszenie oceanów i wiele innych skutków, są nieodwracalne, przynajmniej w perspektywie od wielu stuleci do tysiąclecia (UNFCCC, 2015, s. 6-7).
Paryskie porozumienie klimatyczne, oparte na podpisanym później w Genewie porozumieniu z 13 lutego 2015 roku, zostało zawarte w Paryżu pod koniec 2015 roku i wejdzie w życie w 2020 roku. Tekst negocjacyjny obejmuje zasadniczą treść nowego porozumienia, w tym łagodzenie skutków, dostosowanie, finansowanie, technologię i budowanie potencjału (UNCCS: 2015a, s. 1).

### 3.8 BADANIA KANIONÓW MIEJSKICH

Po dokonaniu powyższego przeglądu literatury, rozpoczęto prace nad teoretycznymi ramami badań nad związkiem pomiędzy zmianą mikrotemperatury a formą urbanistyczną, w których starano się operować zmiennymi i ustalić związek pomiędzy zmiennymi w celu pozyskania nowej wiedzy.
Istotą planowania i projektowania jest dokonywanie wyborów pomiędzy alternatywami. Nie jest to łatwe zadanie, zwłaszcza gdy dotyczy ono wartości społecznych i ekonomicznych. Nawet tutaj, gdzie chodzi o efekty fizyczne, wybory nie są oczywiste. Rzeczywiście, podstawowy cel i cel konfrontować tamto opłata z projektowaniem dla ulicznego klimatu może być maksymalizować schronienie, maksymalizować rozproszenie zanieczyszczenia, maksymalizować miejskie ciepło i maksymalizować słoneczny dostęp (Oke, 1988, p.103).
Klimatologia miejska, jako nauka prognostyczna, ma potencjał przełożenia wyników badań na bezpośrednią wartość w planowaniu i projektowaniu miejskim, wymiarach ulic i gęstości zabudowy. Wytyczne ilościowe dotyczące geometrii ulic są związane z niemal nieskończonym połączeniem różnych kontekstów klimatycznych, geometrii miejskiej, zmiennych klimatycznych i celów projektowych. Oczywiście nie ma jednego rozwiązania, tzn. nie ma uniwersalnie optymalnej geometrii. Nie powinno to jednak powstrzymywać osób zainteresowanych poszukiwaniem ogólnych wytycznych, o ile są one wystarczająco elastyczne, aby zaspokoić szczególne potrzeby i sytuacje, badania terenowe kanionów miejskich, modelowanie matematyczne i skalowe, schronienie i geometria miejska w przepływie powietrza i naturalnej wentylacji w budynkach i wokół nich, rozproszenie i geometria miejska oraz ciepło i geometria miejska (Oke, 1988, s. 103).
Badania dotyczące projektowania ulic i klimatu zadaszenia miasta wykazały, że istnieje szereg przydatnych zależności pomiędzy geometrią a mikroklimatem miejskich kanionów ulicznych. Badania te są potencjalnie pomocne w ustaleniu wytycznych dotyczących wymiarów ulic dla projektantów miejskich. Szczególną zaletą tych zależności jest to, że są one ilościowe i zależą tylko od prostych środków. Niestety, istnieją podstawy do powiązania cech klimatu kanionów z komfortem społeczno-ekonomicznym lub celami bezpieczeństwa. W wielu przypadkach wybór progów jest arbitralny lub w dużej mierze subiektywny. Istnieje potrzeba ich dopracowania poprzez dalsze badania, ale zawsze będzie istniał element oceny wartości zaangażowany w określanie priorytetów i dopuszczalnych limitów w danym mieście (Oke. 1988, s. 111).
Zmienne przestrzeni otwartej, które można wywnioskować z Oke (1988) to: orientacja, wysokość przyległych budynków i szerokość przestrzeni otwartej wyprowadzona z podstawowej jednostki geometrycznej przestrzeni otwartej (rysunek 3.1), kąty widzenia nieba wyprowadzone z przekroju urbanistycznego pokazujące kąty widzenia nieba (rysunek

3.2) oraz kąty oświetlenia wyprowadzone z przekroju urbanistycznego pokazujące kąty oświetlenia (rysunek 3.3).

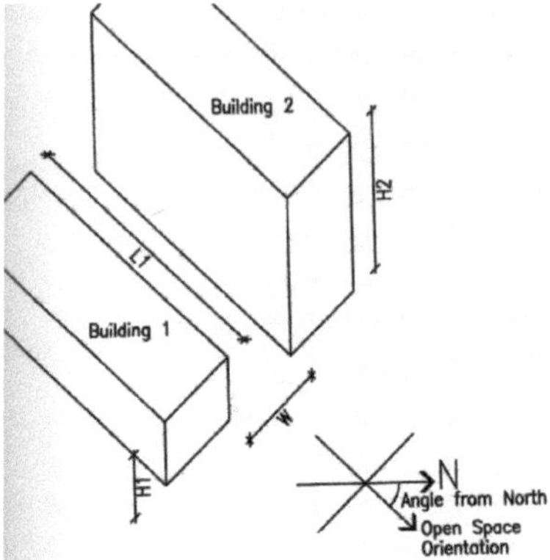


Rysunek 3.1: Podstawowa jednostka geometryczna otwartej przestrzeni.

Źródło: Zaadaptowane z Oke (1988, s. 105).

## 3.9 FORMA BUDOWNICTWA MIEJSKIEGO I MIKROKLIMAT

W stosunkowo niedawnym badaniu, wynikającym z Oke (1988) i innych, dotyczącym formy budownictwa miejskiego i zmiennych zmian klimatycznych w Obszarze Metropolitalnym Chennai (Indie), zbadano warunki komfortu cieplnego sześciu form budownictwa miejskiego (gęsta zwarta forma miejska średniej wysokości i rozproszona forma miejska niskiej wysokości) w odniesieniu do geometrii urbanistycznej gęstości budynków, stosunku wysokości do szerokości, współczynnika widoczności nieba oraz pokrycia zielenią i roślinnością. Wykorzystując model komputerowy RayMana do modelowania strumieni promieniowania w prostych i złożonych środowiskach miejskich, przeanalizowano warunki komfortu zewnętrznych przestrzeni miejskich pod względem temperatury powietrza i fizjologicznej temperatury równoważnej (PET) (Rose, Horrison & Venkatachalam, 2011).

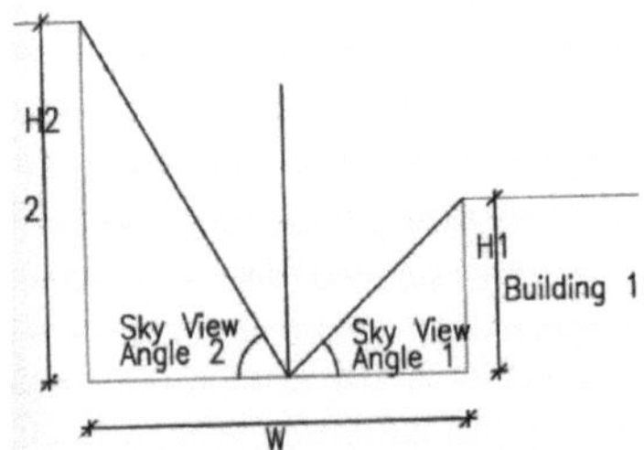


Rysunek 3.2 Przekrój urbanistyczny przedstawiający kąty widzenia nieba.

Źródło: Zaadaptowane z Oke (1988, s. 108).

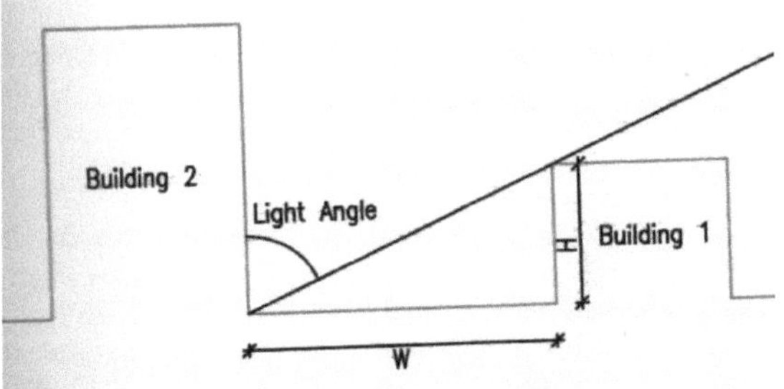


Rysunek 3.3: Przekrój urbanistyczny przedstawiający kąt padania światła.

Źródło: Zaadaptowane z Oke (1988, s. 110).

Temperatura powietrza i trendy w zakresie komfortu cieplnego w dzielnicach mieszkaniowych Obszaru Metropolitalnego Chennai pokazały, że noce były komfortowe. W ciągu dnia we wszystkich dzielnicach mieszkalnych było niewygodnie gorąco, a równowartość fizjologiczna temperatury znacznie przekraczała górną granicę strefy komfortu. Ponieważ stwierdzono, że komfort w ciągu dnia ma istotną korelację z geometrią ulic i odsetkiem zabudowy miejskiej, badanie wskazuje na znaczenie poprawy komfortu w ciągu dnia na obszarach mieszkalnych, poprzez określenie odpowiedniej formy zabudowy miejskiej w przepisach zabudowy Obszaru Metropolitalnego Chennai (Rose, Horrison & Venkatachalam, 2011, s. 5).

Analiza komfortu cieplnego obszarów mieszkalnych wykazała, że warunki komfortu w ciągu dnia mogą ulec znacznej poprawie wraz ze wzrostem procentowego udziału powierzchni zabudowanej oraz stosunku wysokości do szerokości. Jednakże zwiększony współczynnik proporcji powierzchni i zabudowy miejskiej zmniejszył warunki komfortu nocnego i wpływa na zapotrzebowanie na energię potrzebną do chłodzenia w nocy. Stosunek wysokości do szerokości ma znaczący wpływ na warunki komfortu w porównaniu z procentem powierzchni zabudowanej. Co więcej, badania wykazały, że wraz ze wzrostem stosunku wysokości do szerokości wzrasta komfort w ciągu dnia, a zmniejsza się komfort w nocy. Wskazuje to na potrzebę osiągnięcia optymalnego stosunku wysokości do szerokości, odsetka powierzchni zabudowanej i poprawy komfortu cieplnego na zewnątrz w Obszarze Metropolitalnym Chennai (Rose, Horrison & Venkatachalam, 2011, s. 5).

## 3.10 PROJEKTOWANIE ZEWNĘTRZNEJ PRZESTRZENI MIEJSKIEJ

Badania nad komfortem termicznym w zewnętrznych przestrzeniach miejskich, głównie w klimacie umiarkowanym, próbowały zrozumieć ludzką zmienność, w celu osiągnięcia lepszego zrozumienia bogactwa cech mikroklimatycznych w zewnętrznych przestrzeniach miejskich, oraz implikacji komfortu dla ludzi z nich korzystających. Podstawowa hipoteza jest taka, że warunki te wpływają na zachowanie ludzi i korzystanie z przestrzeni zewnętrznych (Nikolopoulou, Baker & Steemers, 2001).

Podejście czysto fizjologiczne jest niewystarczające do scharakteryzowania warunków komfortu na zewnątrz, a zrozumienie dynamicznego parametru ludzkiego jest niezbędne przy projektowaniu przestrzeni do użytku publicznego. Środowisko termiczne ma rzeczywiście pierwszorzędne znaczenie; wpływa na wykorzystanie tych przestrzeni przez ludzi, ale adaptacja psychologiczna, taka jak dostępny wybór, stymulacja środowiska, historia termiczna, efekt pamięci, oczekiwania, mają również duże znaczenie, ponieważ takie przestrzenie mają niewiele ograniczeń (Nikolopoulou, Baker & Steemers, 2001).

## 3.11 PODSUMOWANIE METOD TEORETYCZNYCH

Tabela 3.1 zawiera listę zmian mikrotermicznych, postaci urbanistycznej i innych zmiennych uznanych za wpływowe po przeglądzie literatury pokrewnej. Ustalone ramy teoretyczne w badaniach nad związkiem między zmianą mikrotermury a formą zabudowy miejskiej zostały wykorzystane do powiązania badań z istniejącymi teoriami (normy temperatury projektowej i równanie bilansu cieplnego), co umożliwiło uzasadnienie i identyfikację koncepcji badawczych (temperatura powietrza słonecznego, komfort cieplny i koncepcje miejskich wysp ciepła), poszukiwanie nowych danych (pomiary na miejscu, dane meteorologiczne i bazowe), analizę danych i ich interpretację (Paryż 2015).

Tabela 3.1: Wykaz zmian mikrotemperaturowych, postaci urbanistycznej i innych zmiennych określonych jako wpływowe w przeglądzie literatury pokrewnej.
Źródło: Opracowanie na podstawie przeglądu literatury pokrewnej (2016).

| Pozycja | Autorzy (Rok) | Zmiany mikrotemperaturowe i zmienne postaci zabudowy miejskiej określone jako istotne w przeglądzie literatury pokrewnej |
|---|---|---|
| 1 | Lynch (1960) | Atrybuty budynku (węzły, brzeg, punkt orientacyjny, dzielnice, ścieżki i oś). |
| 2 | Olgyay i Olgyay (1963) | Zmienne społeczne, technologiczne, środowiskowe, klimatyczne i bioklimatyczne. |
| 3 | Wydział Meteorologiczny Afryki Wschodniej (1970) | Regionalne dane meteorologiczne. |

Tabela 3.1: Kontynuuje.

| | | |
|---|---|---|
| 4 | Koenigsberger *et al.* (1973) | Makro-temperatura, mezo-temperatura, mikro-temperatura, wewnętrzna temperatura pokojowa, temperatura powietrza zewnętrznego, temperatura projektowa, całkowity bilans cieplny, temperatura powietrza solnego, intensywność promieniowania, chłonność powierzchni, przewodność powierzchni zewnętrznej, jakość izolacji cieplnej materiałów. |
| 5 | Meffert (1981) | Makro-temperatura, mezo-temperatura, mikro-temperatura, nadmiar temperatury radiacyjnej, promieniowanie padające, współczynnik absorpcji i przewodność powierzchniowa. |
| 6 | Kenijski Departament Meteorologiczny (1984) | Krajowe dane meteorologiczne. |
| 7 | Oke (1988) | Mikroklimat, klimat uliczny, zmienne klimatyczne i |

| | | |
|---|---|---|
| | | konteksty, cele projektu, przepływ powietrza, naturalna wentylacja, orientacja, cień i schronienie, rozproszenie zanieczyszczeń, ciepło miejskie, dostęp do słońca, geometria ulic i miast, planowanie i projektowanie urbanistyczne, wymiary ulic, gęstość i wysokość budynków, szerokość przestrzeni otwartych, jednostka geometryczna przestrzeni otwartej, kąt widzenia nieba i światła. |
| 8 | Rosenlund (1995) | Klimatyczna konstrukcja. |
| 9 | Muneer (2000) | Cyfrowe metody symulacji. |
| 10 | Nikolopoulou, Baker and Steemers (2001) | Charakterystyka mikroklimatyczna, zewnętrzne przestrzenie miejskie i środowisko termiczne. |
| 11 | Gromadnik Capeluto (2002) | Klimatyczna konstrukcja. |
| 12 | McDonald (2003) | Zmiany temperatury, równowaga ekologiczna, wylesianie, urbanizacja, pustynnienie, gazy cieplarniane, materiały pochodzenia ludzkiego, interwencje środowiskowe, zanieczyszczenie, transport produkcji i systemy technologiczne. |
| 13 | Lam (2004) | Klimatyczna konstrukcja. |
| 14 | Gitari (2006) | Aerozole. |
| 15 | Shuckburg (2007) | Aerozole, zmiany w użytkowaniu gruntów i perspektywy historyczne. |
| 16 | Ebrahim (2010, 2011, 2011a) | Klimat wyżynny, modernizacja i przekształcenia form budowlanych, bioklimatyczna klasyfikacja regionalna, mikro-zmiana temperatury, wykorzystanie oprogramowania i temperatura bazowa. |
| 17 | Szokolay (2011) | Pomiary temperatury, dane meteorologiczne, kontrole mikroklimatyczne, pomiary na miejscu, klimat, klimat miejsca (topografia, nachylenie, orientacja, ekspozycja, wysokość, wzgórza lub doliny, powierzchnia ziemi, naturalne lub stworzone przez człowieka), odblaskowe (albedo, przepuszczalność, temperatura gleby, obszary utwardzone, roślinność), obiekty trójwymiarowe (drzewa), |

Tabela 3.1: Kontynuuje.

| | | |
|---|---|---|
| | | pasy drzew, ogrodzenia, mury), wpływy budowlane (wiatr, rzucanie cieni na miejscu, podział terenu) i klimatyczne nisze. |
| 18 | Rose, Horrison i Venkatachalam (2011) | Temperatura powietrza, formy zabudowy miejskiej (gęsta, zwarta, w połowie wysokości, rozproszona i niska), geometria miejska i uliczna, gęstość zabudowy, stosunek wysokości do szerokości, współczynnik widoczności nieba, pokrycie zielenią, roślinność, procent powierzchni zabudowanej, temperatura w dzień i w nocy, przepisy i kontrole dotyczące zabudowy oraz fizjologiczna temperatura równoważna. |

| | | |
|---|---|---|
| 19 | Ramowa konwencja Narodów Zjednoczonych w sprawie zmian klimatu (2015 r.) | Długoterminowy cel w zakresie zmian klimatu i górna granica globalnego ocieplenia. |
| 20 | Sekretariat Narodów Zjednoczonych ds. Zmian Klimatu (2015a) | Paryskie porozumienie w sprawie zmian klimatu. |

Zrewidowane teorie pozwoliły na wyjaśnienie, dlaczego badana sytuacja istnieje, zmienne w grze (zmiana mikrotemperatury, zmienne budowy miejskiej związane z zagęszczeniem i geometrią), stanowią ogólne ramy dla analizy danych i testowania hipotez. W dalszej części badania opracowano ramy koncepcyjne.

## ROZDZIAŁ CZWARTY: PRZEGLĄDY KONCEPCYJNE

Rozdział czwarty, przegląd literatury związanej z metodologią koncepcyjną, kontynuuje przegląd literatury i rozwój ram koncepcyjnych badań nad związkami między zmianami mikrotermicznymi a zmiennymi postaci zbudowanych miast; model ram koncepcyjnych; potencjał kontroli klimatycznych; diagramowa reprezentacja zmiennych postaci zbudowanych; oraz badanie zjawisk zmiennych przestrzennych.

Ramy koncepcyjne badań stanowiły zwięzły opis badanego zjawiska, przy czym zależność między zmianą mikrotermiczną a formą urbanistyczną została uzupełniona poprzez graficzne lub wizualne przedstawienie głównych zmiennych badania. Efektywne ramy koncepcyjne to wyjaśnienie badanych konstrukcji w formie graficznej lub narracyjnej. Kluczowe czynniki, zmienne i domniemane relacje są konceptualizowane w celu zapewnienia kierunku w wyjaśnianiu relacji pomiędzy powiązanymi ze sobą koncepcjami (Rukwaro, 2016, s. 27).

### 4.1 KONCEPCYJNY MODEL RAMOWY

Rysunek 4.1 przedstawia schematyczne przedstawienie ram koncepcyjnych i celów operacyjnych badania na trzech poziomach. Na pierwszym poziomie schematu ram koncepcyjnych badania podjęto próbę operacjonalizacji pierwszego celu badawczego, który brzmiał "identyfikacja zmiennych o budowie miejskiej powodujących zmiany temperatury w Osiedlu Komarock poprzez przegląd literatury pokrewnej". W ramach schematu wymieniono następujące zmienne w temacie: formy budownictwa miejskiego i zmiany temperatury, znaczenie zmiennych form budownictwa miejskiego i zmian temperatury, zrównoważona forma budownictwa miejskiego i mikroklimat oraz zastosowanie strategii projektowania i planowania w środowisku o zmieniającej się temperaturze (Temat 1).

Lista zmian mikrotermicznych, postaci urbanistycznej i innych zmiennych uznanych za istotne została opracowana na podstawie przeglądu literatury fachowej: Geiger (1975), Meffert (1981), Taha (1997), McDonald (2003), Shulkburg (2007), Firth and Wright (2008),

Commission for the Implementation of the Constitution (2010), Kane *et al.* (2011), Montello and Sutton (2013) oraz Mumina and Mundia (2014).

Na drugim poziomie schematu ram koncepcyjnych badań podjęto próbę operacjonalizacji drugiego celu badawczego, jakim było określenie wpływu istotnych zmiennych formy miejskiej zabudowy na zmiany temperatury; dokonano tego poprzez przegląd literatury pokrewnej, projektowanie ram teoretycznych, a następnie ram koncepcyjnych (Temat 2).

Lista zmian mikrotemperaturowych, formy urbanistycznej i innych zmiennych określonych jako wpływowy przegląd literatury pokrewnej, zbadała prace Lyncha (1960), Olgyaya i Olgyaya (1963), East African Meteorological Department (1970), Koenigsberger *i in.* (1973), Meffert (1981), Keński Zakład Meteorologiczny (1984), Oke (1988), Rosenlund (1995), Muneer (2000), Nikolopoulou, Baker and Steemers (2001), Capeluto (2002), McDonald (2003), Lam (2004), Gitari (2006), Shuckburg (2007), Ebrahim (2010, 2011 i 2011a), Szokolay (2011), Rose, Horrison i Venkatachalam (2011), Ramowa Konwencja Narodów Zjednoczonych w sprawie zmian klimatu (2015) i Sekretariat Narodów Zjednoczonych ds. zmian klimatu (2015a).

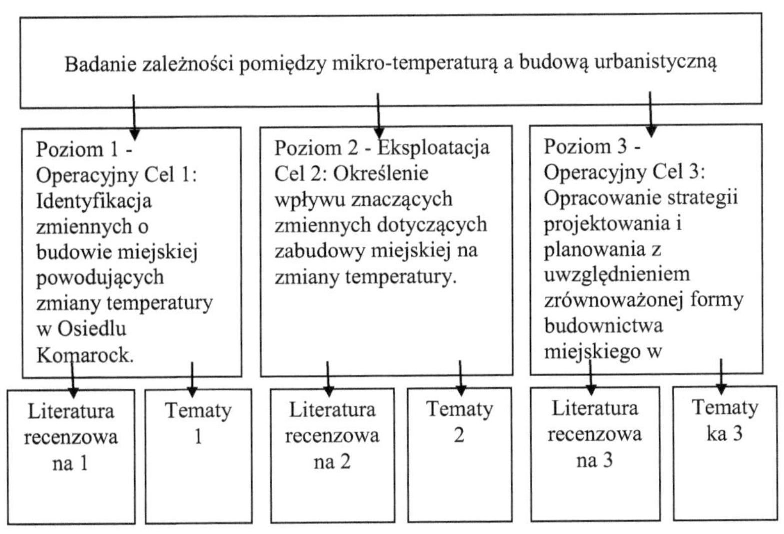


Rysunek 4.1: Schematyczne przedstawienie ram koncepcyjnych w zakresie operacjonalizacji celów.

Źródło: Autor (2015).

Szokolay (2011, s. 73 - 74) wymienia czynniki lokalne, które mają wpływ na klimat terenu, takie jak: topografia, nachylenie, orientacja, ekspozycja, wysokość, wzniesienia lub doliny na terenie terenu lub w jego pobliżu, powierzchnia ziemi, naturalna lub stworzona przez człowieka, jej odbicie, które jest często określane jako albedo, przepuszczalność, temperatura gleby, obszary utwardzone i roślinność. Obiekty trójwymiarowe, takie jak drzewa, pasy drzew, ogrodzenia, mury i budynki, mogą również wpływać na wiatr, rzucać cienie na tereny i dzielić tereny na mniejsze, wyróżniające się nisze klimatyczne.

Poziom 3. ramowego schematu koncepcyjnego stanowił próbę realizacji trzeciego celu badawczego, który brzmiał: "opracowanie strategii projektowania i planowania z uwzględnieniem zrównoważonej formy zabudowy miejskiej w środowisku o zmieniającej się temperaturze". W pracy dokonano przeglądu literatury przedmiotu (3), a następnie opracowano koncepcyjną definicję zmiennych, operacyjną definicję zmiennych, model koncepcyjny i hipotezę badania (Temat 3).

## 4.2 POTENCJAŁ W ZAKRESIE KONTROLI KLIMATYCZNYCH

Ramy koncepcyjne badania dostrzegają głębsze znaczenie badanej idei i danych. Architekci muszą podjąć decyzję o strategii projektowania środowiskowego w oparciu o rodzaj systemu energetycznego obiektu i poziom zastosowania tych systemów wcześniej w procesie projektowania. Rysunek 4.2 pokazuje schematyczne przedstawienie potencjału kontroli klimatycznych na placach budowy, dostępnego dla architektów. Wykres przedstawia typowy wykres danych dotyczących temperatury powietrza dla normalnego dnia. Jest on oparty na pracach Koenigsbergera *i in.* (1973, str.92) i zmodyfikowany przez Mefferta (1980, str.111). W przypadku Koenigsberger i in. (1973), dotyczyły one różnych czynników klimatycznych i dlatego umieściły je na osi Y. Ich substytutem była zmiana mikrotemperatury w stopniach Celsjusza ($^{oC}$), podczas gdy odcięta to czas w godzinach jednostkowych.

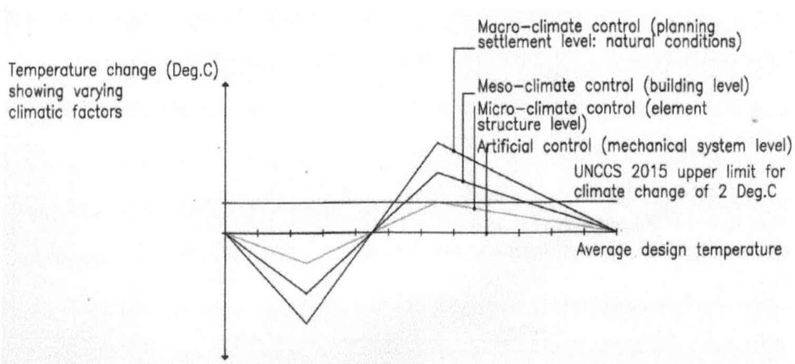


Rysunek 4.2: Potencjały w zakresie kontroli klimatycznych.

Źródło: Adaptacja z Koenigsberger *et al.* (1973, s. 92) i Meffert (1980, s. 111).

Sekretariat Narodów Zjednoczonych ds. Zmian Klimatu (UNCCS: 2015 i 2015a) zaleca wartość dwóch stopni Celsjusza jako górną granicę zmian klimatu. Jeśli jest to punkt wyjścia dla procesu projektowania, architekt bierze pod uwagę kontrole klimatyczne makro-

, mezoklimatyczne, mikroklimatyczne i sztuczne dla regulacji środowiska wewnętrznego i zewnętrznego form budowlanych. Kontrole makroklimatyczne są stosowane na dużą skalę w planowaniu i projektowaniu osiedli form budowlanych i oferują minimalną ingerencję w środowisko zewnętrzne. Kontrole mezoklimatyczne są poziomem pośrednim związanym z projektowaniem budynków, podczas gdy kontrole mikroklimatyczne oferują na małą skalę interwencje na skalę elementarną i strukturalną do projektowania form budowlanych. Precyzyjnie kontrolowany klimat wewnętrzny może być osiągnięty tylko poprzez mechaniczne (aktywne) sterowanie, ale może to nie być celem, a nawet jeśli jest to, przy odpowiednim sterowaniu strukturalnym, zadanie sterowania mechanicznego jest radykalnie zredukowane, aby uczynić system bardziej ekonomicznym (Koenigsberger *i in.* , 1973, str.92).

## 4.3 WBUDOWANA REPREZENTACJA GRAFICZNA ZMIENNYCH W FORMIE WYKRESÓW

Ramy koncepcyjne badają możliwość przyjęcia modeli określonych w ramach teoretycznych oraz modyfikacji, które odpowiadają badaniom. Architekci uczą się poruszać kwestie społeczeństwa, technologii i środowiska. Klimat jest podzbiorem szerszego środowiska, którego uwzględnienie stanowi podstawę odpowiedniego schronienia, które Olgyay i Olgyay (1963) nazwali architekturą dojrzałą. Rysunek 4.3 przedstawia schematycznie zmienne formy budynku zidentyfikowane w badaniu, co stanowi argument za dojrzałą architekturą wpływającą na środowisko klimatyczne obiektu i zmiany mikrotemperaturowe. Zmiana ta może być pozytywna lub mieć negatywne konotacje.

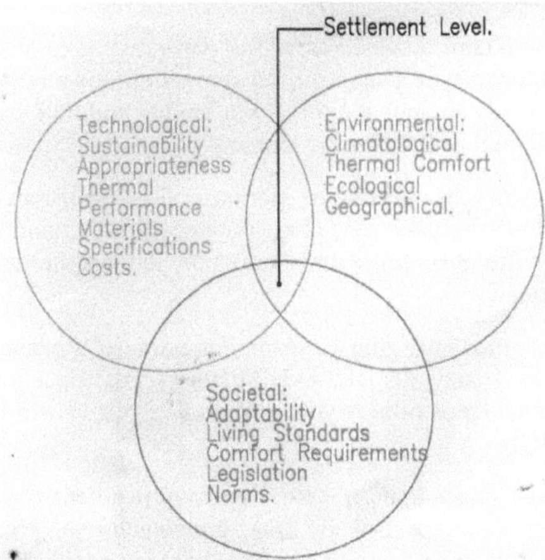


Rysunek 4.3: Identyfikacja wbudowanych zmiennych postaci.

Źródło: Zaadaptowane z Olgyay i Olgyay (1960).

## 4.4 BADANIE ZJAWISKA ZMIENNYCH PRZESTRZENNYCH

Ramy koncepcyjne badania uznają, że badania rozwijają się i wyrażają swoją wyjątkowość w metodach badawczych, wynikach i wkładzie w wiedzę. W badaniu wykorzystano kontrolę planowania w technice próbkowania, aby osiągnąć pierwszy cel badania, jakim jest identyfikacja zmiennych o budowie miejskiej, które mają wpływ na zmiany temperatury. W badaniu wykorzystano metodę planowania Lyncha (1960) poprzez zmienne przestrzenne w celu zidentyfikowania atrybutów form budowlanych związanych z działką oraz otwartych przestrzeni związanych z dzielnicami, węzłami, krawędziami, punktami orientacyjnymi, drogami i ścieżkami. Poniżej przedstawiono koncepcyjną definicję atrybutów formy zbudowanej:

Dzielnice to średnie i duże fragmenty miasta, pomyślane jako mające dwuwymiarowy zasięg, do których obserwator mentalnie wchodzi do środka i które są rozpoznawalne jako mające jakiś wspólny, identyfikujący charakter (Lynch, 1960).

Węzły są strategicznymi miejscami w mieście, do którego obserwator może wejść i z których intensywnie przybywa i z którego podróżuje. Węzły mogą być przede wszystkim skrzyżowaniami, miejscami przerw w transporcie, skrzyżowaniami lub zbiegami ścieżek, momentami przejścia z jednej struktury do drugiej (Lynch, 1960). Jako węzły w obrębie Osiedla Komarock Infill B zidentyfikowano punkty styku, zbieżności ścieżek, dróg i osi, zakończenia punktów, miejsca odpoczynku takie jak dziedzińce itp.

Krawędzie to elementy liniowe, które nie są wykorzystywane lub traktowane przez obserwatora jako ścieżki. Są to granice między dwoma fazami, liniowe przerwy w ciągłości, brzegi, przecięcia linii kolejowych, krawędzie zabudowy, ściany. Są one raczej odniesieniami bocznymi niż osią współrzędnych (Lynch, 1960).

Punkty orientacyjne są punktami odniesienia, ale w tym przypadku obserwator nie wchodzi w nie, są one zewnętrzne i zazwyczaj są raczej prostym zdefiniowanym obiektem fizycznym (Lynch, 1960). Punkty orientacyjne obejmują konkretne budynki, znaki, góry, a nawet wyraźnie zaznaczone dzielnice w krajobrazie terenu.

Ścieżki to kanały, po których obserwator porusza się zwyczajowo, okazjonalnie lub potencjalnie (Lynch, 1960). Ścieżki mogą obejmować ulice, chodniki, linie tranzytowe, kanały i linie kolejowe, które obsługują miasto oraz inne jednostki przestrzenne postrzegane przez widza.

Oś może być albo wyimaginowana, albo fizyczna. Oś pomaga w planowaniu, opisywaniu i kierowaniu widza do stacji i bazy. Oś jako układ planistyczny może przybierać formę linii, siatek, krzywoliniowych, prostoliniowych, równoległych, osiowych, polarnych i szeregowych (Lynch, 1960).

Ramy koncepcyjne badania kończą się podsumowaniem zidentyfikowanych i przedstawionych koncepcji i konstrukcji oraz koncepcyjnym zrozumieniem filozofii badania. W następnym rozdziale wytyczne te przedstawiają koncepcyjną definicję zmiennych, operacyjną definicję zmiennych, model koncepcyjny i hipotezę badania.

## ROZDZIAŁ PIĄTY: ZMIENNE DEFINICJA POJĘCIOWA I OPERACYJNA

Rozdział piąty, przegląd powiązanej literatury w odniesieniu do definicji pojęciowej i operacyjnej zmiennych, kontynuuje przegląd literatury i opracowanie definicji pojęciowej zmiennych, operacjonalizacja pojęć, operacyjna definicja zmiennych, model pojęciowy i hipoteza badania zależności między zmianą mikrotermiczną a zmiennymi formy zabudowy miejskiej.

Koncepcyjne definiowanie zmiennych w badaniu zależności między zmianą mikro-temperaturową a formą urbanistyczną rozpoczyna się od wyjaśnienia pojęcia i konstrukcji. Pojęcie jest obrazem lub symbolicznym przedstawieniem wyabstrahowanej idei lub złożonej mentalnej formuły doświadczenia lub znaczenia lub cech związanych z określonymi zdarzeniami, przedmiotami, warunkami, sytuacjami, między innymi takimi, które mają wspólne cechy poza pojedynczą obserwacją. Koncepcja jest operacjonalizowana w celu stworzenia miary dla konstruktorów. Konstrukcje są pomysłami lub obrazami stworzonymi dla danego badania, ale nie mogą być bezpośrednio obserwowane. Przekonanie o tym, dlaczego rzeczy dzieją się tak, jak się dzieją, tworzy grupy pojęć, które tworzą konstrukcję (Rukwaro, 2016, s. 27). Sformułowanie ram koncepcyjnych tego badania, ustalało koncepcje i tworzyło konstrukty, które były uważane za ważne wskaźniki relacji różnych badanych konstrukcji.

### 5.1 DEFINICJA POJĘCIOWA ZMIENNYCH

Konstrukcje zostały zmierzone w badaniu poprzez wstępne określenie ich wymiarów i opracowanie koncepcyjnych definicji zmiennych. Wykazano, że mikro-temperatura jest związana z temperaturą zewnętrzną ($_{\mathrm{Do}}$). W projekcie termicznym budynków w warunkach stanu ustalonego (Koenigsberger *i in.* , 1973, s. 65 - 82) ta temperatura zewnętrzna jest zazwyczaj uśredniana i nazywana średnią temperaturą ($_{\mathrm{TAve}}$). Zmiana mikrotemperatury jest wynikiem odjęcia od mikrotemperatury danych temperaturowych ze stacji meteorologicznych ($_{\mathrm{TMD}}$) znajdujących się w pobliżu obiektu. Osiedle Komarock Infill B przedstawia uporządkowaną okolicę i znajduje się w Nairobi, która ma klimat górski. Miejskie formy budowlane w Osiedlu Komarock Infill B okazały się mieć wbudowane zmienne formy związane z substytutami, które mogą być mierzone.

Temperatura może być wyrażona w innych formatach, takich jak temperatura promieniowania, temperatura powierzchni itp. Jednakże badanie ograniczyło się do temperatury powietrza. Wizją stojącą za tym podejściem jest to, że można przeprowadzić dogłębne badanie wpływu budowy i działalności budowlanej człowieka oraz jego prawdopodobnego wpływu na zmienną temperaturę powietrza zewnętrznego ($_{\mathrm{To}}$), ponieważ wpływa ona na komfort termiczny człowieka i zużycie energii. Z normalnych i codziennych obserwacji drogi słońca i fizjologii człowieka wynika, że palące się słońce ma wpływ na odczucia termiczne i zmiany temperatury w budowanych formach w Osiedlu Komarock. Nieprzestrzeganie odwrotnej orientacji północ-południe w celu uzyskania postrzeganego minimalnego wpływu, wpłynęłoby na ogólną temperaturę, a w szczególności na mikrotemperaturę każdej jednostki budowlanej. W związku z tym ocena orientacji budynku dałaby pewne istotne wskazówki co do zakresu szkód i wkładu w zmianę mikrotemperatury. Oprócz wartości magnitudy *temperatury powietrza* ($_{\mathrm{TAir}}$), w badaniach uwzględniono również temperaturę maksymalną ($_{\mathrm{TMax}}$), temperaturę minimalną ($_{\mathrm{TMin}}$), temperaturę średnią ($_{\mathrm{TAve}}$), rozkład temperatur (Isotherms) oraz dane temperaturowe stacji meteorologicznej. Dane temperaturowe stacji meteorologicznej do badań uzyskano z Zakładu

Meteorologicznego Afryki Wschodniej (EAMD, 1970) i Kenii (KMD, 1984). W badaniu wykorzystano dane Międzynarodowej Organizacji Normalizacyjnej (ISO), Kijowskiego Biura Norm (KEBS, 2007) oraz normy bioklimatyczne (Koenigsberger *i in.* 1973) do oceny komfortu cieplnego miejskich form budowlanych.

Badania nad określeniem wpływu terenów zielonych w Seulu (Korea) na miejską dystrybucję ciepła przy użyciu zdjęć satelitarnych wykazały, że miejska dystrybucja ciepła znacznie odbiega od koncentrycznego wzoru wyspy ciepła, a ponadto, że ciepłe obszary można przypisać obecności gęsto zabudowanych sektorów handlowych i przemysłowych w sąsiedztwie. Ponadto interakcja przestrzenna istniała w zasięgu około pięciu do dziesięciu kilometrów w sezonie grzewczym. Co więcej, wykazano, że przestrzenna interakcja w pobliżu miejskich przestrzeni zielonych jest silniejsza niż w głównym obszarze miejskim (Choi, Lee & Byun, 2012, s. 127).

Temperatura terenów zielonych jest zupełnie inna niż w obszarze miejskim. Skutki spadku temperatury w związku z zielenią miejską mogą rozciągać się do około czterech kilometrów. Stosunek miejskiej przestrzeni cieplnej do miejskiej przestrzeni chłodniczej wzrasta wraz z odległością od granicy terenów zielonych. Analizy wykazały, że miejska przestrzeń zielona odgrywa ważną rolę w łagodzeniu skutków ogrzewania miejskiego w centralnym obszarze miejskim (Choi, Lee & Byun, 2012, s. 133).

## 5.2 OPERACJONALIZACJA KONCEPCJI

Operacjonalizację koncepcji w badaniu przeprowadzono poprzez sklasyfikowanie koncepcji w kilku jasno zdefiniowanych wymiarach i określenie różnych wskaźników (substytutów) dla każdego z nich. Wymiary były specyficznymi grupami pojęć. Fizyczne właściwości zbudowanej formy obejmują objętość, obwód, wysokość, otwory, teksturę, materiały i specyfikacje, które mają wpływ na zmianę mikrotemperatury. Modyfikacje i przekształcenia typowych planów dzielnic strukturalnych, takich jak Osiedle Komarock, przez użytkowników, oraz wpływ na zmianę mikrotemperatury mogą być monitorowane, a wyniki porównywane z normami temperatury ustalonymi do roku 2015 w Paryżu. Na zmianę temperatury miałyby również wpływ zmienne planowania urbanistycznego, które obejmują współczynniki powierzchni, pokrycie terenu, wielkość ulic, współczynniki zagęszczenia i zmianę pozwoleń dla użytkowników.

Wpływ na zmiany temperatury miałyby również normy prawne i termiczne form budownictwa miejskiego. Przypadkowa obserwacja dawnych, obecnych i przyszłych kierunków rozwoju formy budowlanej i jej przejawów dawała inspirację i kierunek badań. Miejskie formy budownictwa w Kenii są regulowane przez lokalne ustawodawstwo, takie jak ustawa budowlana i planistyczna parlamentu oraz przepisy prawa, które przewidują projektowanie budynków; Kenya Vision 2030 (Gakuru, 2006), która obejmuje cele milenijne, Konstytucja Kenii (Laws of Kenya, 2010), Kodeks Budowlany (Republika Kenii, 1976) oraz Akt Planowania Fizycznego (rozdział 286: Republika Kenii, 2012).

W opracowaniu wykorzystano postawy planistyczne i projektowe formy zabudowy w celu operacjonalizacji koncepcji klasyfikacji formy zabudowy miejskiej poprzez sklasyfikowanie jej na mierzalne substytuty o dokładnych wymiarach mających wpływ na zmianę temperatury. Planowanie i projektowanie budynku nie dotyczy tylko samego budynku. Istnieją inne czynniki zewnętrzne, które mają na niego wpływ (Singh & Singh, 2010, s.1).

Postawy formalne zidentyfikowane w badaniu to: typ budynku, wielkość działki, orientacja, bliskość drogi oraz klasyfikacja budynków. Poniżej przedstawiono koncepcyjną definicję postaw planistycznych i projektowych formy zbudowanej:
Typy budynków we współczesnej architekturze przekładają się na następującą funkcję formy. Ta nowa szkoła myślenia w architekturze waży więcej funkcji niż wygląd i opowiada się za tym, by forma odzwierciedlała funkcję (Singh & Singh, 2010, s.3).
Wielkość działki, a ponadto jej minimalna wielkość to jeden z aspektów podziału na strefy gęstości (Singh & Singh, 2010, s.22).
Orientacja, lokalny klimat i tradycje mieszkańców oraz terenu i jego otoczenia dyktują planowanie form zabudowy. Oprócz elementów naturalnych, takich jak słońce, deszcz i wiatr, w pewnym stopniu wpływają również na planowanie. Konstrukcje muszą być zorientowane w konkretnym kierunku, aby jak najlepiej wykorzystać naturalne elementy przyrody (Singh & Singh, 2010, s. 2, s. 138 - 147 oraz s. 158 - 176).
Bliskość dróg jako aspekt planowania przestrzennego pomaga w osiągnięciu jak najlepszych korzyści z sytuacji miasta w odniesieniu do jego terenu i otaczającego go środowiska (Singh & Singh, 2010, s.4, s.39 i s.44).
Klasyfikacja budowlana form budowlanych to dom, dom wolnostojący, dom w zabudowie bliźniaczej, szeregowej oraz zabudowy "zmiany użytkownika" (Singh & Singh, 2010, s. 26 - 27 i s. 39). Dom jest czasem określany jako mieszkanie, co oznacza jednostkę rodzinną. *Domy wolnostojące* mają wokół siebie otwarty teren i mają wystarczające marginesy po bokach, z przodu i z tyłu. Domy w zabudowie bliźniaczej mają jedną wspólną ścianę z domem sąsiednim. Mieszkania szeregowe zapewniają większą gęstość zabudowy i mogą być jedno- lub dwukondygnacyjne. Budynki, które zostały sklasyfikowane jako "zmiana przeznaczenia" były pierwotnie zaprojektowane jako mieszkalne, ale od tego czasu zostały zmienione na komercyjne (sklepy) i edukacyjne (szkoła).
Otwarty teren to parki, które służą jako przestrzenie oddechowe dla obszarów miejskich. Inne lokale mieszkalne mogą obejmować apartamenty, mieszkania i jednostki wielopiętrowe, w tym wieżowce (Singh & Singh. 2010, s. 26 - 27 i s. 39). Przestrzenie otwarte mogą być sklasyfikowane zgodnie z wielkością parku lub przestrzeni otwartej i mogą być małe, średnie lub duże, podczas gdy drogi są ujęte w odpowiednich przepisach ustawowych i konwencjach.
Tabela 5.1 zawiera listę mikro-zmian temperatury, form budownictwa miejskiego i innych zmiennych wykorzystywanych przy opracowywaniu strategii projektowania i planowania z uwzględnieniem zrównoważonych form budownictwa miejskiego w środowisku o zmiennej temperaturze.

Tabela 5.1: Lista zmian mikrotermicznych, formy zabudowy miejskiej i innych zmiennych wykorzystywanych przy opracowywaniu strategii projektowania i planowania w przeglądzie literatury pokrewnej.
Źródło: Opracowanie na podstawie przeglądu literatury pokrewnej (2016).

| Pozycja | Autorzy (Rok) | Zmiany mikrotemperaturowe oraz zmienne dotyczące zabudowy miejskiej wykorzystywane przy opracowywaniu strategii projektowania i planowania w przeglądzie literatury pokrewnej |
|---|---|---|
| 1 | Olgyay i Olgyay (1963) | Zmienne bioklimatyczne i temperatura powietrza. |

| 2 | Givoni (1969) | Temperatura powietrza. |
|---|---|---|

Tabela 5.1: Kontynuacja.

| | | |
|---|---|---|
| 3 | Wydział Meteorologiczny Afryki Wschodniej (1970) | Regionalne dane meteorologiczne. |
| 4 | Koenigsberger *et al.* (1973) | Temperatura zewnętrzna, temperatura średnia, dane meteorologiczne, temperatura promieniowania, temperatura powierzchni, normy bioklimatyczne, wilgotność, przepływ powietrza, promieniowanie słoneczne, reakcja człowieka oraz odczucia, komfort termiczny i normy. |
| 5 | Kenijski Departament Meteorologiczny (1984) | Krajowe dane meteorologiczne. |
| 6 | Piekarz (1987) | Temperatura powietrza. |
| 7 | Gakuru (2006) | Krajowe aspiracje w zakresie ochrony środowiska i zmian klimatu. |
| 8 | Shuckburg (2007) | Prognozy dotyczące zmian klimatu, emisji gazów cieplarnianych, temperatury, mikro-temperatury, temperatury powietrza zewnętrznego i temperatury zewnętrznej. |
| 9 | Kopenhaga (2009) | Porozumienia w sprawie zmian klimatu. |
| 10 | Prawa Kenii (2009) | Projekt zmienionego regulaminu budowlanego i projekt ustawy o planowaniu przestrzennym. |
| 11 | Prawo kenijskie (2010) | Krajowe aspiracje w zakresie ochrony środowiska i zmian klimatu. |
| 12 | Singh i Singh (2010) | Postawy budowlane, typ budynku, klasyfikacja budynków, orientacja, wielkość działki i bliskość drogi. |
| 13 | Choi, Lee i Byun (2012) | Zmiany temperatury, rozkład ciepła w miastach, koncentryczny układ wysp ciepła, gęsto zabudowane sektory handlowe, sąsiednie sektory przemysłowe, pory roku, miejskie tereny zielone i centralny obszar miejski. |
| 14 | Generalnie | Temperatura powietrza, globalna temperatura powietrza, temperatura maksymalna, temperatura minimalna, temperatura średnia, rozkład izotermiczny, zabudowę miejską od cech fizycznych (objętość, obwód, wysokość, otwory, tekstura, materiały, specyfikacje), modyfikacje, transformacje, typowe plany, ustrukturyzowane dzielnice, przepisy urbanistyczne (współczynnik powierzchni, pokrycie terenu, wielkość ulic, współczynniki gęstości, zmiana pozwoleń użytkowników), atrybuty i postawy projektowe, przestrzenie wewnętrzne i zewnętrzne, między przestrzeniami i wskaźnik temperatury. |

## 5.3 OPERACYJNA DEFINICJA ZMIENNYCH

Definicja operacyjna to wyraźne określenie zmiennej w taki sposób, aby jej pomiar był możliwy. Wskazuje ona, w jaki sposób mierzy się te zmienne, jakie są ich pomiary lub wartości oraz jakie są jednostki używane do pomiaru. Dobra definicja operacyjna powinna uwzględniać pomiary tych zmiennych, które są odpowiednie dla hipotezy testowej (Rukwaro, 2016, s. 28).

W badaniach nad związkiem między zmianą mikrotemperatury a formą urbanistyczną stosuje się trzy rodzaje definicji operacyjnej skonstruowanej, opartej na operacjach wykonywanych w celu wywołania zjawiska, na tym, jak dany obiekt lub rzecz działa i wreszcie, jak dany obiekt lub zjawisko wygląda. Każdy termin techniczny i jego definicja operacyjna są krótko wyjaśnione.

W przeglądzie teorii ustalono wymiar strukturalny i substytuty (wskaźniki empiryczne) badanych zjawisk, co pomaga w zrozumieniu i wyrażeniu ram koncepcyjnych. Następnie opracowano matrycę i schematyczne przedstawienie badanych zjawisk, wymiar strukturalny i wskaźniki empiryczne zjawiska.

W tabeli 5.2 przedstawiono matrycę, natomiast na rysunku 5.1 przedstawiono schematyczne przedstawienie wymiaru strukturalnego i wskaźników empirycznych badanego zjawiska na temat zależności pomiędzy zmianą mikrotermiczną a formą zabudowy miejskiej dla Osiedla Komarock.

Tabela 5.2: Matryca badanych zjawisk, wymiar strukturalny i wskaźniki empiryczne badanego zjawiska w odniesieniu do relacji pomiędzy zmianą mikro-temperatury a formą zabudowy miejskiej dla Osiedla Komarock Infill B.
Źródło: Opracowanie na podstawie przeglądu literatury pokrewnej (2016).

| **Badane zjawiska** | **Wymiar strukturalny wynikający z czego?** | **Empiryczny wskaźnik (surogat) uchwycony przez co?** |
|---|---|---|
| Zmiana mikrotemperatury | Temperatura | Zmiana temperatury, zmiana temperatury dla próbki, temperatura powietrza zewnętrznego, temperatura powietrza wewnętrznego, temperatura średnia, temperatura minimalna i maksymalna. |
| | Temperatura wyjściowa | Temperatura wyjściowa i dane meteorologiczne. |
| Forma zabudowy miejskiej (Budynki) | Budynki | Atrybuty budynku, postawy budowlane, przepisy dotyczące planowania przestrzennego, przepisy budowlane i elementy budowlane. |
| | Atrybuty budowlane | Węzeł, krawędź, dzielnica, punkt orientacyjny, ścieżki i oś. |
| | Budowanie postaw | Rodzaj budynku, klasyfikacja budynków, orientacja, wielkość działki i bliskość drogi. |
| | Przepisy dotyczące planowania | Pokrycie terenu (%) i współczynnik powierzchni (%). |

| | przestrzennego budynków | |
|---|---|---|

Tabela 5.2: Kontynuacja.

| | | |
|---|---|---|
| | Elementy budowlane | Długość, masa, czas, orientacja, powierzchnia, objętość i gęstość. |
| | Typ budynku | Maisonette, Villa lub inne zastosowania (wysokość budynku: M). |
| | Klasyfikacja budynków | Zmiana działki użytkowej, działki pod dom jednorodzinny, działki pod zabudowę bliźniaczą i szeregową (szerokość budynku: M). |
| | Orientacja | Powierzchnia orientacyjna północ-południe (N-S), powierzchnia orientacyjna wschód-zachód (E-W) i zmiana powierzchni użytkowej (stopnie). |
| | Wielkość działki | Zmiana działki użytkownika, mała działka, działka średniej wielkości i duża działka (metry kwadratowe). |
| | Bliskość drogi | Działka narożna wewnętrznie położona, duża działka w pobliżu głównej drogi i działka podstawowa (metry). |
| Urbanistyczna forma zabudowy (przestrzenie otwarte) | Otwarte przestrzenie | Przepisy dotyczące planowania przestrzeni otwartej, postawy elementarne przestrzeni otwartej i otwartej przestrzeni. |
| | Przepisy dotyczące planowania przestrzeni otwartej | Wskaźnik twardości krajobrazu (%), kąt padania światła (stopnie) i współczynnik zacienienia (%). |
| | Open space elemental | Długość otwartej przestrzeni (metry). |
| | Postawy w otwartej przestrzeni | Wielkość otwartej przestrzeni (M2), orientacja (stopnie) i bliskość drogi (M). |

Zjawiska badane w badaniach nad zmianą mikrotemperatury obejmowały: wymiar strukturalny wynikający z temperatury oraz wskaźnik empiryczny (zastępczy) uchwycony przez zmianę temperatury, zmianę temperatury dla próbki, temperaturę bazową, temperaturę powietrza zewnętrznego, temperaturę powietrza wewnętrznego, temperaturę średnią, temperaturę minimalną i maksymalną.

Badane zjawiska miejskiej formy budowlanej obejmowały: wymiar konstrukcyjny wynikający z budynku oraz wskaźnik empiryczny (zastępczy) ujęty w przepisach

budowlanych (pokrycie terenu i stosunek powierzchni działki), przepisy budowlane, element budowlany, atrybuty budowlane (dzielnica, węzeł, krawędź, punkt orientacyjny, ścieżka i oś) postawy budowlane (rodzaj budynku, wielkość działki, orientacja budowlana, klasyfikacja budynków i bliskość drogi budowlanej).
O ile badane zjawiska formy budownictwa miejskiego obejmowały: wymiar strukturalny wynikający z przestrzeni otwartej oraz wskaźnik empiryczny (zastępczy) ujęty w regulacjach dotyczących planowania przestrzeni otwartej (proporcje twardego krajobrazu, kąt padania światła i współczynnik zacienienia), elementarny wymiar przestrzeni otwartej (wielkość przestrzeni otwartej) i postawy wobec przestrzeni otwartej (wielkość przestrzeni otwartej, orientacja przestrzeni otwartej i bliskość drogi otwartej).

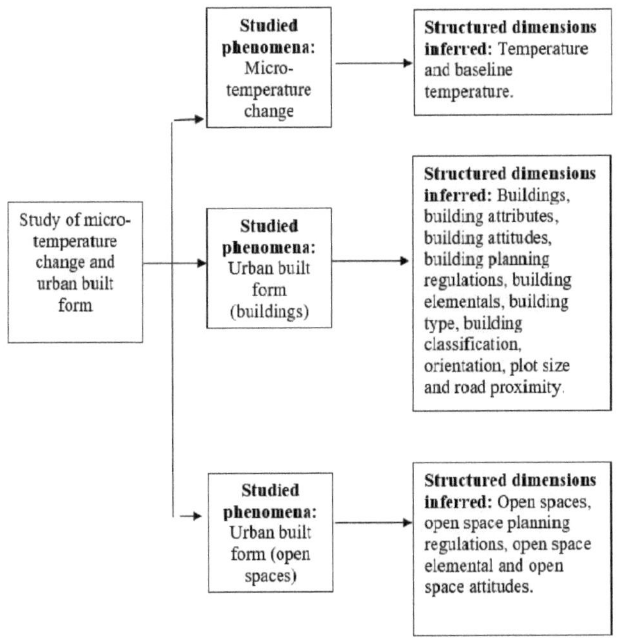


Rysunek 5.1: Schematyczne przedstawienie badanych zjawisk i wnioskowanego wymiaru strukturalnego.

Źródło: Autor (2017).

## 5.4 MODEL KONCEPCYJNY

Model koncepcyjny, który następnie opracowano w celu ułatwienia badania zależności między zmianą mikrotermury a formą zabudowy miejskiej (rysunek 5.2), był stworzeniem fizycznej lub komputerowej analogii dla niektórych zjawisk. Modelowanie pomaga w oszacowaniu względnej wielkości różnych czynników związanych z danym zjawiskiem. Udany model może zostać udowodniony, uwzględnia nieoczekiwane zachowania, które zostały zaobserwowane, pozwala przewidzieć pewne zachowania, które następnie mogą być testowane eksperymentalnie, oraz wykazać, że dana teoria nie może uwzględnić pewnych zjawisk (University of South Carolina Libraries, 2014: Glosariusz terminów badawczych).

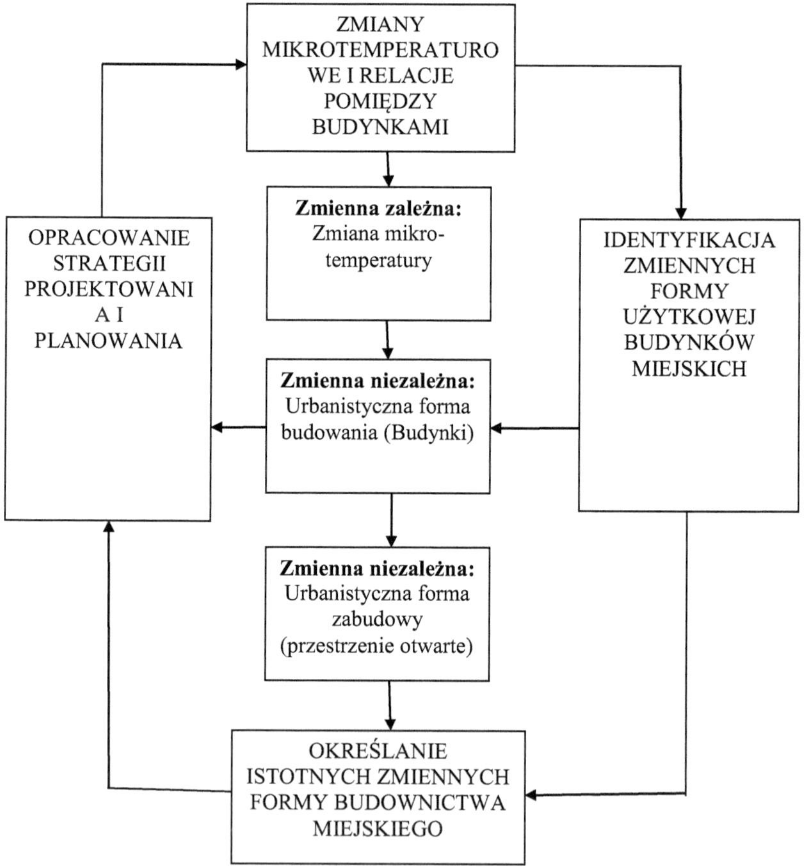


Rysunek 5.2. Model koncepcyjny ułatwiający badanie zależności między zmianami mikrotermicznymi a formą zabudowy miejskiej. Źródło: Autor (2016).

Konceptualny model klimatu miejskiego musi wskazywać na wzajemne oddziaływanie i przenikanie się zaangażowanych zmiennych (Oliver, 1973, s. 237).

Punktem wyjścia do modelu, określającym prace, jakie należy podjąć w ramach badania zależności pomiędzy mikro-zmianą temperatury a formą miejską zabudowaną w Osiedlu Komarock Infill B (Nairobi), określającym pierwszy cel badawczy badań, którym było zidentyfikowanie zmiennych formy miejskiej powodującej zmiany temperatury w obiekcie badawczym Osiedla Komarock, drugim było określenie wpływu istotnych zmiennych formy miejskiej zabudowanej na zmiany temperatury, a trzecim było opracowanie strategii projektowania i planowania z uwzględnieniem zrównoważonej formy miejskiej zabudowanej w środowisku zmieniającym się pod wpływem temperatury.

Wydaje się, że wokół trzech celów badawczych badania opracowano cykliczny manewr, przy czym ruch centralny polega na przetwarzaniu zebranych danych w odniesieniu do zmiennej zależnej od zmian temperatury w skali mikro oraz niezależnych zmiennych związanych z formą zabudowy miejskiej (budynek i otwarta przestrzeń).

Po zmotywowaniu modelu zidentyfikowano zmienne formy zabudowy miejskiej powodujące zmiany temperatury w badanym obiekcie, a następnie proces ten przeszedł w kierunku określenia znaczenia, po czym opracowano strategie projektowania i planowania z myślą o zrównoważonej formie zabudowy miejskiej w środowisku zmieniającym się pod wpływem temperatury i z powrotem do punktu wejścia. Proces ten był powtarzany do momentu zidentyfikowania wszystkich pozostałych zmiennych.

## 5.5 HIPOTEZA BADANIA

Hipoteza zerowa (H0) dla tego badania była następująca:

"Zmiana mikrotemperatury nie ma żadnego związku z miejską formą budowlaną."

Hipoteza alternatywna (H1) brzmiałaby następująco:

"Zmiana mikrotemperaturowa ma związek z miejską formą budowlaną."

Badanie zależności między zmianą mikrotermii a zmiennymi urbanistycznymi sformułowało hipotezę, która miała być testowana statystycznie w sposób negatywny (hipoteza zerowa). Takie stwierdzenie hipotezy zerowej dawałoby wszelkie szanse na zaistnienie zdarzenia niepożądanego, tak że gdyby mimo tak konserwatywnego podejścia doszło do pożądanego zdarzenia, można by wówczas potwierdzić, że zdarzenie nie nastąpiło w wyniku zwykłego przypadku (King'Oriah, 2004, s.177). Niepożądanym zdarzeniem w badaniu było to, że zmiana mikrotemperaturowa i forma zabudowy miejskiej nie były ze sobą powiązane. Pożądanym zdarzeniem w badaniach było to, że zmiana mikrotemperaturowa była związana z formą urbanistyczną, a zwłaszcza z pozytywnym związkiem.

Zastosowanie hipotezy zerowej w badaniu pozwoliło na zebranie danych dotyczących zmiennych i przetestowanie hipotezy zerowej w celu ustalenia lub zanegowania zależności. Hipoteza alternatywna w badaniu była alternatywnym zbiorem faktów, które zostały zaakceptowane lub udowodnione jako prawdziwe, jeśli hipoteza zerowa zostanie odrzucona lub udowodnione jako nieprawdziwe lub nie mające zastosowania do określonego zbioru okoliczności (King'oriah, 2004, s. 177).

W badaniach zmiana mikrotemperaturowa była zmienną zależną, a forma zabudowy miejskiej była zmienną niezależną. Zmianę mikrotemperaturową zdefiniowano operacyjnie i mierzono w stopniach Celsjusza. Urbanistyczna forma zabudowy została zdefiniowana jako budynki i otwarte przestrzenie.

Zarówno budynki, jak i otwarte przestrzenie zostały zdefiniowane operacyjnie i zmierzone przy użyciu surogatów. Budynki zastępcze, związane ze zmiennymi formy miejskiej zabudowy, zostały zdefiniowane operacyjnie i zmierzone jako typ budynku i wysokość budynku w metrach, wielkość działki w metrach kwadratowych, orientacja w stopniach od północy, klasyfikacja budynku i rząd szerokości budynku w metrach, bliskość drogi w metrach, pokrycie terenu i stosunek powierzchni działki jako procent wielkości działki.

Zastępniki przestrzeni otwartej, związane ze zmiennymi formy zabudowy miejskiej, zostały zdefiniowane operacyjnie i zmierzone jako: wielkość otwartej przestrzeni w metrach kwadratowych, stosunek twardego krajobrazu jako procent wielkości otwartej przestrzeni, orientacja w stopniach od północy, kąt padania światła w stopniach od pionu, bliskość drogi w metrach, współczynnik zacienienia jako procent północy oraz długość otwartej przestrzeni w metrach.

## ROZDZIAŁ SZÓSTY: METODY I ŚRODKI BADAWCZE

Rozdział szósty dotyczący metod i środków, zawiera szczegółowe informacje na temat projektowania badań i ram metodologicznych; projektowania badań dotyczących zmian w czasie; standardowych tabelarycznych zmiennych zależnych, wykazu i rejestratorów danych; standardowych tabelarycznych średnich miesięcznych danych dotyczących temperatury i danych bazowych dla stacji meteorologicznej; wykreślonych danych bazowych i danych dotyczących temperatury; pomiaru niezależnych zmiennych; zmiennych dotyczących regulacji planowania; zmiennych dotyczących regulacji budynków; zmiennych dotyczących elementów budowlanych; zmiennych dotyczących atrybutów budynków; zmiennych dotyczących otwartej przestrzeni; zalet i wad stosowania projektowania badań dotyczących zmian w czasie; badań panelowych i projektowania dotyczącego zmian w czasie; wykazu ocenianych zmiennych; oraz testów na istotność i poziom zaufania. Po części dotyczącej projektowania badań w zakresie zmian w czasie, w niniejszych wytycznych pominięto lub skrócono całą część dotyczącą pomiaru zmiennych i można ją znaleźć w oryginalnym tekście (Ebrahim, 2017, s. 77-96).

Metody badawcze (metody i środki) zastosowane w podręczniku metodyki badawczej do oceny i doceniania wpływu zabudowy miejskiej na zmiany mikrotemperaturowe były teoretycznymi procedurami i podejściami statystycznymi, które miały pomóc w badaniu w zbieraniu próbek, danych i znalezieniu rozwiązań problemu. W badaniu wybrano metody, które miały charakter naukowy, ponieważ opierały się na zebranych faktach, pomiarach i obserwacjach, a nie były oparte na osobistej opinii. Badania prowadzono zgodnie z procedurą badawczą. Procedura badawcza badania polegała na stopniowym działaniu, które obejmowało identyfikację problemu poruszanego w rozdziale pierwszym badania, przegląd literatury przedmiotu w rozdziale drugim, zbieranie i analizę danych oraz planowanie zasobów do badań. Procedury zostały opisane na tyle szczegółowo, że pozwoliły innym badaczom na powtórzenie metody w podobnych badaniach (Rukwaro, 2016, s. 34).

### 6.1 PROJEKT BADAWCZY I RAMY METODOLOGICZNE

Projektem badawczym niniejszych wytycznych był plan strategiczny, który przedstawia ogólny zarys i kluczowe cechy prac, jakie należy podjąć w ramach badania (Mugenda & Mugenda, 2012, s. 278). W studium sformułowano następujące pytania badawcze. Pytanie pierwsze brzmiało: "Jakie są zmienne formy zabudowy miejskiej, które powodują zmiany temperatury w Osiedlu Komarock? Pytanie drugie brzmi: "Jaki wpływ na zmiany temperatury mają znaczące zmienne formy zabudowy miejskiej? Pytanie trzecie brzmi: "Jaki jest wpływ zmian temperatury na projektowanie i strategie planowania zrównoważonej formy budownictwa miejskiego? Słowa zaznaczone kursywą są krytyczne dla pytań i nadają wiarygodność i kierunek projektowi badań. Ramy metodologiczne badania rozpoczęły się od przeglądu projektów badawczych z innych badań.

### BADANIA NAD PROJEKTAMI BADAWCZYMI

Ramy metodologiczne badania stanowiły metody związane z przeprowadzeniem badania oraz uzasadnienie wyboru metody zastosowanej w badaniu do gromadzenia, przetwarzania i analizy danych, a także metody zastosowane do uzyskania wyników, syntezy i interpretacji wyników, wniosków i zaleceń (Mugenda, 2011, s. 127). Cztery badania zostały przeanalizowane jako podstawa do podjęcia świadomej decyzji co do projektu badawczego, który ma być zastosowany w badaniu.

W badaniu Capeluto (2005 lipiec) nad naturalną wentylacją jako strategią poprawy komfortu cieplnego na otwartych przestrzeniach w gorącym i suchym klimacie Izraela wykorzystano metody jakościowe do analizy wiatrów.

Lam (w lipcu 2005 r.) badał analizę danych pogodowych i implikacje projektowe dla różnych stref klimatycznych Chin.

Muneer *et al.* (2000) badali akustykę cieplną, wizualną i słoneczną okien w budynkach oraz badali metody symulacji z wykorzystaniem technik cyfrowych.

Studium doktoranckie Rosenlund (1995) na temat projektowania na pustynię, podejście architekta do pasywnej klimatyzacji w gorących, suchych regionach, głównie w różnych miejscach Tunezji, wydawało się najbardziej trafne. W studium w Rosenlundzie (1995) zastosowano pięć metod zbierania danych - tj. pomiary terenowe, modelowanie parametryczne i badania, przypadki bazowe, eksperymentalne budownictwo i budynki oraz pomiary i badania wzdłużne, przy czym te ostatnie leżą w zakresie zainteresowania tego studium.

## POMIARY I BADANIA WZDŁUŻNE

Badania pomiarowe mają zwykle charakter podłużny, tzn. obejmują długi okres, aby uwzględnić zmiany klimatu i uzyskać dane z różnych pór roku, zwłaszcza w regionach suchych zwykle ciężkie budynki, a znajdujący się pod nimi grunt może przechowywać i uwalniać ciepło z jednego okresu na drugi. Wpływ użytkowników na klimat wewnętrzny można również określić, jeśli mierzone są okresy z zajęciem i bez zajęcia lub jeśli prowadzone są równoległe obserwacje zachowania użytkowników, takie jak liczba osób, czynności, otwieranie i zamykanie okien i żaluzji itp. (Rosenlund, 1995, str.87).

Pomiary wzdłużne mogą dawać duże ilości danych. Użycie np. 20 kanałów, mierzących co godzinę przez rok, daje około 180.000 wartości. Przy ocenie tych wyników ważne jest, aby zdecydować co należy zbadać, a następnie wybrać odpowiednie dane. Jeśli poszukiwane są normalne warunki, wówczas w każdej porze roku należy określić normalne, stabilne okresy. Można również badać warunki ekstremalne i reakcję cieplną budynku w trakcie i po takim okresie. Można również przeprowadzić analizy regresji, chociaż wymagają one ciągłych danych w dłuższym okresie, aby były wiarygodne (Rosenlund, 1995, s. 88).

Badania wzdłużne wymagają programowalnych rejestratorów do pozyskiwania danych. Chociaż stają się one coraz bardziej niezawodne, rejestratory wymagają okresowego nadzoru i kontroli. Backup akumulatorowy jest niezbędny, szczególnie w odległych obszarach, gdzie mogą występować częste przerwy w dostawie prądu i rzadkie wizyty na miejscu. Rejestratory danych i ich sondy muszą być regularnie kalibrowane. Dokładność może być również sprawdzana sporadycznie za pomocą prostych przyrządów ręcznych lub na podstawie dostępnych danych, np. ze stacji meteorologicznych. Wreszcie, badacz musi zdecydować, na podstawie własnego doświadczenia, czy wyniki są rozsądne (Rosenlund, 1995, s. 88).

## 6.2 PROJEKT BADAŃ WZDŁUŻNYCH

W badaniach nad związkiem między zmianą mikrotemperatury a formą zabudowy miejskiej wykorzystano projekt badań wzdłużnych, ponieważ projektowanie wzdłużne polega na obserwacji tej samej próby (powierzchni) w określonych odstępach czasu (Mugenda, 2011, s.72). W przypadku Osiedla Komarock Infill B, w okresie od 8 czerwca 2013 r. do [19] września 2015 r. zaobserwowano trzydzieści działek i szesnaście otwartych przestrzeni. Każda próbka powierzchni i przestrzeni otwartej była obserwowana, a dane związane ze zmienną zależną od zmiany mikrotemperatury i niezależnymi zmiennymi związanymi z formą zabudowy miejskiej były zbierane i przetwarzane indywidualnie przy użyciu technik i metod projektowania podłużnego, co zostało szczegółowo zilustrowane w przetwarzaniu surowych informacji z rejestratorów danych stadniny b. W przypadku osiedla Komarock Infill B, w okresie od 8 czerwca 2013 r. do 19 września 2015 r. zaobserwowano 30 powierzchni i 16 przestrzeni otwartych.

Przykład zastosowania projektu długoterminowego pomógłby w egzekwowaniu celów badania. Działka 41 Osiedla Komarock Infill B była obserwowana w okresie od 8 do [15] czerwca 2013 roku. W laboratorium komputerowym pobrano dane o temperaturze działki 41 oraz inne dane z formularzy zabudowy miejskiej. Następnie dane te zostały poddane procesowi przetwarzania, analizy i prezentacji danych oraz oczekiwanych wyników.

Badania wzdłużne prowadzone są z podaniem szczegółów pomiaru zmiennych, pomiaru zmiennej zależnej, standardowej zmiennej zależnej w tabelach, zestawienia i rejestracji rejestratorów danych, standardowego tygodniowego wsadu i zestawienia danych pobranych z rejestratorów danych, standardowych zestawień tabelarycznych temperatur tygodniowych rejestratorów danych, standardowych zestawień tabelarycznych średnich temperatur rejestratorów danych, standardowych zestawień tabelarycznych średnich temperatur miesięcznych i danych bazowych dla stacji meteorologicznej, wykreślone dane bazowe i temperaturowe, standardowe tabulowane arkusze obserwacji, pomiar niezależnych zmiennych, zmienne regulacyjne dotyczące planowania, zmienne regulacyjne dotyczące budynków, zmienne dotyczące elementów budowlanych, zmienne dotyczące atrybutów i postaw, zmienne dotyczące otwartej przestrzeni, standardowe tabulowane cyfrowe arkusze obserwacji, zalety i wady stosowania projektów badań dotyczących zmian w czasie, wykaz ocenianych zmiennych oraz badanie istotności i poziomu ufności.

## 6.3 POMIAR ZMIENNYCH

W niniejszym rozdziale przedstawiono metody stosowane do pomiaru zmiennej zależnej związanej ze zmianą mikrotemperatury oraz niezależnych zmiennych związanych z formą miejską zabudowaną w oparciu o czynności wykonywane w celu spowodowania wystąpienia tego zjawiska.

## 6.4 POMIAR ZMIENNEJ ZALEŻNEJ

Mikrotemperaturę (Y) w badaniach mierzono jako zależną od niej zmienną zmianę temperatury ($\Delta T$) w stopniach Celsjusza ($^{oC}$) i obliczano za pomocą następującego wzoru:

$Y = \Delta T$ (wzór 6.1)

Gdzie Y to mikro-zmiana temperatury w stopniach Celsjusza ($^{oC}$), a $\Delta T$ to zmiana temperatury w stopniach Celsjusza ($^{oC}$). W związku z tym mikro-zmiana temperatury (Y1)

dla wykresu 1 próbki może być zrównana ze zmianą temperatury (ΔT1) dla tego samego wykresu 1 próbki i przedstawiona w następujący sposób:
Y1 = ΔT1 (wzór 6.2)

gdzie Y1 oznacza zmianę temperatury w skali mikro dla wykresu próbek 1 w stopniach Celsjusza ($^{oC}$), a ΔT1 oznacza zmianę temperatury dla wykresu próbek 1 w stopniach Celsjusza ($^{oC}$). Zmiana temperatury zmienia się w zależności od próbki na wykresie i dla powiedzmy zmiany temperatury dla próbki na wykresie 1 (ΔT1) oraz mikro-zmiany temperatury dla próbki na wykresie 1 (Y1), została obliczona przy użyciu następującego wzoru:

Y1 = ΔT1 = T1 - TB (Wzór 6.3)

Gdzie Y1 oznacza zmianę temperatury w skali mikro dla próbki na wykresie 1 w stopniach Celsjusza ($^{oC}$), ΔT1 oznacza zmianę temperatury dla próbki na wykresie 1 w stopniach Celsjusza ($^{oC}$), T1 oznacza temperaturę rejestrowaną dla próbki na wykresie 1 w stopniach Celsjusza ($^{oC),}$ a TB oznacza temperaturę bazową dla miesiąca, w którym zebrano dane dla próbki 1 w stopniach Celsjusza ($^{oC}$). Podobnie jak Y1 była zmianą temperatury w skali mikro dla próbki na wykresie 1, Y2 była zmianą temperatury w skali mikro dla próbki na wykresie 2, a Y∞ była zmianą temperatury w skali mikro dla nieskończonej próbki na wykresie.

## 6.5 STANDARDOWA ZMIENNA ZALEŻNA TABELARYCZNA, WYKAZ I REJESTRACJA REJESTRATORÓW DANYCH

Tabela 6.1 zawiera tabelaryczne zmienne zależne od normy (mikrotemperatura zmiany) oraz ich opis, a także podaje różne zależne od nich terminologie, symbole, jednostki i opisy w odniesieniu do zmiany temperatury (ΔT), zmiany temperatury dla próbki 1 (ΔT1), temperatury bazowej (TB), temperatury powietrza zewnętrznego ($_{To}$), temperatury powietrza wewnętrznego (Ti), temperatury średniej (TAve), temperatury minimalnej ($_{TMin}$) i maksymalnej ($_{TMax}$).

Tabela 6.1: Standardowa zmienna zależna tabelaryczna (zmiana mikrotemperaturowa) i ich opis.

Źródło: Opracowane na podstawie metod badawczych (2010).

| **Zależne zmienne terminologie** | **Symbol** | **Jednostka** | **Opis** |
|---|---|---|---|
| Zmiana temperatury | ΔT | oC | Wahania temperatury w porównaniu do temperatur bazowych. |
| Zmiana temperatury dla próbki 1 | ΔT1 | oC | Wahania temperatury dla próbki 1 w porównaniu z temperaturą wyjściową dla miesiąca, w którym zebrano dane. |
| Temperatura wyjściowa | TB | oC | Temperatura bazowa obliczona dla regionu za miesiąc, w którym dane były |

Tabela 6.1: Kontynuuje.

| | | | |
|---|---|---|---|
| | | | odebrany. |
| Temperatura powietrza na zewnątrz | Do | oC | Zmierzona temperatura od podwórza wejściowego do próbki. |
| Temperatura powietrza w pomieszczeniu | Ti | oC | Zmierzona temperatura z salonu próbki. |
| Średnie temperatury | TAve | oC | Uśrednione temperatury w okresie pomiaru. |
| Temperatury minimalne | TMin | oC | Pomiary temperatury wykonywane są jako ekstremalne minimum danych ze średniej temperatury. |
| Temperatury maksymalne | TMax | oC | Pomiary temperatury wykonane jako ekstremalne dane maksymalne na podstawie średniej temperatury. |

Przetwarzanie informacji surowych z rejestratorów danych rozpoczęło się od wpisania ich do rejestru i zapisania ich w dzienniku rejestratora danych (tabela 6).2: Dziennik standardowy rejestratora danych dla partii danych zebranych), w którym wyświetlane były informacje w odniesieniu do pozycji, opisu i symbolu jako Średnia rejestrator 1 działka 1 salon (L1), Średnia rejestrator 2 działka 1 salon (L2), Średnia rejestrator 3 działka 2 salon (L3), Średnia rejestrator 4 działka 2 salon (L4), Średnia rejestrator 5 otwarta przestrzeń (L5), Średnia rejestrator skonsolidowany (LCon) i skonsolidowana partia (CBatch).

Tabela 6.2: Standardowy dziennik rejestratora danych dla partii zebranych danych.

Źródło: Opracowane na podstawie metod badawczych (2016).

| **Pozycja** | **Opis** | **Symbol** |
|---|---|---|
| 1 | Średnia karczma 1 Działka 1 Salonik | L1 |
| 2 | Przeciętny leśniczy 2 Działka 1 Ogród | L2 |
| 3 | Średnia karczma 3 Działka 2 Salonik | L3 |
| 4 | Przeciętny leśniczy 4 Działka 2 Ogród | L4 |
| 5 | Average Logger 5 Open Space | L5 |
| 6 | Średnia konsolidacja rejestratora | LCon |
| 7 | Skonsolidowana partia | CBatch |

## 6.6 STANDARDOWE TYGODNIOWE PORCJOWANIE I TABULARYZACJA POBRANYCH DANYCH Z REJESTRATORA DANYCH

Dane zebrane dla dowolnej próbki za dany miesiąc są tabelaryzowane dla każdego tygodnia, jak wskazano w tabeli 6.3 (Standardowe tygodniowe wsadowanie i tabelaryzowanie danych pobranych z rejestratora).

Tabela 6.3: Standardowe tygodniowe wsadowanie i tabularyzacja danych pobranych z rejestratora.

Źródło: Opracowane na podstawie metod badawczych (2010).

| **Rejestrator danych nr:** | **Miesiąc:** | **Tydzień? Nie:** | | | | | | | |
|---|---|---|---|---|---|---|---|---|---|
| **Tydzień? Nie:** | **Czas: Godziny:** | | **0.00** | **01.00** | → | → | → | → | **06.00** |
| Data: | Odczyty (Do): | oC | | | | | | | |
| Data: | Odczyty (Do): | oC | | | | | | | |
| Data: | Odczyty (Do): | oC | | | | | | | |
| Data: | Odczyty (Do): | oC | | | | | | | |
| Data: | Odczyty (Do): | oC | | | | | | | |
| Data: | Odczyty (Do): | oC | | | | | | | |
| Data: | Odczyty (Do): | oC | | | | | | | |
| Odczyty ogółem (TTotal): | oC | | | | | | | | |
| Average Readings (TAve): | oC | | | | | | | | |
| **Tydzień? Nie:** | **Czas: Godziny:** | | **07.00** | **08.00** | → | → | → | **12.00** | |
| Data: | Odczyty (Do): | oC | | | | | | | |
| Data: | Odczyty | oC | | | | | | | |

| | (Do): | | | | | | | | |
|---|---|---|---|---|---|---|---|---|---|
| Data: | Odczyty (Do): | oC | | | | | | | |

Tabela 6.3: Kontynuacja.

| Data: | Odczyty (Do): | oC | | | | | | | |
|---|---|---|---|---|---|---|---|---|---|
| Data: | Odczyty (Do): | oC | | | | | | | |
| Data: | Odczyty (Do): | oC | | | | | | | |
| Data: | Odczyty (Do): | oC | | | | | | | |
| Odczyty ogółem (TTotal): | oC | | | | | | | | |
| Average Readings (TAve): | oC | | | | | | | | |
| **Tydzień? Nie:** | **Czas: Godziny:** | | **13.00** | **14.00** | → | → | → | **18.00** | |
| Data: | Odczyty (Do): | oC | | | | | | | |
| Data: | Odczyty (Do): | oC | | | | | | | |
| Data: | Odczyty (Do): | oC | | | | | | | |
| Data: | Odczyty (Do): | oC | | | | | | | |
| Data: | Odczyty (Do): | oC | | | | | | | |
| Data: | Odczyty (Do): | oC | | | | | | | |
| Data: | Odczyty (Do): | oC | | | | | | | |
| Odczyty ogółem (TTotal): | oC | | | | | | | | |
| Average Readings | oC | | | | | | | | |

| (TAve): | | | | | | | | | |
|---|---|---|---|---|---|---|---|---|---|
| **Tydzień? Nie:** | **Czas: Godziny:** | | **19.00** | **20.00** | → | → | → | **24.00** | |
| Data: | Odczyty (Do): | oC | | | | | | | |

Tabela 6.3: Kontynuacja.

| Data: | Odczyty (Do): | oC | | | | | | | |
|---|---|---|---|---|---|---|---|---|---|
| Data: | Odczyty (Do): | oC | | | | | | | |
| Data: | Odczyty (Do): | oC | | | | | | | |
| Data: | Odczyty (Do): | oC | | | | | | | |
| Data: | Odczyty (Do): | oC | | | | | | | |
| Data: | Odczyty (Do): | oC | | | | | | | |
| Odczyty ogółem (TTotal): | oC | | | | | | | | |
| Average Readings (TAve): | oC | | | | | | | | |
| Uwaga: | | | | | | | | | |
| TAve = Razem ÷ 7 | | | | | | | | | |

## 6.7 STANDARDOWE DANE TABELARYCZNE REJESTROWANE TYGODNIOWO TEMPERATURY

Następnie uśredniono tygodniową partię danych tabelarycznych, aby uzyskać dzienny reżim temperatury dla danej próbki lub rejestratora danych (tabela 6.4): Standardowe tabelaryczne dane temperaturowe rejestrowane dla rejestratora próbek na tydzień).

Tabela 6.4: Standardowe dane tabelaryczne temperatur rejestrowanych dla rejestratora próbek na tydzień.

Źródło: Opracowane na podstawie metod badawczych (2016).

| Czas (LMT) (Godziny) | Miesiąc/rok/temperatura ($^{o}C$) | | | | | | | | | |
|---|---|---|---|---|---|---|---|---|---|---|
| | Dzień 1 | Dzień 2 | Dzień 3 | Dzień 4 | Dzień 5 | Dzień 5 | Dzień 6 | Dzień 7 | Średnia tygodniowa | Zaokrąglenie (numer próbki) |
| 0.00 | | | | | | | | | | |
| 1.00 | | | | | | | | | | |
| 2.00 | | | | | | | | | | |

Tabela 6.4: Kontynuuje.

| | | | | | | | | | | |
|---|---|---|---|---|---|---|---|---|---|---|
| 3.00 | | | | | | | | | | |
| 4.00 | | | | | | | | | | |
| 5.00 | | | | | | | | | | |
| 6.00 | | | | | | | | | | |
| 7.00 | | | | | | | | | | |
| 8.00 | | | | | | | | | | |
| 9.00 | | | | | | | | | | |
| 10.00 | | | | | | | | | | |
| 11.00 | | | | | | | | | | |
| 12.00 | | | | | | | | | | |
| 13.00 | | | | | | | | | | |
| 14.00 | | | | | | | | | | |
| 15.00 | | | | | | | | | | |
| 16.00 | | | | | | | | | | |
| 17.00 | | | | | | | | | | |
| 18.00 | | | | | | | | | | |
| 19.00 | | | | | | | | | | |
| 20.00 | | | | | | | | | | |
| 21.00 | | | | | | | | | | |
| 22.00 | | | | | | | | | | |
| 23.00 | | | | | | | | | | |
| 24.00 | | | | | | | | | | |
| Przeciętny: | | | | | | | | | | |

## 6.8 STANDARDOWE TABELARYCZNE ŚREDNIE TEMPERATURY REJESTROWANYCH DANYCH

W tabeli 6.5 podano standardowe dane tabelaryczne dotyczące średnich temperatur rejestrowanych dla rejestratora próbek za miesiąc, w którym zebrano dane, co na ogół stanowi prezentację kolumny zaokrąglenia w tabeli 6.8.

Tabela 6.5: Standardowe, tabelaryczne średnie temperatury rejestrowanych danych dla rejestratora próbek za miesiąc, w którym dane zostały zebrane.

Źródło: Opracowane na podstawie metod badawczych (2016).

| **Czas (LMT) (Godziny)** | **Temperatura powierzchni próbki** $T_S$ **(°C)** | **Uwagi** |
|---|---|---|
| 0.00 | | $T_{S\ 0,00}$ |
| 1.00 | | |
| 2.00 | | |
| 3.00 | | |
| 4.00 | | |
| 5.00 | | |
| 6.00 | | |
| 7.00 | | TS Min |
| 8.00 | | |
| 9.00 | | |
| 10.00 | | |
| 11.00 | | |
| 12.00 | | |
| 13.00 | | TS Max |
| 14.00 | | |
| 15.00 | | |
| 16.00 | | |
| 17.00 | | |
| 18.00 | | |
| 19.00 | | |
| 20.00 | | |
| 21.00 | | |
| 22.00 | | |
| 23.00 | | |

| 24.00 | | TS 24.00 |
|---|---|---|
| Średnia | | TS Ave |

Dane temperaturowe dla powierzchni próbnej 1 były obserwowane przez określony czas, zwykle tydzień lub siedem dni. Średnie temperatury ($T1_{Ave}$) dla próbki z powierzchni 1 można teraz obliczyć za pomocą poniższego wzoru:

$T1_{Ave} = \Sigma_{T1} \div n1$ (wzór 6.4)

Gdzie $T1_{Ave}$ jest średnią temperaturą dla próbki na powierzchni 1 w stopniach Celsjusza ($^{oC}$), $\Sigma_{T1}$ jest sumą temperatury zapisanej w dzienniku dla próbki na powierzchni 1 w stopniach Celsjusza ($^{oC}$), a n1 jest całkowitą liczbą punktów danych temperatury (nr). Podobnie dla średniej temperatury bazowej ($TB_{Ave}$) obliczono za pomocą poniższego wzoru:

$TB_{Ave} = \Sigma_{TB} \div nB$ (wzór 6.5)

Gdzie $TB_{Ave}$ jest średnią temperaturą bazową dla miesiąca, w którym rejestrowano dane dotyczące temperatury dla próbki powierzchni 1 w stopniach Celsjusza ($^{oC}$), $\Sigma_{TB}$ jest sumą temperatury bazowej dla miesiąca, w którym rejestrowano dane dotyczące temperatury dla próbki powierzchni 1 w stopniach Celsjusza ($^{oC}$), a nB jest całkowitą liczbą punktów danych dotyczących temperatury bazowej (nr). Za pomocą wzoru 3.3 obliczono średnią zmianę temperatury w skali mikro ($Y1_{Ave}$) oraz średnią zmianę temperatury ($\Delta T1_{Ave}$), korzystając z poniższego wzoru:

$Y1_{Ave} = \Delta T1_{Ave} = T1_{Ave} - TB_{Ave}$ ( wzór 6.6)

Gdzie $Y1_{Ave}$ jest średnią zmianą mikrotermury dla próbki na wykresie 1 w stopniach Celsjusza ($^{oC}$), $\Delta T1_{Ave}$ jest średnią zmianą temperatury dla próbki na wykresie 1 w stopniach Celsjusza ($^{oC}$), $T1_{Ave}$ jest średnią temperaturą dla próbki na wykresie 1 w stopniach Celsjusza ($^{oC}$), a $TB_{Ave}$ jest średnią temperaturą bazową dla miesiąca, w którym rejestrowano dane dotyczące temperatury dla próbki na wykresie 1 w stopniach Celsjusza ($^{oC}$). Poprzez zastąpienie wyników z wzorów 6.4 i 6.5 wzorem 6.6 średnia zmiana temperatury ($\Delta T1_{Ave}$) została obliczona przy użyciu następującego skonsolidowanego wzoru:

$Y1_{Ave} = \Delta T1_{Ave} = (\Sigma_{T1} \div n1) - (\Sigma_{TB} \div nB)$ (wzór 6.7)

## 6.9 STANDARDOWE TABELARYCZNE ŚREDNIE MIESIĘCZNE TEMPERATURY I DANE BAZOWE DLA STACJI METEOROLOGICZNEJ

Tabela 6.6 przedstawia standardowe, tabelaryczne dane dotyczące średniej miesięcznej temperatury dla Międzynarodowego Portu Lotniczego Jomo Kenyatta Embakasi za okres 1959-1980 stosowany jako temperatura bazowa w stopniach Celsjusza ($^{oC}$). Dane ze stacji meteorologicznej (patrz: Przetwarzanie surowych informacji z rejestratorów danych) wskazują proces konwersji danych z lokalnej stacji meteorologicznej na temperatury bazowe.

W zależności od tego, w którym miesiącu zostały zebrane dane, dzienne temperatury bazowe (tabela 6.7: Standardowe tabelaryczne temperatury bazowe dla miesiąca, w którym zebrano dane dla rejestratora próbek) zostały wygenerowane dla tego rejestratora przy użyciu Template'u temperatury oprogramowania Ebenergy Software (patrz: Przetwarzanie surowych informacji z rejestratorów danych).

Tabela 6.6: Standardowe, tabelaryczne dane dotyczące średniej miesięcznej temperatury dla Międzynarodowego Portu Lotniczego Jomo Kenyatta Embakasi w latach 1959-1980 używane jako temperatura bazowa.

Źródło: Opracowane na podstawie metod badawczych (2016).

| **Miesiąc** | **Temperatura Minimalna** ($T_{Min}$) (°C) | **Temperatura Suchej żarówki** ($T9_{.00}$) (°C) | **Temperatura maksymalna** ($T_{Max}$) (°C) | **Temperatura Suchej żarówki** ($T15_{.00}$) (°C) | **Uwagi** |
|---|---|---|---|---|---|
| **Czas (LMT)** | **5.00** | **9.00** | **13.00** | **15.00** | |
| Styczeń | 11.9 | 18.3 | 26.6 | 25.5 | |
| Luty | 12.4 | 18.6 | 27.7 | 26.6 | |
| Marzec | 13.2 | 18.6 | 27.6 | 26.4 | Najgorętszy miesiąc |
| Kwiecień | 14.5 | 18.2 | 26.0 | 24.7 | |
| Maj | 13.5 | 17.4 | 24.6 | 23.4 | |
| Czerwiec | 11.5 | 15.7 | 23.6 | 22.5 | Miesiąc studiów |
| Lipiec | 10.7 | 14.8 | 22.5 | 21.4 | Najzimniejszy miesiąc |
| Sierpień | 10.8 | 15.0 | 23.1 | 21.9 | |
| Wrzesień | 11.0 | 16.2 | 25.6 | 24.4 | |
| Październik | 12.6 | 18.0 | 26.7 | 25.5 | |
| Listopad | 13.3 | 17.7 | 25.2 | 23.8 | |
| Grudzień | 12.7 | 18.1 | 25.5 | 24.4 | |

Tabela 6.7: Standardowe tabelaryczne temperatury bazowe dla miesiąca, w którym zebrano dane dla rejestratora próbek.

Źródło: Opracowane na podstawie metod badawczych (2016).

| **Czas (LMT) (Godziny)** | **Temperatura bazowa (TB) (°C)** | **Uwagi** |
|---|---|---|
| 0.00 | | $TB_{0,00}$ |
| 1.00 | | |
| 2.00 | | |
| 3.00 | | |
| 4.00 | | |
| 5.00 | | $TB_{Min}$ |

| 6.00 | | |
|---|---|---|
| 7.00 | | |
| 8.00 | | |
| 9.00 | | |

Tabela 6.7: Kontynuuje.

| 10.00 | | |
|---|---|---|
| 11.00 | | |
| 12.00 | | |
| 13.00 | | |
| 14.00 | | |
| 15.00 | | $TB_{15.00}$ |
| 16.00 | | |
| 17.00 | | |
| 18.00 | | |
| 19.00 | | |
| 20.00 | | |
| 21.00 | | |
| 22.00 | | |
| 23.00 | | |
| 24.00 | | $TB_{24.00}$ |
| Przeciętny: | | $TB_{Ave}$ |

## 6.10 WYKREŚLONE DANE BAZOWE I TEMPERATUROWE

Ponieważ dane z terenu Osiedla Komarock Infill B były zbierane w różnych porach roku, konieczne stało się wykorzystanie koncepcji temperatury bazowej w celu obliczenia współczynnika zmiany mikro-temperatury. Temperatura bazowa jest pomiarem kontrolowanym, przeprowadzanym przed zabiegiem doświadczalnym i wykorzystywanym głównie do analizy porównawczej zmiennej badawczej (Biblioteki Uniwersytetu Południowej Karoliny (2014: Słowniczek terminów badawczych).

W tym zakresie badanie objęło wykorzystanie cyfrowego narzędzia zwanego szablonem temperatury (Ebrahim, 2010c) oprogramowania Ebenergy Software (Ebrahim, 2010c). Wykorzystanie Dziennika Zapytań, Dziennika Zebranych Danych, danych ze stacji meteorologicznych oraz Szablonu Temperatury zostało szczegółowo objaśnione w trakcie przetwarzania surowych informacji z rejestratorów danych. Wystarczy powiedzieć w tym miejscu, że standardowe arkusze obserwacji w formie tabelarycznej zostały wykorzystane do tabelaryzowania i strukturyzowania danych, a następnie przeszły przez oprogramowanie Ebenergy Software do przetwarzania.

Dziennik zapytań (patrz: Przetwarzanie surowych informacji z rejestratorów danych), który stanowi punkt wejścia oprogramowania Ebenergy Software, został wykorzystany do kodowania i odpowiadania na podstawowe pytania związane z wprowadzanymi danymi. Zebrane dane zostały przetworzone na arkusze kalkulacyjne w procesie tabelarycznym za pomocą Dziennika danych (patrz: Przetwarzanie informacji surowych z rejestratorów danych). Sporządzenie zestawienia porównawczego odbyło się z wykorzystaniem danych meteorologicznych z Międzynarodowego Portu Lotniczego Jomo Kenyatta (Kenijski Departament Meteorologiczny, 1984, s. 61), jak opisano w wykorzystaniu danych ze stacji meteorologicznych i szablonu temperatury (zob.: Przetwarzanie informacji surowych z rejestratorów danych).

Rysunek 6.1 to wykreślone dane bazowe temperatury powietrza zewnętrznego (Do) za czerwiec przy użyciu szablonu temperaturowego oprogramowania Ebenergy Software. Każda z pobranych próbek powierzchni i otwartej przestrzeni posiadała wygenerowane dane bazowe dotyczące temperatury powietrza zewnętrznego za miesiąc, w którym dane były zbierane w Osiedlu Komarock Infill B.

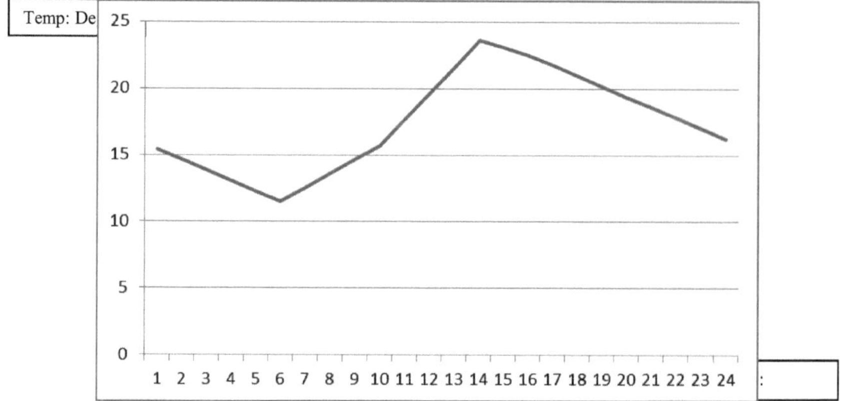


Rysunek 6.1: Wskazuje wykreślone dane bazowe jako temperaturę powietrza zewnętrznego (Do) dla miesiąca czerwca za pomocą szablonu temperaturowego oprogramowania Ebenergy Software.

Źródło: Autor (2013).

Przetworzone dane z próbkowanych powierzchni i powierzchni otwartych zostały zestawione w tabelach i wykreślone z wygenerowanymi danymi bazowymi w celu uzyskania zmian temperatury mikro dla poszczególnych powierzchni lub powierzchni otwartych, jak wyjaśniono szczegółowo w temacie Temperatura (patrz: Przetwarzanie informacji surowych z rejestratorów danych). Rysunek 6.2 przedstawia dane temperaturowe na wykresie w porównaniu z czasem dla partii 1 (czerwiec 2013 r.). W związku z tym seria 1 stanowiła średnią temperaturę dla rejestratora 1 (L1) dla powierzchni 41 znajdującej się w salonie, seria 2 dla rejestratora 2 (L2) dla powierzchni 41 znajdującej się w ogrodzie, seria 3 dla rejestratora 3 (L3) dla powierzchni 48 znajdującej się w salonie, seria 4 dla rejestratora 4 (L4) dla powierzchni 48 znajdującej się w ogrodzie, seria 5 dla rejestratora 5 (L5) dla powierzchni zielonej i seria 6 (do: czerwca) dla temperatury bazowej. Również dane dotyczące temperatury zrębki tworzyły wzór zrębki w porównaniu z symulowanymi danymi, które posłużyły do ustalenia współczynnika zmiany temperatury.

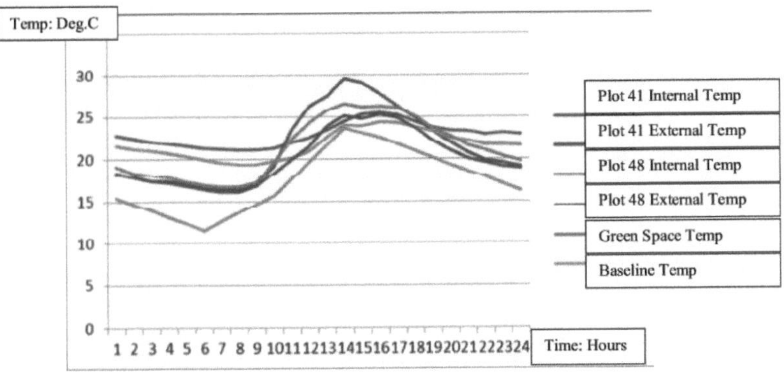


Rysunek 6.2: Wskazuje dane dotyczące temperatury na wykresie w porównaniu z czasem dla partii 1 (czerwiec 2013).

Źródło: Autor (2013).

## 6.11 STANDARDOWE TABELARYCZNE KARTY OBSERWACJI

Tabela 6.8 wskazuje standardowe tabelaryczne dane wynikowe rejestrowane dla rejestratora próbek (TS) w okresie zbierania danych oraz tabelaryczne temperatury bazowe (TB) w miesiącu zbierania danych.

Tabela 6.8: Standardowe tabelaryczne dane wynikowe rejestrowane dla rejestratora próbek za okres zbierania danych oraz tabelaryczne temperatury bazowe za miesiąc zbierania danych.

Źródło: Opracowane na podstawie metod badawczych (2016).

| **Czas (LMT) (Godziny )** | **Temperatura rejestratora próbek (TS) (°C)** | **Temperatura bazowa miesiąc (TB) (°C)** | **Zmiana mikrotemperaturowa (TS - TB) (°C)** | **Uwagi** |
|---|---|---|---|---|
| 0.00 | | | | TB $_{0,00}$ i TS $_{0,00}$ |

| 1.00 | | | | |
|---|---|---|---|---|
| 2.00 | | | | |
| 3.00 | | | | |
| 4.00 | | | | |
| 5.00 | | | | TB $_{Min}$ |
| 6.00 | | | | |
| 7.00 | | | | TS Min |

Tabela 6.8: Kontynuacja.

| 8.00 | | | | |
|---|---|---|---|---|
| 9.00 | | | | TB $_{9,00}$ |
| 10.00 | | | | |
| 11.00 | | | | |
| 12.00 | | | | |
| 13.00 | | | | TB $_{Max}$ |
| 14.00 | | | | |
| 15.00 | | | | TB $_{15.00}$ |
| 16.00 | | | | |
| 17.00 | | | | |
| 18.00 | | | | |
| 19.00 | | | | |
| 20.00 | | | | |
| 21.00 | | | | |
| 22.00 | | | | |
| 23.00 | | | | |
| 24.00 | | | | TB $_{24,00}$ i TS 24,00 |
| Przeciętn y: | | | | TAve |

W tabeli 6.9 podano standardową tabelaryczną wynikową zmianę temperatury dla powierzchni w miesiącu zbierania danych.

Tabela 6.9: Standardowa tabelaryczna wynikowa zmiana mikrotemperaturowa dla powierzchni za okres zbierania danych.

Źródło: Opracowane na podstawie metod badawczych (2016).

| **Pozycja** | **Numer działki** | **Zmiana mikrotemperaturowa ($^{o}C$)** | **Uwagi** |
|---|---|---|---|
| 1 | | | |
| 2 | | | |
| 3 | | | |
| 4 | | | |
| 5 | | | Do Min |
| 6 | | | |

Tabela 6.9: Kontynuacja.

| | | | |
|---|---|---|---|
| 7 | | | |
| 8 | | | Do Maxa |
| 9 | | | |
| 10 | | | |
| Przeciętny: | | | Do Ave |

Odczytano średnie odczyty dla temperatury minimalnej ($T1_{Min}$), temperatury maksymalnej ($T1_{Max}$) i średniej temperatury ($T1_{Ave}$) dla powierzchni 1 próbki i dokonano porównania z odczytami z innych próbek i innych źródeł. To ćwiczenie powtórzono dla minimalnej zmiany temperatury w skali mikro (YMin), maksymalnej zmiany temperatury w skali mikro (YMax) i średniej zmiany temperatury w skali mikro (YAve) w stopniach Celsjusza ($^{oC}$) zaobserwowanych na podstawie zestawów danych.

## 6.12 POMIAR NIEZALEŻNYCH ZMIENNYCH

Urbanistyczna forma zabudowy w badaniu została podzielona na zmienne budowlane lub open space. Zmienne budowlane formy budownictwa miejskiego funkcjonowały jako niezależne zmienne związane z planowaniem zmiennych regulacyjnych, zmiennych regulacyjnych budynku, zmiennych elementarnych budynku, atrybutów budynku i postaw budowlanych, skonstruowane na podstawie tego, jak dane zjawisko lub obiekt lub rzecz działa lub wygląda.

## 6.13 ZMIENNE DOTYCZĄCE REGULACJI PLANOWANIA

Plany zagospodarowania przestrzennego obejmowały substytuty, takie jak pokrycie terenu (GC), wskaźnik powierzchni (PR), rezerwy na parkingi, rezerwy na otwarte przestrzenie, rozmiary i przydział dróg i rezerw, linie budowlane i przydział pasów ruchu lub dostępu dla służb i ochrony przeciwpożarowej, dostęp dla pieszych i pojazdów, zapewnienie dostępu dla osób niepełnosprawnych fizycznie lub do użytku specjalistycznego itp.

Tabela 6.10 przedstawia standardowe tabelaryczne przepisy planowania, zmienne, opis i wyjaśnienia. Opisy i odpowiednie objaśnienia dotyczą działki, szerokości działki, długości działki, pokrycia terenu, stosunku powierzchni działki do jej powierzchni, udostępnienia parkingu, terenów otwartych, rezerwatu drogowego, linii zabudowy, cofnięcia się budynku, pasów usług i wjazdu.

Tabela 6.10: Standardowe tabelaryczne przepisy dotyczące planowania, zmienne, opis i wyjaśnienie.

Źródło: Opracowane na podstawie metod badawczych (2010).

| **Opis** | **Symbol** | **Jednost ka** | **Objaśnienie** |
|---|---|---|---|
| Działka | P | Hectare | Osoba prawna będąca właścicielem lub dzierżawcą od |

Tabela 6.10: Kontynuacja.

| | | | |
|---|---|---|---|
| | | | rząd/NCC/Railways etc. (1 Hektar = 10 000 M2) |
| Szerokość działki | WP | M | Poziomy krótki wymiar fabuły określony przez tytułowy akt notarialny. |
| Długość działki | LP | M | Długi wymiar fabuły. Z prawnego punktu widzenia nie ma ograniczeń prawnych poprzez tytuł prawny, ale regulują je prawa sąsiadów do lekkich kątów poprzez prawo zwyczajowe i stosunek działki (PR). |
| Pokrycie terenu | GC | Stosune k: | Stosunek powierzchni zabudowanej do ogólnej wielkości działki i określony przez prawo NCC dla wyznaczonych obszarów podlegających jej jurysdykcji. |
| Stosunek liczby działek | PR | Stosune k: | Stosunek całkowitej powierzchni zabudowanej do wielkości Działka. Zarządzany przez określone współczynniki dla wyznaczone obszary. |
| Zapewnieni e parkingu | CP | Numer/ Sq.M | Liczba miejsc parkingowych na metr kwadratowy lub na gospodarstwo domowe lub na mieszkanie itp. Dla Osiedla Komarock jest to od 1,5 do 2 samochodów/gospodarstwa domowego, a rzeczywistość na ziemi różni się od tego przepisu. |
| Otwarte przestrzenie | OS | % | Dodatek na place zabaw, udogodnienia i infrastrukturę oraz wyłącza udostępnianie w obrębie działki. |
| Rezerwa drogowa | RR | M | Zakres rezerwy zależy od reżimu drogowego, klasyfikacji i przepisów ustawy o standardach przyjmowanych. |

| Linia budowlana | BL | M | Niepowodzenie w budowie, przede wszystkim przy drodze do rozbudowy i świadczenia usług. |
|---|---|---|---|
| Porażka budowlana | BS | M | Podobne do BL wzdłuż innych stron działki, aby umożliwić dostęp lub oświetlenie, wentylację lub okna. |
| Pasy serwisowe | SL | M | Zakres rezerwy zależy od reżimu drogowego, klasyfikacji i przepisów ustawy o standardach przyjmowanych. |
| Wejście: | E | M | Dostęp główny lub usługowy lub przepisy dotyczące wjazdu. |

Zarówno budynki, jak i otwarte przestrzenie zostały zdefiniowane operacyjnie i zmierzone przy użyciu surogatów. Budynki zastępcze związane z miejskimi zmiennymi formy budynków zostały zdefiniowane operacyjnie i zmierzone jako typ budynku i wysokość budynku w metrach, wielkość działki w metrach kwadratowych, orientacja w stopniach od północy, klasyfikacja budynków i rząd szerokości budynku w metrach, bliskość drogi w metrach, pokrycie terenu i stosunek powierzchni działki jako procent wielkości działki.

Zmienna typu budynku (X1) została zaobserwowana na próbkach działek, które były typu Maisonette, Villa lub innego użytkowania działki i miały wysokość budynku w metrach (M) jako surogat. Typ budynku został uzyskany z badań terenowych (zdjęcia). Wysokość budynku mierzona była od poziomu gotowego piętra budynku do najwyższego punktu dachu. Pomiar został przeprowadzony za pomocą taśmy mierniczej. Wymiary typowych budynków uzyskano na podstawie rysunków architektonicznych, natomiast nietypowe budynki z rysunków powykonawczych przygotowano na podstawie badań terenowych.

Zmienną wielkość poletka (X2) zaobserwowano na próbkach o małej, średniej lub dużej wielkości poletka. Wielkość działki została zdefiniowana operacyjnie jako kawałek ziemi otoczony określonymi granicami (Singh & Singh, 2010, s. 99) i wydzielony na miejscu przez ściany graniczne lub ogrodzenie. Wymiary działki uzyskano na podstawie rysunków architektonicznych. Zmienna wielkości działki (X2) została obliczona przy użyciu następującego wzoru:

X2 = WP x LP (wzór 6.8)

Gdzie X2 jest zmienną wielkości powierzchni dla powierzchni próbnej w metrach kwadratowych (M2), WP jest szerokością powierzchni próbnej w metrach (M), a LP jest długością powierzchni próbnej w metrach (M).

Zmienna orientacji budynku (X3) została zaobserwowana na próbkach działek, przy czym orientacja mierzona w stopniach (Degree) od północy w kierunku zgodnym z ruchem wskazówek zegara, jako orientacja działki od północy do południa (N-S) lub od wschodu do zachodu (E-W). Orientacja budynku została zmierzona na miejscu za pomocą magnetycznego kompasu północnego.

Zmienną bliskość drogi budowlanej (X4) zaobserwowano na próbkach działek, które miały odległość od głównej lub bocznej drogi mierzoną w metrach (M) jako narożną działkę wewnętrzną, dużą działkę w pobliżu drogi lub działkę podstawową. Bliskość drogi została uzyskana na podstawie rysunków architektonicznych.

Zmienna klasyfikacji budynków (X5) została zaobserwowana na próbkach działek, które były domami jednorodzinnymi, bliźniaczymi lub szeregowymi, a ich surogatem był rząd o szerokości domu w metrach (M). Informacje o klasyfikacji budynków uzyskano na podstawie zdjęć lotniczych (mapy Google) oraz badań terenowych (zdjęcia i pomiary).

Zmienna pokrycia gruntu (X9) została zaobserwowana na próbie działki i stanowiła stosunek cokołu budynku do wielkości działki i została podana jako wartość procentowa (%). Cokół budynku mierzony był jako powierzchnia pokryta przez budynek bezpośrednio po parterze (poziom 1), natomiast pokrycie terenu określane jest również jako stosunek powierzchni podłogi (Singh & Singh, 2010, s. 98 - 99). Informacje o pokryciu terenu uzyskano na podstawie zdjęć lotniczych (mapy Google) oraz badań terenowych (zdjęcia i pomiary). Pokrycie terenu zostało obliczone za pomocą następującego wzoru:

$X9 = A1 \div X2 \times 100$ (wzór 6.9)

$A1 = (W1 \times L1)$ (wzór 6.10)

$X9 = (W1 \times L1) \div X2 \times 100$ (wzór 6.11)

Gdzie X9 jest zmienną dotyczącą pokrycia gruntu dla powierzchni próbnej 1, podaną w procentach (%), A1 jest powierzchnią parteru (poziom 1) budynku na powierzchni próbnej 1 w metrach kwadratowych (M2), W1 jest szerokością poziomu 1 budynku na powierzchni próbnej 1 w metrach kwadratowych (M), L1 jest długością poziomu 1 powierzchni próbnej 1 w metrach kwadratowych (M), a X2 jest wielkością powierzchni próbnej 1 w metrach kwadratowych (M2).

Zmienny współczynnik powierzchni (X15) zaobserwowano na próbce powierzchni i był on równy stosunkowi całkowitej powierzchni zabudowanej do wielkości powierzchni podanej w procentach (%). Współczynnik powierzchni działki jest również określany jako stosunek całkowitej powierzchni zabudowanej wraz ze ścianami wszystkich kondygnacji do powierzchni gruntu, na którym stoi budynek (Singh & Singh, 2010, s.101). Informacje o współczynniku powierzchni działki uzyskano na podstawie zdjęć lotniczych (Google maps) oraz badań terenowych (zdjęcia i pomiary). Stosunek powierzchni działki został obliczony za pomocą następującego wzoru:

$X15 = AB \div X2 \times 100$ (wzór 6.12)

$AB = A1 + A2 + A3 \ldots\ldots + A\infty$ (wzór 6.13)

$A1 = (W1 \times L1)$ (wzór 6.14)

$A2 = (W2 \times L2)$ (wzór 6.15)

$A3 = (W3 \times L3)$ (wzór 6.16)

$A\infty = (W\infty \times L\infty)$ (wzór 6.17)

$AB = \Sigma A\infty$ (Wzór 6.18)

$X15 = [(W1 \times L1) + (W2 \times L2) + (W3 \times L3) \ldots + (W\infty + L\infty)] \div X2 \times 100$

(Wzór 6.19)

$X15 = \Sigma A\infty \div X2 \times 100$ (wzór 6.20)

Gdzie X15 jest zmienną stosunku powierzchni dla powierzchni 1 w procentach (%), AB jest całkowitą powierzchnią budynku na powierzchni 1 w metrach kwadratowych (M2), A1 jest powierzchnią podłogi (poziom 1) budynku na powierzchni 1 w metrach kwadratowych (M2), A2 jest powierzchnią podłogi (poziom 2) budynku na powierzchni 1 w metrach kwadratowych (M2), A3 oznacza powierzchnię podłogi (poziom 3) budynku na działce próbnej 1 w metrach kwadratowych (M2), A∞ oznacza powierzchnię podłogi (poziom ∞) budynku na działce próbnej 1 w metrach kwadratowych (M2), W1 oznacza szerokość poziomu 1 budynku na działce próbnej 1 w metrach kwadratowych (M), W2 oznacza szerokość drugiego poziomu budynku na powierzchni próbnej 1 w metrach (M), W3 oznacza szerokość trzeciego poziomu budynku na powierzchni próbnej 1 w metrach (M), W∞ oznacza szerokość poziomu ∞ budynku na powierzchni próbnej 1 w metrach (M), L1 oznacza długość pierwszego poziomu na powierzchni próbnej 1 w metrach (M), L2 oznacza długość poziomu 2 powierzchni próbki 1 w metrach (M), L3 oznacza długość poziomu 3 powierzchni próbki 1 w metrach (M), L∞ oznacza długość poziomu ∞ powierzchni próbki 1 w metrach (M), a X2 oznacza wielkość powierzchni próbki 1 w metrach kwadratowych (M2).

## 6.14. ZMIENNE REGULACYJNE DOTYCZĄCE BUDYNKÓW

Regulaminy budowlane i inne normy budowlane są regulowane przez odpowiednie organy ustawowe i obejmują przestrzeganie i utrzymanie minimalnych przepisów opartych na kryteriach projektowych i minimalnych standardach zdrowotnych. Tabela 6.11 wskazuje standardowe, tabelaryczne przepisy budowlane, zmienne, opis i wyjaśnienie. Podano opisy i odpowiednie wyjaśnienia dotyczące absorpcji powierzchni, emisyjności powierzchni, przewodności cieplnej i współczynnika przenikania ciepła.

Tabela 6.11: Standardowe tabelaryczne przepisy budowlane, zmienne, opis i wyjaśnienie.

Źródło: Opracowane na podstawie metod badawczych (2010).

| **Opis** | **Symbol** | **Jednostka** | **Objaśnienie** |
|---|---|---|---|
| Absorpcja powierzchni | a | Stosunek: | Współczynnik absorpcji: a + t + r = 1. Jako a → 1, r → 0. Zatem dobry absorber i zły reflektor. |
| Emisyjność powierzchni | e | Stosunek: | Emisja wskazuje na nocne ponowne napromieniowanie lub słony grzejnik. Np. Emiter czarnego ciała. |
| Przewodność cieplna | c | W/M $^{oC}$ | Przepływ ciepła przez jednostkę powierzchni o jednostkowej grubości substancji o jednostkowej różnicy temperatur pomiędzy dwoma powierzchniami. |
| Przepuszczalność cieplna | C | W/M2 $^{oC}$ | Strumień przepływu ciepła przez część korpusu z jednostkową różnicą temperatur powietrza po obu stronach. |

## 6.15 ZMIENNE DOTYCZĄCE ELEMENTÓW BUDOWLANYCH, ATRYBUTÓW I POSTAWY

Tabela 6.12 zawiera standardowe tabelaryczne elementy budynku, zmienne, opis i wyjaśnienia. Podane są opisy i odpowiednie wyjaśnienia dotyczące długości budynku, masy, czasu, orientacji, powierzchni, kubatury i gęstości.

Tabela 6.12: Standardowe tabelaryczne elementy budowlane, zmienne, opis i objaśnienia.

Źródło: Opracowane na podstawie metod badawczych (2010).

| Opis | Symbol | Jednostka | Objaśnienie |
|---|---|---|---|
| Długość | L | M | Długość różnych elementów budynku lub innej jednostki miary. |
| Msza św. | m | Kg | Waga przedmiotów lub elementów lub jednostek do pomiaru. |
| Czas | T | Godziny (H) | W odniesieniu do średniego czasu lokalnego (LMT) lub średniego czasu Greenwich (GMT). |
| Orientacja | O | Stopień naukowy | W kierunku zgodnym z ruchem wskazówek zegara od północy (0oN) (kąt). |
| Obszar | A | Plac M | W odniesieniu do wielkości elementów budowlanych (M2). |
| Tom | V | Cu.M | W odniesieniu do zdolności produkcyjnych jednostek lub konstrukcji budowlanych (M3). |
| Gęstość zaludnienia | D | Kg/M3 | Gęstość materiałów lub konstrukcji. |

Tabela 6.13: Atrybut budynku, zmienne, opis i wyjaśnienie standardowej formy zbudowanej w formie tabelarycznej.

Źródło: Opracowane na podstawie metod badawczych (2016).

| Opis | Symbol | Jednostka | Objaśnienie |
|---|---|---|---|
| Dystrykt (D) | XA | | Działka położona w dzielnicy 1 lub 2 lub 3. |
| Węzły (N) | XB | | Otwarty teren. |
| Krawędzie (E) | XC | | Narożnik, działka wewnętrzna lub krawędziowa. |
| Punkty orientacyjne (L) | XD | | Szkoły lub sklepy spiskują. |
| Ścieżki (P) i drogi (R) | XE | | Ścieżki lub drogi. |

Funkcjonowały również miejskie formy zabudowy oraz atrybuty i postawy otwartej przestrzeni. Tabela 6.13 wskazuje standardowy, tabelaryczny atrybut budynku, zmienne, opis i wyjaśnienie dla atrybutów budynku i przestrzeni otwartej związanych z dzielnicą, węzłem, krawędzią, punktem orientacyjnym, ścieżką i drogą.

Tabela 6.14 wskazuje standardowe tabelaryczne zmienne postawy budynku, opis i wyjaśnienie zmiennych postawy budynku związanych z typem budynku, wielkością działki, orientacją budynku, bliskością drogi, klasyfikacją budynku, pokryciem terenu i wskaźnikiem powierzchni.

Tabela 6.14: Tabelaryczne standardowe zmienne postawy budynku, opis i wyjaśnienie.

Źródło: Opracowane na podstawie metod badawczych (2016).

| Opis | Symbol | Jednostka | Objaśnienie |
|---|---|---|---|
| Typ budynku (BT) | X1 | M | Wysokość budynku (BH): Maisonette (M), Villa (V) lub inne użytkowanie działki. |
| Wielkość działki (PS) | X2 | M2 | Powierzchnia działki (PA): Działka mała (S), średnia (M) lub duża. |
| Orientacja budynku (O) | X3 | Stopnie naukowe | Orientacja (O): Mierzony jako stopień z północy w kierunku zgodnym z ruchem wskazówek zegara - z północy na południe (N-S) lub ze wschodu na zachód (E-W). |
| Bliskość drogi (RP) | X4 | M | Odległość od głównej lub bocznej drogi: Narożna działka wewnętrzna, duża działka w pobliżu drogi lub działka podstawowa. |
| Klasyfikacja budynków (BC) | X5 | M | Obudowa szeregowa - szerokość budynku: Dom wolnostojący (DH), bliźniak (SH) lub obudowa szeregowa (RH). |
| Pokrycie terenu (GC) | X9 | % | Stosunek cokołu budynku podzielony przez wielkość działki podany w procentach. |
| Stosunek powierzchni (PR) | X15 | % | Stosunek całkowitej powierzchni zabudowanej podzielonej przez wielkość działki podaną w procentach |

Tabela 6.14: Kontynuacja.

## 6.16 ZMIENNE DOTYCZĄCE PRZESTRZENI OTWARTEJ

Otwarta przestrzeń obejmowała otwarte tereny, ścieżki i drogi. Zastępniki przestrzeni otwartej związane z zabudową miejską zostały zdefiniowane operacyjnie i zmierzone jako: wielkość otwartej przestrzeni w metrach kwadratowych, stosunek twardego krajobrazu jako procent wielkości otwartej przestrzeni, orientacja w stopniach od północy, kąt padania światła w stopniach od pionu, bliskość drogi w metrach, współczynnik zacienienia jako procent szerokości północnej i długości otwartej przestrzeni w metrach.

Zmienna wielkości otwartej przestrzeni (X28) została zaobserwowana jako próbki o małej wielkości otwartej przestrzeni, średniej wielkości otwartej przestrzeni lub dużej powierzchni. Drogi, ścieżki i otwarty teren zostały zdefiniowane jako obszary pozostawione otwarte dla nieba (Singh & Singh, 2010, s. 98). Wymiary przestrzeni otwartej oraz inne informacje uzyskano z rysunków architektonicznych, zdjęć lotniczych (mapy Google) oraz badań terenowych (zdjęcia i pomiary). Zmienna rozmiaru otwartej przestrzeni (X28) została obliczona przy użyciu następującego wzoru:

X28 = WOS x LOS (wzór 6.21)

Gdzie X28 jest zmienną wielkości otwartej przestrzeni dla przykładowej ścieżki drogowej lub otwartej przestrzeni w metrach kwadratowych (M2), WOS jest szerokością przykładowej ścieżki drogowej lub otwartej przestrzeni w metrach (M), a LOS jest długością przykładowej ścieżki drogowej lub otwartej przestrzeni w metrach (M).

Zmienna stosunku krajobrazu twardego (X30) została zaobserwowana na przykładowej ścieżce drogowej lub w przestrzeni otwartej i była procentem stosunku krajobrazu twardego do przestrzeni otwartej. Twardy krajobraz to obszar pokryty asfaltem lub innym trwałym wykończeniem dróg, ścieżek i innych otwartych przestrzeni. Informacje o twardym krajobrazie zostały uzyskane z obrazów lotniczych (Google maps) i badań terenowych (zdjęcia i pomiary). Stosunek powierzchni twardego krajobrazu został obliczony przy użyciu następującego wzoru:

X30 = AHL ÷ X28 x 100 (wzór 6.22)

AHL = (WHL x LHL) (wzór 6.23)

X30 = (WHL x LHL) ÷ X28 x 100 (wzór 6.24)

Gdzie X30 jest zmienną dotyczącą twardego krajobrazu dla przykładowej ścieżki drogowej lub otwartej przestrzeni podaną w procentach (%), AHL jest obszarem twardego krajobrazu przykładowej ścieżki drogowej lub otwartej przestrzeni w metrach kwadratowych (M2), WHL jest szerokością twardego krajobrazu przykładowej ścieżki drogowej lub otwartej przestrzeni w metrach (M), LHL jest długością twardego krajobrazu przykładowej ścieżki drogowej lub otwartej przestrzeni w metrach (M), a X28 jest wielkością otwartej przestrzeni przykładowej ścieżki drogowej lub otwartej przestrzeni w metrach kwadratowych (M2).

Zmienna współczynnika zacienienia (X32) została zaobserwowana na drodze próbnej lub na otwartej przestrzeni i była procentem powierzchni zacienionej (pokrycia drzew) w stosunku do powierzchni otwartej. Powierzchnia zacieniona to powierzchnia pokryta cieniem drzew. Obszar w cieniu otwartej przestrzeni został uzyskany na podstawie zdjęć lotniczych (mapy Google) oraz badań terenowych (zdjęcia). Współczynnik zacienienia obliczono za pomocą poniższego wzoru:

X32 = AS ÷ X28 x 100 (wzór 6.25)

AS = (WS x LS) (wzór 6.26)

X32 = (WS x LS) ÷ X28 x 100 (wzór 6.27)

Gdzie X32 jest zmienną współczynnika zacienienia dla przykładowej drogi lub otwartej przestrzeni, podaną w procentach (%), AS jest zacienioną powierzchnią przykładowej drogi lub otwartej przestrzeni w metrach kwadratowych (M2), WS jest zacienioną szerokością przykładowej drogi lub otwartej przestrzeni w metrach (M), LS jest zacienioną długością przykładowej drogi lub otwartej przestrzeni w metrach (M), a X28 jest wielkością otwartej przestrzeni przykładowej drogi lub otwartej przestrzeni w metrach kwadratowych (M2).

Zmienna orientacji otwartej przestrzeni (X33) została zaobserwowana na próbkach o orientacji mierzonej w stopniach (Degree) od północy w kierunku zgodnym z ruchem wskazówek zegara, jako orientacja otwartej przestrzeni od północy do południa (N-S) lub od wschodu do zachodu (E-W). Orientację open space zmierzono na miejscu za pomocą magnetycznego kompasu północnego.

Zmienna kąta padania światła w przestrzeni otwartej (X34) została zaobserwowana na próbkach w przestrzeni otwartej podczas pomiaru w stopniach (Degree) od pionu w kierunku zgodnym z ruchem wskazówek zegara od podstawy budynku lub ściany przylegającej do przestrzeni otwartej. Kąty światła są również określane jako płaszczyzna światła (Singh & Singh, 2010, s. 101). Informacje na temat kątów padania światła w przestrzeni otwartej uzyskano z obrazów lotniczych (mapy Google) oraz badań terenowych (zdjęcia i pomiary).

Zmienna bliskości drogi otwartej (X35) została zaobserwowana na próbkach z otwartej przestrzeni, których odległość od głównej lub bocznej drogi została zmierzona w metrach (M). Bliskość drogi została uzyskana na podstawie rysunków architektonicznych.

Zmienna długości otwartej przestrzeni (X36) została zaobserwowana na próbkach z otwartej przestrzeni i zmierzona jako wymiar najdłuższego boku ścieżki drogowej lub otwartego terenu w metrach (M). Informacje o długości otwartej przestrzeni uzyskano na podstawie zdjęć lotniczych (mapy Google) oraz badań terenowych (zdjęcia i pomiary).

W tabeli 6.15 podano standardowe, tabelaryczne zmienne postawy w stosunku do przestrzeni otwartej, opis i wyjaśnienie wielkości przestrzeni otwartej, twardego krajobrazu, orientacji przestrzeni otwartej, kąta padania światła, bliskości drogi, współczynnika zacienienia i długości przestrzeni otwartej.

Tabela 6.15: Standardowe zmienne postawy otwartej przestrzeni w tabelach, opis i wyjaśnienie.

Źródło: Opracowane na podstawie metod badawczych (2016).

| **Opis** | **Symbol** | **Jednostka** | **Objaśnienie** |
|---|---|---|---|
| Wielkość otwartej przestrzeni | X28 | M2 | Otwarta przestrzeń: Małe, średnie lub duże rozmiary |

Tabela 6.15: Kontynuacja.

| | | | |
|---|---|---|---|
| | | | Otwarta przestrzeń. |
| Współczynnik twardości krajobrazu | X30 | % | Odsetek powierzchni od twardego krajobrazu do otwartej przestrzeni. |

| Orientacja na otwartą przestrzeń | X33 | Stopnie naukowe | Orientacja: Mierzony jako stopień z północy w kierunku zgodnym z ruchem wskazówek zegara - z północy na południe (N-S) lub ze wschodu na zachód (E-W). |
|---|---|---|---|
| Kąt padania światła | X34 | Stopnie naukowe | Mierzony w stopniu od pionu w kierunku zgodnym z ruchem wskazówek zegara od podstawy budynku lub ściany. |
| Bliskość drogi | X35 | M | Odległość od głównej lub bocznej drogi. |
| Współczynnik zacienienia | X32 | % | Procent powierzchni zacienionej do otwartej przestrzeni. |
| Długość otwartej przestrzeni | X36 | M | Mierzona jako najdłuższa strona otwartej przestrzeni, drogi lub ścieżki. |

## 6.17 STANDARDOWA, TABELARYCZNA, CYFROWA KARTA OBSERWACJI

Operacyjna definicja zmiennych wymagała digitalizacji tabelarycznych arkuszy obserwacji oraz organizacji danych w formacie gotowym do przesłania do oprogramowania do przetwarzania danych, analizy danych i wyników, syntezy i interpretacji danych.

Tabela 6.16 jest standardowym, tabelarycznym, zdigitalizowanym arkuszem obserwacji, zawierającym szczegółowe informacje dotyczące zbierania danych o wsadach dla informacji ogólnych (Komarock Infill B Estate, Nairobi), numer referencyjny próbki (Próbka), szczegóły dotyczące klastra, nazwę próbki (numer działki lub otwartej przestrzeni), numer piętra (salon lub powierzchnia ogrodu: parter) i orientację.

Tabela 6.16: Standardowy tabelaryczny arkusz obserwacji w postaci cyfrowej przedstawiający szczegóły gromadzenia danych dotyczących wsadu.

Źródło: Opracowane na podstawie metod badawczych (2010).

| Pozycja | Opis | Uwagi |
|---|---|---|
| 1 | INFORMACJE OGÓLNE: | Komarock Infill B Estate, Nairobi. |
| 2 | PRZYKŁADOWY NUMER REFERENCYJNY: | Próbka: |
| | SZCZEGÓŁY KLASTRA: | |
| | NAZWA PRÓBEK: | Działka nr. |
| | NUMER PODŁOGOWY: | Salon lub obszar ogrodu (Parter). |

Tabela 6.16: Kontynuacja.

| | ORIENTACJA: | |
|---|---|---|

| | | |
|---|---|---|
| 3 | PRZYKŁADOWY NUMER REFERENCYJNY: | Próbka: |
| | CLUSTER No: | |
| | NAZWA PRÓBEK: | Działka nr. |
| | NUMER PODŁOGOWY: | Salon lub obszar ogrodu (Parter). |
| | ORIENTACJA: | |
| 4 | PRZYKŁADOWY NUMER REFERENCYJNY: | Próbka: |
| | CLUSTER No: | |
| | NAZWA PRÓBEK: | Otwarta przestrzeń Nie. |
| | NUMER PODŁOGOWY: | Parter |
| | ORIENTACJA: | |

Tabela 6.17 jest standardowym tabelarycznym, cyfrowym arkuszem obserwacji wskazującym informacje, które mają być wprowadzone do skoroszytu i powinna być czytana w połączeniu z skoroszytem zapytania (Patrz: Przetwarzanie informacji surowych z rejestratorów danych).

Tabela 6.17: Standardowy, tabelaryczny, cyfrowy arkusz obserwacji zawierający informacje, które należy wprowadzić do skoroszytu zapytania.

Źródło: Opracowane na podstawie metod badawczych (2010).

| **Pozycja** | **Opis** | **Szczegóły** | **Uwagi** |
|---|---|---|---|
| 1 | Informacje ogólne: | Komarock Infill B Estate, Nairobi | |
| 2 | Numer referencyjny próbki: | Próbka: | |
| 3 | Nazwa próbki: | Klaster nr: | Działka nr: |
| 4 | Numer piętra: | Salon, Parter | |
| 5 | Orientacja: | | |
| 6 | Dane technologiczne: | Długość budynku (L): | |
| 7 | | Szeroki pokój (W): | |
| 8 | | Pokój wysokościowy (H): | |
| | Harmonogram | | |

Tabela 6.17: Kontynuacja.

| | Materiały: | | |
|---|---|---|---|
| 9 | Betonowe ściany bloczkowe: | Height (Wall) (Hr): | |
| 10 | | Transmisja (Ściana) (Ur): | |
| 11 | | Absorpcja powierzchni ściany (a): | |
| | | Przewodność powierzchniowa ($F_o$): | |
| | Okno z pojedynczą szybą: | Height (Glass) (Hg): | |
| | | Transmisja (Szkło) (Ug): | |
| | | Solar Gain Factor (szkło) (Q) | |
| | Dane społeczne: | Projektowanie Temperatura wewnętrzna (Ti): Liczba zmian powietrza w ciągu godziny: | |
| | Wzór zajęcia: | Obłożenie jednostki/dzień: | |
| | | Liczba mieszkańców (Nio): | |
| | | Stawka ciepła na jednego mieszkańca (HRo): | |
| | | Liczba żarówek elektrycznych ($N_{ie}$): | |
| | | Stawka ciepła na żarówkę elektryczną (HRb): | |
| | Dane klimatyczne: | Projektowanie Temperatura zewnętrzna ($D_o$): | |
| | | Promieniowanie Incydentalne (I): | |
| | Pozycjonowanie geograficzne: | Nazwa stacji: | Nairobi Jomo Kenyatta Int. Airport (JKIA) Met Station, |

| | | Stacja nr: | 91.36/168, |
|---|---|---|---|
| | | Szerokość geograficzna: | 01.19S, |

Tabela 6.17: Kontynuacja.

| | | Długość geograficzna: | 36.55E, |
|---|---|---|---|
| | | Wysokość: | 1624 metry; |
| | Klimat bazowy: | Temperatura (wejście): | Miesiąc: |

Tabela 6.18 jest standardowym tabelarycznym, cyfrowym arkuszem obserwacji wskazującym informacje wyświetlane w skonsolidowanym arkuszu podsumowującym dla próbek powierzchni i powinna być czytana w połączeniu ze skonsolidowanym arkuszem podsumowującym (Patrz: Przetwarzanie informacji surowych z rejestratorów danych).

Tabela 6.18: Standardowy tabelaryczny arkusz obserwacji w postaci cyfrowej przedstawiający informacje wyświetlane w skonsolidowanym arkuszu zbiorczym dla próbek powierzchni.

Źródło: Opracowane na podstawie metod badawczych (2016).

| | | | | Miara Tendencji Centralnej | | | Miara dyspersji | | |
|---|---|---|---|---|---|---|---|---|---|
| Pozycja | Opis | Jednostka | Działka nr. | Mean | Mediana | Tryb | Minimum | Maksymalnie | Zasięg |
| 1 | Urban Built Form Building Analysis: | | | | | | | | |
| 2 | Działka nr. | Nie. | | | | | | | |
| 3 | Dystrykt | | | | | | | | |
| 4 | Węzeł | | | | | | | | |
| 5 | Edge | | | | | | | | |
| 6 | Punkt orientacyjny | | | | | | | | |
| 7 | Ścieżka i droga | | | | | | | | |
| 8 | Typ budynku | M | | | | | | | |
| 9 | Wielkość działki | M2 | | | | | | | |
| 10 | Orientacja | Deg. | | | | | | | |
| 11 | Bliskość drogi | M | | | | | | | |

| | | | | | | | | | |
|---|---|---|---|---|---|---|---|---|---|
| 12 | Klasyfikacja budynków | M | | | | | | | |
| 13 | Pokrycie naziemne | % | | | | | | | |
| 14 | Stosunek liczby działek | % | | | | | | | |

Tabela 6.18: Kontynuacja.

| | | | | | | | | | |
|---|---|---|---|---|---|---|---|---|---|
| 15 | Analiza zmian mikrotemperaturowych: Miesiąc: | | | | | | | | |
| 16 | Do | oC | | | | | | | |
| 17 | Log 2 Ogród (L2) | oC | | | | | | | |
| 18 | TΔ = L2 - Do | oC | | | | | | | |
| 19 | Y9 | % | | | | | | | |

Tabela 6.19 jest standardowym, tabelarycznym, cyfrowym arkuszem obserwacji wskazującym informacje wyświetlane w skonsolidowanym arkuszu podsumowującym dla próbek o otwartej przestrzeni i powinna być czytana w połączeniu ze skonsolidowanym arkuszem podsumowującym (Patrz: Przetwarzanie informacji surowych z rejestratorów danych).

Tabela 6.19: Standardowy, tabelaryczny, cyfrowy arkusz obserwacji, przedstawiający informacje wyświetlane w skonsolidowanym arkuszu podsumowującym dla próbek z otwartej przestrzeni.

Źródło: Opracowane na podstawie metod badawczych (2016).

| | | | | Miara Tendencji Centralnej | | | Miara dyspersji | | |
|---|---|---|---|---|---|---|---|---|---|
| Pozycja | Opis | Jednostka | Open Space Nie. | Mean | Mediana | Tryb | Minimum | Maksymalnie | Zasięg |
| 1 | Urban Built Form Open Space Analysis: | | | | | | | | |
| 2 | Open Space Nie. | Nie. | | | | | | | |
| 3 | Wielkość otwartej przestrzeni | M2 | | | | | | | |
| 4 | Współczynnik twardości krajobrazu | % | | | | | | | |
| 5 | Orientacja | Deg. | | | | | | | |
| 6 | Kąt padania | Deg. | | | | | | | |

| | światła | | | | | | | | |
|---|---|---|---|---|---|---|---|---|---|
| 7 | Bliskość drogi | M | | | | | | | |
| 8 | Współczynnik zacienienia | % | | | | | | | |
| 9 | Otwarta przestrzeń | M | | | | | | | |

Tabela 6.19: Kontynuacja.

| | Długość | | | | | | | | |
|---|---|---|---|---|---|---|---|---|---|
| 10 | Analiza zmian mikrotemperaturowych: Miesiąc: | | | | | | | | |
| 11 | Do | oC | | | | | | | |
| 12 | Log 5 Open Space (L5) | oC | | | | | | | |
| 13 | T∆ = L5 - Do | oC | | | | | | | |
| 14 | Y9 | % | | | | | | | |

## 6.18 ZALETY I WADY STOSOWANIA PROJEKTÓW BADAŃ WZDŁUŻNYCH

Tabela 6.20 zawiera listę zalet i wad stosowania projektowania badań podłużnych w badaniu zależności między zmianami mikrotermicznymi a formami zabudowy miejskiej.

Tabela 6.20: Wykaz zalet i wad stosowania projektowania badań podłużnych w badaniu zależności między zmianami mikrotermicznymi a formami zabudowy miejskiej.

Źródło: Opracowane na podstawie metod badawczych (2016).

| **Pozycja** | **Zalety** | **Wady** |
|---|---|---|
| 1 | Dane wzdłużne pozwalają na analizę czasu trwania danego zjawiska. | Projektowanie wzdłużne, metoda zbierania danych może z czasem ulec zmianie. Projektowanie wzdłużne zakłada, że obecne trendy będą się utrzymywać bez zmian. |
| 2 | Wzdłużna konstrukcja umożliwia badaczom zbliżenie się do rodzajów przyczynowych wyjaśnień, które zazwyczaj można uzyskać tylko za pomocą eksperymentów. | Utrzymanie integralności oryginalnej próbki może być trudne w dłuższym okresie czasu. Projektowanie wzdłużne wymaga długiego okresu czasu, aby zebrać wyniki. |
| 3 | Projekt wzdłużny pozwala na pomiar różnic lub zmian w zmiennej z jednego okresu na drugi (tj. opis wzorców w czasie). | Trudno jest pokazać więcej niż jedną zmienną na raz. Projektowanie wzdłużne wymaga dużej wielkości próbki i dokładnego doboru próby w celu osiągnięcia reprezentatywności. |
| 4 | Badania długookresowe ułatwiają | Projektowanie wzdłużne często wymaga |

| | przewidywanie przyszłych wyników w oparciu o wcześniejsze czynniki. | badań jakościowych w celu wyjaśnienia wahań danych. |
|---|---|---|

Zaletą poszukiwania danych dotyczących zmian w czasie odnoszących się do próbki (powierzchni) była możliwość analizy czasu trwania zjawiska na podstawie zależności między zmianą mikrotemperatury a formą zabudowy miejskiej. Projekt podłużny umożliwił badaczom zbliżenie się do rodzajów przyczynowych wyjaśnień możliwych do uzyskania zazwyczaj jedynie w drodze eksperymentów. Projekt podłużny pozwalał na pomiar różnic lub zmian w zmiennej zmiany mikrotemperaturowej z jednego okresu na drugi (tj. opis wzorców zmian w czasie). Wykorzystanie badań wzdłużnych ułatwiło przewidywanie przyszłych wyników na podstawie wcześniejszych czynników (University of South Carolina Libraries, 2014: Longitudinal Design).

Każda zaleta projektu badawczego jest połączona z wadą. Te wady w zastosowaniu i zastosowaniu projektu wzdłużnego w badaniu musiały zostać usunięte, jeżeli wyniki i wyniki badania miałyby odpowiadać celom badawczym. Metoda gromadzenia danych w ujęciu podłużnym może z czasem ulec zmianie (University of South Carolina Libraries, 2014: Longitudinal Design). W badaniu wykorzystano projekt długoterminowy w celu zapewnienia, że wybrane procedury były prawidłowe, obiektywne i dokładne (Rukwaro, 2016, s. 36). W badaniu wprowadzono ścisłe struktury organizacyjne i procedury gromadzenia, przetwarzania i prezentacji danych oraz oczekiwane wyniki poświadczone w przetwarzaniu surowych informacji z rejestratorów danych. Następnie systemy te zostały przetestowane w ramach badania pilotażowego przed ich pełnym wdrożeniem w ramach badania.

Innym wyzwaniem w stosowaniu projektowania wzdłużnego było utrzymanie integralności pierwotnej próby przez dłuższy okres czasu (University of South Carolina Libraries, 2014: Longitudinal Design). Każda próbka lub otwarta przestrzeń była obserwowana przez tydzień w okresie badania. Oczekiwano, że mikrotemperatura będzie się zmieniać i jest to główna siła napędowa badania. Zmienne dla trzydziestu działek i szesnastu przestrzeni otwartych były zróżnicowane i odczytywane jako odpowiadające zmianom temperatury. Innym wyzwaniem było to, że trudno jest pokazać więcej niż jedną zmienną w tym samym czasie przy użyciu projektowania wzdłużnego (University of South Carolina Libraries, 2014: Longitudinal Design). Dane dotyczące zmiennej zależnej od zmian temperatury w skali mikro oraz zmiennych niezależnych od zabudowy miejskiej zostały uchwycone w tabelarycznych danych i tabeli rysunków.

Projektowanie wzdłużne często wymaga badań jakościowych w celu wyjaśnienia fluktuacji danych (University of South Carolina Libraries, 2014: Longitudinal Design). W badaniu wykorzystano analogowe i cyfrowe środki ilościowe do gromadzenia danych, ich analizy i prezentacji. Wyniki, synteza i interpretacja ustaleń, wnioski i zalecenia miały jednak charakter jakościowy.

Wzdłużny projekt badawczy zakłada, że obecne trendy pozostaną niezmienione (University of South Carolina Libraries, 2014: Longitudinal Design). Trendy zmian mikrotemperaturowych, wyniki, synteza i interpretacja wyników, wnioski i zalecenia zostały opracowane zgodnie z zakresem i ograniczeniami badania. Zebranie wyników może zająć długi okres czasu (University of South Carolina Libraries, 2014: Longitudinal Design, rzeczywiście, w badaniu zebrano dane w dość długim okresie, tj. od 8 czerwca 2013 roku do [19] września 2015 roku. Innym wyzwaniem była potrzeba posiadania dużej liczebności próby i dokładnego doboru próby w celu osiągnięcia reprezentatywności (University of South Carolina Libraries, 2014: Longitudinal Design), w obecnym badaniu pobrano próbę 30 działek z populacji działek liczącej dwieście czterdzieści.

## 6.19 BADANIA PANELOWE I PROJEKTOWANIE WZDŁUŻNE

W badaniu wykorzystano badania panelowe, będące formą projektowania podłużnego, w których wybrano próbę (powierzchnię) populacji (łącznie powierzchnie w Osiedlu Komarock Infill B) i prowadzono obserwacje w regularnych odstępach czasu (Mugenda, 2011, s. 73).

Inne rodzaje projektowania wzdłużnego obejmują kohortę, szeregi czasowe i retrospektywne. Opis tych innych form projektowania wzdłużnego wskazuje, dlaczego w badaniu zdecydowano się na badanie panelowe. W badaniach kohortowych prowadzi się wielokrotne obserwacje cech interesujących w wielu okresach czasu. Kohorta to grupa uczestników, jednostek lub elementów, które mają wspólne cechy lub doświadczenia w określonym przedziale czasowym. W badaniach nad szeregami czasowymi dokonuje się obserwacji pojedynczego zjawiska w wielu okresach, a w badaniach retrospektywnych bada się raczej zdarzenia przeszłe niż przyszłe (Mugenda, 2011, s. 772 - 74).

## 6.20 WYKAZ ZMIENNYCH PODLEGAJĄCYCH OCENIE

Projektowanie podłużne uznano za właściwe, ponieważ umożliwiło planowanie, zarządzanie i gromadzenie danych, a także analizę danych i realizację celów badawczych badania (Rukwaro, 2016, s. 35). W tabeli 6.21 przedstawiono listę ocenianych zmiennych, zmienny model działania i zapotrzebowanie na dane do badania, związane ze zmienną zmiany mikrotemperatury.

Tabela 6.21: Wykaz ocenianych zmiennych, zmienny model działania i zapotrzebowanie na dane do badań związanych ze zmienną zmiany temperatury w skali mikro.

Źródło: Opracowane na podstawie metod badawczych (2016).

| Pozycja | Oceniane zmienne | Zmienny model działania | Potrzeby w zakresie danych |
|---|---|---|---|
| 1 | Zmiana mikrotemperatury dla wykresu a ($Ya_{Ave}$: $^{oC}$) | $Ya_{Ave} = \Delta Ta_{Ave} = Ta_{Ave} - TB_{Ave}$ | Średnia zmiana temperatury dla wykresu a ($\Delta Ta_{Ave}$: $^{oC}$), średnia temperatura dla wykresu a ($Ta_{Ave}$: $^{oC}$) oraz średnia temperatura bazowa dla miesiąca, w którym rejestrowano dane dotyczące temperatury dla wykresu a ($Ta_{Ave}$: $^{oC}$). |
| 2 | Średnia temperatura dla wykresu a ($Ta_{Ave}$: | $Ta_{Ave} = \Sigma Ta \div n1$ | Suma danych temperaturowych zarejestrowanych dla wykresu a |

| | $^{oC}$) | | ($\Sigma Ta$: $^{oC}$) i całkowita liczba punktów danych temperaturowych ($_{na}$: Nie). |
|---|---|---|---|
| 3 | Średnia temperatura bazowa ($TB_{Ave}$: $^{oC}$) | $TB_{Ave} = \Sigma TB \div nB$ | Suma temperatury bazowej dla miesiąca, w którym zarejestrowano dane o temperaturze dla wykresu a ($\Sigma TB$: $^{oC}$) oraz całkowita liczba temperatur bazowych. |

Tabela 6.21: Kontynuacja.

| | | | punkty danych temperaturowych (nB: Nie). |
|---|---|---|---|
| 4 | Suma danych dotyczących temperatury rejestrowanej dla powierzchni a ($^{oC}$) | $\Sigma Ta$ | Suma danych dotyczących temperatury rejestrowanej dla powierzchni a ($\Sigma Ta$: $^{oC}$) |
| 5 | Suma temperatury bazowej dla miesiąca, w którym zarejestrowano dane dotyczące temperatury dla wykresu a ($^{oC}$) | $\Sigma TB$ | Suma temperatury bazowej dla miesiąca, w którym zarejestrowano dane dotyczące temperatury dla wykresu a ($\Sigma TB$: $^{oC}$) |
| 6 | Całkowita liczba punktów danych temperaturowych (nr) | Na | Całkowita liczba punktów danych temperaturowych ($_{na}$: Nie). |
| 7 | Całkowita liczba punktów danych temperatury bazowej (nr) | nB | Całkowita liczba punktów danych temperatury bazowej (nB: Nie). |
| 8 | Minimalna zmiana mikro-temperatury i minimalna temperatura ($^{oC}$) | $YMin = T_{a\ Min}$ | Minimalna zmiana mikro-temperatury (YMin: $^{oC}$) i minimalna temperatura ($T_{a\ Min}$: $^{oC}$) |
| 9 | Maksymalna zmiana mikro-temperatury i maksymalna temperatura ($^{oC}$) | $YMax = T_{a\ Max}$ | Maksymalna zmiana mikro-temperatury (YMax: $^{oC}$) i maksymalnej temperatury ($T_{a\ Max}$: $^{oC}$) |

Tabela 6.22 zawiera listę ocenianych zmiennych, zmienny model działania i zapotrzebowanie na dane do badania, związane z atrybutami powierzchni.

Tabela 6.22: Lista ocenianych zmiennych, zmienny model działania i zapotrzebowanie na dane do badań związanych z atrybutami powierzchni.

Źródło: Opracowane na podstawie metod badawczych (2016).

| **Pozycja** | **Oceniane zmienne** | **Zmienny model działania** | **Potrzeby w zakresie danych** |
|---|---|---|---|
| 1 | Dystrykt | XA | Okręg (okręg 1, 2 lub 3: badania) |
| 2 | Węzły | XB | Węzły (otwarty teren: badania). |
| 3 | Krawędzie | XC | Krawędzie (wykres środkowy, krawędziowy lub narożny: badanie). |
| 4 | Punkty orientacyjne | XD | Punkty orientacyjne (szkoły lub sklepy: badanie). |

Tabela 6.22: Kontynuacja.

| | | | |
|---|---|---|---|
| 5 | Ścieżki i drogi | XE | Ścieżki lub drogi (badanie). |

Tabela 6.23 zawiera listę ocenianych zmiennych, zmienny model działania i zapotrzebowanie na dane do badań związanych z miejską formą budowli (substytuty budowlane).

Tabela 6.23: Wykaz ocenianych zmiennych, zmienny model działania i potrzeby w zakresie danych do badań związanych ze zmienną formy budownictwa miejskiego (substytuty budowlane).

Źródło: Opracowane na podstawie metod badawczych (2016).

| **Pozycja** | **Oceniane zmienne** | **Zmienny model działania** | **Potrzeby w zakresie danych** |
|---|---|---|---|
| 1 | Typ budynku (X1: M) | X1 | Rodzaj budynku (maisonette, willa lub inne użytkowanie działki: obserwacje, fotografie i badania) oraz wysokość budynku. |
| 2 | Wielkość działki (X2: M2) | X2 = WP x LP | Wielkość działki (mała działka, średnia działka lub duża działka: rysunki architektoniczne), szerokość (WP: M) i długość (LP: M) działki. |
| 3 | Orientacja budynku (X3: stopnie) | X3 | Orientacja budynku (działka N-S lub E-W: pomiar magnetycznego kompasu północnego). |

| 4 | Bliskość drogi budowlanej (X4: M) | X4 | Bliskość drogi budowlanej (narożna działka wewnętrzna, duża działka przy drodze lub podstawowa działka: rysunki architektoniczne). |
|---|---|---|---|
| 5 | Klasyfikacja budynków (X5: M) | X5 | Klasyfikacja budynków (dom jednorodzinny, bliźniak lub szeregowiec: obserwacje, mapy Google, ankiety, zdjęcia i pomiary). |
| 6 | Pokrycie terenu (X9: %) | X9 = A1 ÷ X2 x 100 | Zasięg naziemny (obserwacje, mapy Google, badania, zdjęcia i pomiary). |
| 7 | Stosunek powierzchni (X15: %) | X15 = AB ÷ X2 x 100 | Stosunek powierzchni (obserwacje, mapy Google, badania, |

Tabela 6.23: Kontynuacja.

| | | | zdjęcia i pomiary). |
|---|---|---|---|
| 8 | Powierzchnia budynku (AB: M2) | AB = A1 + A2 + A3 ..+ A∞ | Obliczenia. |
| 9 | Powierzchnia 1 piętra budynku (A1: M2) | A1 = (W1 x L1) | Obliczenia. |
| 10 | Wysokości budynków (H: M) | H | Wysokość budynku mierzona była od poziomu gotowego piętra budynku do najwyższego punktu dachu (pomiary, rysunki architektoniczne i ankiety). |
| 11 | Szerokość budynku (W: M) | W | Szerokość budynku została zmierzona szeregiem szerokości domu w metrach (obserwacje, mapy Google, ankiety, zdjęcia i pomiary). |
| 12 | Długość budynku (L: M) | L | Pomiar: taśma miernicza, rysunek architektoniczny i badanie. |
| 13 | Szerokość działki (WP: M) | WP | Pomiar: taśma miernicza, rysunek architektoniczny i badanie. |
| 14 | Długość działki (LP: M) | LP | Pomiar: taśma miernicza, rysunek architektoniczny i badanie. |
| 15 | Orientacja budynku | O | Orientację budynków |

|  | (O: stopnie) |  | mierzono w stopniach od północy w kierunku zgodnym z ruchem wskazówek zegara (pomiary: magnetyczny kompas północny). |
|---|---|---|---|
| 16 | Odległości drogowe (R: M) | R | Odległość drogi od drogi głównej lub bocznej mierzona w metrach (M: rysunki architektoniczne). |
| 17 | Wymiary (D: M) | D | Pomiar: taśma miernicza, rysunek architektoniczny i badanie. |
| 18 | Ilość (Q: Nie) | Q | Uwagi: kalkulator |
| 19 | Czas (T: Godziny) | T | Obserwacje: zegar |

Tabela 6.24 zawiera listę ocenianych zmiennych, zmienny model działania i zapotrzebowanie na dane do badania, związane ze zmienną formy miejskiej zabudowy (substytuty przestrzeni otwartej).

Tabela 6.24: Lista ocenianych zmiennych, zmienny model działania i zapotrzebowanie na dane do badań związanych ze zmienną formy miejskiej zabudowy (substytuty otwartej przestrzeni).

Źródło: Opracowane na podstawie metod badawczych (2016).

| **Pozycja** | **Oceniane zmienne** | **Zmienny model działania** | **Potrzeby w zakresie danych** |
|---|---|---|---|
| 1 | Wielkość otwartej przestrzeni (X28: M2) | X28 = WOS x LOS | Open space size (mała otwarta przestrzeń, średnia otwarta przestrzeń lub duża przestrzeń: obserwacje, mapy Google, ankiety, zdjęcia i pomiary). |
| 2 | Wskaźnik twardości krajobrazu (X30: %) | X30 = AHL ÷ X28 x 100 | Współczynnik twardości krajobrazu (obserwacje, mapy Google, ankiety, zdjęcia i pomiary). |
| 3 | Współczynnik zacienienia (X32: %) | X32 = $_{AS}$ ÷ X28 x 100 | Współczynnik zacienienia (obserwacje, mapy Google, ankiety i zdjęcia). |
| 4 | Orientacja na otwartą przestrzeń (X33: Stopień) | X33 | Orientacja w przestrzeni otwartej (pomiar magnetycznego kompasu północnego). |

| | | | |
|---|---|---|---|
| 5 | Kąt padania światła w otwartej przestrzeni (X34: Stopień) | X34 | Kąt padania światła w otwartej przestrzeni (obserwacje, mapy Google, badania, zdjęcia i pomiary). |
| 6 | Bliskość drogi na otwartej przestrzeni (X35: M) | X35 | Bliskość drogi w otwartej przestrzeni (rysunki architektoniczne). |
| 7 | Długość otwartej przestrzeni (X36: M) | X36 | Długość otwartej przestrzeni (obserwacje, mapy Google, ankiety, zdjęcia i pomiary). |
| 8 | Szerokość otwartej przestrzeni (WOS: M) | WOS | Pomiar: taśma miernicza, rysunek architektoniczny i badanie. |
| 9 | Długość otwartej przestrzeni (LOS: M) | LOS | Pomiar: taśma miernicza, rysunek architektoniczny |

Tabela 6.24: Kontynuacja.

| | | | |
|---|---|---|---|
| | | | i badanie. |
| 10 | Twardy teren krajobrazowy (AHL: M2) | AHL = (WHL x LHL) | Obliczenia. |
| 11 | Szerokość krajobrazu twardego (WHL: M) | WHL | Pomiar: taśma miernicza, rysunek architektoniczny i badanie. |
| 12 | Długość krajobrazu twardego (LHL: M) | LHL | Pomiar: taśma miernicza, rysunek architektoniczny i badanie. |
| 13 | Obszar zacieniony (AS: M2) | AS = (WS x LS) | Obliczenia. |
| 14 | Szerokość zacieniona (WS: M) | WS | Pomiar: taśma miernicza, rysunek architektoniczny i badanie. |
| 15 | Długość zacieniona (LS: M) | LS | Pomiar: taśma miernicza, rysunek architektoniczny i badanie. |
| 16 | Orientacja (O: stopnie) | O | Orientację otwartej przestrzeni mierzono w stopniach od północy w kierunku zgodnym z ruchem wskazówek zegara (pomiary: magnetyczny kompas północny). |
| 17 | Odległości drogowe (R: M) | R | Odległość drogi od drogi głównej lub bocznej mierzona w metrach (M: rysunki architektoniczne). |

| 18 | Wymiary (D: M) | D | Pomiar: taśma miernicza, rysunek architektoniczny i badanie. |
|---|---|---|---|
| 19 | Ilość (Q: Nie) | Q | Uwagi: kalkulator |
| 20 | Czas (T: Godziny) | T | Obserwacje: zegar |

## 6.21 TESTY NA ISTOTNOŚĆ I POZIOM ZAUFANIA

Po dostarczeniu modeli podłużnych do operacjonalizacji zmiennych zmian mikrotermicznych i substytutów form miejskich, obowiązkiem badania było stwierdzenie, w jaki sposób zamierzano przetestować znaczenie i poziom ufności przyjętych modeli. Ogólnie rzecz biorąc, średnia, tryb, mediana, środki i wartości maksymalne oraz minimalne dla zidentyfikowanych zmiennych i substytutów były odpowiednimi estymatorami dla średniej populacji do badań nad zmianami mikrotermicznymi i formą zabudowaną miejską w Osiedlu Komarock Infill B (King'Oriah, 2004, s. 144). Wąskie marginesy pomiędzy estymatorem a średnią populacyjną zapewniły wyższy poziom zaufania do wyników badania.

Średnia zaludnienia związana jest z twierdzeniem dotyczącym centralnej granicy, które stwierdza, że wraz ze wzrostem liczebności próby, rozkład środków w próbie zbliża się do rozkładu normalnego (Mutai, 2001, s. 152). W badaniu pobrano próbki z trzydziestu działek i 16 otwartych przestrzeni. Mutai (2001, s. 152-153) sugeruje, że przy 30 powierzchniach pobranych losowo z populacji 240 powierzchni, zachowałyby się trzy sytuacje. Po pierwsze, sposoby pobierania próbek byłyby normalnie rozproszone. Po drugie, średnia wartość środków z próby byłaby taka sama jak średnia z populacji. Po trzecie, rozkład środków z próby miałby swoje własne odchylenie standardowe oraz błąd standardowy średniej. Błąd standardowy średniej dla zmiennych i substytutów w badaniu został obliczony przy użyciu następującego wzoru:

$s_{\bar{x}} = S \div \sqrt{N}$ (Wzór 6.28)

Gdzie $s_{\bar{x}}$ było standardowym błędem średniej, S było odchyleniem standardowym poszczególnych punktów, a N wielkością próby. Odchylenie standardowe zmiennych i substytutów w badaniu obliczono za pomocą następującego wzoru:

$\sigma = \sqrt{(\Sigma(X - \mu)^2 \div N)}$ (Wzór 6.29)

Gdzie σ było odchyleniem standardowym populacji, Σ było sigma (suma), X - wartością obserwacji w populacji, μ - średnią populacji, a N - liczbą obserwacji w populacji. Przy normalnym rozkładzie obserwacji, około 68 procent obserwacji mieściłoby się w jednym odchyleniu standardowym średniej, 95 procent obserwacji mieściłoby się w dwóch odchyleniach standardowych średniej, a praktycznie wszystkie (99,7%) mieściłyby się w trzech odchyleniach średniej (Mutai, 2001, s. 153).

Poziom ufności jest wyrażony w procentach i oznacza liczbę razy na 100, że można oczekiwać, iż wyniki testu mieszczą się w określonym zakresie (Mugenda & Mugenda, 2012, s. 60). W badaniu ustalono poziom ufności 0,95 (95%) odpowiadający poziomowi istotności 0,05 (1 - 0,95). Odrzucenie hipotezy zerowej w badaniu na poziomie istotności 0,05 dla zmiennej lub jej substytutu wskazuje na tak dużą różnicę w średnich, jak ta stwierdzona między grupą eksperymentalną a kontrolną, wynikającą z błędu próby w mniej niż 5 na 100 replikacji eksperymentu. Sugeruje to 95 % prawdopodobieństwo, że różnica ta wynikała raczej z doświadczalnego traktowania niż z błędu w pobieraniu próbek.

## ROZDZIAŁ SIÓDMY: ŹRÓDŁA DANYCH I PROJEKTOWANIE BADAŃ

Rozdział siódmy poświęcony źródłom danych i projektowi badawczemu, wyszczególnia podstawowe źródła danych; cyfrowe źródła pozyskiwania danych; wtórne źródła danych; rysunki architektoniczne i źródła pokrewne; google maps i źródła pokrewne; stacja meteorologiczna i związane z nią źródła temperatury; narzędzia badawcze; metoda obserwacji; książka i arkusze obserwacji; dziennik wsadowy; dziennik rejestratora danych; listy kontrolne i tabulacje. Cała sekcja źródeł danych i projektów badawczych mogła zostać pominięta lub skrócona w niniejszych wytycznych i jest dostępna w całości z tekstu oryginalnego (Ebrahim, 2017, s. 96-107).

Źródła danych mogą być klasyfikowane jako dane pierwotne lub wtórne. Źródła danych pierwotnych na potrzeby badania dostarczają bezpośrednich dowodów dotyczących badanego problemu (Rukwaro, 2016, s. 36-37).

### 7.1 ŹRÓDŁA DANYCH PIERWOTNYCH

Tabela 7.1 zawiera listę ocenianych zmiennych, zapotrzebowania na dane oraz źródeł danych pierwotnych dla potrzeb badania. Kolumna tabeli wskazuje ocenianą zmienną, potrzeby w zakresie danych oraz źródła danych pierwotnych.

Tabela 7.1: Lista ocenianych zmiennych, potrzeb w zakresie danych oraz źródeł danych pierwotnych dla potrzeb badania.

Źródło: Opracowane na podstawie metod badawczych (2016).

| **Pozycja** | **Oceniane zmienne** | **Potrzeby w zakresie danych** | **Źródła danych pierwotnych** |
|---|---|---|---|
| Cyfrowe źródła logowania | | | |
| 1 | Mikro-zmiana temperatury dla powierzchni lub przestrzeni otwartej a ($Ya_{Ave}$), średnia zmiana temperatury dla powierzchni lub przestrzeni otwartej a ($\Delta Ta_{Ave}$), minimalna zmiana mikrotemperatury (YMin), minimalna temperatura ($T1_{Min}$), maksymalna zmiana mikrotemperatury (YMax), maksymalna temperatura ($T1_{Max}$), całkowita liczba punktów danych temperatury ($_{na}$) i temperatury bazowej | Temperatura ($^{oC}$) i liczba punktów danych (nr). | Rejestratory danych |

|  | (nB). |  |  |
|---|---|---|---|
| Badania i związane z nimi źródła | | | |
| 2 | Forma zabudowy miejskiej: typ budynku (X1: M); | Badanie wstępne i kolejne badania terenowe, | Sondaże |

Tabela 7.1: Kontynuuje.

|  |  |  |  |
|---|---|---|---|
|  | dzielnica (XA), węzły (XB), krawędzie (XC), punkty orientacyjne (XD), ścieżki i drogi (XE); wysokość budynku (H: M), szerokość budynku (W: M), długość budynku (L: M); działka (WP: M), otwarta przestrzeń (WOS: M), twardy krajobraz (WHL: M) i zacieniona (WS: M) szerokość; działka (LP: M), otwarta przestrzeń (X36: M i LOS: M), twardy krajobraz (LHL: M) i zacieniona (LS: M) długość; orientacja budynku i otwartej przestrzeni (O: Stopień), odległości drogowe (R: M), wymiary (D: M), ilość (Q: Nie) i czas (T: Godziny). | weryfikacja informacji, dzielnice (dzielnica 1, 2 lub 3), węzły (teren otwarty), krawędzie (działki środkowe, krawędziowe lub narożne), punkty orientacyjne (szkoły lub sklepy), ścieżki i drogi, liczba zmian powietrza na godzinę, wzorzec obłożenia, liczba mieszkańców (nr), liczba żarówek (nr), miesiąc pobrania danych (miesiąc), wysokość budynków przylegających do terenów otwartych, numery drzew, orientacja terenu, budynki i tereny otwarte, odległość do najbliższej drogi, wymiary, ilości i czas. |  |
| Pomiary i związane z nimi źródła | | | |
| 3 | Forma zabudowy miejskiej: długość, szerokość i wysokość budynków i przestrzeni otwartych, bliskość drogi (X4: M) i przestrzeni otwartej (X35: M). | Wymiary (M) | Pomiary fizyczne przy użyciu taśmy mierniczej |

| Obserwacje i związane z nimi źródła | | | |
|---|---|---|---|
| 4 | Całkowita liczba punktów danych dotyczących temperatury (nie dotyczy), całkowita liczba punktów danych dotyczących temperatury bazowej (nB: Nie) oraz Ilość | Numer (nr) | Obserwacje |
| 5 | Nagrania czasu rozpoczęcia i zakończenia realizacji | Czas (Godziny) | Zegar |

Tabela 7.1: Kontynuuje.

| | | | |
|---|---|---|---|
| 6 | Uwagi ogólne | Wizualny/analogowy | Szkicownik i materiały do pisania |
| 7 | Odczyty temperatury rozpoczęcia i zakończenia | Temperatura ($^{oC}$) | Termometry mokre i suche. |
| 8 | Orientacja terenu, budynków (X3) i otwartych przestrzeni (X33). | Orientacja (stopień) | Magnetyczny kompas północny |
| 9 | Forma zabudowy miejskiej: typ budynku (X1: M), proporcje działek | Wizualny/cyfrowy | Zdjęcia |
| Obliczenia i związane z nimi źródła | | | |
| 10 | Obliczenia i symulacja | Powierzchnia działki (X2: M2) i powierzchnia otwarta (X28: M2); powierzchnia budynku ($_{AB}$: M2), teren twardy (AHL: M2) i zacieniony ($_{AS}$: M2), powierzchnia podłogi budynku ($_{A1}$: M2); pokrycie terenu (X9: %), stosunek powierzchni działki (X15: %), stosunek powierzchni twardego krajobrazu (X30: %), współczynnik | Kalkulator i oprogramowanie |

| | | zacienienia (X32: %), orientacja budynku (X3: Stopień) i otwartej przestrzeni (X33: Stopień), kąt oświetlenia otwartej przestrzeni (X34: Stopień). | |
|---|---|---|---|

Cyfrowa rejestracja była podstawowym źródłem danych wykorzystanym w badaniu. Inne obejmowały badania i związane z nimi źródła, pomiary i związane z nimi źródła, obserwacje i związane z nimi źródła oraz obliczenia i związane z nimi źródła.

## 7.2 CYFROWE ŹRÓDŁA POZYSKIWANIA DANYCH

Cyfrowe rejestratory danych były podstawowym źródłem danych i były wykorzystywane do oceny zależnej zmiennej zmiany temperatury w skali mikro dla powierzchni lub przestrzeni otwartej "a" ($Ya_{Ave}$), średniej zmiany temperatury dla powierzchni lub przestrzeni otwartej "a" ($\Delta Ta_{Ave}$), minimalnej zmiany temperatury w skali mikro (YMin), minimalnej temperatury ($T1_{Min}$), maksymalnej zmiany temperatury w skali mikro (YMax), maksymalnej temperatury ($T1_{Max}$), całkowitej liczby punktów danych temperatury ($_{na}$) i temperatury bazowej (nB). Zapotrzebowanie na dane obejmowało temperaturę w stopniach Celsjusza ($^{oC}$) oraz liczbę punktów danych (nr).

Urządzenia cyfrowe zapewniają niezakłócony zapis danych w porównaniu z urządzeniami analogowymi, które mogą być używane tylko do natychmiastowego zapisu danych. Dane te miały również format cyfrowy i mogły być łatwo tabelaryzowane w arkuszu kalkulacyjnym, który z kolei mógł być wykorzystywany do przetwarzania danych (zob.: Przetwarzanie surowych informacji z rejestratorów danych).

Rysunek 7.1: Pokazuje kolektor danych umieszczający Data Logger 1 wewnątrz powierzchni. Źródło: Badanie terenowe (2013).

Rysunek 7.2: Pokazuje rzeczywisty rejestrator danych.

Źródło: Badanie terenowe (2013).

Ogólnie rzecz biorąc, w partii lub zbiorze zebranych danych wykorzystano pięć rejestratorów danych, po dwa rejestratory na działkę i rejestrator na otwartą przestrzeń. Rejestratory danych dla działek zostały umieszczone na wewnętrznej i zewnętrznej powierzchni ściany w celu zapewnienia, że sondy zostały uniesione z powierzchni, ponieważ to temperatury powietrza, a nie temperatury powierzchni miały być mierzone. Rejestratory danych zostały również umieszczone w cieniu o odpowiednim przepływie powietrza w celu pomiaru temperatury powietrza, a nie temperatury promieniowania. Rysunek 7.1 przedstawia kolektor danych umieszczający rejestrator danych na powierzchni, natomiast rysunek 7.2 przedstawia rzeczywisty rejestrator danych.

Asystentom badawczym udostępniono urządzenia analogowe, aby mogli obserwować odczyty rozpoczęcia i zakończenia badań (patrz: Przetwarzanie surowych informacji z rejestratorów danych). Naukowcom dostarczono mokry i suchy higrometr żarówkowy do rozpoczęcia i zakończenia odczytów temperatury, zegarek do rozpoczęcia i zakończenia odczytów czasu, anemometr do sprawdzania prędkości wiatru, wiatromierz do pomiaru kierunku lokalnych wiatrów oraz magnetyczny kompas północny do orientacji budynków i otwartych przestrzeni. Zebrane dane zostały zestawione tabelarycznie i narysowane wykresy do porównania z danymi otrzymanymi ze stacji meteorologicznej dla terenu badań.

## 7.3 WTÓRNE ŹRÓDŁA DANYCH

Wtórne źródła danych są pobierane z magazynów lub istniejących dokumentów i wykorzystywane przez kogoś innego niż osoba, która je zebrała. Ze względu na postęp technologiczny dostępnych jest wiele narzędzi pomagających naukowcom w znajdowaniu informacji wtórnych, w tym zasoby internetowe i drukowane, czasopisma, strony internetowe, książki i artykuły oraz komunikacja z ekspertami za pośrednictwem technologii komórkowej, poczty elektronicznej, skype'a itp. (Mugenda & Mugenda, 2012, s. 294).

Tabela 7.2 zawiera listę ocenianych zmiennych, zapotrzebowania na dane oraz źródeł danych wtórnych dla potrzeb badania. Wtórne źródła danych można pogrupować jako rysunki architektoniczne i źródła pokrewne, mapy google i źródła pokrewne, stację meteorologiczną i powiązane źródła temperatury. Inne źródła obejmują przegląd powiązanych źródeł literatury.

Tabela 7.2: Lista ocenianych zmiennych, zapotrzebowania na dane i wtórnych źródeł danych.

Źródło: Opracowane na podstawie metod badawczych (2016).

| **Pozycja** | **Oceniane zmienne** | **Potrzeby w zakresie danych** | **Wtórne źródła danych** |
|---|---|---|---|
| Rysunki architektoniczne i związane z nimi źródła | | | |
| 1 | Forma zabudowy miejskiej: typ budynku, wielkość działki i otwartej przestrzeni, orientacja i bliskość drogi. | Plan terenu i lokalizacji miejsca studiów, orientacja, typowe plany i sekcje budowlane, przykładowa populacja, rodzaje i klasyfikacja budynków, wielkość działki i otwartej przestrzeni, wymiary budynku i otwartej przestrzeni. | Rysunki architektoniczne. |
| Mapy Google i związane z nimi źródła | | | |
| 2 | Forma zabudowy miejskiej: atrybuty działki, twarda | Wielkość otwartej przestrzeni, typ budynku i | Mapy Google |

Tabela 7.2: Kontynuuje.

| | | | |
|---|---|---|---|
| | krajobraz, współczynnik zacienienia. | klasyfikacja, drzewa, miękki i twardy krajobraz, plan dachu. | |
| 3 | Plan sąsiedztwa | Mapa regionu metropolii Nairobi | Komisja ds. wprowadzenia w życie mapy konstytucji |
| 4 | Bliskość drogi | Plan lokalizacji miejsca studiów | Mapy Japońskiej Agencji Współpracy Międzynarodowej |
| Stacja meteorologiczna i związane z nią źródła temperatury | | | |
| 5 | Temperatura wyjściowa | Temperatura ($^{o}C$) | Kenijski Oddział Meteorologiczny (1984, s. 61): Międzynarodowy Port Lotniczy Jomo Kenya. |
| 6 | Ograniczenie zmian klimatu | Temperatura ($^{o}C$) | Sekretariat Narodów Zjednoczonych ds. Zmian Klimatu (2015a) |
| Przegląd powiązanych źródeł literatury | | | |
| 7 | Literatura techniczna i | Współczynnik absorpcji | Littlefield (Ed. 2008), Neufert |

| | standardy formy zbudowanej | (stosunek), emisyjność powierzchniowa (stosunek), przewodność cieplna (W/M oC), przepuszczalność cieplna i przewodność powierzchniowa (W/M2 oC), współczynnik (stosunek) zysku ciepła słonecznego, ilość ciepła na mieszkańca (Wat), ilość ciepła na żarówkę (Wat) | i Neufert (2000), Koenigsberger (*i in.* 1973), Międzynarodowa Organizacja Normalizacyjna (ISO), Kenijskie Biuro Normalizacyjne (KEBS, 2007). |
|---|---|---|---|
| 8 | Temperatura obliczeniowa (TD) | Temperatura (oC) | Koenigsberger (*et al.* 1973, s. 78) |
| 9 | Dane dotyczące klimatu górskiego | Temperatura (oC), promieniowanie padające (Watt/M2) | Hooper (1975, s. 94-116) i Koenigsberger (i in. 1973, s. 229-233). |

## 7.4 RYSUNKI ARCHITEKTONICZNE I ZWIĄZANE Z NIMI ŹRÓDŁA

Rysunki architektoniczne i związane z nimi źródła wykorzystano do oceny zmiennych urbanistycznych budynków i ich substytutów związanych z typem budynku, wielkością działki i otwartej przestrzeni, orientacją i bliskością drogi. Zapotrzebowanie na dane było w postaci planu lokalizacji i terenu studiów, orientacji, typowych planów i przekrojów budowlanych, populacji próby, typów i klasyfikacji budynków, wielkości działki i otwartej przestrzeni, wymiarów budynku i otwartej przestrzeni.

Rysunki architektoniczne w formie planów, przekrojów i elewacji uzyskano od dewelopera i finansisty (HFCK Kenii), Nairobi City County (NCC) i innych władz, w tym architekta (MMI Architects), kierownika projektu i użytkownika budynków i otwartych przestrzeni na terenie studiów.

Rysunki architektoniczne i inne źródła wtórne zostały zdigitalizowane za pomocą oprogramowania AutoCAD 2007 (Zobacz: Przetwarzanie nieprzetworzonych informacji z rejestratorów danych). Stanowiły one podstawę do stworzenia podstawowych rysunków badawczych do przeprowadzenia wstępnego badania terenowego, a także wydruków negatywów, z których wykonano niebieskie odbitki planu lokalizacji osiedla Komarock Infill B oraz planu głównego wskazującego próbną populację, na podstawie której będą gromadzone dane i badania terenowe.

Rysunek 7.3 przedstawia plan budowy osiedla Komarock Infill B. Osiedle Komarock Infill B ma powierzchnię około 4,72 ha, długość 478,8 m i ogólną szerokość dziewięćdziesięciu siedmiu metrów, przy orientacji czterdzieści sześć stopni na północ i spadku na wysokości sześciu metrów. Rysunki architektoniczne zostały również wykorzystane do opracowania rysunków wykorzystanych w studium w formie skonsolidowanych arkuszy zbiorczych wsadowych, szczegółów partii i działki (patrz: Załącznik 3: Tabela rysunków).

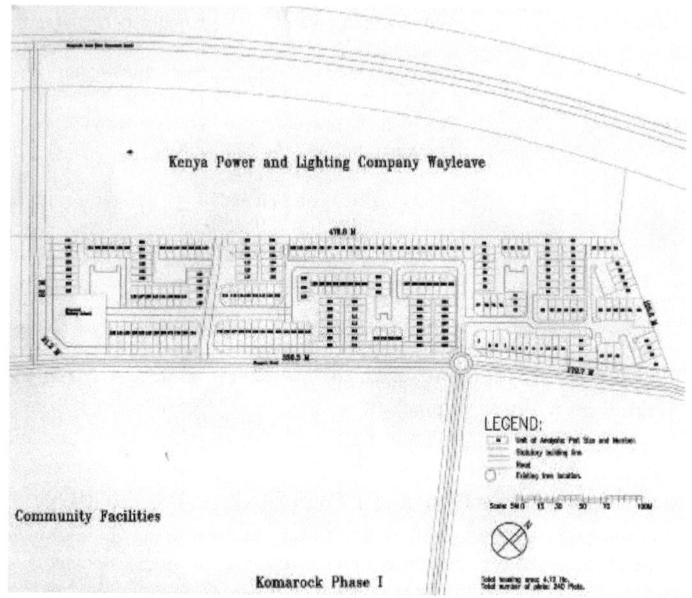


Rysunek 7.3. Pokazuje plan budowy osiedla Komarock Infill B.

Źródło: Badanie terenowe (2013).

## 7.5 MAPY GOOGLE I ZWIĄZANE Z NIMI ŹRÓDŁA

Mapy Google i związane z nimi źródła są drugorzędnym źródłem danych i mogą być pogrupowane jako mapy Google Earth, mapy Komisji ds. Wdrażania Konstytucji (CIC) oraz mapy Japońskiej Agencji Współpracy Międzynarodowej (JICA). Mapy Google zostały wykorzystane do oceny zmiennych postaci urbanistycznych i zastępczych związanych z atrybutami powierzchni, współczynnikiem twardego krajobrazu (X14: %) i współczynnikiem zacienienia (X11: %). Zapotrzebowanie na dane wyrażano w postaci wielkości otwartej przestrzeni, typu i klasyfikacji budynków, lokalizacji i wielkości drzew, pokrycia miękkim i twardym krajobrazem oraz planu dachowego budynków znajdujących się na terenie działki.

Wdrażania Konstytucji zostały wykorzystane do opracowania planu sąsiedztwa i zapotrzebowania na dane dla mapy regionu metropolii Nairobi. Mapy Japońskiej Agencji Współpracy Międzynarodowej zostały wykorzystane do oceny urbanistycznej zabudowy w formie zmiennej związanej z budynkiem oraz zastępczej bliskości drogi w otwartej przestrzeni. Dane potrzebne do badania uzyskano z planu lokalizacji terenu.

Zgodnie ze zwykłą praktyką, wstępne dane wtórne były gromadzone przed danymi pierwotnymi i zbiorczymi danymi wtórnymi. Wykorzystanie wstępnych informacji wtórnych podczas definiowania i tworzenia problemu utorowało drogę do bardziej ukierunkowanego gromadzenia danych pierwotnych i wtórnych (Ngau & Kumssa Ed., 2004, s. 71). Mapy cyfrowe z Japońskiej Agencji Współpracy Międzynarodowej (JICA), okręgu miejskiego Nairobi (NCC) i Google Earth dla badanego obszaru zostały wykorzystane jako widoki z powietrza i służyły jako wtórne źródło dla oceny zmiennej i zastępczej formy zabudowy miejskiej oraz do opracowania planu dachu i miejsca badania. Rysunek 3.6 przedstawia krajobraz dachowy. Informacje o wielkości, orientacji i spójności budynku i otwartej przestrzeni uzyskano ze zdjęć lotniczych (Google Earth), zdjęć z Wydziału Badań Rządu Kenii oraz z Uniwersytetu w Nairobi.

## 7.6 STACJA METEOROLOGICZNA I ZWIĄZANE Z NIĄ ŹRÓDŁA TEMPERATURY

Stacja meteorologiczna i związane z nią źródła temperatury są drugorzędnymi źródłami danych i mogą być zgrupowane jako źródła Kenii Departamentu Meteorologicznego (KMD) i Sekretariatu Narodów Zjednoczonych ds. Źródła danych z Kijskiego Departamentu Meteorologicznego (KMD: 1984, s. 61: Międzynarodowy Port Lotniczy im. Jomo Kenyatty) zostały wykorzystane jako wtórne źródła danych i były użyteczne w ocenie zmiennych mikrotemperaturowych związanych z temperaturą bazową. Potrzeba danych miała postać danych temperaturowych w stopniach $^{Celsjusza}$ ($^{o}C$). Zmian Klimatu Narodów Zjednoczonych (UNCCS: 2015a) oraz źródeł danych wtórnych wykorzystano do oceny zmiennych dotyczących zmian mikrotermury związanych z ograniczeniem zmian klimatu. Zapotrzebowanie na dane wystąpiło w postaci danych temperaturowych w stopniach Celsjusza ($^{oC}$).

Dane ze stacji meteorologicznej i związanych z nią źródeł temperatury służyły jako dane wtórne, a mimo to były jedynymi dostępnymi danymi, które mogły być umiarkowanie przydatne do oceny zmiennej zmiany temperatury w skali mikro. Ta forma danych wtórnych była tańsza pod względem kosztów, czasu i wysiłku niż dane pierwotne.

W ramach badań uzyskano dużą ilość stosunkowo bezpłatnych danych z przeglądu literatury przedmiotu, Internetu oraz w postaci danych ze stacji meteorologicznych. W badaniu trzeba było jednak zaakceptować metody zbierania danych przez stacje meteorologiczne (Montello & Sutton, 2013, s. 62). Obejmowało to ograniczenia i pominięcia w publikacjach danych dotyczących temperatury oraz w sposobie gromadzenia, przetwarzania i prezentowania danych (Koenigsberger *i in.* , 1973, s. 13).

W ramach badania wybrano dane ze stacji meteorologicznej (patrz: Przetwarzanie informacji surowych z rejestratorów danych) z Międzynarodowego Portu Lotniczego Jomo Kenyatta (Kenijski Departament Meteorologiczny, 1984, s. 61), który jest najbliższą stacją meteorologiczną w stosunku do miejsca badania oraz określono podstawowe dane temperaturowe w stopniach Celsjusza ($^{oC}$) dla potrzeb badania.

## 7.7 NARZĘDZIA BADAWCZE

Narzędzia badawcze są wykorzystywane do wychwytywania i pomiaru danego zjawiska. Przygotowanie narzędzi badawczych, takich jak obserwacje, powinno odbywać się dokładnie przed przystąpieniem do zbierania danych w terenie. Narzędzia badawcze powinny być ukierunkowane na obiekty lub respondentów, tak aby ich odpowiedzi pomagały w udzielaniu odpowiedzi na pytania. Jakość gromadzonych danych zależy od liczby użytych narzędzi, poziomu pomiarów - nominalnych, porządkowych, interwałowych

lub proporcji - oraz liczebności próby. Poszczególne narzędzia mogą być stosowane w celu zapewnienia triangulacji danych i ich wiarygodności. Każde narzędzie badawcze musi mieć ogólny opis, uzasadnienie i poziom pomiaru zmiennej. Narzędzia badawcze powinny być zgodne z wytycznymi etycznymi (Rukwaro, 2016, s. 39).
Tabela 7.3 przedstawia narzędzia badawcze, które zostały sformułowane w badaniu. Opracowanie narzędzi opierało się na pytaniach badawczych, badanych obserwacjach, wymaganych zmiennych i szczegółowych danych, na podstawie których należy dokonywać pomiaru.

Tabela 7.3: Pokazanie sformułowań narzędzi badawczych (arkusz obserwacji) do badania.

Źródło: Opracowane na podstawie metod badawczych (2016).

| Pozycja | Badana obserwacja | Zmienna wymagana | Szczegóły, w których dane są mierzone |
|---|---|---|---|
| **Pytanie badawcze 1: jakie są zmienne formy zabudowy miejskiej powodujące zmiany temperatury na terenie Studium Osiedla Komarock?** | | | |
| 1 | Zmiana mikrotemperatury | Mikro-zmiana temperatury dla powierzchni lub przestrzeni otwartej a ($Ya_{Ave}$), średnia zmiana temperatury dla powierzchni lub przestrzeni otwartej a ($\Delta Ta_{Ave}$), minimalna zmiana mikro-temperatury (YMin), minimalna temperatura ($T1_{Min}$), maksymalna zmiana mikro-temperatury (YMax) i maksymalna temperatura ($T1_{Max}$). | Temperatura ($^{o}C$). |
| **Pytanie badawcze nr 2: jaki wpływ mają znaczące zmienne formy budownictwa miejskiego** | | | |

Tabela 7.3: Kontynuacja.

| | | | |
|---|---|---|---|
| **w przyczynianiu się do zmiany temperatury?** | | | |
| 2 | Zmienne formy budownictwa miejskiego | Orientacja budynku (X1: Stopień) i przestrzeni otwartej (X8: Stopień), klasyfikacja budynku (X2: M), budynek (X3: M) i przestrzeń otwarta (X9: M) bliskość drogi, typ budynku (X4: M), | Orientacja terenu, budynków i otwartych przestrzeni, odległość do najbliższej drogi, wymiary, ilości i czas. |

| | | | |
|---|---|---|---|
| | | działka (X5: M2) i przestrzeń otwarta (X13: M2) wielkość i długość przestrzeni otwartej (X12: M). | |
| **Pytanie badawcze 3: Jaki jest wpływ projektowania i strategii planowania zabudowy miejskiej na zmiany temperatury?** | | | |
| 3 | Urbanistyczne formy zastępcze | Pokrycie terenu (X6: %), współczynnik pokrycia terenu (X7: %), kąt padania światła na powierzchnię otwartą (X10: Stopień), współczynnik zacienienia powierzchni otwartej (X11: %) i współczynnik twardych terenów otwartych (X14: %). | Wysokości przylegających budynków do otwartych przestrzeni, numery drzew, wymiary, ilości i czas. |

Pierwsze pytanie badawcze brzmiało: "jakie są zmienne formy urbanistycznej zabudowy, które powodują zmiany temperatury w obiekcie badawczym Osiedla Komarock? W tym miejscu obserwacją, którą należy zbadać, była zmiana temperatury w skali mikro. Wymaganymi zmiennymi były: zmiana mikrotemperatury dla powierzchni lub przestrzeni otwartej 'a' ($Ya_{Ave}$), średnia zmiana temperatury dla powierzchni lub przestrzeni otwartej 'a' ($\Delta Ta_{Ave}$), minimalna zmiana mikrotemperatury (YMin), minimalna temperatura ($T1_{Min}$), maksymalna zmiana mikrotemperatury (YMax) i maksymalna temperatura ($T1_{Max}$). Dane mierzono w stopniach Celsjusza ($^{oC}$).

W drugim pytaniu badawczym czytamy: "jaki wpływ mają znaczące zmienne formy zabudowy miejskiej na zmiany temperatury". Obserwacja, którą należy zbadać to zmienne formy zabudowy miejskiej. Wymaganymi zmiennymi były: orientacja budynku (X1: Stopień) i orientacja w przestrzeni otwartej (X8: Stopień), klasyfikacja budynków (X2: M), bliskość dróg budowlanych (X3: M) i bliskość dróg otwartych (X9: M), typ budynku (X4: M), wielkość działki (X5: M2) i wielkość przestrzeni otwartej (X13: M2) oraz długość przestrzeni otwartej (X12: M). Dane wymagające pomiaru to: orientacja terenu, budynków i przestrzeni otwartej, odległość od najbliższej drogi, wymiary, ilości i czas.

Pytanie badawcze nr 3 brzmi: "Jaki jest wpływ zmian temperatury na projektowanie i strategie planowania zrównoważonej formy budownictwa miejskiego"? Obserwacja, którą należy zbadać, to substytuty miejskiej formy zbudowanej. Wymaganymi zmiennymi były: pokrycie terenu (X6: %), współczynnik powierzchni (X7: %), kąt padania światła w otwartej przestrzeni (X10: stopień), współczynnik zacienienia otwartej przestrzeni (X11: %) oraz współczynnik twardych terenów otwartych (X14: %). Dane mierzono pod względem wysokości budynków sąsiadujących z terenami otwartymi, liczby drzew, wymiarów, ilości i czasu.

## 7.8 METODA OBSERWACJI

Obserwacja była jedną z technik, którą wykorzystano w badaniu do zebrania danych. Badanie wymagało zarejestrowania tego, co zostało zaobserwowane na próbie osób lub obiektów, związane z określonymi zachowaniami, zdarzeniami, zdarzeniami, cechami charakterystycznymi itp. Badacz wykorzystał strukturalną listę kontrolną obserwacji do zapisania zaobserwowanych informacji (Mugenda & Mugenda, 2012, s. 218).

Zmienna zależna, jaką była zmiana temperatury w skali mikro dla powierzchni próbnej lub przestrzeni otwartej, została zmierzona za pomocą skali temperatury w stopniach Celsjusza, a obserwacja została zarejestrowana. Odnotowano również obserwacje zmiennych kształtu urbanistycznego oraz substytutów zmiennych niezależnych na badanym obszarze. W tabeli 7.4. wymieniono zalety i wady stosowania metody obserwacyjnej w badaniach nad związkiem pomiędzy zmianą mikrotermury a formami budowlanymi o charakterze miejskim.

Tabela 7.4: Wykaz zalet i wad stosowania metody obserwacyjnej w badaniu zależności pomiędzy zmianami mikrotermicznymi a formami zabudowy miejskiej.

Źródło: Opracowane na podstawie metod badawczych (2016).

| **Pozycja** | **Zalety** | **Wady** |
|---|---|---|
| 1 | Badania obserwacyjne są zazwyczaj elastyczne i niekoniecznie muszą opierać się na hipotezie dotyczącej tego, co badanie ma zaobserwować (tzn. dane są raczej wyłaniające się niż istniejące). | Projektowanie obserwacji nie wyjaśnia sytuacji, ponieważ wiarygodność danych jest niska, ponieważ obserwowanie zachowań powtarzających się może być czasochłonnym zadaniem i trudnym do powielenia. |
| 2 | Badania obserwacyjne pozwalają badaczowi na zebranie głębokich informacji o konkretnym zachowaniu. | Wyniki badań obserwacyjnych mogą odzwierciedlać jedynie unikalną populację próby, a zatem nie mogą być uogólniane na inne grupy. |
| 3 | Badania obserwacyjne mogą ujawnić wzajemne powiązania pomiędzy wieloaspektowymi wymiarami interakcji grupowych. | Badania obserwacyjne mogą mieć problem z tendencyjnością, ponieważ badacz może "zobaczyć to, co chce zobaczyć". |
| 4 | Badania obserwacyjne mogą uogólniać wyniki do rzeczywistej sytuacji życiowej. | Nie ma możliwości określenia związku przyczynowo-skutkowego w projekcie obserwacyjnym, ponieważ nic nie jest manipulowane, źródła i podmioty mogą nie być równie wiarygodne. |
| 5 | Badania obserwacyjne są przydatne w celu odkrycia, jakie zmienne mogą być ważne przed zastosowaniem innych. | Każda grupa, która jest badana obserwacyjnie, jest w pewnym stopniu zmieniana przez samą obecność badacza, |

Tabela 7.4: Kontynuacja.

| | | |
|---|---|---|
| | Metody. Projekty badań obserwacyjnych uwzględniają | w związku z tym, przekrzywiając do pewnego stopnia wszelkie zgromadzone |

| | złożoność zachowań grupowych. | dane, tj. zasadę niepewności Heisenberga. |
|---|---|---|

W tabeli 7.5 wymieniono oceniane zmienne, potrzeby w zakresie danych oraz narzędzia badawcze do badania. Narzędziami badawczymi były: książeczka i arkusze obserwacyjne, dziennik wsadowy, dziennik rejestratora danych, listy kontrolne i tabulacje.

Tabela 7.5: Lista ocenianych zmiennych, zapotrzebowanie na dane i narzędzia badawcze do badania. Źródło: Opracowane na podstawie metod badawczych (2016 r.).

| **Pozycja** | **Oceniane zmienne** | **Potrzeby w zakresie danych** | **Narzędzia badawcze** |
|---|---|---|---|
| 1 | Zmiana mikrotemperatury i forma zabudowy miejskiej | Strona podsumowująca, informacje ogólne i dane surowe z badań terenowych, zmiany mikrotemperaturowe i analiza form zabudowy miejskiej oraz techniki symulacyjne. | Księga obserwacji i arkusze |
| 2 | Dane dotyczące partii towaru | Numer partii (nr), numer klastra i powierzchni (nr) oraz oczekiwane wyniki. | Dziennik wsadowy |
| 3 | Dane dotyczące rejestratora danych | Data rozpoczęcia i zakończenia (data), numer partii (nr), numer klastra i powierzchni (nr) oraz oczekiwane wyniki. | Dziennik rejestratora danych |
| 4 | Poziom zgodności z przepisami i standardami | Zgodność z procedurami i protokołami, orientacja terenu i jednostek (stopień), temperatura rozpoczęcia i zakończenia ($^{oC}$) i czas (dane godzinowe, przekształcenia i modyfikacje jednostek typowych przez użytkowników, wzorzec zajętości (godziny), liczba osób (nr) i żarówek (nr), wymiary i szkice powykonawcze jednostek nietypowych. | Listy kontrolne |
| 5 | Tablica danych | Pozycja, opisy, tabulacja danych i uwagi. | Tabulacje |

## 7.9 KSIĘGA OBSERWACJI I ARKUSZE

Książka obserwacyjna i arkusze były jednym z narzędzi użytych w badaniu do oceny zmiennych zmian mikrotermicznych i formy zabudowy miejskiej. Dane zebrane na stronie podsumowującej obejmowały: informacje ogólne i dane surowe z badań terenowych, analizę zmian mikrotermicznych i formy zabudowy miejskiej oraz techniki symulacyjne wskazane w arkuszu obserwacji (patrz: Badanie pilotażowe), skonsolidowany arkusz podsumowujący, szczegóły partii i powierzchni (tabela rysunków).

## 7.10 DZIENNIK WSADOWY

Dziennik wsadowy był narzędziem wykorzystywanym w badaniu, do oceny danych zebranych w partiach. Dane rejestrowane były pod numerem partii (nr), numerem klastra i powierzchni (nr) oraz oczekiwanymi wynikami. Tabela 7.6 jest przykładowym, tabelarycznym dziennikiem szarżowym, w którym zestawiono obserwacje dotyczące numeru szarży (1 - 15), badania porównawczego numeru klastra, numeru powierzchni lub powierzchni otwartej oraz oczekiwanych wyników na podstawie uwag, badań i wyników badań.

Tabela 7.6: Pokazanie tabelarycznego dziennika wsadowego.

Źródło: Badanie terenowe (2015).

| **Nr partii** | **Badanie porównawcze** | | | **Oczekiwane rezultaty** |
|---|---|---|---|---|
| | **Klaster/działka nr** | **Klaster/działka nr** | **Open Space Nie** | **Uwagi/Testowanie/dochodzenie** |
| 1 | BV, C4 | BV, C5 | OG, C1A | Porównując ten sam typ budynku: willa podstawowa (BV) - efekt orientacji. |
| 2 | BM, C3 | BM, C2 | OG, C1A | Porównanie tego samego typu budynku: podstawowy Maisonette (BM) - Efekt orientacji. |
| 3 | LP, C7 | CP, C6 | OG, C1A | Badanie wpływu wielkości działki (działka narożna: CP), bliskości drogi (duża działka: LP) i zagęszczania. |
| 4 | Sklep, C10 | Szkoła, C10 | R, C11 | Testowanie zmiany efektu użytkownika: Droga jako otwarta przestrzeń - Różne typy budynków. |

Tabela 7.6: Kontynuacja.

| 5 | Sklep, C8 | Trans, C8 | OG, C1A | Testowanie efektu transformacji: Ta sama orientacja/sklep/transformacja. |
|---|---|---|---|---|
| 6 | BM, RH | BV, | OG, RH | Testowanie wpływu klasyfikacji budynków: Row Houses (RH): Basic Maisonette (BM) & Basic Villa (BV) - Ta sama orientacja: Ta sama lokalizacja. |
| 7 | BM, SD | BV, SD | OG | Testowanie efektu klasyfikacji budynków: Domy w zabudowie bliźniaczej (Semi-detached Houses - SD): Basic Maisonette (BM) & Basic Villa (BV) Ta sama orientacja. |
| 8 | BM, D | BV, D | OG | Testowanie efektu klasyfikacji budynków: Dom wolnostojący (D): Basic Maisonette (BM) & Basic Villa (BV) - Ta sama orientacja. |
| 9 | LP, M/V | SP, M/V | OG | Testowanie efektu wielkości działki: Ten sam rząd domów: Duża działka (LP) i mała działka (SP): Maisonette (M) & Villa (V): Ta sama orientacja. |
| 10 | S1, M/V | S3, M/V | OG | Testowanie wpływu sektora i lokalizacji: Sektor (S): Ta sama orientacja. Maisonette (M) & Villa (V). |
| 11 | SS, M/V | LS, M/V | OG | Testowanie efektu wielkości otwartej przestrzeni: Małe i duże przestrzenie otwarte: Ta sama orientacja. |
| 12 | R | OG | | Testowanie efektu typu open space: Road (R) & Open Ground (OG): Ta sama orientacja: Ta sama dzielnica. |
| 13 | RH, M/V | SD, M/V | OG | Testowanie efektu klasyfikacji budynków: Row House (RH) & Semi Detached (SD): Maisonette (M) & Villa (V): Ta sama |

| | | | | orientacja i ta sama dzielnica. |
|---|---|---|---|---|

Tabela 7.6: Kontynuacja.

| | | | | |
|---|---|---|---|---|
| 14 | SD, M/V | D, M/V | OG | Testowanie efektu klasyfikacji budynków: Półodłączony (SD) i odłączony (D): Maisonette (M) & Villa (V): Ta sama orientacja i ta sama dzielnica. |
| 15 | D!, M/V | D3, M/V | OG | Testowanie wpływu dzielnicy i lokalizacji: Dystrykt 1 (D1) & Dystrykt 3 (D3): Maisonette (M) & Villa (V): Różne dzielnice, ta sama orientacja. |

## 7.11 DZIENNIK REJESTRATORA DANYCH

Dziennik rejestratora danych był kolejnym narzędziem wykorzystywanym do oceny zebranych danych oraz do logowania się do danych rejestratora. Dane potrzebne do badania to: data rozpoczęcia i zakończenia badania (data), numer partii (nr), numer klastra i powierzchni (nr) oraz oczekiwane wyniki. Tabela 7.7 jest próbą tabelarycznego dziennika rejestratora danych i przedstawia w tabelach obserwacje dotyczące daty rozpoczęcia rejestrowania danych od 8/6/13 do 19/9/15 , numeru serii (1-15), badania porównawczego klastra, numeru powierzchni (30) lub numeru powierzchni otwartej (16) oraz oczekiwane wyniki na podstawie uwag, badań lub wyników badań.

Tabela 7.7: Pokazanie tabelarycznego dziennika rejestratora danych.

Źródło: Badanie terenowe (2015).

| **Data: Począwszy od soboty** | **Nr partii** | **Badanie porównawcze** | | | **Oczekiwane rezultaty** |
|---|---|---|---|---|---|
| | | **Klaster/dzia łka nr** | **Klaster/dzia łka nr** | **Open Space Nie** | **Uwagi/Testowanie/ dochodzenie** |
| 8/6/13 do 15/6/13 | 1 | 41, BV, C4 | 48, BV, C5 | 33, OG3, C1 | Pobieranie próbek tego samego typu budynku: Basic Villa (BV) - Efekt orientacji. |

|  |  |  |  |  | Zastosowane dane: Czerwiec. |
|---|---|---|---|---|---|
| 29/6/13 do 6/7/13 | 2 | 74, BM, C3 | 237, BM, C2 | OG5, C1 | Pobieranie próbek tego samego typu budynku: Basic Maisonette (BM) - Efekt orientacji. Zastosowane dane: Lipiec. |

Tabela 7.7: Kontynuacja.

|  |  |  |  |  |  |
|---|---|---|---|---|---|
| 20/7/13 do 277/13 | 3 | 16, LP, C7 | 34, CP, C6 | OG3, C1 | Efekt pobierania próbek wielkości działki (działka narożna: CP), bliskości drogi (duża działka: LP) i zagęszczania. Zastosowane dane pomiarowe: Lipiec. |
| 24/1/15 do 31/1/15 | 4 | 77, Sklep, C10 | 19, Szkoła, C10 | 76, R1, C11 | Próbkowanie zmiana efektu użytkownika: Droga jako otwarta przestrzeń - Różny typ budynku. Używane dane pomiarowe: Styczeń. |
| 7/2/15 do 14/2/15 | 5 | 71, Sklep, C8 | 68, Trans, C8 | 68, OG4, C1 | Efekt próbkowania transformacji: Ta sama orientacja/sklep/transformacja. Używane dane pomiarowe: Luty. |
| 23/5/15 do 30/5/15 | 6 | 99, BM, C3 | 79, BV, C5 | R9, C11 | Efekt próbkowania o różnej obudowie rzędu/ tej samej orientacji, różnych typach/różnej bliskości drogi. |

| | | | | | |
|---|---|---|---|---|---|
| 6/6/15 do 13/6/15 | 7 | 211, BV, C4 | 234, BM, C2 | P6, C12 | Pobieranie próbek w różnych rzędach/ tej samej orientacji/różnych typach/różnej bliskości drogi. |
| 20/6/15 do 27/6/15 | 8 | 220, Szkoła, C10 | 122, LP Int, C7 | OG12, C1 | Pobieranie próbek danych z okręgu 2/szkoły + duża powierzchnia. |
| 4/7/15 do 11/7/15 | 9 | 180, LP Blisko Rd, C7 | 109, BV, C5 | R11, C11 | Okręg pobierania próbek 2 dane/kiosk + duża działka przy drodze. |

Tabela 7.7: Kontynuacja.

| | | | | | |
|---|---|---|---|---|---|
| 18/7/15 do 25/7/15 | 10 | 137, SP BM, C2 | 158, LP koło Rd., C7 | OG14, C1 | Pobieranie próbek danych z okręgu 3/duża powierzchnia w pobliżu drogi/mała powierzchnia wewnętrzna/N-S Maisonette. |
| 1/8/15 do 8/8/15 | 11 | 142, BV, C5 | 172, LP blisko rd, C7 | R15, C11 | Okręg pobierania próbek 3 dane/duża powierzchnia w pobliżu drogi/BV E-W. |
| 15/8/15 do 22/8/15 | 12 | 133, BV, C4 | 125, BM, C3 | 68, OG4, C1 | Okręg pobierania próbek 3 dane/BV N-S/BM E-W orientacja. |
| 22/8/15 do 29/8/15 | 13 | 233, BV, C5 | 164, LPN Rd, C7 | OG14, C1 | Okręg pobierania próbek 3 dane/BV E-W/LPN Orientacja Rd E-W. |
| 29/8/15 do 5/9/15 | 14 | 54, C4 | 10, C7 | P3, C12 | Okręg pobierania próbek 1 dane/BV N-S/LPN Orientacja Rd E-W. |

| 12/9/15 do 19/9/15 | 15 | 225, C4 | 218, C7 | OG8 | Okręg pobierania próbek 2 dane/BV N-S/LPN Orientacja Rd E-W. |
|---|---|---|---|---|---|

## 7.12 LISTY KONTROLNE I TABULACJE

Listy kontrolne były kolejnym narzędziem badawczym wykorzystywanym w badaniu. Dzięki listom kontrolnym w badaniu oceniono poziom zgodności z przepisami i standardami. Potrzeby w zakresie danych dotyczyły zgodności z procedurami i protokołami, orientacji terenu i jednostek (Stopień), temperatury rozpoczęcia i zakończenia ($^{oC}$) i danych czasowych (Godziny), przekształcenia i modyfikacji jednostek typowych przez użytkowników, wzorca obłożenia (Godziny), liczby osób przebywających (Nie) i żarówek (Nie), wymiarów i szkiców powykonawczych jednostek nietypowych. Tablice zostały wykorzystane jako narzędzie do przetwarzania danych i analizy. Zapotrzebowanie na dane dotyczyło pozycji, opisów, tabelaryzowania danych i uwag.

## ROZDZIAŁ ÓSMY: GRUPOWANIE PARTII I POBIERANIE PRÓBEK DANYCH

Rozdział ósmy dotyczący grupowania partii i pobierania próbek danych, zawiera szczegółowe informacje na temat populacji próby i jednostki analizy; atrybutów powierzchni; podejścia do planowania i projektowania; techniki pobierania próbek; oraz projektowania partii i pobierania próbek w grupach. W niniejszych wytycznych mogła zostać pominięta lub skrócona cała część zbioru danych i pobierania próbek, a dostęp do niej można uzyskać w całości z tekstu pierwotnego (Ebrahim, 2017, s. 107-118).

### 8.1 POPULACJA PRÓBNA I JEDNOSTKA ANALIZY

Próba została zdefiniowana jako liczba i/lub identyfikacja respondentów w populacji, którzy będą lub byli objęci badaniem (Alreck & Settle, 1995, s. 443). Populacja próby do badania wynosiła 240 działek.

Jednostka analizy została zdefiniowana jako podstawowy obserwowalny podmiot lub zjawisko analizowane w badaniu, dla którego dane są gromadzone w postaci zmiennych (Biblioteki Uniwersytetu Południowej Karoliny, 2014: Słownik terminów badawczych). Na podstawie wstępnego poszukiwania informacji powstała podstawowa powierzchnia o powierzchni około stu ośmiu metrów kwadratowych. Zmieniało się to w zależności od tego, czy była to działka narożna, jedno- czy dwupiętrowa, zaplecze socjalne, przedni, tylny rząd, na głównej drodze, miała pas usługowy przy niej lub za nią itp.

W procedurze pobierania próbek zastosowano pobieranie losowe, w tym przypadku badacz najpierw ponumerował powierzchnię i populację na otwartej przestrzeni zgodnie z ich odpowiednimi numerami powierzchni, a następnie wykorzystał tabelę z numerami losowymi do wyboru próbki. Próbka była losowa, ponieważ nie było żadnego regularnego lub dostrzegalnego wzorca lub porządku. Zgodnie z zaleceniami, z populacji pobierającej próbki wybrano losowo trzydzieści powierzchni w celu uzyskania reprezentatywnej próby spełniającej cel badawczy oraz pytania ustalone dla badania (Mutai, 2001, s. 152).

### 8.2 ATRYBUTY POWIERZCHNI

Sformułowanie "atrybuty powierzchni" jest dostosowane do słów kluczowych "powierzchnia" i "atrybuty", które wymagają zdefiniowania i właściwego zrozumienia przed ich zastosowaniem w badaniu.
Działka zwana również miejscem jest kawałkiem ziemi otoczonym określonymi granicami (Singh & Singh, 2010, s. 99), podczas gdy atrybut jest nieodłączną cechą osoby, obiektu lub rzeczy, która jest przedmiotem pomiaru w badaniach. Zmienna składa się z atrybutów, które różnią się w poszczególnych jednostkach próby i które są przedmiotem pomiaru (Mugenda & Mugenda, 2012, s. 24-25).
Atrybuty działek zostały wykorzystane do próbkowania działek i przestrzeni otwartych w oparciu o to, jak użytkownicy miasta postrzegają obraz miasta i jego elementy (Lynch, 1960). Atrybuty działki zostały pogrupowane jako dzielnice, węzły, krawędzie, punkty orientacyjne, ścieżki i osie. Administracyjnie teren badań został podzielony na trzy *dzielnice w celu* zebrania danych.

Węzły mogą być przede wszystkim skrzyżowaniami, miejscami przerw w transporcie, skrzyżowaniami lub zbiegami ścieżek, momentami przejścia z jednej konstrukcji do drugiej

(Lynch, 1960). Węzły w miejscu badania były zazwyczaj otwartymi przestrzeniami. Na rysunku 8.1. pokazano skrzyżowanie dróg jako węzeł w postaci przestrzeni otwartej (OG5).

Rysunek 8.1: Przedstawia skrzyżowanie dróg jako węzeł w postaci otwartej przestrzeni (OG5).

Źródło: Badanie terenowe (2013).

Krawędzie stanowiły granice między dwoma fazami, liniowe przerwy w ciągłości, krawędzie rozwoju (Lynch, 1960). Na rysunku 8.2 pokazano wykres krawędzi, a na rysunku 8.3 wykres narożny.

Rysunek 8.2: Pokazuje powierzchnie brzegowe.

Źródło: Badanie terenowe (2015).

Rysunek 8.3: Pokazuje powierzchnie środkowe.

Źródło: Badanie terenowe (2015).

Do zabytków należą konkretne budynki, znaki, góry, a nawet wyraźnie widoczne dzielnice w krajobrazie terenu (Lynch, 1960). Na rysunku 8.4 pokazano szkołę, a na rysunku 8.5 sklepy.

Rysunek 8.4. Pokazuje szkołę (Działka 19) jako punkt orientacyjny.

Źródło: Badanie terenowe (2015).

Rysunek 8.5: Pokazuje sklep (Działka 69) jako punkt orientacyjny.

Źródło: Badanie terenowe (2015).

Ścieżki mogą obejmować ulice, chodniki, linie tranzytowe, kanały i linie kolejowe, które obsługują miasto oraz inne jednostki przestrzenne, które odbiorca widzi (Lynch, 1960). Na rysunku 8.6. przedstawiono cyrkulację pieszą (ścieżkę), a na rysunku 8.7. cyrkulację samochodową (drogi).

Rysunek 8.6: Przedstawia ścieżkę (P6).

Źródło: Badanie terenowe (2015).

Rysunek 8.7: Pokazuje drogę (R7).

Źródło: Badanie terenowe (2015).

## 8.3 NASTAWIENIE DO PLANOWANIA I PROJEKTOWANIA

Sformułowanie "postawy związane z planowaniem i projektowaniem" jest rozwinięciem słów "planowanie, projektowanie i postawy", które wymagają zdefiniowania i zrozumienia przed jego zastosowaniem w badaniu.

Planowanie związane jest z wykonywaniem planów, zwłaszcza w odniesieniu do kontrolowanego projektowania budynków i zagospodarowania przestrzennego (Allen Ed., 1985, s. 562), natomiast plan jest metodą lub procedurą, zwłaszcza wymyśloną wcześniej, według której należy coś zrobić. Plan może być również pomyślany jako szczegółowa mapa miasta lub dzielnicy na dużą skalę; rysunek itp. sporządzony przez rzutowanie na poziomą powierzchnię części budynku lub konstrukcji; schemat rozmieszczenia; wcześniejsze ułożenie lub opracowanie szczegółów (procedury, przedsiębiorstwa itp.) (Allen Ed., 1985, s. 561).

Wzór jest wstępnym zarysem lub rysunkiem czegoś, co ma być wykonane, lub schematem linii lub kształtów tworzących dekorację, lub ogólnym układem lub planem, ustaloną formą produktu, intencją lub celem, planem mentalnym, schematem ataku lub podejścia (Allen Ed., 1985, s. 197). Projektanci używają rysunków i ilustracji do przekazania informacji w rzeczowej, jednoznacznej i geometrycznej formie, którą można zrozumieć w dowolnym miejscu na świecie (Neufert & Neufert, 2000, s. 7).

Postawy są stosunkowo trwałymi, psychologicznymi predyspozycjami ludzi do reagowania wobec lub przeciwko przedmiotowi, osobie, miejscu, idei lub symbolowi, składającymi się z trzech komponentów: ich wiedzy lub przekonań, ich uczuć lub ocen oraz ich skłonności do działania lub bierności (Alreck & Settle, 1995, s. 442); są reakcją emocjonalną wyrażającą stopień preferencji lub nie preferencji jednostki w danej sytuacji, zjawisku, przedmiocie, miejscu, podmiocie, procesie społecznym, itp. Postawy opierają się na podstawowych systemach wartości, przekonaniach lub wyuczonych predyspozycjach. Dużo wysiłku włożono w opracowanie narzędzi i procedur pomiaru postaw, opinii i poglądów. Psychologowie i socjologowie badają również postawy zarówno jako predyktory ludzkich zachowań, jak i jako substytuty, substytuty lub prokurenty do ich pomiaru (Mugenda i Mugenda, 2012, s. 24).

Postawy planistyczne i projektowe były częścią kryteriów, które posłużyły w badaniu do wyprowadzenia próby i projektowania klastrów na potrzeby gromadzenia danych. Założono, że te aspekty zabudowy miejskiej tworzące zmienne i substytuty mają wpływ na zależną od nich zmianę mikrotemperatury i oparto je na przeglądzie odnośnej literatury. Postawy planistyczne i projektowe zostały pogrupowane jako typy budynków, wielkość działki, orientacja, bliskość drogi i klasyfikacja budynków.

Typy budynków składały się głównie z Maisonettes (rysunek 8.8) lub Villas (rysunek 8.9).

Rysunek 8.8: Pokazuje rząd Maisonette.

Źródło: Badanie terenowe (2015).

Orientacja działek była głównie orientacją północ-południe (N-S), wschód-zachód (E-W). Bliskość dróg wyznaczano głównie dla działek narożnych, które były zlokalizowane wewnętrznie, dużych działek, które znajdowały się w pobliżu głównej drogi oraz podstawowych działek. Klasyfikacja budynków została zdefiniowana głównie jako zmiana przeznaczenia działek pod zabudowę jednorodzinną, w zabudowie bliźniaczej i szeregowej.

## 8.4 TECHNIKA POBIERANIA PRÓBEK

Pobieranie próbek w klastrach jest techniką opartą na analizie prawdopodobieństwa stosowaną w przypadku, gdy w populacji docelowej widoczne są grupy naturalne. Całkowita populacja jest podzielona na naturalnie występujące grupy lub skupiska, a jako próbę wybierana jest dowolna liczba grup. Mimo, że elementy w każdym skupisku powinny być możliwie jak najbardziej niejednorodne, to jednak powinna istnieć jednorodność wśród środków klastra. Każdy klaster jest traktowany jako mała wersja populacji docelowej.

Klastry te powinny się wzajemnie wykluczać i być łącznie wyczerpujące. Następnie należy zastosować technikę losowego doboru próby w celu wybrania klastrów, które mają zostać włączone do badania. W jednoetapowym próbkowaniu klastrów, dane zbierane są ze wszystkich jednostek w każdym z wybranych klastrów. Alternatywnie, dane mogą być uzyskane z próby losowo wybranej z każdego z wybranych klastrów (Mugenda & Mugenda, 2012, s. 50).

Rysunek 8.9: Pokazuje rząd willi.

Źródło: Badanie terenowe (2015).

Klaster definiuje się jako jedną grupę osób lub jednostek pobierających próbki, które pod pewnymi względami znajdują się blisko siebie w ramach próby, np. w obrębie danego obszaru (Alreck & Settle, 1995, s. 443).

Na podstawie tych definicji w badaniu gromadzono dane, pozwalając badaczowi na grupowanie danych według określonych cech lub klastrów. Pobieranie próbek klastrów przeprowadzono dla działek i przestrzeni otwartych, które posłużyły jako jednostki analityczne dla potrzeb badania.

Projektowanie klastra opierało się głównie na atrybutach działki, planowaniu i podejściu projektowym. Połączenie podejścia planistycznego i projektowego opartego na zmiennej orientacji budynku (X1) i zmiennej typu budynku (X4) dało początek klastrowi 2 (podstawowa orientacja willi N-S), klastrowi 3 (podstawowa orientacja willi E-W), klastrowi 4 (podstawowa orientacja willi N-S) i klastrowi 5 (podstawowa orientacja willi E-W).

Kolejne połączenie podejścia planistycznego i projektowego opartego na zmiennej wielkości działki budowlanej (X5) i zmiennej bliskości drogi budowlanej (X3) dało początek Klastrowi 6 (działka narożna położona wewnętrznie) i Klastrowi 7 (duża działka przy drodze głównej). Klastry te zostały zaprojektowane w oparciu o atrybut krawędzi działki.

Pojedyncze postawy planistyczne i projektowe, takie jak zmienna klasyfikacji budynków (X2), dały początek grupie 8 (Przekształcona działka) i grupie 10 (Zmiana działki użytkownika). Klastry te zostały zaprojektowane w oparciu o atrybuty powierzchni punktów orientacyjnych.

Otwarte przestrzenie były na ogół pogrupowane jako otwarte tereny, drogi i ścieżki, a projekt klastra uwzględniał węzły i ścieżki atrybutów działki. W badaniu klastrami przestrzeni otwartych były: Klaster 1 (Open Ground), Klaster 11 (Droga: Obieg pojazdów) oraz Klaster 12 (Ścieżki: Obieg pieszy) na podstawie podejścia projektowego i planistycznego bliskości dróg.

Bezpośrednią próbą były również postawy planistyczne i projektowe, w tym klasyfikacja budynków w oparciu o klasyfikację budynków mieszkalnych (zmiana działek użytkowych, działka pod dom jednorodzinny, działka pod zabudowę bliźniaczą i działka pod dom szeregowy) oraz z atrybutem działki dzielnic. W tabeli 8.1 przedstawiono zestawienie tabelaryczne doboru próby zbiorczej (działek), opis i wyjaśnienie.

Tabela 8.1: Pokazanie tabelarycznego doboru próby zbiorczej (powierzchnie), opis i wyjaśnienie. Źródło: Opracowanie na podstawie metod badawczych (2010).

| Klaster nr: | Opis: | Wyjaśnienie: |
|---|---|---|
| 1 | Open Ground | Głównie 10% całkowitej powierzchni jest zazwyczaj przeznaczane na obiekty użyteczności publicznej, usługi społeczne i usługi. |
| 2 | Basic Maisonette on N-S Orientation | Podstawowa jednostka miary w orientacji "pożądanej". |
| 3 | Basic Maisonette on E-W Orientation | Jednostka podstawowa w orientacji "niepożądanej". |
| 4 | Willa podstawowa na N-S Orientacja | Mniejsza jednostka w orientacji "pożądane". |
| 5 | Willa podstawowa na E-W Orientacja | Mniejsza jednostka w orientacji "niepożądanej". |
| 6 | Działka narożnikowa Znajduje się wewnętrznie | Większa jednostka z atrybutami nominalnymi. |
| 7 | Duża działka w pobliżu głównej drogi | Większa jednostka z zewnętrznymi atrybutami. |
| 8 | Przekształcona działka | Urządzenie zmodyfikowane w celu dostosowania do potrzeb użytkownika. |
| 10 | Zmiana działki użytkownika | Urządzenie zmodyfikowane w celu dostosowania do zmiany funkcji przez użytkownika. |
| 11 | Droga: Cyrkulacja pojazdu | Przede wszystkim: 10% całkowitej powierzchni jest zazwyczaj przeznaczane |

| | | na obiekty użyteczności publicznej, socjalne i usługi. Opis: Obieg pojazdów. |
|---|---|---|
| 12 | Ścieżki: Cyrkulacja pieszych | Przede wszystkim: 10% całkowitej powierzchni jest zazwyczaj przeznaczane na obiekty użyteczności publicznej, socjalne i usługi. Opis: Ruch pieszy. |

Rysunek 8.10 przedstawia pobieranie próbek klastrów. Kodowanie kolorystyczne i wykorzystanie znormalizowanej grafiki klastrów w sposób wizualny i logistyczny pomogło w przeprowadzaniu procedury próbkowania.

## 8.5 PROJEKT DOZOWANIA I POBIERANIE PRÓBEK ZBIORCZYCH

W ramach badania dysponowano pięcioma rejestratorami danych do celów pomiaru temperatury powietrza. Dla każdego klastra budowlanego wykorzystano dwa rejestratory danych, a dla klastra open space jeden. Taki układ zbierania danych dla potrzeb badania został określony jako *Partia.*

Przyjęte w badaniu próbkowanie klastrów polegało na tym, że każda partia obejmowała dwa klastry budowlane i jeden klaster typu open space, na podstawie projektu partii i zestawionych w tabeli w Dzienniku Urzędowym (tabela 3.34), przed rozpoczęciem zbierania danych.

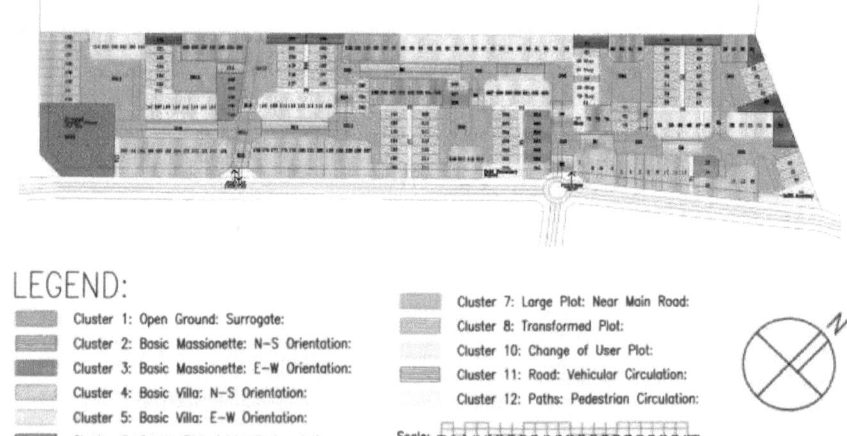


Rysunek 8.10: Pobieranie próbek z klastrów.

Źródło: Badanie terenowe (2015).

Filozofia szarżowania została zaprojektowana w taki sposób, że klastry w każdej partii były mierzone na podstawie atrybutów działki, postawy planistycznej i projektowej tak, aby zrealizować cele badawcze badania. Przykładem zastosowania tej filozofii była partia 1, gdzie klaster 4 (willa podstawowa N-S Orientacja) i klaster 5 (willa podstawowa E-W Orientacja) składały się z tego samego typu budynku (willa podstawowa), ale miały różne orientacje, gdzie orientacją była zmienność formy zabudowy miejskiej mierzona.

Inna partia mogła mieć taką samą orientację, ale z różnymi typami budynków. Na przykład partia 7, gdzie typy budynków (Basic Villa i Basic Maisonette) były miejskie zbudowane z substytutów mierzonych.

Spośród pięciu rejestratorów danych, cztery były przeznaczone dla klastrów budowlanych, a jeden dla klastrów typu open space. Spośród dwóch rejestratorów dla klastra budowlanego 1, jeden został umieszczony wewnątrz w celu uchwycenia wewnętrznej temperatury powietrza ($T1_{Int}$), a drugi na zewnątrz w celu uchwycenia zewnętrznej temperatury powietrza ($T2_{Ext}$). Podobnie w przypadku klastra budowlanego nr 2, jeden z nich został umieszczony wewnątrz w celu uchwycenia temperatury powietrza wewnętrznego ($T3_{Int}$), a drugi na zewnątrz w celu uchwycenia temperatury powietrza zewnętrznego ($T4_{Ext}$). Piąty rejestrator danych obsługiwał klaster open space i rejestrował temperaturę powietrza na zewnątrz (TO). Układ ten był trafny, przetestowany i zilustrowany w badaniu pilotażowym.

## ROZDZIAŁ DZIEWIĄTY: WIARYGODNOŚĆ I ZASADNOŚĆ BADAŃ

W rozdziale szóstym, siódmym i ósmym omówiono różne metody gromadzenia danych. Zauważono, że jakość badań naukowych zależy w dużym stopniu od dokładności procedur gromadzenia danych. Oznacza to, że instrumenty lub narzędzia stosowane do zbierania danych muszą dawać taki rodzaj danych, jakiego badacz może użyć, aby dokładnie odpowiedzieć na pytania badawcze badania, a narzędzia stosowane w postaci listy kontrolnej obserwacji lub testu standardowego, uzyskane w ten sposób dane muszą być adekwatne do hipotezy badawczej. W badaniu badacz starał się zmaksymalizować wiarygodność i aktualność zebranych danych. Aby dane były wiarygodne i ważne, techniki zbierania danych muszą dawać informacje, które są nie tylko istotne dla hipotezy badawczej, ale również poprawne. Wiarygodność i aktualność są miarami tej "istotności" i "poprawności" (Mugenda & Mugenda, 2003, str. 95).

Rozdział dziewiąty koncentruje się na niezawodności, ważności i źródłach zanieczyszczeń w procesie badawczym i jest nowym rozdziałem wprowadzonym po tekście oryginalnym (Ebrahim, 2017). Rozdział ten zawiera szczegółowe informacje na temat niezawodności, ważności, ważności wewnętrznej i zewnętrznej, zagrożeń dla ważności wewnętrznej, zagrożeń dla ważności zewnętrznej oraz wspólnych skutków związanych z procesem badawczym.

### 9.1 NIEZAWODNOŚĆ

Wiarygodność to stopień, w jakim wyniki badania są wolne od błędów losowych, w przeciwieństwie do systematycznego błędu systematycznego, często wyrażanego w postaci przedziałów ufności lub poziomów ufności (Alreck & Settle, 1995, s. 453); oraz to spójność i wiarygodność gromadzenia danych poprzez wielokrotne stosowanie instrumentu naukowego lub procedury gromadzenia danych w tych samych warunkach. Uważa się, że dane są wiarygodne do celów podejmowania decyzji, gdy metoda gromadzenia danych i przyrządy stosowane do gromadzenia tych danych dają podobne wyniki, gdy są stosowane wielokrotnie w czasie. Jest to zatem funkcja wewnętrznych właściwości przyrządu i zazwyczaj zwiększa się wraz ze spadkiem błędu losowego. Absolutna wiarygodność danych badawczych jest trudna do uzyskania. Jednak dobrze skonstruowane narzędzia i szkolenie ewaluatorów zwiększają wiarygodność danych (Mugenda & Mugenda, 2012, s. 275).

Sekcja dotycząca wiarygodności zawiera szczegółowe informacje na temat techniki badania; techniki równoważnej formy; techniki rozdzielenia na pół; wzoru proroctwa Spearmana-Brązowego; techniki spójności wewnętrznej; skali Likerta; ukrytych zmiennych; współczynnika Cronbacha alfa; jednowymiarowego oraz wzoru Kunder-Richardsona.

### 9.2 TECHNIKA BETONU TESTOWEGO

Wiarygodność test-retest jest techniką oceny wiarygodności i polega na dwukrotnym podaniu tego samego instrumentu tej samej grupie osób. Zazwyczaj między pierwszym a drugim okresem testowym występuje pewien odstęp czasu. Technika ta jest również nazywana techniką pre-test-posttest, ponieważ ten sam instrument jest podawany dwa razy do tej samej grupy. Wiarygodność jest określana przez korelację pomiędzy wynikami uzyskanymi w teście wstępnym i końcowym. Wiarygodność testu-retestu jest pożądana w pomiarach konstrukcji, które nie powinny zmieniać się w czasie (Mugenda & Mugenda, 2012, s. 329 - 330).

## 9.3 TECHNIKA RÓWNOWAŻNEJ FORMY

Wiarygodność równoważnej formy jest techniką szacowania wiarygodności badań, która polega na podawaniu dwóch równoważnych instrumentów lub testów tej samej grupie uczestników w różnym czasie. Takie badania nazywane są badaniami równoległymi, ponieważ są one alternatywnymi formami tego samego badania. Współczynnik korelacji jest obliczany pomiędzy punktami uzyskanymi przez uczestników tych dwóch badań. Współczynnik korelacji jest miarą wiarygodności równoważnych form (Mugenda & Mugenda, 2012, s. 107).

## 9.4 TECHNIKA SPLIT-HALF

Split-half reliability jest techniką szacowania wiarygodności i polega na przeprowadzaniu dwóch podobnych testów jednocześnie w grupie uczestników. Testy te powinny w rzeczywistości być dwiema "połówkami" tego samego testu. Dane uzyskane z dwóch połówek tego samego badania na tej samej próbie uczestników są skorelowane w celu oszacowania wiarygodności. Im wyższy uzyskany współczynnik korelacji, tym bardziej podobne formy i tym większa wiarygodność. Ponieważ procedura "dzielenia na pół" opiera się na korelacji między punktami uzyskanymi z połowy testu, konieczna jest korekta w celu określenia wiarygodności całego testu. Do wykonania korekty stosuje się wzór proroctwa Spearmana-Brązowego (Mugenda & Mugenda, 2012, s. 309).

## 9.5 WZÓR PROROCTWA SPEARMAN-BRĄZOWY

Wzór na przepowiednię Spearmana-Brązowego jest używany do przewidywania wiarygodności całego badania, gdy istniejąca szacunkowa wiarygodność opiera się na dwóch połówkach (split half) pełnego badania. Dzieje się tak, gdy czas, zasoby i inne dostępne czynniki pozwalają badaczowi na podanie tylko dwóch połówek z nich dwukrotnie tej samej próbie uczestników. Wzór przepowiedni Spearmana-Brązowego sprawia, że korekta jest taka, że przewidywana wiarygodność całego testu ($\rho\dot{x}y$) jest:

$_{\rho\dot{x}y} = N\rho xy/1 + (N - 1)\rho xy$ (wzór 9.1)

Gdzie: $_{\rho\dot{x}y}$ to przewidywany współczynnik niezawodności dla całego badania; $\rho xy$ to niezawodność podzielona na połowę aktualnego badania; a N to liczba równoważnych form.

Na przykład, gdyby N = 2, n $_{\rho\dot{x}y}$ stanowiłoby szacunkową wiarygodność testu o dwukrotnie większej liczbie pozycji o podobnych właściwościach niż w obecnym teście (Mugenda & Mugenda, 2012, s. 307 - 308).

## 9.6 TECHNIKA SPÓJNOŚCI WEWNĘTRZNEJ

Spójność wewnętrzna to stopień, w jakim wszystkie elementy narzędzia lub testu mierzą konkretną ukrytą zmienną w oparciu o wzajemne powiązania między elementami narzędzia. Jest to miara wiarygodności danych i wskazuje na podobieństwo odpowiedzi uzyskanych z pozycji, które mierzą tę samą ogólną konstrukcję. Na przykład, jeśli respondent zdecydowanie zgadza się z tymi stwierdzeniami: "więcej kobiet powinno być mianowanych na stanowiska kierownicze" oraz "kobiety powinny być zachęcane do treningu we wszystkich karierach zawodowych", ale zdecydowanie nie zgadza się ze stwierdzeniem "kobiety powinny spędzać więcej czasu z dziećmi w domu", świadczy to o dobrej spójności wewnętrznej testu mierzącego "upodmiotowienie kobiet". Technika ta jest powszechnie stosowana w przypadku przedmiotów, które są punktowane przy użyciu skali Likerta (Mugenda & Mugenda, 2012, s. 158 - 159).

## 9.7 PODOBNA SKALA

Skala Likerta jest rodzajem skali, w której respondenci otrzymują serię wypowiedzi, a nie pytań, i są proszeni o wskazanie stopnia, w jakim się zgadzają lub nie zgadzają, zazwyczaj na pięciopunktowej skali (Alreck & Settle, 1995, s. 448).); technika opracowana przez Rensisa Likerta i obecnie szeroko stosowana w pomiarze takich pojęć jak postawy, percepcja, zadowolenie z produktów itp. w skali Likerta, respondentom przedstawianych jest szereg pozycji, zarówno pozytywnych jak i negatywnych, które, jak się okazuje, najbardziej wyraźnie różnicują skrajne poglądy na temat badanego przedmiotu. Na przykład, w badaniu rynku nowego typu napoju bezalkoholowego, konsumenci są proszeni o wyrażenie swoich poglądów na temat napoju w odniesieniu do: koloru, opakowania, ceny, smaku, zapachu, itp. Są oni proszeni o ocenę każdej pozycji na pięciostopniowej skali (1 = bardzo niezadowolony, 2 = niezadowolony, 3 = neutralny, 4 = zadowolony, 5 = bardzo zadowolony). Oceny te są agregowane w celu utworzenia "podsumowania ocen" lub "wyniku badania"; mogą też być powiązane ze sobą i analizowane pod względem czynników, tworząc liczbową, jednowymiarową skalę. Ściśle rzecz biorąc, termin skala Likerta odnosi się do zsumowanego wyniku, podczas gdy element Likerta odnosi się do indywidualnego stwierdzenia lub elementu (Mugenda & Mugenda, 2012, s. 178).

## 9.8 UKRYTE ZMIENNE

Utajone zmienne są podstawową cechą lub atrybutem, który nie może być bezpośrednio obserwowany i mierzony, ale jego stopień istnienia można wywnioskować na podstawie właściwości innych obserwowalnych zachowań lub wskaźników. Na przykład motywację uczniów jako cechę można wywnioskować na podstawie następujących wskaźników: czas poświęcony na wykonanie zadania; pasja intelektualna; podejmowanie wyzwań; samodzielne uczenie się; ciągłe zastanawianie się i zadawanie pytań; oraz spontaniczne rozszerzanie wiedzy poza środowisko szkolne. Wiele konstrukcji, które są interesujące dla badaczy społecznych, psychologów i pedagogów, nie może być bezpośrednio obserwowanych lub mierzonych; można je oszacować tylko pośrednio za pomocą obserwowalnych wskaźników. Przykłady obejmują: postawy i postrzeganie, lęk, intencje behawioralne, przestępczość dzieci, kompleks niższości, strach, pewność siebie, przywództwo itp. Opracowano różne rodzaje technik skalowania w celu uzyskania informacji o nieobserwowalnych konstrukcjach interesujących za pomocą wskaźników (Mugenda & Mugenda, 2012, s. 173).

## 9.9 ALPHA WSPÓŁCZYNNIK KRONBACHA ($\alpha$)

Cronbach Alpha jest najczęściej stosowaną techniką szacowania wewnętrznej spójności zestawu przedmiotów, które mierzą daną konstrukcję. Alfa Cronbacha jest obliczana jako współczynnik mieszczący się w przedziale od 0 do 1. Oblicza się go jako:

$\alpha$ = Nr/(1 + r(N - 1) (wzór 9.2)

Gdzie: r to średnia korelacja między pozycjami, a N to liczba pozycji w narzędziu. Dla pozycji punktowanych dychotomicznie (tak/nie lub prawy/błędny), *KR21* (Kunder Richardson) jest właściwą statystyczną procedurą obliczania współczynnika wewnętrznej spójności zestawu pozycji w narzędziu (Mugenda & Mugenda, 2012, s. 76).

## 9.10 JEDNOWYMIAROWOŚĆ

*Jednowymiarowość* to założenie, że wybrane wskaźniki lub elementy mierzą ten sam konstrukt lub tę samą charakterystykę. Na przykład, badacz może sformułować dziesięć elementów do pomiaru motywacji wśród pracodawców. Jednowymiarowość tych elementów jako grupy może być testowana przy użyciu Alpha Cronbacha lub współczynnika spójności. Aby spełnić założenie jednowymiarowości, obliczona wartość alfa Cronbacha powinna być większa niż 0,7. Analizę czynnikową stosuje się również przy wartości granicznej obciążenia czynnikowego większej niż 0,3 (Mugenda & Mugenda, 2012, s. 339 - 340).

## 9.11 FORMUŁA KUNDER-RICHARDSON (*KR20*)

Wzór Kunder-Richardsona (KR20) jest wskaźnikiem statystycznym, który mierzy ogólną wewnętrzną spójność wiarygodności zestawu dychotomicznie wyliczonych pozycji. Oznacza to, że pozycje te mają prawidłową/nieprawidłową lub tak/nie mają odpowiedzi. Jest on analogiczny do Alpha Cronbacha, który jest powszechnie stosowany do oceny wewnętrznej spójności lub wiarygodności wag Likerta. Waga *KR20* ma normalny zakres od zera do 1,00 z wyższymi numerami wskazującymi na większą wewnętrzną spójność pozycji. Wynik bliski 1,0 oznacza, że większość elementów zawartych w narzędziu lub teście definiuje jedną wspólną konstrukcję. *KR20 daje* tylko ogólny wynik i nie daje żadnych informacji o poszczególnych elementach. Jest on również wrażliwy na długość narzędzia, przy czym dłuższe narzędzia dają zawyżoną wartość (Mugenda & Mugenda, 2012, s. 172).

## 9.12 WAŻNOŚĆ

Ważność to stopień, w jakim dane lub wyniki badania są wolne od systematycznego błędu systematycznego i losowego (Alreck & Settle, 1995, s. 457); jest to stopień, w jakim dane zebrane w badaniu dokładnie odzwierciedlają mierzoną zmienną. Na podstawie danych można zatem wyciągnąć wnioski dotyczące dokładności, prawdziwości i znaczenia danych oraz wszystkich wniosków. Jeżeli dane są prawdziwym odzwierciedleniem atrybutu mierzonego wśród grupy osób na podstawie takich danych, będą one dokładne i znaczące. Na poprawność danych ma wpływ obecność lub brak błędów systematycznych w danych. Błąd systematyczny, zwany również błędem nielosowym, może stale zwiększać lub zmniejszać mierzone cechy, ponieważ narzędzie i procedury pomiaru są wadliwe. Taki efekt zwiększenia prowadzi do nadmiernego lub niedostatecznego pomiaru cech charakterystycznych atrybutu i zmniejsza ważność danych. Istnieją różne rodzaje ważności, które odnoszą się do różnych projektów i wyników badań. Mogą one obejmować:

równoczesną ważność, ważność zawartości, ważność związaną z kryteriami, ważność predykcyjną itp. (Mugenda & Mugenda, 2012, s. 343).

## WALIDACJA BŁĘDÓW SYSTEMATYCZNYCH I LOSOWYCH

Walidacja jest terminem powszechnie, ale nieprawidłowo używanym przez badaczy badań i agencje gromadzenia danych w celu wskazania "weryfikacji" odpowiedzi (Alreck & Settle, 1995, s. 457).

Systematyczny to związek lub efekt, który nie jest przypadkowy, ale raczej taki, który jest spójny lub w danym "kierunku", podczas gdy systematyczny uprzedzenie jest terminem nadmiarowym, ponieważ uprzedzenie jest zdefiniowane jako efekt systematyczny, ale powszechnie używany do podkreślenia nielosowej natury uprzedzenia lub do odróżnienia uprzedzenia od błędu losowego (Alreck & Settle, 1995, s. 456).

Błąd losowy jest wynikiem zewnętrznych czynników, takich jak błąd próby, wpływających na wyniki badania bez systematycznego wzorca, tak że odpowiedzi nie są konsekwentnie popychane lub ciągnięte w jednym konkretnym kierunku (Alreck & Settle, 1995, s. 453).

W części dotyczącej ważności podano szczegóły dotyczące ważności konstrukcji, ważności treści, ważności związanej z kryterium, ważności równoczesnej, ważności predykcyjnej, ważności populacji, ważności nominalnej, ważności wynikowej, ważności ekologicznej i ważności teoretycznej.

## 9.13 WAŻNOŚĆ KONSTRUKCJI

Ważność konstrukcji to stopień, w jakim wnioski mogą być sporządzone w sposób dokładny i zgodny z prawem z danych uzyskanych na podstawie konstrukcji teoretycznej. Na przykład, jeśli student zaliczy "A" w teście pisemnym w klasie fortepianu, to powinien umieć bardzo dobrze grać na fortepianie. Ważność konstrukcji ocenia zatem, w jakim stopniu dane są zgodne z hipotezami teoretycznymi dotyczącymi koncepcji lub konstrukcji przedmiotu zainteresowania. Oszacowanie ważności konstruktu wymaga od badacza ustalenia hipotez teoretycznie uzyskanych w odniesieniu do danego pojęcia. Na przykład, jeśli koncepcja zainteresowania jest motywacją, badacz musi wyprowadzić hipotezy dotyczące oczekiwanych zachowań osób o wysokiej motywacji. Następnie badacz opracowuje narzędzie składające się z elementów, które reprezentują postawione hipotezy zachowania. Dane są zbierane na podstawie próbki osób korzystających z tego narzędzia. Stopień, w jakim dane te są zgodne z hipotetycznymi zachowaniami, określany jest za pomocą procedur statystycznych. Drugim etapem jest wykazanie istnienia teoretycznych zależności pomiędzy konstrukcją zainteresowania a innymi ściśle powiązanymi konstrukcjami. Na przykład, jeśli konstrukcją zainteresowania jest motywacja, badania muszą wykazać, że jest ona w wysokim stopniu skorelowana z miarami np. samonapędu, zainteresowania, entuzjazmu itp. W tym przypadku dane są uzyskiwane jednocześnie z tej samej próby przy użyciu narzędzi mierzących te powiązane konstrukty (Mugenda & Mugenda, 2012, s. 62-63).

## 9.14 WAŻNOŚĆ TREŚCI

Ważność treści jest miarą stopnia, w jakim dane zebrane za pomocą danego narzędzia reprezentują konkretną dziedzinę wskaźników lub treści danej koncepcji. Na przykład treść testu arytmetycznego dla uczniów trzeciej klasy powinna zawierać rozsądną liczbę pozycji dotyczących mnożenia, dzielenia, odejmowania, dodawania itd., zgodnie z programem nauczania matematyki dla tego poziomu. Aby uzyskać ważne merytorycznie miary konstrukcji lub zmiennej, badacz musi określić dziedzinę treści, która jest istotna dla danego konstruktu, losowo dobrać wystarczającą liczbę elementów na treści, a następnie umieścić elementy w formie, która może być podana odpowiedniej populacji. Kiedy narzędzie zawiera wystarczająco dużo losowo wybranych elementów z dziedziny wskaźników, wtedy mówi się, że ma również ważność próbkowania. Jednym z głównych problemów związanych z walidacją treści jest brak standardowych kryteriów pozwalających określić, kiedy w danej chwili pobrano wystarczającą liczbę elementów (Mugenda & Mugenda, 2012, s. 64).

## 9.15 WAŻNOŚĆ KRYTERIÓW

Ważność związana z kryterium jest procedurą szacowania ważności poprzez powiązanie danych uzyskanych z narzędzia z odpowiednim kryterium. Na przykład, można dokonać walidacji partytur Uczniów na teście muzycznym, oceniając ich umiejętności w komponowaniu muzyki i praktycznej grze na danym instrumencie muzycznym. Wyniki uczniów zarówno w teście, jak i w praktyce, są następnie korygowane w celu uzyskania współczynnika ważności. Jednym z problemów z ważnością kryterium jest to, że dla wielu zastosowań badawczych w edukacji i naukach społecznych bardzo trudno jest ustalić, jakie kryterium powinno być dla danego działania. Na przykład, nie ma powszechnie akceptowanego kryterium dla takich zmiennych jak samoocena. Dwa rodzaje ważności związanej z kryteriami, powszechnie stosowane w badaniach, to ważność predykcyjna i ważność równoległa. Ważność predykcyjna odnosi się do stopnia, w jakim dane uzyskane za pomocą określonego narzędzia przewidują wyniki uczestnika na podstawie danego kryterium w przyszłości. Równoczesna ważność odnosi się do stopnia, w jakim dane są w stanie przewidzieć bieżące wyniki uczestnika na danym kryterium (Mugenda & Mugenda, 2012, s. 73 - 74).

## 9.16 RÓWNOCZESNA WAŻNOŚĆ

Równoczesna ważność jest jedną z dwóch technik ustalania ważności związanej z kryterium poprzez powiązanie bieżących wyników testu uczestnika z jego bieżącą wydajnością w odniesieniu do danego kryterium. Drugą techniką jest predykcyjna ważność, która odnosi bieżące wyniki testu uczestnika do jego bieżących wyników w zakresie przyszłego kryterium. Równoczesna ważność ma zastosowanie do badań walidacyjnych, w których narzędzie jest stosowane mniej więcej w tym samym czasie, w którym odpowiednie kryterium jest oceniane przy zastosowaniu innej procedury. Na przykład, test może być przeprowadzony dla grupy pracowników, a ich wyniki skorelowane z aktualnymi ocenami wystawionymi przez ich przełożonych. Wynikająca z tego korelacja jest współczynnikiem ważności równoległej (Mugenda & Mugenda, 2012, s. 59).

## 9.17 WAŻNOŚĆ PREDYKCYJNA

Ważność predykcyjna jest jedną z dwóch technik ustalania ważności związanej z danym kryterium i obejmuje, na przykład, odnoszenie bieżących wyników testu uczestnika do jego przyszłych wyników w zakresie danego kryterium. Druga możliwość to jednoczesna ważność, która odnosi bieżące dane do bieżących wyników uczestnika w odniesieniu do danego kryterium. Ważność predykcyjna odnosi się do badań walidacyjnych, w których dane otrzymywane są od uczestnika w określonym momencie i później skorelowane z wynikami uczestnika w zakresie danego kryterium w określonym momencie w przyszłości. Na przykład test może zostać przeprowadzony wśród osób wybranych do pracy, a ich wyniki skorelowane z ocenami wyników pracowników w danym miejscu pracy sześć miesięcy później. Wynikającą z tego korelacją byłby współczynnik ważności predykcyjnej (Mugenda & Mugenda, 2012, s. 250).

## 9.18 WAŻNOŚĆ POPULACJI

Ważność populacji jest stopniem podobieństwa cech istotnych dla wybranej próby, dostępnej populacji i populacji docelowej. W przypadku gdy próba, dostępna populacja i populacja docelowa są podobne pod względem cech charakterystycznych, ważność populacji istnieje, a zatem z ufnością można dokonać uogólnienia wyników badań z próby na populację docelową. Jednakże w przypadku gdy ważność populacji nie istnieje, uogólnienia ograniczają się tylko do próby. Ma to często miejsce w przypadku nieobiektywnego doboru próby, gdy zarówno dostępna, jak i docelowa populacja są słabo zdefiniowane (Mugenda i Mugenda, 2012, s. 245).

## 9.19 WAŻNOŚĆ TWARZOWA

Ważność twarzy to stopień, w jakim narzędzie badawcze, instrument lub test jest oceniany jako istotny dla uzyskania dokładnych i znaczących danych na temat interesujących nas zmiennych. Kluczowe pytania związane z wiarygodnością twarzy to: czy test lub narzędzie wydaje się być rozsądnym sposobem na zebranie dokładnych informacji, którymi zainteresowany jest badacz? Czy procedury są dobrze opracowane i wiarygodne? Na przykład, test, który ma ocenić standardową trójkę uczniów pod względem ich zdolności matematycznych, byłby oceniany jako mało wiarygodny, jeśli użyty język jest zbyt trudny do zrozumienia przez uczniów pytań lub elementów. Argumentowano, że ocena ważności narzędzia nie musi być dokonywana przez ekspertów. Sędziowie muszą jedynie znać charakterystykę przedmiotów w odniesieniu do informacji, które mają być zebrane przy użyciu tego instrumentu (Mugenda & Mugenda, 2012, s. 120-121).

## 9.20 WAŻNOŚĆ NASTĘPCZA

Konsekwentna ważność koncepcji wynika z implikacji odnotowanych w USA w odniesieniu do konsekwencji stosowania wyników testów przy podejmowaniu błędnych decyzji dotyczących studentów. Tak więc konsekwentna ważność jest tym rodzajem dowodu ważności, który odnosi się do zamierzonych i niezamierzonych konsekwencji interpretacji i stosowania wyników testu, szczególnie w odniesieniu do studentów. Argumentem jest to, że niepożądane konsekwencje społeczne nigdy nie powinny być związane z jakimikolwiek aspektami testu, w szczególności z jego nieprawidłowością. Egzaminy krajowe cieszą się złą sławą ze względu na brak ich konsekwentnej ważności, ponieważ są błędnie interpretowane jako miernik uczenia się, podczas gdy ich głównym celem jest porównanie uczniów i wybranie kilku uczniów do szkoły średniej lub uniwersytetu (Mugenda & Mugenda, 2012, s. 61-62).

### 9.21 WAŻNOŚĆ EKOLOGICZNA

Ważność ekologiczna to stopień, w jakim warunki doświadczalne i procedury w badaniach przypominają warunki "rzeczywiste". Ważność ekologiczna jest ściśle powiązana z ważnością zewnętrzną, która odnosi się do stopnia, w jakim wyniki badań mogą być uogólnione z próby na populację; ale nacisk kładzie się na środowisko lub otoczenie. Na przykład, eksperymenty prowadzone w warunkach laboratoryjnych, gdzie środowisko jest sztucznie kontrolowane i ograniczane, mogą nie być szeroko uogólniane w świecie rzeczywistym, gdzie warunki są zupełnie inne. Wnioski oparte na uzasadnionych ekologicznie badaniach mogą prowadzić do wyższego stopnia uogólnienia. Niektórzy badacze twierdzą jednak, że może to nie zawsze mieć miejsce, ponieważ niektóre wyniki badań przeprowadzonych w wysoce kontrolowanych warunkach zostały również szeroko uogólnione w świecie rzeczywistym. Dlatego też badanie, które niekoniecznie musi mieć znaczenie ekologiczne, może nadal mieć znaczenie zewnętrzne (Mugenda & Mugenda, 2012, s. 97).

### 9.22 WAŻNOŚĆ TEORETYCZNA

Zasadność teoretyczna to stopień, w jakim teoria, która wynika z interpretacji wyników badań, jest wykonalna i wystarczająca; wiarygodna i wiarygodna; oraz praktyczna i rozsądna. Ważność ma związek z dokładnością interpretacji wyników badań. Jeżeli jednak interpretacje te są niedokładne i pozbawione znaczenia, wówczas teoria wyprowadzona na podstawie takich wyników sama w sobie jest pozbawiona znaczenia i nie ma żadnej ważności. Ważność teoretyczna dotyczy więc nie tylko ważności pojęć, ale także ich postulowanych relacji do siebie nawzajem, a co za tym idzie ich "dobroci dopasowania" jako wyjaśnienia interpretacji wyników przez badacza. Rozwój teoretyczny obejmuje zazwyczaj analizę, krytykę, myślenie lateralne lub syntezę. Rzadko jest to prosta dedukcja z przesłanek, ale musi być oparta na dokładnych interpretacjach wyników badań. Podobnie, solidny argument zasadności łączy różne wątki materiału dowodowego w spójne zestawienie stopnia, w jakim istniejące dowody i teoria potwierdzają zamierzoną interpretację i znaczenie wyników badań, wyników testów lub innych wyników badań. Oceniając poprawność teoretyczną, badacze muszą ocenić swoje własne refleksyjne postawy w odniesieniu do swoich epistemologicznych, ontologicznych i wielkich teoretycznych punktów widzenia (Patrz także: refleksyjność) (Mugenda & Mugenda, 2012, s. 331).

### REFLEXIVITY

Refleksyjność to świadomość badacza na temat wpływu, jaki może on mieć na informacje przekazywane przez respondentów. Mówiąc szerzej, uważa się, że refleksyjność ma miejsce wtedy, gdy obserwacje lub działania obserwatorów w systemie społecznym wpływają na same obserwowane przez nich sytuacje. Koncepcja ta ma szczególne znaczenie w badaniach jakościowych, w których przekonania polityczne, społeczne i etyczne badaczy zmieniają same realia społeczne, które mają oni obserwować. Refleksyjność wymaga, aby badacze odłożyli na bok własne opinie i sposób życia w celu obiektywnego zrozumienia punktów widzenia respondentów (patrz również analiza tematyczna) (Mugenda & Mugenda, 2012, s. 274).

**ANALIZA TEMATYCZNA**

Analiza tematyczna to technika analizy danych jakościowych, w której badacz identyfikuje istotne kategorie lub tematy w tekstach pisanych, rozmowach lub dyskusjach. Wiele powtarzających się tematów można abstrahować od tego, co powiedzieli respondenci, na przykład, mogą istnieć cztery kluczowe tematy dotyczące zniesienia kary śmierci w kraju: wpłynie to na poziom przestępczości, jest pogwałceniem praw człowieka, jest sprzeczne z kulturą i jest kwestią religijną. W części raportu poświęconej wynikom zestawiono wyabstrahowane tematy i poparto je przytaczając niektóre z głosów respondentów. Należy również uwzględnić krytykę własnych interpretacji autora (zob. także refleksyjność) (Mugenda & Mugenda, 2012, s. 330).

## 9.23 WAŻNOŚĆ WEWNĘTRZNA I ZEWNĘTRZNA

Ważność wewnętrzna jest indukcyjną oceną stopnia, w jakim wnioski dotyczące związków przyczynowo-skutkowych mogą być sformułowane dokładnie, prawdziwie i sensownie, w oparciu o zastosowane narzędzia, procedury oraz projekt i otoczenie badawcze. Głównym problemem jest to, czy zaobserwowane zmiany można przypisać interwencji, leczeniu lub niezależnym zmiennym, a nie innym czynnikom. W przypadku gdy badacz skutecznie kontrolował główne zmienne zewnętrzne, zmiany w zmiennej zależnej mogą być w uzasadniony sposób przypisane zmiennym niezależnym. W tym przypadku uważa się, że badanie ma dużą wewnętrzną ważność. Tak więc wewnętrzna ważność ma znaczenie jedynie w badaniach, w których próbuje się ustalić związek przyczynowo-skutkowy. Pojęcie to nie ma znaczenia dla badań obserwacyjnych i opisowych. Jednak w przypadku badań, które próbują ocenić wpływ programów społecznych lub interwencji, wewnętrzna ważność jest być może pierwszoplanową kwestią, ponieważ chciałoby się z pewnością stwierdzić, że interwencje miały pozytywny wpływ na grupę docelową (Mugenda & Mugenda, 2012, s. 159).

Ważność zewnętrzna to stopień, w jakim wyniki badań mogą być uogólnione z próby do populacji. Jeżeli badanie ma wysoki stopień ważności zewnętrznej, wówczas wyniki badania mogą być zastosowane do populacji, z której próba została losowo wybrana. Kluczem do osiągnięcia wysokiego stopnia ważności zewnętrznej w badaniach jest wykorzystanie dużych, reprezentatywnych prób. Ważność zewnętrzna jest ściśle związana z ważnością ekologiczną, która odnosi się do ustawień badawczych (patrz również ważność ekologiczna i wyraźny opis zmiennej) (Mugenda & Mugenda, 2012, s. 119).

## 9.24 ZAGROŻENIA DLA WEWNĘTRZNEJ WAŻNOŚCI

Zagrożenie jest źródłem stronniczości lub oporu wynikającego z faktu, że respondenci uważają, iż elementy lub tematy ankiety są zastraszające, takie jak pytania o kwestie finansowe lub instrukcje, pytania lub skale, które są mylące, sugerując, że respondent jest ignorancki lub niekompetentny (Alreck & Settle, 1995, s. 457).

Zagrożeniem dla wewnętrznej ważności są warunki, sytuacje lub czynniki, które utrudniają naukowcowi ustalenie, czy zaobserwowane wyniki badania są prawdziwe, czy też wynikają z niekontrolowanych czynników zewnętrznych. W związku z tym negatywnie wpływają one na stopień uogólnienia. Technicznie rzecz biorąc, zagrożenia dla wewnętrznej ważności mają znaczenie jedynie w badaniach eksperymentalnych, w których motywem jest tworzenie przypadkowych związków. W przypadku badań, które próbują ocenić wynik i wpływ leczenia naukowego; programistów i projektów społecznych; zagrożeń dla wewnętrznej ważności interwencji są głównym przedmiotem troski, ponieważ badacz chciałby z pewnością stwierdzić, że wdrażane przez niego terapie, programiści i projekty mają pozytywne wyniki i wpływ na grupy docelowe (Mugenda i Mugenda, 2012, s. 333 - 334).

Sekcja dotycząca zagrożeń dla wewnętrznej ważności zawiera szczegółowe informacje na temat historii; dojrzewania; badań wstępnych; oprzyrządowania; regresji statystycznej; ścierania; selekcji różnicowej; oraz interakcji selekcja-dojrzewanie.

## 9.25 HISTORIA (WAŻNOŚĆ)

Historia (ważność) to sytuacja, w której zdarzenia zachodzące w trakcie badania eksperymentalnego ostatecznie wpływają na badane przedmioty lub przedmioty. Niemożliwe staje się zatem ustalenie, czy obserwowana zmiana na zmiennej zależnej jest spowodowana zmienną niezależną, czy też zdarzeniem historycznym. Na przykład, badacz może chcieć określić różnicę między dwoma metodami terapii stosowanymi u pacjentów cierpiących na lęk. Badanie może rozciągać się na okres sześciu miesięcy. Możliwe jest, że w trakcie trwania badania niektórzy pacjenci angażują się w działania takie jak grupy wsparcia, zajęcia psychologiczne lub hobby, które pomagają im radzić sobie z lękiem. Trudno jest zatem ocenić prawdziwą różnicę między tymi dwiema metodami pomagania pacjentom w radzeniu sobie z lękiem, ponieważ niektóre przedmioty stają się lepsze z powodu czynników zewnętrznych w stosunku do badania. Historia jest powszechnym zagrożeniem dla wewnętrznej ważności badań eksperymentalnych, które trwają przez długi czas (Mugenda & Mugenda, 2012, s. 145).

## 9.26 DOJRZEWANIE

Dojrzewanie jest procesem, poprzez który podmioty zmieniają się w trakcie eksperymentu lub nawet pomiędzy pomiarami tylko z powodu upływu czasu, a nie z powodu leczenia. Dojrzewanie jest zagrożeniem dla wewnętrznej ważności badania, ponieważ to fizjologiczne lub psychologiczne procesy, które występują w okresie badania, powodują zaobserwowaną zmianę, a nie leczenie. Na przykład, badacz może chcieć ustalić, czy nowe podejście do nauczania poprawia umiejętność czytania u dzieci w niższych klasach szkoły podstawowej w porównaniu z dotychczasową metodą nauczania. Jednakże dzieci mogą nauczyć się czytać poprzez interakcje z innymi kolegami w podeszłym wieku, którzy już umieją czytać, lub mogą nabyć umiejętność czytania poprzez normalne procesy rozwojowe. Po zakończeniu badania badacz nie jest w stanie określić, na ile obserwowana różnica pomiędzy grupami eksperymentalnymi i kontrolnymi wynika z nowej metody nauczania, a na ile z faktu, że dzieci dojrzewały i ich umiejętność czytania w naturalny sposób poprawiła się w trakcie badania (Mugenda & Mugenda, 2012, s. 187 - 188).

## 9.27 BADANIA WSTĘPNE

Test wstępny to wstępna próba niektórych lub wszystkich aspektów projektu doboru próby, oprzyrządowania badania i metody zbierania danych, aby upewnić się, że nie ma żadnych nieprzewidzianych trudności lub problemów (Alreck & Settle, 1995, s. 452).

## PRZYRZĄD DO BADAŃ WSTĘPNYCH

Narzędzie do wstępnego testowania to proces wypróbowywania lub pilotowania narzędzi szkicowych w terenie przed rozpoczęciem rzeczywistego zbierania danych. Badacz wykorzystuje tę możliwość do obserwacji reakcji respondentów, takich jak długie przerwy, bazgroły, częste zmiany odpowiedzi, nuda, itp. Reakcje te mogą wskazywać na dezorientację co do poszczególnych elementów narzędzia. Odnotowuje się również czas potrzebny na zebranie danych od każdego respondenta. Po badaniu wstępnym badacz przeprowadza sesję podsumowującą, podczas której respondenci przedstawiają swoje poglądy i sugestie na temat każdej pozycji, instrukcji zawartych w narzędziu oraz procedur stosowanych przy zbieraniu danych. Następnie projekt narzędzia jest weryfikowany zgodnie z wynikami testu wstępnego (Mugenda & Mugenda, 2012, s. 251).

## BADANIA PILOTU

Badanie pilotażowe jest testem wstępnym wykonywanym przed głównym badaniem w celu określenia dokładności instrumentu badawczego (arkusz obserwacji, tabele i listy kontrolne) w uzyskaniu wymaganych danych. Testy pilotażowe pomagają również naukowcowi określić, czy proponowane procedury gromadzenia danych są odpowiednie, w tym czas potrzebny do ukończenia każdego narzędzia, środowisko badawcze itp. Dwuznaczność i wrażliwość pozycji i innych kwestii związanych z gromadzeniem danych są odnotowywane, a narzędzia i procedury poprawiane i udoskonalane przed głównym badaniem. Wielkość badania pilotażowego zależy od różnych czynników, ale na ogół badania mogą być przeprowadzane na większych próbach, podczas gdy wywiad pogłębiony wymaga kilku osób. Pełne odprawa i przygotowanie wyliczeń w badaniu pilotażowym są niezbędne w celu zidentyfikowania i zminimalizowania trudności logistycznych podczas zbierania danych (Mugenda & Mugenda, 2012, s. 240-241).

W rozdziale jedenastym poświęconym badaniom pilotażowym wyszczególniono arkusz obserwacji 1; ogólnie; dane surowe z badań terenowych; badanie zmian temperatury w skali mikro (zmienna zależna); oraz techniki symulacji.

## 9.28 OPRZYRZĄDOWANIE

Oprzyrządowanie to kwestionariusz badawczy i inne urządzenia, takie jak listy motywacyjne, karty ratingowe i tym podobne, używane do uzyskiwania danych od respondentów (Alreck & Settle, 1995, s. 447); narzędzia i procedury używane do pomiaru zmiennych w badaniach. Pojęcie to jest również stosowane w odniesieniu do rodzaju traktowania wewnętrznej ważności badania, gdy w trakcie jego trwania wprowadzane są zmiany w narzędziach i procedurach pomiaru. Na przykład jeżeli badacz stosuje podejście o równoważnej formie w projekcie przed-testowym i posttestowym, w którym obie formy testu znacznie różnią się między sobą pod względem treści, różnica między wynikami przed-testowymi i posttestowymi nie będzie wynikała wyłącznie z interwencji, ale częściowo z różnic w narzędziach pomiaru. Różnice w procedurach podczas gromadzenia danych mogą również zagrozić wewnętrznej ważności badania. W tym przypadku to właśnie asystenci badawczy nie są konsekwentni w obserwowaniu, mierzeniu, punktowaniu lub ocenie i rejestrowaniu badanych cech (Mugenda & Mugenda, 2012, s. 156).

## 9.29 REGRESJA STATYSTYCZNA

Regresja statystyczna jest tendencją do grupowania pomiarów wokół średniej z ponownego testowania w testach edukacyjnych, na przykład testów osiągnięć. Stwarza to zagrożenie dla wewnętrznej ważności badań eksperymentalnych, zwłaszcza gdy dobór przedmiotów jest oparty na ich wynikach w teście wstępnym. W badaniach, w których przedmioty są wybierane na podstawie skrajnych wyników w teście wstępnym (wysokich lub niskich), wyniki przedmiotów w kolejnych testach będą bliższe średniej. Na przykład, wydział uczelni może chcieć wybrać 10 studentów do udziału w programie przywództwa. Uczniowie otrzymują test wstępny i wybiera się 10 najlepszych uczniów. Po zakończeniu programu studenci otrzymują test końcowy, który ma na celu ocenę skuteczności programu przywództwa. Jest bardzo prawdopodobne, że ich średni wynik w postteście będzie niższy niż ich średni wynik w preteście. Taka sytuacja ma miejsce, ponieważ skrajne wyniki mają na ogół najwyższe błędy pomiaru. Przy ponownym teście wyniki ekstremalne mają tendencję do obniżania się do średniej. Oznacza to, że osoby z wysokimi wynikami w preteście będą miały tendencję do uzyskiwania nieco niższych wyników w postteście, a osoby z niskimi wynikami w preteście będą miały tendencję do uzyskiwania nieco wyższych wyników w postteście. Wyniki posttestów będą miały zatem tendencję do mniejszej rozpiętości (Mugenda i Mugenda, 2012, s. 315).

## 9.30 ATRAKCJA

Utrata to utrata jednostek naukowych, podmiotów lub uczestników w trakcie trwania studiów. Atrycja zmniejsza wielkość próby początkowej, a tym samym wpływa na losowość próby i wewnętrzną ważność badania. Atrycja jest zwykle problemem w badaniach, które trwają przez długi okres czasu, szczególnie w naukach fizycznych i biologicznych. Atrycja występuje również w interwencjach społecznych, w których projekty posttestowe są stosowane w celu określenia zmian. Utrata jednostek lub uczestników może być tak systematyczna, że w badaniu pozostaną tylko ci, którzy mają pewne wspólne cechy. Na przykład, jeśli badacz testuje nową technikę zwiększania zdolności czytania wśród małych dzieci, szacowana zmiana może być mylnie wysoka, jeśli większość tych, którzy rezygnują, to mniej zmotywowane dzieci, podczas gdy te o wysokiej wydajności i kreatywności pozostają (Mugenda i Mugenda, 2012, s. 25).

## 9.31 SELEKCJA RÓŻNICOWA

Selekcja różnicowa jest tendencyjnym doborem próby i przyporządkowaniem uczestników do grup w badaniach eksperymentalnych. Jednym z założeń badań eksperymentalnych jest losowy dobór i przypisanie uczestników do grup tak, aby wszystkie grupy były w przybliżeniu podobne na początku badania. Dlatego też zróżnicowana selekcja jest poważnym zagrożeniem dla wewnętrznej ważności badań eksperymentalnych, ponieważ często prowadzi do znacznych różnic między grupą kontrolną a grupą doświadczalną przed podaniem leczenia. Trudno jest zatem ustalić, czy obserwowane różnice wynikają z leczenia, czy też z faktu, że grupy te były różne od początku. Zróżnicowana selekcja często ma miejsce, gdy badacz wykorzystuje całą lub nienaruszoną grupę jako próbę, na przykład w badaniach przypadków lub gdy zastosowano wieloetapową technikę pobierania próbek w klastrach, ale klastry mają bardzo różne cechy. W badaniu edukacyjnym badacz może wybrać tylko uczniów w jednym strumieniu klasy szóstej. Jeśli strumienie są ułożone w kolejności według zasług, oznacza to, że badacz może wybrać najzdolniejszych uczniów w klasie szóstej. Taka nienaruszona próba jest zatem nieobiektywna (Mugenda & Mugenda, 2012, s. 90).

## 9.32 INTERAKCJA SELEKCJA - DOJRZEWANIE

Interakcja selekcja-dojrzewanie to interakcja pomiędzy zmiennymi związanymi z tematem, takimi jak osobowość i zmienne związane z czasem, takie jak wiek, wielkość fizyczna, itp. Interakcja selekcja-dojrzewanie jest zagrożeniem dla wewnętrznej ważności badania. Na przykład, w badaniach nad poprawą zdolności matematycznych uczniów, badacz wykorzystuje dwie szkoły: jedną jako grupę eksperymentalną, a drugą jako grupę kontrolną. Uczniowie wybrani do grupy kontrolnej mają 5-8 lat, a uczniowie wybrani do grupy kontrolnej 9-12 lat. O ile pod koniec interwencji mogą występować różnice między grupami, to mogą one wynikać z normalnych procesów rozwojowych (dojrzewania), a także z uprzedzeń w wyborze (Alreck & Settle, 1995, s. 294 - 295).

## 9.33 ZAGROŻENIA DLA WAŻNOŚCI ZEWNĘTRZNEJ

Zagrożeniem dla ważności zewnętrznej są warunki, sytuacje lub czynniki, które ograniczają uogólnienie wyników badań do podobnych populacji w podobnych okolicznościach i warunkach (Mugenda i Mugenda, 2012, s. 333).

Sekcja poświęcona zagrożeniom dla ważności zewnętrznej zawiera szczegółowe informacje na temat interakcji przed badaniem; jednoznaczny opis zmiennych; nielosowość próby; interferencja związana z wieloma rodzajami leczenia; dostępna i docelowa populacja; oraz kontrola zmiennych zewnętrznych.

## 9.34 INTERAKCJA MIĘDZY PRZETWARZANIEM WSTĘPNYM A TESTOWYM

Interakcja przed leczeniem jest sytuacją, w której osoby są uczulone na charakter interwencji lub leczenia przez pretest. Jest to zatem pretest, który motywuje uczestników do odpowiedniej reakcji na interwencję lub leczenie. Interakcja między testem a leczeniem jest zagrożeniem dla zewnętrznej wiarygodności badania, ponieważ interwencja ma na celu pogorszenie uogólnienia badania. Interakcja między badaniem a leczeniem przed testem sprawia, że wyniki mają zastosowanie lub mogą być uogólnione tylko w innych grupach, które były wcześniej testowane; wyniki nie są uogólnione w populacji docelowej. Interakcja pomiędzy leczeniem wstępnym a leczeniem wstępnym jest funkcją czasu trwania badania, rodzaju stosowanego leczenia oraz projektu badawczego (Mugenda i Mugenda, 2012, s. 251).

## 9.35 WYRAŹNY OPIS ZMIENNYCH

Wyraźny opis zmiennej jest pojęciową i operacyjną definicją zmiennej w odniesieniu do zewnętrznej ważności badania. Wyraźny opis zmiennych jest uważany za zagrożenie dla zewnętrznej ważności badania, gdy definicje pojęciowe i operacyjne zmiennych podane przez badacza różnią się znacznie od standardowych definicji zdrowego rozsądku. W tym przypadku uogólnienia ustaleń dokonuje się przy założeniu, że istnieje uniwersalna definicja danej zmiennej i standardowy sposób jej pomiaru. Dlatego też w każdym badaniu, w którym wykorzystuje się daną zmienną, należy stosować te same kryteria definicji i pomiaru, aby upewnić się, że uogólnienie nie jest zagrożone (patrz także: uogólnienie i ważność zewnętrzna) (Mugenda & Mugenda, 2012, s. 116).

## GENERALIZACJA

Generalizacja jest procesem, w którym wyniki badań i wnioski wynikające z reprezentatywnej próby są stosowane do populacji docelowej. Na przykład przeprowadza się sondaż w celu zbadania popularności trzech kandydatów na prezydenta na podstawie losowej próby 5000 zarejestrowanych wyborców. Hipoteza, którą należy zbadać, jest taka, że nie ma różnic w stopniu popularności wśród kandydatów. Załóżmy, że badanie daje następujące wyniki: kandydat A - 61%; kandydat B - 29%; kandydat C - 10%. Zakładając, że dobry wynik testu sprawności prowadzi do wniosku, że obserwowane różnice są statystycznie istotne na poziomie ufności 95%, można by wtedy racjonalnie uogólnić, że gdyby wybory odbyły się dzisiaj, to kandydat A najprawdopodobniej wygrałby większością głosów, a następnie B, a następnie C. Uogólnienia są zatem stwierdzeniami o podobieństwach, związkach lub różnicach między jednostkami i grupami, które zakłada się, że są prawdziwe w populacji docelowej w oparciu o wyniki z próby losowej. Posiadając wystarczające dowody, można na podstawie statystycznego prawdopodobieństwa dokonać przewidywań dotyczących pewnych zjawisk lub zdarzeń w populacji (Mugenda & Mugenda, 2012, s. 133 - 134).

## 9.36 NIELOSOWOŚĆ PRÓBKI

Nielosowość to stopień, w jakim próba nie jest reprezentatywna dla populacji, z której została pobrana. Nielosienność próby stanowi zagrożenie dla zewnętrznej wiarygodności badania, ponieważ ogranicza stopień uogólnienia wyników. Techniki pobierania próbek niepoprawnych, takie jak wygodne pobieranie próbek oraz pobieranie próbek w przypadkach ekstremalnych, dają wyłącznie próbki nielosowe, których wyniki nie mogą być dokładnie uogólnione na większe populacje. Jest to również powszechne, gdy całe, nienaruszone grupy są wybierane przy użyciu jakiejś formy klastrowego lub warstwowego pobierania próbek, które nie odtwarzają w sposób wyczerpujący charakterystyki populacji (Mugenda & Mugenda, 2012, s. 212).

## 9.37 ZAKŁÓCENIA W WIELU RODZAJACH OBRÓBKI

Zakłócenia w wielu zabiegach to sytuacja, w której efekty różnych zabiegów stosowanych na tych samych pacjentach w różnych okresach czasu nakładają się na siebie. Jest to szczególnie często spotykane w jednej grupie, w której te same osoby poddają się kolejno różnym zabiegom. Ilekroć stosuje się wiele zabiegów na te same przedmioty lub jednostki, efekty poprzednich zabiegów na tych samych przedmiotach lub jednostkach, efekty poprzednich zabiegów nie mogą być całkowicie usunięte lub może upłynąć dużo czasu, zanim znikną. Dlatego też pierwszy zabieg lub interwencja pokrywa się z drugim lub kolejnymi zabiegami, co uniemożliwia przypisanie efektów do konkretnych zabiegów. Zakłócenia związane z wieloma rodzajami leczenia stanowią zatem zagrożenie dla zewnętrznej ważności badania, ponieważ prowadzą do błędnego uogólnienia wyników. Istnieje również prawdopodobieństwo interakcji pomiędzy dwoma lub więcej metodami leczenia, które wywołują niezamierzone efekty u badanych (Mugenda & Mugenda, 2012, s. 204).

## 9.38 POPULACJE DOSTĘPNE I DOCELOWE

Dostępna populacja to zbiór wszystkich elementów w populacji docelowej, do których badacz może praktycznie dotrzeć w celu pobrania próbek i zebrania danych. Na przykład, jeżeli populacja docelowa jest określona jako "wszystkie pielęgniarki" w kraju, może nie być możliwe dotarcie do wszystkich pielęgniarek w każdym obiekcie służby zdrowia w kraju. Badacz musi zatem wybrać część populacji docelowej, do której można faktycznie dotrzeć w celu pobrania próbki i zebrania danych. W tym przypadku dostępną populacją byłyby wszystkie pielęgniarki w szpitalach publicznych i klinikach w określonym regionie geograficznym, takim jak hrabstwo. Dokładność uogólnień dokonanych w odniesieniu do populacji docelowej zależałaby jednak od podobieństw między dostępną populacją a populacją docelową. Jeśli obie populacje nie są podobne, uogólnienia powinny być ograniczone tylko do dostępnej populacji (Mugenda i Mugenda, 2012, s. 3).

Populacja docelowa to konkretna jednostka składająca się z ludzi, przedmiotów lub jednostek, w stosunku do których badacz może racjonalnie uogólniać swoje wyniki badań. Na przykład, w badaniach nad skutecznością nowej techniki nauczania matematyki dla uczniów szkół średnich, badacz chciałby uogólnić wyniki badań dla wszystkich nauczycieli matematyki w kraju. Byłaby to populacja docelowa. Nie należy jej mylić z grupą docelową, w której oczekuje się, że po otrzymaniu pewnej interwencji osoby te wykażą zmiany (Mugenda & Mugenda, 2012, s. 326).

## 9.39 KONTROLA ZEWNĘTRZNYCH ZMIENNYCH

Zmienne obce są czynnikami, które wpływają na zmienną zależną, ale nie zostały wbudowane w badanie. W praktyce, obce zmienne nie są tylko możliwymi przyczynami; są to przyczyny ostateczne. Są one także określane jako zmienne "szumowe" z powodu ich mylących skutków dla zmiennej zależnej. Na przykład spożycie alkoholu skraca czas reakcji wśród kierowców, ale jeśli nie bierze się pod uwagę wieku, staje się on zmienną obcą. Do pewnego stopnia dokładna randomizacja kontroluje możliwe wpływy obcych zmiennych poprzez minimalizowanie różnic systematycznych lub błędów dla danej cechy. Zapewnia to rozsądną reprezentację grup, które powinny być zasadniczo podobne w przypadku głównych cech (Mugenda i Mugenda, 2012, s. 119).

Kontrola zmiennych zewnętrznych pociąga za sobą podjęcie niezbędnych działań w celu usunięcia wpływu czynników zewnętrznych w badaniu. Badacze często kontrolują wpływ zewnętrznych zmiennych poprzez włączenie ich do badania. Na przykład, jeśli płeć jest możliwą zewnętrzną zmienną w badaniu, można uwzględnić tylko jeden poziom tej zmiennej (np. tylko kobiety lub mężczyźni). Oznacza to, że wyniki można uogólniać tylko dla mężczyzn lub kobiet, ale nie dla obu płci. Ścisła kontrola zmiennych zewnętrznych stanowi zagrożenie dla zewnętrznej ważności badania, ponieważ zmniejsza uogólnienie wyników (Mugenda i Mugenda, 2012, s. 66).

## 9.40 WSPÓLNE EFEKTY ZWIĄZANE Z PROCESEM BADAWCZYM

Istnieją inne sytuacje, w których wewnętrzna i zewnętrzna ważność badania może być zagrożona jednocześnie. Wynika to z tzw. efektów badawczych, które nie mają nic wspólnego z leczeniem. Takimi efektami są: Efekt Hawthorne'a, efekt Placebo, efekt Johna Henry'ego, efekt Pigmaliona i efekt he Halo (Mugenda & Mugenda, 2003, s. 109).

## 9.41 EFEKT GŁÓGOWY

Efekt Hawthorne'a to sytuacja, w której świadomość bycia w grupie badanej motywuje badanych do lepszych wyników. Obserwowane zmiany na zmiennej zależnej nie wynikają więc całkowicie z manipulacji zmienną niezależną. Największy wpływ na badanych ma ich świadomość bycia w grupie badanej. Na przykład, jeśli chce się ustalić, czy istnieje różnica w ilości kawy zebranej przez dwie grupy pracowników przy użyciu różnych technik, trzeba by było obserwować i poświęcać czas pracownikom. Sama obecność badacza może wzbudzić entuzjazm wśród pracowników, dlatego też pracują oni ciężej i zbierają więcej kawy niż w bardziej naturalnym otoczeniu. Obecność badacza zmienia zachowanie badanych i dlatego wyniki są przekrzywione albo pozytywnie, albo negatywnie. Jednym z możliwych rozwiązań jest użycie ukrytych kamer w celu obserwacji zachowań uczestników, ale uczestnicy muszą być o tym poinformowani po zakończeniu badania (Mugenda & Mugenda, 2012, s. 142).

## 9.42 EFEKT PLACEBO

Efekt placebo jest mierzalną, zauważalną lub odczuwalną poprawą zdrowia lub zachowania, której nie można przypisać żadnemu lekowi, leczeniu lub interwencji. Kiedy nowy lek jest podawany pacjentom cierpiącym na dany stan chorobowy w badaniu klinicznym, obserwowana poprawa u uczestników jest częściowo spowodowana działaniem leku, a częściowo efektem psychologicznym. Nawet jeśli lek nie jest skuteczny, niektórzy pacjenci wykazują pewną poprawę w związku z samym przyjmowaniem leku. Aby przeciwdziałać temu efektowi, badacze medyczni stosują placebo. W badaniach kontrolowanych placebo osoby z grupy kontrolnej przyjmują placebo, podczas gdy osoby z grupy eksperymentalnej przyjmują badany lek. Placebo jest substancją nieaktywną, zaprojektowaną tak, aby przypominała badany lek. Jest on stosowany jako środek kontrolny w celu określenia skutków psychologicznych, które mogą zostać wykazane podczas badania. Większość badań medycznych obejmuje grupę kontrolną, która nieświadomie przyjmuje placebo (Patrz także: schemat ślepoty, placebo, schemat podwójnie ślepej próby i schemat pojedynczej ślepej próby) (Mugenda i Mugenda, 2012, s. 241).

## GRUPY KONTROLNE I EKSPERYMENTALNE

Grupa kontrolna to grupa osób, które nie są poddawane leczeniu lub interwencji w badaniu. Alternatywnie, grupa kontrolna może składać się z uczestników, którzy nie mają określonego stanu chorobowego, zaburzenia, pochodzenia lub ryzyka, które są przedmiotem badania, i którzy są porównywalni z uczestnikami badania. Koncepcja grup kontrolnych ma znaczenie jedynie w badaniach eksperymentalnych (Mugenda i Mugenda, 2012, s. 66).

Grupa eksperymentalna to grupa podmiotów, obiektów lub jednostek, które są leczone w badaniach eksperymentalnych. Na przykład, w badaniu klinicznym, uczestnicy, którzy otrzymują lek lub terapię, stanowią grupę doświadczalną. Kontrastuje się to z grupą kontrolną, która otrzymuje placebo, a nie leczenie (Mugenda & Mugenda, 2012, s. 115).

## 9.43 EFEKT KOHNA HENRY

Efekt Johna Henry'ego, zwany również efektem Henry'ego, to sytuacja, w której grupa kontrolna osiąga wyniki znacznie wyższe od przeciętnej tylko dlatego, że uczestnicy znajdują się w pozycji konkurencyjnej wobec grupy eksperymentalnej. Alternatywnie, uczestnicy w grupie kontrolnej mogą chcieć udowodnić, że są tak dobrzy jak ci w grupie eksperymentalnej. Uczestnicy w grupie kontrolnej dążą zatem do osiągnięcia oczekiwanej zmiany, mimo że nie otrzymują leczenia. Pod koniec badania nie stwierdzono istotnych różnic pomiędzy grupą kontrolną a eksperymentalną. Efekt Johna Henry'ego jest zatem poważnym zagrożeniem dla wewnętrznej ważności badania. Może on stanowić problem w badaniach, w których nowe techniki, programy, urządzenia, maszyny itp. są testowane w celu zastąpienia istniejącego systemu w organizacji lub instytucji. Pracownicy tych dziedzin mogą postrzegać wprowadzenie takich nowych programów, urządzeń, maszyn itp. jako zagrożenie dla swojej pracy. Mogą zatem pracować ciężej, aby udowodnić, że stary system jest tak dobry jak nowy, co jest sprzeczne z celem badania (Mugenda & Mugenda, 2012, s. 143).

## 9.44 EFEKT PIGMALIONU

Efekt Pigmaliona to sytuacja, w której oczekiwania badacza wpływają na jego zachowanie, odpowiedzi lub procesy myślowe w badaniu. W tym przypadku osoby te osiągają znacznie lepsze wyniki niż zwykle ze względu na oczekiwania badacza. Badacz może działać i mówić rzeczy, które przenoszą jego oczekiwania na uczestników badania. Przedmioty, starając się zadowolić badacza, pracują o wiele ciężej, udzielają odpowiedzi lub wykazują zachowania, które spełniają jego oczekiwania. Obserwowane efekty wśród badanych mogą więc wynikać z wpływu badacza, a nie z efektu leczenia. Badacz może przekazać swoje oczekiwania badaczom w momencie wydawania instrukcji. Podważa to wewnętrzną zasadność badania (Mugenda & Mugenda, 2012, s. 261).

## 9.45 EFEKT HALO

Efekt Halo to sytuacja, w której na ocenę badacza na temat zmiennej zainteresowania wpływa jego wstępne wrażenie na temat przedmiotu. Alternatywnie, na ocenę danego przedmiotu przez naukowca może mieć wpływ jego wiedza na temat wcześniejszych osiągnięć przedmiotu w zakresie innej zmiennej. Efekt Halo jest powszechny w badaniach obserwacyjnych, w których badacz ocenia przedmioty na podstawie niektórych zmiennych będących przedmiotem zainteresowania. Na przykład, nauczyciel prawdopodobnie wysoko ocenia dobrze zachowującego się ucznia na podstawie miary "przywództwa". Podobnie, inteligentny uczeń będzie prawdopodobnie wysoko oceniany na podstawie miary "motywacji". Efekt Halo osłabia wewnętrzną i zewnętrzną zasadność badania (Mugenda & Mugenda, 2012, s. 141 - 142).

## ROZDZIAŁ DZIESIĄTY: GROMADZENIE, PRZETWARZANIE I PRZYGOTOWYWANIE DANYCH PRZY UŻYCIU NARZĘDZI CYFROWYCH

W rozdziale dziesiątym, dotyczącym wykorzystania narzędzi cyfrowych do przetwarzania i przygotowywania danych, można teraz szczegółowo opisać: definicję terminów; przetwarzanie informacji surowych z rejestratorów danych; dziennik zapytań; dziennik gromadzonych danych; dane ze stacji meteorologicznych; szablon temperatury; szczegóły dotyczące wykresów wsadowych; skonsolidowany dziennik roboczy partii i oprogramowanie Ebstats; skonsolidowany arkusz podsumowujący; oraz podsumowanie analizy danych. W niniejszych wytycznych można pominąć lub skrócić całą sekcję dotyczącą wykorzystania narzędzi cyfrowych do przetwarzania i przygotowywania danych, a dostęp do niej można uzyskać w całości z tekstu oryginalnego (Ebrahim, 2017, s. 118-131).

### DEFINICJA TERMINÓW

Przed rozpoczęciem prac nad rozdziałem dziesiątym, dotyczącym przetwarzania i przygotowania danych przy użyciu narzędzi cyfrowych, konieczne jest zdefiniowanie następujących słów kluczowych w kolejności tematów lub tematów: gromadzenie; przetwarzanie; przygotowanie; dane; informacja i wiek informacji; zarządzanie wiedzą i wiedzą; innowacje, technologia i postęp technologiczny; badania i rozwój; komputer cyfrowy, cyfrowy i informatyczny; narzędzia i instrumenty; oprzyrządowanie; oprogramowanie komputerowe i sprzęt komputerowy; analiza i synteza; klimatologia i klimat; statystyka, wnioski statystyczne i statystyczne; biuro meteorologiczne i meteorologiczne; pogoda; wykres bio-, bioklimatyczny i bioklimatyczny.

Gromadzenie odnosi się do gromadzenia rzeczy (danych lub informacji w badaniach); gromadzone szczególnie systematycznie (Allen Ed. 1985, s. 137).

Przetwarzanie odnosi się do słowa kluczowego "proces" lub sposób postępowania, w szczególności jako szereg etapów produkcji lub innej operacji (Allen Ed. 1985, s. 588).

Przygotowanie polega na "przygotowaniu", które ma na celu wykonanie lub przygotowanie lub zmontowanie do użytku, rozważenie, itp. (Allen Ed. 1985, p.581).

Dane są znanymi faktami lub rzeczami wykorzystywanymi jako podstawa do wnioskowania lub liczenia; ilości lub znaki obsługiwane przez komputer itp. (Allen Ed. 1985, s. 183). Dane są również faktami dotyczącymi konkretnego stanu, sytuacji, cechy lub atrybutu, zebranymi od grupy ludzi, zwierząt, roślin, przedmiotów lub przedmiotów. Dane odnoszą się zatem do zbioru deskryptorów zjawisk naturalnych, w tym wyników doświadczeń, obserwacji lub eksperymentów. Mogą one obejmować liczby, teksty lub narracje, głosy lub obrazy. W badaniach, pomiar zmiennych daje dane w postaci liczb rzeczywistych, tekstu, narracji, obrazów itp. Kiedy zbiór danych jest zorganizowany i manipulowany poprzez analizę, staje się "informacją". Gdy takiej informacji nadaje się znaczenie, staje się ona "wiedzą". Praktyczne zastosowanie wiedzy prowadzi do "innowacji i postępu technologicznego" (Mugenda & Mugenda, 2012, s. 79-80).

Informacja to to, co się mówi, wiedza, przedmioty wiedzy, wiadomości (Allen Ed. 1985, s. 378). Epoka informacyjna jako pojęcie odnosi się do pokolenia, które staje się coraz bardziej zależne od informacji, które są dzielone przez różne aspekty technologii informacyjnej.

Internet był niewątpliwie kluczowym czynnikiem napędzającym erę informacyjną. Chociaż Internet istnieje od 1969 r., to jednak to właśnie wynalazek World Wide Web (WWW) brytyjskiego naukowca Tima Berners-Lee z 1989 r., a następnie eksplozja technologii komputerowej, która rozpoczęła się w latach 90. ubiegłego wieku, doprowadziły do narodzin ery informacyjnej. Media społecznościowe, jedna z technologii internetowych, zrewolucjonizowały sposób, w jaki ludzie się komunikują. Media społecznościowe to technologie webowe i mobilne, które mają na celu przekształcenie komunikacji w interaktywny dialog. Są to media służące do interakcji społecznej jako coś więcej niż tylko komunikacja społeczna. Dzięki powszechnie dostępnym i stale rozwijanym technologiom komunikacyjnym, media społecznościowe znacznie zmieniły sposób, w jaki organizacje, społeczności i jednostki komunikują się między sobą. Media społecznościowe występują w wielu formach i sieciach, do których należą: blogi, Wikipedia, e-mail, Facebook, Twitter, YouTube, itp. Wszystkie te zmiany technologiczne definiują wiek informacyjny i mają duży wpływ na sposób, w jaki ludzie zdobywają informacje, czy to w edukacji, polityce, badaniach, naukach społecznych, biologicznych i fizycznych, itp. (Mugenda & Mugenda, 2012, s. 153 - 4).

Wiedza (wiedza; to, co jest znane (o osobie, rzeczy, faktach lub przedmiocie); suma tego, co jest znane ludzkości (każdej gałęzi wiedzy); zakres informacji osoby: Allen Ed. 1985, s. 406-7) to zrozumienie i zdolność do pełnego wyjaśnienia zjawiska, zdarzenia, zdarzenia lub niezliczonych procesów w świecie i we wszechświecie. Wiedza jest nieskończona i dlatego może być tylko odkryta, ale nie stworzona. Badania lub metoda naukowa jest jedyną uzasadnioną metodą odkrywania wiedzy o zjawisku. Może ona być wyrażona w postaci posiadanych umiejętności lub znajomości informacji, faktów i opisów zjawiska. W filozofii badanie twierdzeń wiedzy nazywane jest epistemologią, podczas gdy ontologia stara się wyjaśnić wiedzę. Platon, jeden z największych filozofów, definiował wiedzę jako "uzasadnione prawdziwe przekonanie". Nabywanie istniejącej wiedzy obejmuje złożone procesy poznawcze, które obejmują: percepcję, uczenie się, komunikację, skojarzenia, intuicję, myślenie krytyczne, autorefleksję i rozumowanie (Mugenda i Mugenda, 2012, s. 171).

Zarządzanie wiedzą (KM) jest stosunkowo nową formą systemów informatycznych, które dostarczają narzędzi decyzyjnych i danych pracownikom (interesariuszom) na wszystkich szczeblach organizacji (instytucji). Ideą jest ułatwienie dzielenia się wiedzą w firmie (instytucji) w celu wyeliminowania zbędnych prac i usprawnienia procesu podejmowania decyzji. Zarządzanie wiedzą jest szczególnie ważne, ponieważ utrzymuje otwarte linie komunikacji i zachęca do dzielenia się pomysłami i doświadczeniami w dużych organizacjach, w których pracownicy są zazwyczaj podzieleni na zespoły lub jednostki funkcjonalne. Organizacje mogą zacząć dzielić się informacjami między grupami pracowników, tworząc bazę danych najlepszych praktyk, projektując elektroniczny katalog firmowy lub matrycę umiejętności, która wskazuje, kto posiada jaką wiedzę. Wiele firm ma zainstalowane intranety lub sieci komputerowe w całym przedsiębiorstwie z bazami danych, do których dostęp mają wszyscy pracownicy, jako forma KM. Istnieje szereg programów komputerowych ułatwiających pracę w KM (Mugenda & Mugenda, 2012, s.172).

Innowacja pochodzi od słowa "wprowadzać innowacje", które oznacza wprowadzanie nowych metod, pomysłów itp.; wprowadzać zmiany (Allen Ed. 1985, s. 380).

Technologia (studiowanie lub wykorzystanie sztuk mechanicznych i nauk stosowanych; przedmioty te są przedmiotem wspólnego zainteresowania; systematyczne leczenie: Allen Ed. 1985, s. 772) to rozwój i zastosowanie wiedzy ludzkiej, umiejętności technicznych, procesów, maszyn, narzędzi i surowców do wytwarzania pożądanych produktów, rozwiązywania problemów, spełniania potrzeb i zaspokajania pragnień. Poziom technologii w danym kraju zależy od inwestycji kraju w badania i innowacje; czasami nazywane są one "badaniami i rozwojem". Na przykład, komputery zostały opracowane z wykorzystaniem wiedzy ludzkiej w inżynierii elektronicznej. Są one następnie wykorzystywane do przechowywania informacji cyfrowych, przetwarzania ich i szerokiego dzielenia się nimi z innymi za pomocą urządzeń telekomunikacyjnych. Jest to technologia informatyczna. Ciągłe badania poszerzają granice technologii poprzez dostarczanie lepszych narzędzi, maszyn, procesów, umiejętności i środków produkcji. Na przykład, bardziej zaawansowane narzędzia i procesy wykrywania chorób doprowadziły do szybszego diagnozowania i leczenia lub zarządzania chorobami śmiertelnymi, takimi jak rak, HIV/AIDS itp. Termin ten charakteryzuje zatem często wynalazki i wykorzystanie niedawno odkrytej wiedzy naukowej, zasad i procesów (Mugenda & Mugenda, 2012, s. 327).

Zaawansowanie technologiczne składa się z dwóch słów "technologiczne", które są z technologii lub z niej korzystają (Allen Ed. 1985, s. 772); oraz "zaawansowanie", które jest promocją osoby lub planu (Allen Ed. 1985, s. 11).

Badania i rozwój (B+R) odnoszą się do działań długofalowych, które prowadzą do wzrostu w dziedzinie nauki, technologii i innowacji, co ostatecznie przekłada się na rozwój człowieka. Pojęcie to zapożyczone jest ze świata produkcji i biznesu, gdzie projektowanie i rozwój są częściej niż nieistotnymi czynnikami przetrwania firmy. W konkurencyjnym świecie, który szybko się zmienia, firmy muszą stale ulepszać istniejące produkty poprzez badania i rozwój lub projektować nowe, aby utrzymać się na powierzchni. Na przykład firmy wykorzystujące zaawansowane technologie, takie jak farmaceutyki, przeznaczają do 15 procent swoich przychodów na badania i rozwój. Innowacje poprzez badania i rozwój są zazwyczaj rozumiane jako twórcza siła ludzkości, która pozwala światu rozwijać się technologicznie, społecznie, gospodarczo, politycznie i w ramach praw człowieka, które potwierdzają godność i wartość osób ludzkich mierzoną lepszym standardem życia, wolnością od niedostatku, chorób, braku bezpieczeństwa itp. (Mugenda i Mugenda, 2012, s. 277).

Cyfra" to dowolna cyfra (symbol oznaczający liczbę; z lub oznaczający liczbę: Allen Ed. 1985, s. 503) od 0 do 9 (Allen Ed. 1985, s. 204). Cyfra jest cyfrą; podczas gdy komputer cyfrowy operuje na danych przedstawionych jako seria cyfr (Allen Ed. 1985, str. 204). Komputer jest elektronicznym urządzeniem do analizy lub przechowywania danych, wykonywania obliczeń lub sterowania maszynami (Wydanie Allena 1985, s. 146).

Narzędzia znane również jako "instrumenty" są używane do mierzenia zmiennej. W naukach fizycznych i biologicznych przyrząd jest urządzeniem lub sprzętem, który mierzy lub reguluje zmienne procesowe, takie jak temperatura, wilgotność, prędkość, ciśnienie, masa i odległość. W naukach społecznych również opracowuje się instrumenty do pomiaru abstrakcyjnych pojęć, takich jak uczenie się, niepokój, motywacja, przywództwo itp. Podczas gdy większość instrumentów stosowanych w naukach fizycznych i biologicznych ma tendencję do standaryzacji, badacze z zakresu nauk społecznych często muszą opracowywać instrumenty dostosowane do ich badań w zależności od zmiennych będących przedmiotem ich zainteresowania, populacji docelowej, ustawienia studiów itp. (Mugenda i Mugenda, 2012, s. 156).

Instrumenty są narzędziami i procedurami stosowanymi przy pomiarze zmiennych w badaniach. Pojęcie to jest również stosowane w odniesieniu do rodzaju zagrożenia dla wewnętrznej ważności badania w przypadku wprowadzenia zmian w narzędziach i procedurach pomiaru w trakcie trwania badania. Zmiany w procedurach w trakcie gromadzenia danych mogą również zagrażać wewnętrznej ważności badania, np. w przypadku asystentów badawczych, którzy nie są konsekwentni w obserwowaniu, mierzeniu, punktowaniu lub ocenianiu i rejestrowaniu badanych cech (Mugenda & Mugenda, 2012, s. 156).

Oprogramowanie komputerowe (narzędzia cyfrowe) to programy i zakodowane instrukcje dla komputera, obejmujące zarówno system operacyjny, który zapewnia ogólną kontrolę, jak i aplikacje wykonujące określone obliczenia (Alreck & Settle, 1995, s. 443).

Sprzęt komputerowy to fizyczne urządzenia i elementy składowe komputerów, w tym zarówno jednostka centralna, jak i urządzenia peryferyjne służące do wprowadzania, przechowywania i wyprowadzania danych (Alreck & Settle, 1995, s. 443).

Analiza to proces rozkładania złożonych koncepcji, materiałów, sytuacji lub problemów na prostsze części lub komponenty, tak aby ich logiczne struktury były łatwe do zrozumienia. W badaniach określony problem, zjawisko lub wystąpienie jest rozkładane na części składowe. Następnie badane są podstawowe struktury i relacje między składnikami, aby zapewnić dokładne zrozumienie zjawiska, problemu lub wystąpienia. Termin ten jest również powszechnie stosowany w odniesieniu do procesu podsumowywania, manipulowania i interpretowania danych, które zostały wygenerowane w procesie badawczym. Jest to zatem badanie danych i faktów zgromadzonych w trakcie badań w celu odkrycia i zrozumienia zakresu, wzajemnych powiązań, różnic lub związków przyczynowo-skutkowych między elementami. Stanowi to naukową podstawę do rozwiązywania problemów i podejmowania decyzji (Mugenda & Mugenda, 2012, s.13).

Synteza jest systematycznym połączeniem pozornie różnych elementów lub abstrakcyjnych jednostek w celu utworzenia spójnej całości lub jednostki. Synteza jest przeciwieństwem analizy lub rozdzielenia abstrakcyjnej jednostki na jej elementy składowe. Jest to krok w procesie dialektycznym, w którym afirmowane koncepcje (teza) są liczone z przeciwstawnymi afirmowanymi koncepcjami (antyteza) w celu uzyskania ostatecznej koncepcji (syntezy), która pociąga za sobą lub łączy wszystkie akceptowalne koncepcje tezy i antyteza. Jest to proces, poprzez który nowa (syntetyzowana) wiedza rozwija się ze starej lub istniejącej wiedzy (Mugenda & Mugenda, 2012, s. 323).

Klimatologia to badanie klimatów; klimatologiczno-klimatyczne jest związane z klimatem; jest to przeważające warunki pogodowe danego obszaru; region z określonymi warunkami pogodowymi (Allen Ed. 1985, s. 130); integracja w czasie stanów fizycznych środowiska atmosferycznego, charakterystyczna dla danego położenia geograficznego (Koenigsberger *i in.*, 1973, s. 3).

Statystyki to fakty liczbowe zbierane systematycznie; nauka o zbieraniu lub wykorzystywaniu statystyk - Allen Ed. 1985, p.735).

Statystyka to wartość, indeks lub współczynnik, taki jak korelacja (r), średnia ($\dot{x}$) lub wariancja (s2), która jest obliczana na podstawie danych z próby. W przypadku obliczeń na podstawie prób losowych wskaźniki statystyczne są pobierane jako najlepsze punktowe oszacowanie parametrów populacji i nazywane są po prostu statystykami (Mugenda & Mugenda, 2012, s. 312).

Statystyczny wniosek jest procesem, dzięki któremu wyniki z próby mogą być zastosowane bardziej ogólnie do populacji, z której wybrano losowo próbę. Dokładniej rzecz biorąc, jest to założenie, że jeżeli wynik utrzyma się dla próby, która została wybrana losowo z populacji N, to te same wyniki utrzymają się w populacji N, przy określonym poziomie ufności. Statystyki inferencyjne są stosowane przy podejmowaniu takich krytycznych decyzji i zasadniczo różnią się od statystyk opisowych. Statystyki opisowe opisują jedynie zmienne oraz siłę i charakter relacji między nimi, ale nie pozwalają na uogólnienia. Zdolność do wyciągania dokładnych wniosków na temat populacji z próby obserwacji zależy od liczebności próby, zastosowanych technik i procedur doboru próby, wiarygodności i ważności danych oraz wielkości błędów standardowych (Mugenda & Mugenda, 2012, s. 313 - 4).

Meteorologia jest badaniem zjawisk atmosferycznych szczególnie na potrzeby prognozowania pogody; natomiast biuro meteorologiczne jest departamentem rządowym dostarczającym prognozy pogody itp. - Allen Ed. 1985, p.462.
Pogoda to chwilowy stan środowiska atmosferycznego w określonym miejscu; klimat można określić jako integrację w czasie warunków pogodowych - Koenigsberger *i in.,* 1973, s. 3).
Bio - biologiczne, żywych rzeczy (Allen Ed. 1985, s. 68); w ten sposób bioklimatyczny bada relacje między żywymi rzeczami a klimatem; i w tym sensie wykorzystuje wykres bioklimatyczny, który odnosi strefę komfortu do temperatury suchej żarówki (DBT) w stopniach Celsjusza ($^{oC}$); wilgotności względnej (RH) w procentach (%); ruchu powietrza w metrach na sekundę (m/s); oraz intensywności promieniowania w watach na metr kwadratowy (W/m2) (Koenigsberger *i in.,* 1973, s. 50 - 1).

## 10.1 PRZETWARZANIE SUROWYCH INFORMACJI Z REJESTRATORÓW DANYCH

Ogólnie rzecz biorąc, wszystkie dane zebrane zarówno z pierwotnego jak i wtórnego źródła zostały przetworzone i umieszczone w formacie gotowym do analizy danych. Rozpocznij od załadowania dostarczonego pliku Microsoft Excel o nazwie "B3 P13 MCRM Textbk Ebstats 2018" dostarczonego w formacie CD lub można go pobrać (Odwiedź: https://www.researchgate.net/publication/325464622 lub https://www.researchgate.net/publication/325396409) na czytelnej platformie do wykorzystania w tej części badania. W badaniu przetwarzano informacje surowe z rejestratorów danych, szczegóły dotyczące zagadnień z dziennika zapytań, dziennika gromadzenia danych, danych ze stacji meteorologicznych, szablonów temperatur, skonsolidowanego dziennika pracy partii, oprogramowania ebstats, skonsolidowanego arkusza podsumowującego i podsumowania analizy danych.

## 10.2 ZESZYT Z ZAPYTANIAMI

Dane cyfrowe zostały wprowadzone do podręcznika zapytań za pomocą oprogramowania Ebstats. Badacz zwrócił uwagę na pozycje, które wymagają interwencji użytkownika, natomiast wszystkie pozostałe pozycje zostały obliczone przez oprogramowanie. Podręcznik zapytań składał się z czterech rodzajów informacji, a mianowicie informacji ogólnych, danych technologicznych, danych społecznych i danych klimatycznych (tabela 10.1). W kolumnach tabeli wskazano pozycję, opis, szczegóły i uwagi, które zostały wypełnione przez użytkownika oprogramowania.

Tabela 10.1: Standardowy, tabelaryczny, cyfrowy arkusz obserwacji zawierający informacje, które należy wprowadzić do skoroszytu zapytania.

Źródło: Zmodyfikowany z Ebrahima (2017, s. 293 - 294).

| **Pozycja** | **Opis** | **Szczegóły** | **Uwagi** |
|---|---|---|---|
| 1 | Informacje ogólne: | Komarock Infill B Estate, Nairobi | |
| 2 | Numer referencyjny próbki: | Próbka: | |
| 3 | Nazwa próbki: | Klaster nr: | Działka nr: |
| 4 | Numer piętra: | Salon, Parter | |
| 5 | Orientacja: | | |
| 6 | Dane technologiczne: | Długość budynku (L): | |
| 7 | | Szeroki pokój (W): | |
| 8 | | Pokój wysokościowy (H): | |
| | Harmonogram materiałów: | | |
| 9 | Betonowe ściany bloczkowe: | Height (Wall) (Hr): | |
| 10 | | Transmisja (Ściana) (Ur): | |
| 11 | | Absorpcja powierzchni ściany (a): | |
| | | Przewodność powierzchniowa ($F_o$): | |
| | Okno z pojedynczą szybą: | Height (Glass) (Hg): | |
| | | Przepuszczalność (szkło) | |

Tabela 10.1: Kontynuuje.

| | | | |
|---|---|---|---|
| | | (Ug): | |

| | | Solar Gain Factor (szkło) (Q) | |
|---|---|---|---|
| | Dane społeczne: | Projektowanie Temperatura wewnętrzna (Ti): | |
| | | Liczba wymian powietrza na godzinę: | |
| | Wzór zajęcia: | Obłożenie jednostki/dzień: | |
| | | Liczba mieszkańców (Nio): | |
| | | Stawka ciepła na jednego mieszkańca (HRo): | |
| | | Liczba żarówek elektrycznych (Nie): | |
| | | Stawka ciepła na żarówkę elektryczną (HRb): | |
| | Dane klimatyczne: | Projektowanie Temperatura zewnętrzna (Do): | |
| | | Promieniowanie Incydentalne (I): | |
| | Pozycjonowanie geograficzne: | Nazwa stacji: | Nairobi Jomo Kenyatta Int. Airport (JKIA) Met Station, |
| | | Stacja nr: | 91.36/168, |
| | | Szerokość geograficzna: | 01.19S, |
| | | Długość geograficzna: | 36.55E, |
| | | Wysokość: | 1624 metry; |
| | Klimat bazowy: | Temperatura (wejście): | Miesiąc: |

Ogólne informacje zawarte w zeszycie zapytań związane z kontekstem i tytułem badania (Komarock Infill B, Nairobi). Numer referencyjny próbki związany z partią, klastrem, wykresem, zmienną, atrybutem wykresu lub postawą planistyczną i projektową, która była monitorowana w badanym przypadku (patrz: Batching Design; Próba 1 - Ebrahim, 2017, s. 116 -118). Nazwa próbki była opisem prostymi słowami numeru referencyjnego próbki (Patrz: Załącznik 1 Tabela rysunków - Ebrahim, 2017, str. 353) i w tym przypadku odnosiła się do rysunku nr 2 (Patrz: Załącznik 1: Tabela rysunków - Szczegóły dotyczące partii 1: Rysunek 4 - Plan lokalizacji: Klastry, klaster 4" i kolumna 4 jako "Willa podstawowa N/S Działka 41 - Ebrahim, 2017, s. 355). Należy zauważyć, że do tego czasu zostały wykonane rysunki programu AutoCAD dla wszystkich klastrów, typów budynków i jednostek (Zobacz: Załącznik 1: Tabela rysunków - Ebrahim, 2017, s. 353).

Numer kondygnacji był odniesieniem do cyfrowych rysunków przygotowanych do badania i związanych z badaną lub analizowaną przestrzenią (patrz: Załącznik 1: Tabela rysunków - Ebrahim, 2017, str. 353) i w tym przypadku odnosił się do rysunku numer 2 (patrz: Załącznik 1: Tabela rysunków - Szczegóły partii 1: Wykres 2 Gromada 4 Szczegóły i Wykres 5 Zależna/niezależna analiza zmienna, Salon, Parter - Ebrahim, s. 355). Orientacja była odniesieniem do orientacji próbki i została uzyskana z planu miejsca badania na Rysunku nr 2 (patrz: Załącznik 1: Tabela Rysunków - Szczegóły dotyczące partii 1: Wykres 5: Analiza Zmienna Zależna/Niezależna, NE Facing: 45 stopni - Ebrahim, 2017, s.355).

Dane technologiczne odnosiły się do logistyki budynku. Można je uzyskać z rysunków architektonicznych, a dokładniej z rysunków cyfrowych przygotowanych na potrzeby opracowania (patrz: Załącznik 1: Tabela rysunków - Ebrahim, 2017, s. 353). Specyfikacje techniczne i literaturę można otrzymać od Koenigsberger *et al.* (1973, s. 285 - 287 i s. 291), Littlefield Ed. (2008, s. 35.1 - 35.41 i s. 39.1 - 39.35) oraz Neufert i Neufert (2000, s. 111 - 116). Należy zauważyć, że ta wersja oprogramowania została zaprogramowana do symulacji efektu pojedynczego pomieszczenia zwanego *Komórką Testową*. W przypadku tego badania, pomieszczenie mieszkalne poszczególnych działek było jednostką miary. Długość pomieszczenia wynosiła 3 metry, szerokość 4,1 metra i wysokość 2,4 metra. Rozkład materiałów składał się ze ściany zewnętrznej z pustaka betonowego o wysokości ściany 2 m, transmitancji ściany 3,18 W/m2oC, chłonności ściany miał współczynnik 0,7 a przewodności powierzchniowej 13,18 W/m2oC.

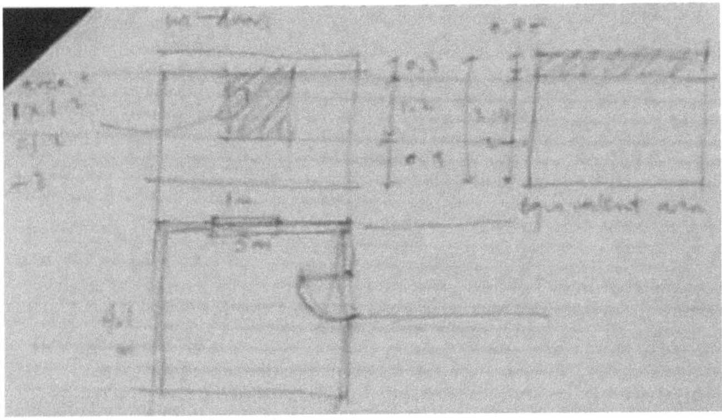

Rysunek 10.1 Szkic stacji bazowej wejścia powierzchni okien do oprogramowania Ebenergy.

Źródło: Wydobycie z Ebrahima (2017, s. 120).

Okno na ścianie zewnętrznej z pojedynczą szybą miało wysokość szyby 0,4 metra. Należy zauważyć, że program oblicza powierzchnię otworów takich jak okna tak, jakby było to długie, poziome okno na całej długości pomieszczenia. Dlatego ważne było, aby naszkicować prawdziwy stan na ziemi i pozycję przyjętą przez program. W ten sposób użytkownik programu obliczył równoważność powierzchni paska w stosunku do otworu. Rysunek 10.1 przedstawia jeden z tych szkiców. Transmitancja szkła wynosiła 5 W/m2oC (patrz: Koenigsberger *i in., 1973, str.* 288), a współczynnik wzmocnienia słonecznego 0,75 (patrz: Koenigsberger *i in.*, 1973, str. 79).

Dane społeczne to normy i oczekiwania użytkowników i innych zainteresowanych stron w odniesieniu do komfortu cieplnego i innych cech charakterystycznych przestrzeni lub budynku. Są one związane z literaturą i normami z norm ISO (ISO 7345 1996, ISO 7726 2001 i ISO 7730 1995), Kenya Bureau of Standards (2007), British and American Standards. Informacje zostały uzyskane podczas badań terenowych i obserwacji przez zespół badawczy. Projektowana temperatura wewnętrzna to temperatura oczekiwana przez użytkownika i Koenigsberger *i in.* (1973, s. 78) zaleca utrzymanie temperatury pokojowej na poziomie 20 stopni Celsjusza. Szybkość wentylacji okna w postaci liczby zmian powietrza na godzinę wynosiła 3 (patrz: Koenigsberger *i in.*, 1973, str. 78).

Wzorzec zajętości związany z wykorzystaniem przestrzeni pod względem czasu użytkowania, liczby użytkowników lub wyposażenia oraz aktywności. Ilość czasu spędzonego w pomieszczeniu (Obłożenie jednostki/dzień) została ustalona na 13,5 godziny na podstawie badań terenowych. Podobnie, liczba osób przebywających w pomieszczeniu wynosiła 2 osoby, wytwarzając ciepło o mocy 140 W na osobę (patrz: 2.1.2 Produkcja ciepła ciała - Koenigsberger *i in.*, 1973, str. 42). Liczba żarówek elektrycznych w pomieszczeniu wynosiła tylko 1, co zgodnie z pomiarami terenowymi wytworzyło ciepło 60 W na żarówkę.

Dane klimatyczne dla danego regionu uzyskano z wydziału lub stacji meteorologicznej dla kraju i badanego obszaru (patrz: Międzynarodowa Stacja Meteorologiczna Lotniska Jomo Kenyatta, Embakasi Nairobi - Kenijski Wydział Meteorologiczny, 1984, s. 61). Projektowana temperatura zewnętrzna została obliczona przez oprogramowanie i była to dzienna temperatura maksymalna dla danego miesiąca; w tym przypadku została ona ustalona na 23,6 stopnia Celsjusza. Promieniowanie padające na nienaświetloną ścianę zostało ustalone na 580 W na metr kwadratowy (patrz: Koenigsberger *i in.*, 1973, str. 79).

Pozycjonowanie geograficzne danych dla danego regionu uzyskano z wydziału lub stacji meteorologicznej dla kraju i badanego obszaru (patrz: Międzynarodowa Stacja Meteorologiczna Lotniska Jomo Kenyatta, Embakasi Nairobi - Kenijski Wydział Meteorologiczny, 1984, s. 61). Nazwa stacji brzmiała: Nairobi Jomo Kenyatta International Airport Meteorological Station, numer stacji 91.36/168, szerokość geograficzna 01.19 południe, długość geograficzna 36.55 wschód i wysokość 1624 metrów nad poziomem morza. Podstawowa temperatura klimatyczna została zaczerpnięta z dziennika rejestratora danych w miesiącu, w którym prowadzono rejestry temperatury. Dane temperaturowe dla działki 41, która była willą podstawową zwróconą na ogół w kierunku północ-południe, zostały wprowadzone w czerwcu.

Po zakończeniu wprowadzania danych do Księgi zapytań oprogramowania Ebenergy Software przetworzył dane i obliczył współczynnik komfortu dla analizowanej powierzchni lub budynku. Wynik Komfortu dla danych dotyczących willi w partii 1 (Urban Built Form Analysis, Mature Architecture) był ujemny i wynosił 16,4 kilowatogodziny (KWh). Oznacza to, że potrzeba około 17 kilowatogodzin chłodzenia w przestrzeni, aby utrzymać komfort przy projektowanej temperaturze wewnętrznej 20 stopni Celsjusza w czerwcu i temperaturze zewnętrznej 23,6 stopnia Celsjusza.

Wartość ujemna (-ve) oznaczała, że pomieszczenie lub budynek wymagał chłodzenia w celu przywrócenia równowagi, natomiast wartość dodatnia (+ve) oznaczała, że pomieszczenie lub budynek wymagał ogrzewania w celu przywrócenia równowagi o równoważnej wartości. Można sprawdzać i symulować różne scenariusze, zmieniając zmienne, co stanowi narzędzie do pracy symulacyjnej, takie jak podstawa do badania formy zabudowy miejskiej.

Po wypełnieniu arkusza skonsolidowanego (Dane willi partia 1, Działka nr 41 Rejestratora 1, Salonik Lokalizacyjny), oprogramowanie Ebenergy Software permutowało drugi arkusz w celu obliczenia średniej tygodniowej (Kolumna) i średniej dziennej (Rzędy). Należy zauważyć, że dane dotyczące wilgotności względnej również zostały opracowane, jednak nie wchodzą one w zakres niniejszego badania, chociaż są dostępne dla innych badaczy.

Zaokrąglenia liczb w arkuszu podsumowującym (Partia 1: Dane willi - Ebrahim, 2017, s. 355) zostały automatycznie zaktualizowane dla danych Average Logger 1 (Ave Logl 41 Lounge). Inne informacje pochodzące z innych kwartałów oprogramowania innych rejestratorów uzupełniły obraz.

Informacje z innych arkuszy kalkulacyjnych zostały wykorzystane do przeprowadzenia Analizy Zmian Mikro-Temperaturowych (Batch 1 Villa Data) i automatycznie opracowały arkusz kalkulacyjny gotowy do analizy Obserwacji dla partii 1. W ramach badania opracowano arkusze obserwacji dla różnych partii danych zebranych w oparciu o projekt partii, a następnie przeprowadzono analizę tych samych danych.

## 10.3 DZIENNIK GROMADZONYCH DANYCH

Dane cyfrowe zostały wprowadzone do arkusza kalkulacyjnego Dziennika Danych (Partia 1, Villas Data Logger 1 działka nr 41 Lounge Consolidated Sheet) oprogramowania Ebenergy Software.

Tabela 10.2 przedstawia dane tabelaryczne rejestrowane dla Loggera 2 (Działka 41 Zewnętrzna) w tygodniu od 8 do 15 czerwca 2013 roku. Kolumna tabeli oznaczona jako "Zaokrąglenie (41 Zewnętrzne)" przedstawia dane zebrane dla Działki 41 na terenie ogrodu dla dwudziestoczterogodzinnego cyklu dziennego.

Tabela 10.2: Pokazanie tabelarycznych danych dotyczących temperatur rejestrowanych dla rejestratora 2 (Wykres 41 Zewnętrzny) w tygodniu od 8 do 15 czerwca 2013.

Źródło: Zmodyfikowany z Ebrahima (2017, s. 315 - 316).

| Czas (LMT) (Godziny) | Czerwiec 2013 r. (°C) | | | | | | | | | |
|---|---|---|---|---|---|---|---|---|---|---|
| | Sat 8 | Słońce 9 | Mon 10 | Tue 11 | Ślub 12 | Thu 13 | 14 lutego | Sat 15 | Średnia tygodniowa | Zaokrąglenie (41 Ext) |
| 0.00 | | 19.0 | 19.0 | 19.0 | 18.3 | 19.4 | 17.5 | 16.8 | 18.44 | 18.4 |
| 1.00 | | 18.3 | 18.7 | 19.0 | 17.1 | 18.3 | 16.8 | 17.1 | 17.9 | 17.9 |
| 2.00 | | 17.1 | 18.3 | 18.3 | 16.8 | 18.3 | 16 | 17.1 | 17.41 | 17.4 |

Tabela 10.2: Kontynuuje.

| | | | | | | | | | | |
|---|---|---|---|---|---|---|---|---|---|---|
| 3.00 | | 16.8 | 18.3 | 18.3 | 17.1 | 18.3 | 15.6 | 17.5 | 17.4 | 17.4 |
| 4.00 | | 16 | 17.9 | 17.9 | 17.1 | 17.5 | 15.2 | 17.1 | 17 | 17 |
| 5.00 | | 15.6 | 17.9 | 17.5 | 16.4 | 17.1 | 14.5 | 16.8 | 16.54 | 16.5 |
| 6.00 | | 15.2 | 17.5 | 17.5 | 16.4 | 17.1 | 14.1 | 16.8 | 16.4 | 16.4 |
| 7.00 | | 14.9 | 17.5 | 17.5 | 16.8 | 16.8 | 14.5 | 16.8 | 16.4 | 16.4 |
| 8.00 | | 16.4 | 17.9 | 17.5 | 17.9 | 17.1 | 16.8 | 16.8 | 17.19 | 17.2 |
| 9.00 | | 21.7 | 17.9 | 19.0 | 19.8 | 18.3 | 19.8 | 17.9 | 19.2 | 19.2 |
| 10.00 | | 25.2 | 18.7 | 24.0 | 29.5 | 20.6 | 25.6 | 20.6 | 23.4 | 23.4 |
| 11.00 | | 28.3 | 21 | 26.3 | 26.7 | 24.4 | 37.4 | 19.0 | 26.2 | 26.2 |
| 12.00 | 26.7 | 28.3 | 23.2 | 27.1 | 29.1 | 24.4 | 38.3 | 21.7 | 27.37 | 27.4 |
| 13.00 | 31.9 | 30.3 | 25.6 | 25.6 | 33.6 | 25.6 | 38.3 | 25.2 | 29.5 | 29.5 |
| 14.00 | 31.5 | 30.7 | 25.6 | 24.4 | 31.9 | 29.5 | 31.9 | 26.3 | 28.99 | 29 |
| 15.00 | 29.9 | 29.1 | 25.6 | 24.8 | 28.3 | 26.3 | 29.9 | 27.9 | 27.73 | 27.7 |
| 16.00 | 28.3 | 27.9 | 24.0 | 24.0 | 26.7 | 24.4 | 26.3 | 27.9 | 26.2 | 26.2 |
| 17.00 | 27.1 | 26.3 | 23.2 | 22.1 | 25.6 | 24.4 | 25.2 | 24.8 | 24.84 | 24.8 |
| 18.00 | 25.6 | 24.0 | 22.1 | 21.3 | 23.6 | 22.1 | 23.6 | 22.9 | 23.15 | 23.2 |
| 19.00 | 24.0 | 22.9 | 21 | 20.2 | 22.1 | 20.2 | 22.9 | 22.1 | 21.91 | 21.9 |
| 20.00 | 22.3 | 22.5 | 20.6 | 19.8 | 21.3 | 19.4 | 18.3 | 21.3 | 20.71 | 20.7 |
| 21.00 | 21.7 | 21 | 19.8 | 19.0 | 21 | 18.7 | 17.1 | 21 | 19.90 | 19.9 |
| 22.00 | 20.6 | 19.8 | 19.8 | 19.0 | 21 | 18.7 | 17.1 | 21 | 19.62 | 19.6 |
| 23.00 | 20.2 | 19.4 | 19.4 | 18.7 | 19.8 | 17.5 | 17.1 | 20.6 | 19.09 | 19.1 |
| 24.00 | 19.0 | 19.0 | 19.0 | 18.3 | 19.4 | 17.5 | 16.8 | 20.6 | 18.71 | 18.7 |
| Przeciętny: | 25.3 | 21.8 | 20.4 | 20.7 | 22.1 | 20.5 | 21.9 | 20.5 | 21.25 | 21.2 |

Tabela 10.3: Pokazanie tabelarycznych średnich temperatur rejestrowanych dla rejestratora 2 (Wykres 41 Zewnętrzny) za miesiąc czerwiec.

Źródło: Zmodyfikowany z Ebrahima (2017, s. 316 - 317).

| **Czas (LMT) (Godziny)** | **Powierzchnia 41 (Zewnętrzna) Temperatura (41) ($^{o}C$)** | **Uwagi** |
|---|---|---|
| 0.00 | 18.4 | T41 $_{0.00}$ |

Tabela 10.3: Kontynuacja.

| | | |
|---|---|---|
| 1.00 | 17.9 | |
| 2.00 | 17.4 | |
| 3.00 | 17.4 | |

| 4.00 | 17 | |
|---|---|---|
| 5.00 | 16.5 | |
| 6.00 | 16.4 | |
| 7.00 | 16.4 | T41 Min |
| 8.00 | 17.2 | |
| 9.00 | 19.2 | |
| 10.00 | 23.4 | |
| 11.00 | 26.2 | |
| 12.00 | 27.4 | |
| 13.00 | 29.5 | T41 Max |
| 14.00 | 29 | |
| 15.00 | 27.7 | |
| 16.00 | 26.2 | |
| 17.00 | 24.8 | |
| 18.00 | 23.2 | |
| 19.00 | 21.9 | |
| 20.00 | 20.7 | |
| 21.00 | 19.9 | |
| 22.00 | 19.6 | |
| 23.00 | 19.1 | |
| 24.00 | 18.7 | T41 24.00 |
| Średnia | 21.2 | T41 Ave |

W tabeli 10.3 przedstawiono dane tabelaryczne dotyczące średnich temperatur rejestrowanych dla rejestratora 2 (Wykres 41 Zewnętrzny) za miesiąc czerwiec. Zauważ, że temperatury dla godzin 0,00 i 24,00 są prawie takie same (18,7 - 18,4 = 0,3 stopnia Celsjusza), a minimalne temperatury dla Działki 41 (Zewnętrzna) zostały osiągnięte o 7,00 godzin (16,4 stopnia Celsjusza), a maksymalne o 13,00 godzin (29,5 stopnia Celsjusza).

## 10.4 DANE STACJI METEOROLOGICZNEJ

Statystyki klimatologiczne Kenii uzyskane z kenijskiego departamentu meteorologicznego (1984) obejmują informacje klimatyczne dla danych do 1980 r. (Wydrukowano 1984) dla blisko 100 stacji w Kenii; Nairobi jest wymienione jako posiadające pięć stacji: Główna Stacja Meteorologiczna (Dagoretti: Kenijski Departament Meteorologiczny, 1984, str. 60), Stacja Meteorologiczna Międzynarodowego Portu Lotniczego Jomo Kenyatta (Embakasi, Kenijski Departament Meteorologiczny, 1984, str. 61), Laboratoria Narodowe (Kenijski

Departament Meteorologiczny, 1984, str. 62), Stacja Meteorologiczna Portu Lotniczego Wilson (Kenijski Departament Meteorologiczny, 1984, str. 63) i Stacja Obserwacyjna Kabete (Kenijski Departament Meteorologiczny, 1984, str. 64).

Statystyka klimatologiczna została wykorzystana do przygotowania analizy klimatycznej, a także bioklimatycznej dla badanego regionu (Ebrahim, 2017). Badacz wybrał miejsce informacyjne w pobliżu miejsca badania, w tym przypadku najbardziej odpowiednią wydawała się Międzynarodowa Stacja Meteorologiczna Lotniska Jomo Kenyatta (Embakasi), która została wykorzystana do tego badania.

Międzynarodowe Lotnisko Jomo Kenyatta (Embakasi) Statystyki klimatologiczne stacji są podane jako Nazwa stacji Nairobi (JKIA), Numer stacji 91.36/168, szerokość 01o 19'S Długość 36o 55'S, wysokość 5327 stóp lub 1624 metrów. Od tego momentu dane meteorologiczne Międzynarodowego Portu Lotniczego Jomo Kenyatta są wykorzystywane jako punkt odniesienia dla regionu Komarock.

Tabela 10.4 przedstawia dane krytyczne wprowadzane do oprogramowania Ebenergy Software dla analizy i oznaczenia danych pierwotnych w odniesieniu do zmiennej zależnej. Należy zauważyć, że stacja meteorologiczna dostarczyła dane dla pór dnia w oparciu o średni czas Greenwich (GMT), który jest zazwyczaj opóźniony o trzy godziny w stosunku do średniego czasu lokalnego (LMT) dla Kenii. Dane dotyczące temperatury w stopniach Celsjusza zostały dostarczone dla 500 średniego czasu lokalnego (LMT), w którym odnotowano minimalne średnie temperatury, temperatury żarówek suchych dla 900, maksymalne średnie temperatury dla 1300 i temperatury żarówek suchych dla 1500 średniego czasu lokalnego (LMT) dla każdego z dwunastu miesięcy w roku. Pokazuje to również, że ogólnie rzecz biorąc, najcieplejszym miesiącem w roku był marzec, podczas gdy lipiec odnotował najzimniejsze średnie temperatury.

Tabela 10.4: Pokazanie tabelarycznych danych dotyczących średniej miesięcznej temperatury dla Jomo Kenyatta International Airport Embakasi za okres 1959-1980 wykorzystanych jako temperatura bazowa.

Źródło: Zaadaptowane z kenijskiego oddziału meteorologicznego (1984, s. 61).

| **Miesiąc** | **Temperatura Minimalna** (TMin) (oC) | **Temperatura Suchej żarówki** (T9.00) (oC) | **Temperatura maksymalna** (TMax) (oC) | **Temperatura Suchej żarówki** (T15.00) (oC) | **Uwagi** |
|---|---|---|---|---|---|
| **Czas (LMT)** | **5.00** | **9.00** | **13.00** | **15.00** | |
| Styczeń | 11.9 | 18.3 | 26.6 | 25.5 | |
| Luty | 12.4 | 18.6 | 27.7 | 26.6 | |
| Marzec | 13.2 | 18.6 | 27.6 | 26.4 | Najgorętszy miesiąc |

Tabela 10.4: Kontynuacja.

| | | | | | |
|---|---|---|---|---|---|
| Kwiecień | 14.5 | 18.2 | 26.0 | 24.7 | |
| Maj | 13.5 | 17.4 | 24.6 | 23.4 | |
| Czerwiec | 11.5 | 15.7 | 23.6 | 22.5 | Miesiąc studiów |

| Lipiec | 10.7 | 14.8 | 22.5 | 21.4 | Najzimniejszy miesiąc |
|---|---|---|---|---|---|
| Sierpień | 10.8 | 15.0 | 23.1 | 21.9 | |
| Wrzesień | 11.0 | 16.2 | 25.6 | 24.4 | |
| Październik | 12.6 | 18.0 | 26.7 | 25.5 | |
| Listopad | 13.3 | 17.7 | 25.2 | 23.8 | |
| Grudzień | 12.7 | 18.1 | 25.5 | 24.4 | |

## 10.5 SZABLON TEMPERATUROWY

Cztery punkty danych temperaturowych dostarczone przez lokalną stację meteorologiczną były niewystarczające do sporządzenia dziennego obrazu rozkładu temperatur dla dwudziestoczterogodzinnego dnia oraz do analizy konkretnego miesiąca w danym regionie klimatycznym. W tradycyjnych szkołach architektury dzienne przebiegi temperatur są ręcznie wykreślane na wykresie i poprzez ekstrapolację uzyskuje się dzienny okrąg temperatur. Jest to zarówno uciążliwe, jak i niezmiernie niedokładne dla prac badawczych w cyfrowym świecie. Dlatego też w trakcie badań podjęto decyzję o wykorzystaniu koncepcji Szablonu Temperatury. Algorytm oprogramowania Temperature Template wykorzystuje linie proste do połączenia czterech wymienionych punktów współrzędnych i ustanawia dwa inne punkty podane przez współrzędne X 0 i 24 godziny. W przypadku czerwca, współrzędne Y zostały ustalone jako takie same na 15,4 stopnia Celsjusza.

Tabela 10.5 przedstawia tabelaryczne temperatury bazowe dla miesiąca czerwca wygenerowane przez Podręcznik Wzorca Temperatury oprogramowania Ebenergy. Dzięki dostępności tabelarycznego dobowego cyklu temperatur (szeregów czasowych temperatur) dla różnych miesięcy roku, w których na terenie obiektu zbierano dane temperaturowe oraz wygenerowanych dobowych temperatur bazowych dla tych samych punktów danych, możliwe było obliczenie zmiany temperatury na poziomie mikro 1,5 metra nad ziemią dla różnych powierzchni, z których pobierano próbki, oraz dla otwartych przestrzeni zbudowanych z formy zmiennej co godzinę, a także obliczenie średniej zmiany temperatury w skali mikro dla tej konkretnej powierzchni.

Tabela 10.5: Pokazanie tabelarycznych temperatur bazowych dla miesiąca czerwiec wygenerowanych przez Template Workbook oprogramowania Ebenergy.

Źródło: Zmodyfikowany z Ebrahima (2017, s. 318 - 319).

| **Czas (LMT) (Godziny)** | **Temperatura bazowa (Do) (°C)** | **Uwagi** |
|---|---|---|
| 0.00 | 15.4 | Do 0,00 |
| 1.00 | 14.6 | |

Tabela 10.5: Kontynuacja.

| 2.00 | 13.9 | |
|---|---|---|
| 3.00 | 13.1 | |
| 4.00 | 12.3 | |

| 5.00 | 11.5 | Do Min |
|---|---|---|
| 6.00 | 12.6 | |
| 7.00 | 13.6 | |
| 8.00 | 14.7 | |
| 9.00 | 15.7 | Do 9.00 |
| 10.00 | 17.7 | |
| 11.00 | 19.7 | |
| 12.00 | 21.6 | |
| 13.00 | 23.6 | Do Maxa |
| 14.00 | 23.1 | |
| 15.00 | 22.5 | Do 15.00 |
| 16.00 | 21.7 | |
| 17.00 | 20.9 | |
| 18.00 | 20.1 | |
| 19.00 | 19.4 | |
| 20.00 | 18.6 | |
| 21.00 | 17.8 | |
| 22.00 | 17 | |
| 23.00 | 16.2 | |
| 24.00 | 15.4 | Do 24.00 |
| Przeciętny: | 17.3 | Do Ave |

Tabela 10.6 przedstawia dane wynikowe zalogowane dla Loggera 2 (Ścieżka 41 Zewnętrzna) dla tygodnia [8-15] czerwca 2013 r. oraz tabelaryczne temperatury bazowe dla miesiąca czerwca. Na wykresie 41 uzyskano wynik zmiany temperatury w skali mikro o 3,9 stopnia Celsjusza, a wyniki dla pozostałych dwudziestu dziewięciu powierzchni, z których pobrano próbki na obszarze badań, przedstawiono w Tabeli 10.7.

Tabela 10.6: Pokazanie wynikowych danych tabelarycznych zarejestrowanych dla Loggera 2 (Wykres 41 Zewnętrzny) dla tygodnia od 8 do [15] czerwca 2013 r. oraz tabelarycznych temperatur bazowych dla miesiąca czerwca.

Źródło: Zmodyfikowany z Ebrahima (2017, s. 319 - 320).

| **Czas (LMT) (Godziny )** | **Działka 41 (Zewnętrzna) Temperatura (41) (oC)** | **Temperatura bazowa czerwiec (Do) (oC)** | **Zmiana mikrotemperatury (41 - Do) (oC)** | **Uwagi** |
|---|---|---|---|---|
| 0.00 | 18.4 | 15.4 | 3.0 | Do 0.00 i T41 0.00 |
| 1.00 | 17.9 | 14.6 | 3.3 | |
| 2.00 | 17.4 | 13.9 | 3.5 | |
| 3.00 | 17.4 | 13.1 | 4.3 | |
| 4.00 | 17 | 12.3 | 4.7 | |
| 5.00 | 16.5 | 11.5 | 5 | Do Min |
| 6.00 | 16.4 | 12.6 | 3.9 | |
| 7.00 | 16.4 | 13.6 | 2.8 | T41 Min |
| 8.00 | 17.2 | 14.7 | 2.6 | |
| 9.00 | 19.2 | 15.7 | 3.5 | Do 9.00 |
| 10.00 | 23.4 | 17.7 | 5.7 | |
| 11.00 | 26.2 | 19.7 | 6.6 | |
| 12.00 | 27.4 | 21.6 | 5.8 | |
| 13.00 | 29.5 | 23.6 | 5.9 | Do Maxa |
| 14.00 | 29 | 23.1 | 6.0 | |
| 15.00 | 27.7 | 22.5 | 5.2 | Do 15.00 |
| 16.00 | 26.2 | 21.7 | 4.5 | |
| 17.00 | 24.8 | 20.9 | 3.9 | |
| 18.00 | 23.2 | 20.1 | 3.1 | |
| 19.00 | 21.9 | 19.4 | 2.5 | |
| 20.00 | 20.7 | 18.6 | 2.1 | |
| 21.00 | 19.9 | 17.8 | 2.1 | |
| 22.00 | 19.6 | 17 | 2.6 | |
| 23.00 | 19.1 | 16.2 | 2.9 | |
| 24.00 | 18.7 | 15.4 | 3.3 | Do 24.00 i T41 24.00 |

Tabela 10.6: Kontynuacja.

| Przeciętn y: | 21.2 | 17.3 | 3.9 | TAve |
|---|---|---|---|---|

Tabela 10.7: Wynikająca z tego zmiana mikro-temperatury dla 30 działek w okresie od 8 czerwca 2013 r. do [19] września 2015 r.

Źródło: Zmodyfikowany z Ebrahima (2017, s. 321 - 322).

| **Pozycja** | **Działka nr.** | **Zmiana mikrotemperaturowa (°C)** | **Uwagi** |
|---|---|---|---|
| 1 | 237 | 4.2 | |
| 2 | 234 | 2.8 | |
| 3 | 137 | 1.8 | |
| 4 | 74 | 2 | |
| 5 | 99 | 1.4 | Do Min |
| 6 | 125 | 2.9 | |
| 7 | 41 | 3.9 | |
| 8 | 211 | 1.5 | |
| 9 | 133 | 3.3 | |
| 10 | 54 | 2.8 | |
| 11 | 225 | 6.7 | |
| 12 | 48 | 2.7 | |
| 13 | 79 | 1.6 | |
| 14 | 109 | 3.3 | |
| 15 | 142 | 7.2 | Do Maxa |
| 16 | 233 | 3.5 | |
| 17 | 34 | 5.6 | |
| 18 | 122 | 1.7 | |
| 19 | 218 | 3.8 | |
| 20 | 10 | 3.1 | |
| 21 | 16 | 4.2 | |
| 22 | 180 | 3.5 | |
| 23 | 158 | 3 | |
| 24 | 172 | 3.5 | |
| 25 | 164 | 4.1 | |

Tabela 10.7: Kontynuuje.

| | | | |
|---|---|---|---|
| 26 | 68 | 3 | |
| 27 | 71 | 3.7 | |
| 28 | 19 | 3.3 | |

| 29 | 77 | 5.5 | |
|---|---|---|---|
| 30 | 220 | 3.1 | |
| Przeciętny: | | 3.4 | Do Ave |

Średnia zmiana mikrotemperatury dla działek dla osiedla Komarock Infill B w okresie od 8 czerwca 2013 r. do [19] września 2015 r. wyniosła 3,4 stopnia Celsjusza, natomiast dla działki 99 - minimum 1,4 stopnia Celsjusza, a dla działki 142 - maksimum 7,2 stopnia Celsjusza.

W tabeli 10.8 przedstawiono zmiany mikrotemperaturowe pobierane w obszarze badań dla szesnastu otwartych przestrzeni. Średnia zmiana mikro-temperatury dla otwartych przestrzeni dla Osiedla Komarock Infill B w okresie od 8 czerwca 2013 r. do [19] września 2015 r. wynosiła 3,7 stopnia Celsjusza, podczas gdy wyniki Open Space R9 pokazują minimum 1,6 stopnia Celsjusza, a Open Space OG8 maksimum 7,5 stopnia Celsjusza. Każda z 30 próbkowanych działek i 16 otwartych przestrzeni zbierała dane w 15 wsadach, informując, że zmiana mikrotemperatury była zależna od zmiennej Y w stopniu Celsjusza i miała odpowiadającą jej znaczącą i nieistotną niezależną zmienną X zbudowanej formy.

Tabela 10.8: Pokazanie wynikającej z tego zmiany mikrotemperatury dla 16 otwartych przestrzeni w okresie od 8 czerwca 2013 r. do [19] września 2015 r.

Źródło: Zmodyfikowany z Ebrahima (2017, s. 322).

| **Pozycja** | **Open Space Nie.** | **Zmiana mikrotemperaturowa (oC)** | **Uwagi** |
|---|---|---|---|
| 1 | OG3 | 3.8 | |
| 2 | OG3 | 2.4 | |
| 3 | OG4 | 2.6 | |
| 4 | OG5 | 3.8 | |
| 5 | OG12 | 4 | |
| 6 | OG14 | 3.3 | |
| 7 | OG13 | 4.1 | |
| 8 | OG14 | 3.9 | |
| 9 | OG8 | 7.5 | Do Maxa |
| 10 | R1 | 2.9 | |

Tabela 10.8: Kontynuacja.

| 11 | R6 | 5.5 | |
|---|---|---|---|
| 12 | R9 | 1.6 | Do Min |
| 13 | R11 | 2.9 | |
| 14 | R15 | 3.4 | |

| | | | |
|---|---|---|---|
| 15 | P6 | 2 | |
| 16 | P3 | 6 | |
| Przeciętny: | | 3.7 | Do Ave |

## 10.6 SZCZEGÓŁY DOTYCZĄCE DZIAŁKI WSADOWEJ

Rysunki zebranych danych zostały przygotowane dla 30 partii w celu zabezpieczenia danych i zapewnienia możliwości łatwego dostępu do informacji podczas procesu cyfryzacji (Załącznik 1: Tabela rysunków - Ebrahim, 2017, s. 353). Szczegóły dotyczące powierzchni wsadowej są wyświetlane jako szczegóły powierzchni, na przykład partia 1 (Rysunek 10.2: Rysunek 2 - Załącznik 1: Tabela rysunków - Ebrahim, 2017, s. 355) jest pojedynczym arkuszem, który zawiera wszystkie istotne informacje o wsadach dla ułatwienia odniesienia i pokazuje szczegóły dotyczące otwartej przestrzeni (Rysunek 1), szczegóły dotyczące klastra 4 (Rysunek 2), szczegóły dotyczące klastra 5 (Rysunek 3), plan lokalizacji klastrów (Rysunek 4) oraz analizę zmiennych zależnych i niezależnych (Rysunek 5). Wszystkie informacje zebrane o wsadach, skupiskach, zmiennych, działkach itp. były zatem w jednym miejscu do wykorzystania na etapie analizy danych.
Szczegóły dotyczące otwartej przestrzeni pokazano na Rysunku nr 2 na Rysunku nr 1 (Załącznik 1: Tabela rysunków - Ebrahim, 2017, s.355).), zaczynając od górnej części wykresu z numerem klastra (np. nr 1A), kodem kolorystycznym i opisem klastra (np. Klaster 1A: Open Ground), całkowitą liczbą otwartych przestrzeni w obrębie klastra (np. nr 14), wyjaśnieniem klastra (np. 10% całkowitej powierzchni jest zwykle przeznaczane na obiekty użyteczności publicznej, usługi społeczne i usługi), opisem (np. Open Ground) i planem lokalizacji (np. OG3) pokazującym lokalizację i kontekst próbki.

Szczegóły dotyczące klastra, na przykład klaster 4 są pokazane na Rysunku nr 2 (Załącznik 1: Tabela rysunków - Ebrahim, 2017, s. 355).), zaczynając od góry wykresu z numerem klastra (nr 4), kodem kolorystycznym i opisem klastra (klaster 4: Villa Basic - N - S Orientacja), całkowitą liczbą działek w klastrze (nr 61), stosunkiem liczby próbek do całkowitej liczby działek w klastrze wyrażonym w procentach (25,4%), wyjaśnieniem klastra (Mniejsza jednostka w "Orientacji Pożądanej"), opisem (Villa Basic na N - S Orientacja) oraz planem piętra, przekroju i planu dachu pokazującym lokalizację i kontekst próby.

Podobnie szczegóły dla klastra 5 są przedstawione na wykresie 3 rysunku nr 2 (załącznik 1: Tabela rysunków - Ebrahim, 2017, s. 355).), zaczynając od góry wykresu z numerem klastra (nr 5), kodem kolorystycznym i opisem klastra (klaster 5: Villa Basic - E - W Orientacja), całkowitą liczbą działek w klastrze (nr 59), stosunkiem próby do całkowitej liczby działek w klastrze wyrażonym procentowo (24,6 %), wyjaśnieniem klastra (Mniejsza jednostka w "Orientacji niepożądanej"), opisem (Villa Basic na Orientacji E - W) oraz planem piętra, przekroju i dachu pokazującym lokalizację i kontekst próby. Plany lokalizacyjne klastrów pokazano na Rys. 4 Rysunku nr 2 (Załącznik 1: Tabela rysunków - Ebrahim, 2017, str.355) i zostały one wykorzystane jako plan główny jako podstawa odniesienia.
Zależną i niezależną analizę zmiennych przedstawiono na Rysunku nr 2 (Załącznik 1: Tabela rysunków - Ebrahim, 2017, s. 355) z głównymi kolumnami pokazującymi zgrupowanie i szczegóły podsumowania, podkolumnami pokazującymi element lub obliczenia, jednostki i sumy, natomiast wiersze wyświetlane przede wszystkim Dane

zgrupowania 1, Dane zgrupowania 4, Dane zgrupowania 5 i Analiza zmian mikrotermicznych.

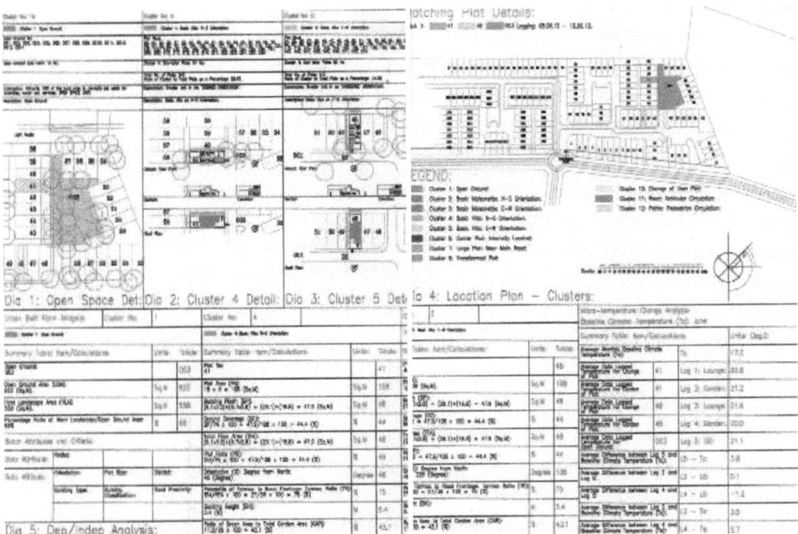


Rysunek 10.2: Partia 1 - Szczegóły działki.

Źródło: Zmodyfikowany z Ebrahima (2017, s. 355).

Skonsolidowany arkusz podsumowujący wsad (Rysunek 1 - Załącznik 1: Tabela rysunków - Ebrahim, 2017, s. 354) zawiera wszystkie istotne informacje o wsadach dla ułatwienia odniesienia oraz kolumny z numerami klastrów i powierzchni, a także wiersze przedstawiające dane zgrupowane w arkuszu podsumowującym, atrybuty danych, postawy danych, dane dotyczące zmiennych formy urbanistycznej, dane dotyczące otwartej przestrzeni, dane dotyczące klimatu bazowego, dane dotyczące temperatury rejestrowanej w dzienniku i dane dotyczące zmian temperatury mikro.

## 10.7 SKONSOLIDOWANY PODRĘCZNIK WSADOWY I OPROGRAMOWANIE EBSTATÓW

Consolidated Batch Workbook (Batch 1, Villas Data, Micro-temperature Change Analysis) oprogramowania Ebstats Software jest cyfrową wersją analogowego skonsolidowanego arkusza streszczenia wsadu (Rysunek 1 - Załącznik 1: Tabela rysunków - Ebrahim, 2017, s. 354).

Ebstats Software jest cyfrowym statystycznym narzędziem analitycznym do analizy danych pierwotnych i wtórnych (Ebrahim, 2015 i 2018). Składa się ono głównie z trzech rodzajów skoroszytów, a mianowicie skoroszytów obowiązkowych, selektywnych i dodatkowych. Istniały dwa obowiązkowe skoroszyty, które stanowiły istotną część składową programu podstawowego, jak pokazano w tabeli 10.9.

W skonsolidowanym arkuszu podsumowującym skonsolidowano zarówno dane pierwotne, jak i wtórne do analizy. Była to przede wszystkim cyfrowa wersja analogowego skonsolidowanego arkusza podsumowania wsadowego (Rysunek 1 - Załącznik 1: Tabela rysunków - Ebrahim, 2017, s. 354). Arkusz podsumowujący analizę danych jest arkuszem podsumowującym statystyczną analizę danych, a w rzeczywistości stanowi podsumowanie wyników badania statystycznego.

Tabela 10.9: Wyświetlanie informacji wyświetlanych w Podręczniku Analogowym (Podręczniki obowiązkowe) oprogramowania Ebstats.

Źródło: Zaadaptowane z Ebrahima (2015).

| **Pozycja** | **Rodzaj podręcznika** | **Skrót** |
|---|---|---|
| 1 | Obowiązkowe podręczniki: | |
| 2 | Skonsolidowany arkusz podsumowujący | Suma kompromisów |
| 3 | Arkusz podsumowania analizy danych | D Suma analiz |

## 10.8 SKONSOLIDOWANY ARKUSZ PODSUMOWUJĄCY

W ramach badania zmierzono i skodyfikowano 30 działek i 16 otwartych przestrzeni, ścieżek i dróg w okresie od 8 czerwca 2013 r. do [19] września 2015 r., a dane zostały załadowane do formatu cyfrowego. Tabela 10.10 przedstawia część informacji, która jest wyświetlana w skonsolidowanym arkuszu zbiorczym oprogramowania Ebstats dla działki 41, a przede wszystkim analizuje dane związane z niezależnymi zmiennymi związanymi z formą zabudowy miejskiej oraz zmienną zależną związaną ze zmianą mikro-temperatury.

Tabela 10.10: Skonsolidowany arkusz podsumowujący oprogramowanie Ebstats.

Źródło: Zaadaptowane z Ebrahima (2017, s. 323 - 324).

| | | | | Miara Centralnej Tendencji | | | Miara dyspersji | | |
|---|---|---|---|---|---|---|---|---|---|
| Pozycja | Opis | Jednostka | Działka 41 | Mean | Mediana | Tryb | Minimum | Maksymalnie | Zasięg |

Tabela 10.10: Kontynuacja.

| | 1. Analiza Urban Built Form Analysis: | | | | | | | | |
|---|---|---|---|---|---|---|---|---|---|
| 2 | Działka nr. | Nie. | 41 | | | | | | |
| 3 | Dystrykt | | D1 | | | | | | |
| 4 | Węzeł | | | | | | | | |

| 5 | Edge | | Edge | | | | | | |
|---|---|---|---|---|---|---|---|---|---|
| 6 | Punkt orientacyjny | | | | | | | | |
| 7 | Ścieżka i droga | | | | | | | | |
| 8 | Typ budynku | M | 5.3 | 6.4 | 7.7 | 7.7 | 5.3 | 7.7 | 2.4 |
| 9 | Wielkość działki | M2 | 108 | 140 | 108 | 108 | 101 | 422.3 | 321.3 |
| 10 | Orientacja | Deg. | 46 | 171.2 | 136 | 136 | 46 | 316 | 270 |
| 11 | Bliskość drogi | M | 85.6 | 51.9 | 51.8 | 35.4 | 11.4 | 98.2 | 86.8 |
| 12 | Klasyfikacja budynków | M | 42 | 40.1 | 21 | 36 | 6 | 153 | 147 |
| 13 | Pokrycie naziemne | % | 44 | 47.6 | 44 | 44 | 23 | 86 | 63 |
| 14 | Stosunek liczby działek | % | 44 | 65.9 | 66 | 44 | 29 | 162 | 133 |
| 15. Analiza mikro-zmiany temperatury: June. | | | | | | | | | |
| 16 | Do | $^{o}C$ | 17.3 | 17.6 | 17.3 | 17.3 | 16.4 | 20 | 3.6 |
| 17 | Log 2 Ogród (L2) | $^{o}C$ | 21.2 | 21 | 22 | 22 | 18.8 | 24.7 | 5.9 |
| 18 | TΔ = L2 - Do | $^{o}C$ | 3.9 | 3.4 | 3 | 3 | 1.4 | 7.2 | 5.8 |
| 19 | Y9 | % | 22.5 | 19.5 | 17.9 | 8.7 | 8.5 | 39.8 | 31.3 |

*Wiersze* stanowią jednostkę miary do analizy, natomiast *kolumny* dają wyniki terenowe w odniesieniu do działki 41, pomiar tendencji centralnej (średnia, mediana i tryb) oraz pomiar rozproszenia (minimum, maksimum i zakres).

Numer wykresu przedstawia numer wykresu badanej próbki w odniesieniu do klastra, a odpowiedzią jest wykres nr 41.

Dzielnicą tej działki jest Dystrykt 1, w porównaniu z pozostałymi trzema dostępnymi.

Węzeł odnosi się do terenów otwartych i nie ma zastosowania do tej próbki.

Krawędź odnosi się do tego, czy działka jest działką narożną, krawędziową czy środkową, a działka 41 jest "działką krawędziową".

Obiekt odnosi się do szkół i sklepów, natomiast ścieżki i drogi dotyczą ścieżek i dróg na terenie osiedla, a obie nie dotyczą Działki 41.

Typ budynku odnosi się do wysokości budynku próbki i czy jest to maisonette, willa czy inny typ. Na działce 41 odnotowano wysokość budynku 5,3 metra w porównaniu z miarą tendencji centralnej dla osiedla średnią 6,4, medianą 7,7 i trybem 7,7 metra. Miara rozproszenia zmiennego typu budynku dla osiedla o wartościach minimalnych wynosiła 5,3, maksymalnych 7,7 i zasięgu 2,4 metra.

Zmienna wielkość działki odnosi się do powierzchni mierzonej w metrach kwadratowych, a działki zostały sklasyfikowane jako małe, średnie lub duże. Powierzchnia działki 41 wynosiła 108 metrów kwadratowych w porównaniu do miary osiedla o tendencji centralnej, przy średniej 140, medianie 108 i trybie 108 metrów kwadratowych, miara dyspersji osiedla dla zmiennej wielkości działki odnotowała minimalną wartość 101, maksymalną 422,3 i zakres 321,3 metrów kwadratowych.

Zmienną orientacyjną był pomiar zgodnie z ruchem wskazówek zegara w stopniach od północy magnetycznej, a działki były na ogół zorientowane na północ - południe lub wschód - zachód. Na działce 41 odnotowano 46 stopni w porównaniu z miarą tendencji centralnej dla nieruchomości o średniej 171,2, medianie 136 i trybie 136 stopni. Miarą rozproszenia zmiennej orientacyjnej dla działki były wartości minimalne 46, maksymalne 316 i zakres 270 stopni.

Bliskość drogi była odległością od głównej lub bocznej drogi, a działki były klasyfikowane jako narożne wewnętrzne, duże w pobliżu drogi lub podstawowej działki. Działka 41 znajdowała się w odległości 85,6 m od drogi głównej, w porównaniu ze średnią dla działki 51,9 m, medianą 51,8 m i trybem 51,8 m oraz miarami rozproszenia minimalnej bliskości drogi 11,4, maksymalnej 98,2 i zasięgu 86,8 m. Powierzchnia działki została zakwalifikowana jako narożna wewnętrzna, duża blisko drogi lub drogi podstawowej.

Klasyfikacja budynków związana była z szerokością rzędu budynków mieszkalnych, a budynki klasyfikowane były jako wolnostojące, w zabudowie bliźniaczej lub szeregowej. Pokrycie terenu stanowiło odcisk stopy domu na działce, natomiast stosunek powierzchni działki wskazywał na jej zagęszczenie.

Analiza zmian mikrotemperaturowych zidentyfikowała analizowany miesiąc, a w przypadku Działki 41 był to miesiąc czerwiec. Średnia miesięczna temperatura bazowa klimatu (To) dla miesiąca czerwca dla działki 41 wynosiła 17,3 stopnia Celsjusza, średnia miesięczna 17,6, mediana 17,3, tryb 17,3, minimum 16,4, maksimum 20 i zakres 3,6 stopnia Celsjusza.

Odczyty temperatury na terenie działki 41 podane są na podstawie średnich danych rejestrowanych dla ogrodu na działce (Log 2 Ogród: L2) i pokazują, że zarejestrowane temperatury wynosiły 21,2 stopnia Celsjusza, ze średnią 21, medianą 22, trybem 22, minimum 18,8, maksimum 24,7 i zakresem 5,9 stopnia Celsjusza. Średnia różnica pomiędzy rejestratorem 2 (L2) a bazową temperaturą klimatyczną ($T_O$) daje zmianę mikro-temperatury budynku (TΔ) dla danej działki.

Zmiana mikro-temperatury na Działce 41 wynosiła 3,9 stopnia Celsjusza, średnia 3,4, mediana 3, tryb 3, minimum 1,4, maksimum 7,2 i zakres 5,8 stopnia Celsjusza. Procentową zmianę mikrotemperatury uzyskano dzieląc zmianę mikrotemperatury budynku przez średnią miesięczną bazową temperaturę klimatu i wartość podaną w procentach.

## 10.9 PODSUMOWANIE ANALIZY DANYCH

Arkusz podsumowania analizy danych (D Analysis Sum) stanowi obowiązkowy podręcznik oprogramowania Ebstats i jest arkuszem podsumowania analizy danych statystycznych. Arkusz podsumowujący analizę danych jest w rzeczywistości podsumowaniem wyników ćwiczenia statystycznego, które było automatycznie aktualizowane wraz z każdym podsumowaniem poszczególnych podręczników Ebstats Software. Tabela 10.11 pokazuje część informacji wyświetlanych w arkuszu podsumowania analizy danych programu Ebstats Software związanych z danymi zebranymi do budowy zmiennych, natomiast tabela 10.12 została wykorzystana dla zmiennych typu open space.

Tabela 10.11: Wyświetlanie informacji o częściach wyświetlanych w zbiorze analiz danych programu Ebstats Software związanych z zebranymi danymi do budowy zmiennych.

Źródło: Zaadaptowane z Ebrahima (2017, s. 324 - 325).

| Pozycja | Działka nr. | X1 | X2 | X3 | X4 | X5 | X6 | X7 | Y |
|---|---|---|---|---|---|---|---|---|---|
| 1 | 237 | 46 | 36 | 22 | 7.7 | 108 | 37 | 71 | 4.2 |
| 2 | 234 | 46 | 36 | 45.8 | 7.7 | 108 | 51 | 84 | 2.8 |
| 3 | 137 | 46 | 24.5 | 65.8 | 7.7 | 101 | 40 | 75 | 1.8 |
| 4 | 74 | 136 | 18 | 35.4 | 7.7 | 108 | 37 | 71 | 2 |
| 5 | 99 | 136 | 153 | 83.5 | 7.7 | 108 | 37 | 71 | 1.4 |
| 6 | 125 | 136 | 43.5 | 83.5 | 7.7 | 108 | 37 | 71 | 2.9 |
| 7 | 41 | 46 | 42 | 85.6 | 5.3 | 108 | 44 | 44 | 3.9 |
| 8 | 211 | 46 | 36 | 35.6 | 5.3 | 108 | 44 | 44 | 1.5 |
| 9 | 133 | 46 | 30 | 76 | 5.3 | 108 | 44 | 44 | 3.3 |
| 10 | 54 | 226 | 42 | 72.5 | 5.3 | 108 | 57 | 57 | 2.8 |
| 11 | 225 | 224 | 36 | 38.5 | 5.3 | 108 | 45 | 45 | 6.7 |
| 12 | 48 | 136 | 39 | 37.7 | 5.3 | 108 | 44 | 44 | 2.7 |
| 13 | 79 | 136 | 153 | 77.8 | 5.4 | 108 | 44 | 44 | 1.6 |
| 14 | 109 | 226 | 45.1 | 46.4 | 5.4 | 127 | 66 | 66 | 3.3 |
| 15 | 142 | 136 | 57.5 | 43 | 6.4 | 108 | 62 | 82 | 7.2 |
| 16 | 233 | 316 | 45 | 71.5 | 5.3 | 127 | 47 | 47 | 3.5 |
| 17 | 34 | 136 | 6 | 93.6 | 7.7 | 164.4 | 40 | 75 | 5.6 |
| 18 | 122 | 226 | 6.5 | 98.6 | 5.3 | 169 | 29 | 29 | 1.7 |
| 19 | 218 | 316 | 18 | 26.5 | 5.3 | 132 | 37 | 37 | 3.8 |

Tabela 10.11: Kontynuacja.

| | | | | | | | | | |
|---|---|---|---|---|---|---|---|---|---|
| 20 | 10 | 316 | 24 | 28.8 | 5.3 | 144 | 63 | 63 | 3.1 |
| 21 | 16 | 316 | 21 | 23.5 | 7.7 | 171.4 | 23 | 44 | 4.2 |
| 22 | 180 | 316 | 49.4 | 28.8 | 7.7 | 165 | 40 | 62 | 3.5 |
| 23 | 158 | 46 | 42 | 80.4 | 7.7 | 165 | 24 | 46 | 3 |
| 24 | 172 | 316 | 73.3 | 31 | 7.7 | 159 | 45 | 62 | 3.5 |

| 25 | 164 | 316 | 73.3 | 31 | 5.3 | 159 | 30 | 30 | 4.1 |
|---|---|---|---|---|---|---|---|---|---|
| 26 | 68 | 46 | 12 | 68.4 | 6.2 | 108 | 74 | 106 | 3 |
| 27 | 71 | 46 | 6 | 51.8 | 6.2 | 108 | 86 | 162 | 3.7 |
| 28 | 19 | 205 | 8.1 | 11.4 | 5.3 | 422.3 | 83 | 83 | 3.3 |
| 29 | 77 | 226 | 17.8 | 52 | 7.7 | 132.3 | 47 | 77 | 5.5 |
| 30 | 220 | 226 | 10 | 12.3 | 7.7 | 240 | 70 | 141 | 3.1 |
| ΣX/n | Mean | 171.2 | 40.1 | 51.9 | 6.4 | 140 | 47.6 | 65.9 | 3.42 |
| | Skrót | Ẋ1 | Ẋ2 | Ẋ3 | Ẋ4 | Ẋ5 | Ẋ6 | Ẋ7 | Ẏ |

Należy zwrócić uwagę, że szczegóły dotyczące działek (kolumna 2) w porównaniu z orientacją budynku X1 w stopniach (kolumna 3), klasyfikacja budynku X2 w metrach (kolumna 4), bliskość drogi X3 w metrach (kolumna 5), typ budynku X4 w metrach (kolumna 6), wielkość działki X5 w metrach kwadratowych (kolumna 7), pokrycie terenu X6 w procentach (kolumna 8), stosunek powierzchni X7 w procentach (kolumna 9) i zmiana mikrotemperatury Y w stopniu Celsjusza (kolumna 10).

Tabela 10.12: Wyświetlanie informacji o częściach wyświetlanych w zeszycie podsumowującym analizę danych oprogramowania Ebstats w odniesieniu do zebranych danych dla zmiennych open space.

Źródło: Zaadaptowane z Ebrahima (2017, s. 325 - 326).

| Pozycja | Open Space Nie. | X8 | X9 | X10 | X11 | X12 | X13 | X14 | Y |
|---|---|---|---|---|---|---|---|---|---|
| 1 | OG3 | 46 | 91.9 | 85 | 81.8 | 45 | 822 | 68 | 3.8 |
| 2 | OG3 | 226 | 97.1 | 85 | 81.8 | 45 | 822 | 68 | 2.4 |
| 3 | OG4 | 46 | 75.4 | 87 | 86.6 | 39 | 1182 | 65 | 2.6 |
| 4 | OG5 | 46 | 24.9 | 90 | 45.9 | 19.1 | 349 | 50 | 3.8 |
| 5 | OG12 | 136 | 95 | 90 | 29.4 | 43.6 | 763 | 67 | 4 |
| 6 | OG14 | 46 | 80.4 | 80 | 48.8 | 43.5 | 1838 | 49 | 3.3 |
| 7 | OG13 | 46 | 76 | 86 | 65 | 30 | 738 | 80 | 4.1 |
| 8 | OG14 | 316 | 31 | 88 | 49 | 53 | 1838 | 49 | 3.9 |

Tabela 10.12: Kontynuacja.

| 9 | OG8 | 226 | 38.5 | 87 | 27 | 36 | 1071 | 75 | 7.5 |
|---|---|---|---|---|---|---|---|---|---|
| 10 | R1 | 136 | 40 | 80 | 58 | 23 | 276 | 42 | 2.9 |
| 11 | R6 | 226 | 50.1 | 82 | 40.4 | 18 | 270 | 40 | 5.5 |
| 12 | R9 | 136 | 83.5 | 80 | 39.3 | 67.9 | 815 | 50 | 1.6 |

| 13 | R11 | 316 | 32 | 80 | 35.5 | 45.1 | 541 | 50 | 2.9 |
|---|---|---|---|---|---|---|---|---|---|
| 14 | R15 | 46 | 31 | 80 | 22 | 48.5 | 582 | 50 | 3.4 |
| 15 | P6 | 316 | 50.5 | 55 | 0 | 39 | 117 | 100 | 2 |
| 16 | P3 | 226 | 74.5 | 55 | 51 | 42 | 126 | 100 | 6 |
| ΣX/n | Mean | 158.5 | 60.7 | 80.6 | 47.6 | 39.9 | 759.4 | 62.7 | 3.7 |
| | Skrót | $\dot{X}8$ | $\dot{X}9$ | $\dot{X}10$ | $\dot{X}11$ | $\dot{X}12$ | $\dot{X}13$ | $\dot{X}14$ | $\dot{Y}$ |

Należy zwrócić uwagę, że szczegóły dotyczące przestrzeni otwartych (kolumna 2) w porównaniu z orientacją przestrzeni otwartej X8 w stopniach (kolumna 3), bliskość drogi otwartej X9 w metrach (kolumna 4), kąt oświetlenia przestrzeni otwartej X10 w stopniach (kolumna 5), procentowy współczynnik zacienienia przestrzeni otwartej X11 (kolumna 6), długość przestrzeni otwartej X12 w metrach (kolumna 7), powierzchnia przestrzeni otwartej X13 w metrach kwadratowych (kolumna 8), procentowy współczynnik twardości krajobrazu przestrzeni otwartej X14 i zmiana mikrotermury Y w stopniu Celsjusza (kolumna 10).

Tabela 10.13 przedstawia część informacji wyświetlanych w podręczniku analizy danych programu Ebstats dotyczącym miar centralnej tendencji i rozproszenia dla zmiennych budowlanych, natomiast tabela 10.14 dotyczy zmiennych Open Space. Ogólnie rzecz biorąc, opis podsumowania zmiennych podał, jak były one analizowane za pomocą miar centralnej tendencji i rozproszenia, jednostek, średniej, mediany, trybu, wartości minimalnej, wartości maksymalnej i zakresu, są one przedstawione w wynikach badania.

Tabela 10.13: Podsumowująca analiza danych z podręcznika Ebstats Software related to Measures of Central Tendency and Dispersion for Building Variables.

Źródło: Zaadaptowane z Ebrahima (2017, s. 327).

| Pozycja | Opis | Jednostka | Mean | Mediana | Tryb | Minimum | Maksymalnie | Zasięg |
|---|---|---|---|---|---|---|---|---|
| Analiza zmiennych budowlanych | | | | | | | | |
| 1 | Typ budynku | M | 6.4 | 7.7 | 7.7 | 5.3 | 7.7 | 2.4 |
| 2 | Wielkość działki | M2 | 140 | 108 | 108 | 101 | 422.3 | 321.3 |
| 3 | Orientacja budowlana | Stopień naukowy | 171.2 | 136 | 136 | 46 | 316 | 270 |
| 4 | Budynek | M | 51.9 | 51.8 | 35.4 | 11.4 | 98.2 | 86.8 |

Tabela 10.13: Kontynuacja.

| | Bliskość drogi | | | | | | | |
|---|---|---|---|---|---|---|---|---|
| 5 | Klasyfikacja budynków | M | 40.1 | 21 | 36 | 6 | 153 | 147 |
| 6 | Pokrycie | % | 47.6 | 44 | 44 | 23 | 86 | 63 |

|  | naziemne |  |  |  |  |  |  |  |
|---|---|---|---|---|---|---|---|---|
| 7 | Stosunek liczby działek | % | 65.9 | 66 | 44 | 29 | 162 | 133 |
| 8 | Budynek Zmiana mikro-temperatury | oC | 3.4 | 3 | 3 | 1.4 | 7.2 | 5.8 |
| 9 | Budynek Zmiana mikro-temperatury | % | 19.5 | 17.9 | 8.6 | 8.5 | 39.8 | 31.3 |

Tabela 10.14: Podsumowanie analizy danych z podręcznika Ebstats Software związanego z Miarami Tendencji Centralnej i Rozproszenia dla Zmiennych Open Space.

Źródło: Zaadaptowane z Ebrahima (2017, s. 327 - 328).

| Pozycja | Opis | Jednostka | Mean | Mediana | Tryb | Minimum | Maksymalnie | Zasięg |
|---|---|---|---|---|---|---|---|---|
| Analiza zmiennych Open Space |  |  |  |  |  |  |  |  |
| 1 | Orientacja na przestrzeń otwartą | Stopień naukowy | 158.5 | 136 | 46 | 46 | 316 | 270 |
| 2 | Bliskość drogi w otwartej przestrzeni | M | 60.7 | 50.5 | 50.1 | 24.9 | 97.1 | 72.2 |
| 3 | Kąt świetlny | Stopień naukowy | 80.6 | 80 | 80 | 55 | 90 | 35 |
| 4 | Współczynnik zacienienia (Shading Coefficient) | % | 47.6 | 45.9 | 81.8 | 0 | 86.6 | 86.6 |
| 5 | Otwarta przestrzeń Długość | M | 39.9 | 39 | 39 | 18 | 67.9 | 49.9 |
| 6 | Open Space Area | M2 | 759.4 | 541 | 822 | 117 | 1838 | 1721 |
| 7 | Twardy Współczynnik Krajobrazowy (Hard Landscape Coefficient) | % | 62.7 | 65 | 50 | 40 | 100 | 60 |

Tabela 10.14: Kontynuacja.

| | | | | | | | | |
|---|---|---|---|---|---|---|---|---|
| 8 | Open Space Zmiana mikro-temperatury | oC | 3.7 | 3 | 3.8 | 1.6 | 7.5 | 5.9 |
| 9 | Open Space Zmiana mikro-temperatury | % | 21.1 | 17.7 | 22 | 8.5 | 41.4 | 32.9 |

## ROZDZIAŁ JEDENASTY: BADANIE PILOTAŻOWE

W rozdziale jedenastym poświęconym badaniom pilotażowym wyszczególniono arkusz obserwacji 1; ogólnie; dane surowe z badań terenowych; badanie zmian temperatury w skali mikro (zmienna zależna); oraz techniki symulacji. Cała część badania pilotażowego mogła zostać pominięta lub skrócona w niniejszych wytycznych i jest dostępna w całości z tekstu oryginalnego (Ebrahim, 2017, s. 131-138).

Istotne było obserwowanie i utrzymywanie ważności, wiarygodności i dokładności gromadzonych informacji, danych oraz ogólnej metodologii wybranej metodyki badawczej, aby spełnić oczekiwania i mandaty badania celów i pytań. W odniesieniu do narzędzi, sprzętu i metodologii zaleca się przeprowadzenie badań wstępnych, testowych i po testach wszystkich trzech urządzeń, na wszystkich poziomach i etapach badania (Mugenda & Mugenda, 2003, s. 95-113). W badaniu tym wykorzystano badanie pilotażowe do ustalenia zmiennych badawczych i list kontrolnych, co zostało ujęte w "Arkuszu obserwacji 1".

### 11.1 ARKUSZ OBSERWACJI 1

Obserwacje danych pierwotnych i wtórnych zostały zapisane w arkuszach obserwacji, a w badaniu wykorzystano te arkusze do zapisu danych zebranych w odniesieniu do partii, powierzchni i przestrzeni otwartych w celu ułatwienia inwentaryzacji, analizy i syntezy danych. Arkusz obserwacji 1 przedstawia stronę podsumowującą badania dotyczące zmian temperatury i formy zbudowanej Komarock (Partia 1, Działka 41, Działka 48 i Open Space OG3) przeprowadzone w okresie od 8 do [15] czerwca 2013 r.

Tabela 11.1: Pokazuje szczegóły dotyczące gromadzenia danych dla partii 1.

Źródło: Badanie terenowe (2013).

| Pozycja | Opis | Uwagi |
|---|---|---|
| 1 | INFORMACJE OGÓLNE: | Komarock Infill B, Nairobi. |
| 2 | PRZYKŁADOWY NUMER REFERENCYJNY: | Próbka 1A: |
| | CLUSTER: | 4: Działka Basic Villa N/S. |

| | NAZWA PRÓBEK: | Działka nr 41. |
|---|---|---|
| | NUMER PODŁOGOWY: | Pokój dzienny i ogród (Parter) |
| | ORIENTACJA: | N Facing (30 Deg). |
| 3 | PRZYKŁADOWY NUMER REFERENCYJNY: | Próbka 1B. |
| | CLUSTER: | 5: Willa Podstawowa E/W Działka. |
| | NAZWA PRÓBEK: | Działka nr 48. |
| | NUMER PODŁOGOWY: | Salon i ogród (Parter): |
| | ORIENTACJA: | E Fasada (120 Deg). |

Tabela 11.1: Kontynuuje.

| 4 | PRZYKŁADOWY NUMER REFERENCYJNY: | Próbka 1C: |
|---|---|---|
| | CLUSTER: | 1: Otwarty obszar: Zastępca. |
| | NAZWA PRÓBEK: | Open Ground: OG3. |
| | NUMER PODŁOGOWY: | Parter: Open Space: |
| | ORIENTACJA: | Wszechkierunkowy. |

W tabeli 11.1 przedstawiono szczegóły dotyczące gromadzenia danych dla partii 1. Arkusz obserwacji 1 może być omówiony jako ogólne, surowe dane z badań terenowych, badania zmian temperatury w skali mikro (zmienna zależna) oraz techniki symulacyjne.

## 11.2 OGÓLNE

Do pozyskania danych dla tej partii wykorzystano pięć rejestratorów danych (po dwa na działkę i jeden na otwartą przestrzeń). Rejestratory danych (Próbka 1A) znajdowały się w Salonie (Rejestrator 1) jednostki i w Ogrodzie (Rejestrator 2) działki, podobnie jak Rejestrator 3 (Salon: Próbka 1B) i Rejestrator 4 (Ogród: Próbka 1B), a ostatecznie Rejestrator 5 był przeznaczony do użytku na otwartej przestrzeni (Próbka 1C).

Rysunek 11.1: Pokazuje zdjęcie Próbki 1A (Rysunek 41).

Źródło: Badanie terenowe (2013).

## 11.3 DANE SUROWE Z BADAŃ TERENOWYCH

Dokumenty i urządzenia pochodzące z pola zawierały rejestratory danych i zdjęcia w formacie cyfrowym. Uwzględniono zdjęcia, Próbka 1A z działki 41 (rysunek 11.1), Próbka 1B z działki 48 (rysunek 11.2) oraz Próbka 1C z Open Ground OG3 (rysunek 11.3).

Rysunek 11.2: Pokazuje zdjęcie z rysunku Próbki 1B (powierzchnia 48).

Źródło: Badanie terenowe (2013).

Rysunek 11.3: Pokazuje zdjęcie Próbki 1C (Open Ground OG3).

Źródło: Badanie terenowe (2013).

## 11.4 BADANIE ZMIAN TEMPERATURY W SKALI MIKRO (ZMIENNA ZALEŻNA)

Informacje z arkusza kalkulacyjnego automatycznie opracowują inny arkusz kalkulacyjny (Partia 1, Dane Villa, Analiza zmian temperatury w skali mikro), który staje się gotowy do analizy jako Obserwacje dla partii 1. Szablon temperaturowy oprogramowania Ebenergy Software (Ebrahim, 2010) i dane meteorologiczne dla Międzynarodowego Portu Lotniczego Jomo Kenyatta (JKIA) Nairobi zostały wykorzystane do opracowania temperatury bazowej i ustalenia projektowej temperatury powietrza zewnętrznego ($_{To}$). Rysunek 11.4 przedstawia wykreślone dane bazowe jako temperaturę zewnętrzną ($_{To}$) dla miesiąca czerwca przy użyciu szablonu temperaturowego oprogramowania Ebenergy Software, natomiast Rysunek 11.5 przedstawia wykreślone dane temperaturowe w porównaniu z czasem dla partii 1 (czerwiec 2013).

Należy zauważyć, że na rysunku 11.4, seria 1 to dane dla średniej kłody 1 znajdującej się w salonie na Działce 41 (Ave Logl (L1) 41 Lounge), seria 2 to dane dla średniej kłody 2 znajdującej się w ogrodzie na Działce 41 (Ave Log2 (L2) 41 Garden), seria 3 to dane dla średniej kłody 3 znajdującej się w salonie na Działce 48 (Ave Log3 (L3) 48 Lounge), Seria 4 dla przeciętnego rejestratora 4 dane zlokalizowane w ogrodzie na działce 48 (Ave Log4 (L4) 48 Garden), Seria 5 dla przeciętnego rejestratora 5 dane zlokalizowane w otwartej przestrzeni OG3 (Ave Log5 (L5) Green Space OG3) oraz Seria 6 temperatura bazowa ($_{do}$ - czerwca) za miesiąc czerwiec 2013 roku, w którym zbierane były dane. Należy również zwrócić uwagę na ustalony wzorzec logowania w porównaniu do danych symulowanych.

Tabela 11.2: Pokazuje tabelaryczne średnie dane rejestratora i symulowane wartości temperatury w porównaniu z czasem dla partii 1 (czerwiec 2013).

Źródło: Badanie terenowe (2013).

| **Czas (Godziny)** | **Temperatury ($^{o}C$)** | | | | | |
|---|---|---|---|---|---|---|
| | **41 Salonik (AveLog1: L1)** | **41 Ogród (AveLog2: L2)** | **48 Lounge (AveLog3: L3)** | **48 Ogród (AveLog4: L4)** | **Open Space OG3 (AveLog5: L5)** | **Do - czerwca** |
| 00.00 | 22.8 | 18.4 | 21.6 | 18.3 | 19.1 | 15.4 |
| 01.00 | 22.4 | 17.9 | 21.2 | 17.8 | 18.4 | 14.6 |
| 02.00 | 22 | 17.4 | 21 | 17.4 | 18.1 | 13.9 |
| 03.00 | 21.8 | 17.4 | 20.7 | 17.2 | 17.8 | 13.1 |
| 04.00 | 21.6 | 17 | 20.3 | 16.8 | 17.3 | 12.3 |
| 05.00 (ToMin) | 21.3 | 16.5 | 20 | 16.4 | 16.9 | 11.5 (ToMin) |
| 06.00 | 21.2 | 16.4 (L2Min) | 19.6 | 16.1 (L4Min) | 16,7 (L5Min) | 12.6 |
| 07.00 | 21.1 (L1Min) | 16.4 | 19.4 (L3Min) | 16.1 | 16.7 | 13.6 |
| 08.00 | 21.1 | 17.2 | 19.4 | 16.8 | 17.2 | 14.7 |
| 09.00 | 21.3 | 19.2 | 19.8 | 18.4 | 19.7 | 15.7 |
| 10.00 | 21.9 | 23.4 | 20.2 | 20 | 22.3 | 17.7 |
| 11.00 | 22.5 | 26.2 | 20.9 | 21.5 | 24.3 | 19.7 |
| 12.00 | 23.4 | 27.4 | 22.6 | 23.9 | 25.8 | 21.6 |
| 13.00 | 24.5 | 29.5 | 24 | 25.1 | 26.5 | 23.6 |

Tabela 11.2: Kontynuuje.

| (ToMax) | 24.5 | (L2Max) | 24 | 25.1 | (L5Max) | (ToMax) |
|---|---|---|---|---|---|---|
| 14.00 | 25.3 | 29 | 23.9 | 24.7 | 26.1 | 23.1 |
| 15.00 | 25,5 (L1Max) | 27.7 | 24,4 (L3Max) | 25,3 (L4Max) | 26.2 | 22.5 |
| 16.00 | 25.2 | 26.2 | 24.3 | 24.8 | 26 | 21.7 |
| 17.00 | 24.4 | 24.8 | 23.7 | 23.6 | 25 | 20.9 |
| 18.00 | 23.7 | 23.2 | 23.2 | 22.1 | 23.6 | 20.1 |
| 19.00 | 23.3 | 21.9 | 22.4 | 21 | 22.7 | 19.4 |
| 20.00 | 23.2 | 20.7 | 22.1 | 20.1 | 21.6 | 18.6 |

| 21.00 | 22.9 | 19.9 | 21.7 | 19.6 | 21 | 17.8 |
|---|---|---|---|---|---|---|
| 22.00 | 23.1 | 19.6 | 21.7 | 19.1 | 20.3 | 17 |
| 23.00 | 22.9 | 19.1 | 21.6 | 18.9 | 19.8 | 16.2 |
| 24.00 | 22.5 | 18.7 | 21.4 | 18.6 | 19.2 | 15.4 |
| TAve | 22.8 | 21.2 | 21.6 | 20 | 21.1 | 17.3 |

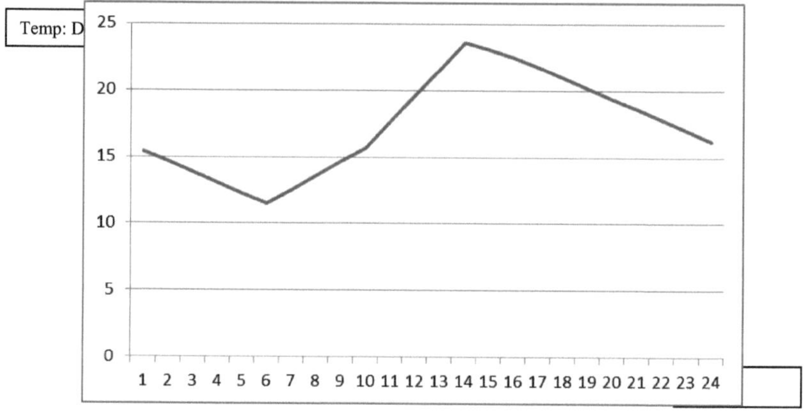


Rysunek 11.4: Pokazuje wykreślone dane bazowe jako temperaturę zewnętrzną ($_{Do}$) dla miesiąca czerwca za pomocą szablonu temperaturowego oprogramowania Ebenergy Software.

Źródło: Autor (2013).

W tabeli 11.2 przedstawiono tabelaryczne średnie wartości temperatury rejestratora danych oraz wartości temperatur symulowanych w porównaniu z czasem dla partii 1 (czerwiec 2013), przy czym podany czas był względny w stosunku do średnich temperatur rejestrowanych dla salonu na działce 41, dla ogrodu na działce 41, dla salonu na działce 48, dla ogrodu na działce 48, dla otwartej przestrzeni OG3 oraz temperatury bazowej ($_{To}$) dla miesiąca czerwiec. Należy zwrócić uwagę, że ustalony wzorzec pozyskania drewna w porównaniu z symulowanymi danymi.

Tabela 11.3 przedstawia obliczone odchylenia temperatur w porównaniu z czasem dla partii 1 czerwca 2013 r., gdzie pokazany czas był względny w stosunku do średniej temperatury kłód 5 minus temperatura bazowa, średniej temperatury kłód 2 minus średnia temperatura kłód 5, średniej temperatury kłód 4 minus średnia temperatura kłód 5, średniej temperatury kłód 2 minus średnia temperatura kłód 4, średniej temperatury kłód 2 minus temperatura bazowa oraz średniej temperatury kłód 4 minus temperatura bazowa.

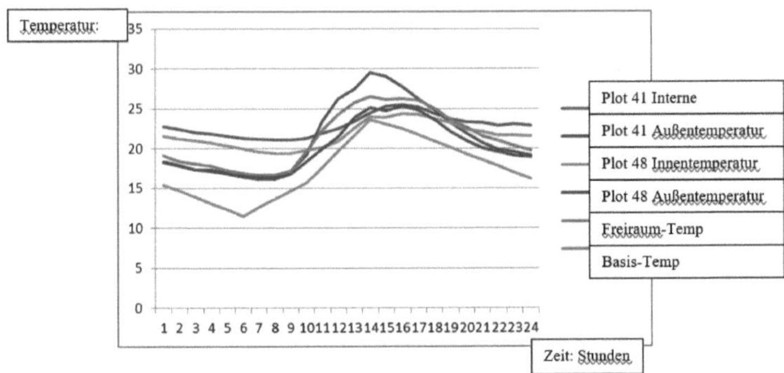


Rysunek 11.5: Przedstawia wykres temperatur w porównaniu z czasem dla partii 1 (czerwiec 2013).

Źródło: Autor (2013).

Tabela 11.3: Obliczone wahania temperatury w porównaniu z czasem dla partii 1.

Źródło: Badanie terenowe (2013).

| **Czas (Godziny)** | **Temperatury (°C)** | | **Pochodne zmian klimatu (°C)** | | | |
|---|---|---|---|---|---|---|
| | **L5 - Do** | **L2 - L5** | **L4 - L5** | **L2 - L4** | **L2 - Do** | **L4 - Do** |
| 00.00 | 3.7 | -0.7 | -0.8 | 0.1 | 3.0 | 2.9 |
| 01.00 | 3.8 | -0.5 | -0.6 | 0.1 | 3.3 | 3.2 |
| 02.00 | 4.2 | -0.7 | -0.7 | 0 | 3.5 | 3.5 |
| 03.00 | 4.7 | -0.4 | -0.6 | 0.2 | 4.3 | 4.1 |

Tabela 11.3: Kontynuacja.

| | | | | | | |
|---|---|---|---|---|---|---|
| 04.00 | 5 | -0.3 | -0.5 | 0.2 | 4.7 | 4.5 |
| 05.00 | 5.4 | -0.4 | -0.5 | 0.1 | 5 | 4.9 |
| 06.00 | 4.2 | -0.3 | -0.6 | 0.3 | 3.9 | 3.6 |
| 07.00 | 3.1 | -0.3 | -0.6 | 0.3 | 2.8 | 2.5 |
| 08.00 | 2.6 | 0 | -0.4 | 0.4 | 2.6 | 2.2 |
| 09.00 | 4 | -0.5 | -1.3 | 0.8 | 3.5 | 2.7 |
| 10.00 | 4.6 | 1.1 | -2.3 | 3.4 | 5.7 | 2.3 |
| 11.00 | 4.7 | 1.9 | -2.8 | 4.7 | 6.6 | 1.9 |
| 12.00 | 4.2 | 1.6 | -1.9 | 3.5 | 5.8 | 2.3 |
| 13.00 | 2.9 | 3 | -1.4 | 4.4 | 5.9 | 1.5 |

| 14.00 | 3.1 | 2.9 | -1.4 | 4.3 | 6.0 | 1.7 |
|---|---|---|---|---|---|---|
| 15.00 | 3.7 | 1.5 | -0.9 | 2.4 | 5.2 | 2.8 |
| 16.00 | 4.3 | 0.2 | -1.2 | 1.4 | 4.5 | 3.1 |
| 17.00 | 4.1 | -0.2 | -1.4 | 1.2 | 3.9 | 2.7 |
| 18.00 | 3.5 | -0.4 | -1.5 | 1.1 | 3.1 | 2.0 |
| 19.00 | 3.3 | -0.8 | -1.7 | 0.9 | 2.5 | 1.6 |
| 20.00 | 3 | -0.9 | -1.5 | 0.6 | 2.1 | 1.5 |
| 21.00 | 3.2 | -1.1 | -1.4 | 0.3 | 2.1 | 1.8 |
| 22.00 | 3.3 | -0.7 | -1.2 | 0.5 | 2.6 | 2.1 |
| 23.00 | 3.6 | -0.7 | -0.9 | 0.2 | 2.9 | 2.7 |
| 24.00 | 3.8 | -0.5 | -0.6 | 0.1 | 3.3 | 3.2 |
| TAve | 3.8 | 0.1 | -1.5 | 1.3 | 3.9 | 2.7 |

## 11.5 TECHNIKI SYMULACYJNE

Techniki modernizacyjne są możliwe w przypadku istniejącego budynku poprzez wprowadzenie danych pierwotnych zebranych na miejscu, danych wtórnych z rysunków i specyfikacji analizowanego budynku. Dane z formularzy konstrukcyjnych zostały wprowadzone do Dziennika Zapytań oprogramowania Ebenergy Software, dane meteorologiczne za najgorętszy miesiąc roku (marzec) zostały ocenione przy użyciu Szablonu Temperatury oprogramowania Ebenergy Software, a obserwowana temperatura została wprowadzona do Dziennika Zapytań oprogramowania Ebenergy Software.

Zagadnienia związane ze wzorcem obłożenia, zmiennością i dobowymi lub rocznymi charakterystykami temperatury były kontrolowane za pomocą systemu punktacji w oprogramowaniu i stanowiły kolejny poziom interwencji. Dane dotyczące przypadkowych zysków ludzi, zwierząt i maszyn lub urządzeń wytwarzających ciepło lub chłodziwo zostały uzyskane od użytkowników na miejscu, międzynarodowych standardów i współczynnika bezpieczeństwa dostępnych w cyfrowych repozytoriach.

W przypadku badań pilotażowych za największą powierzchnię o największym nasłonecznieniu uznano dach i jako taki wykorzystano go do modelowania lub symulacji zapotrzebowania na ciepło grzewcze lub chłodzące. Główne płaszczyzny budynku lub przestrzeni znajdowały się na południowo-wschodniej stronie o orientacji 46 stopni.

Tabela 11.4 przedstawia dane wejściowe jako dane rejestrowane i symulowane w dzienniku zapytań oprogramowania Ebenergy Software oraz wygenerowaną ocenę komfortu. Wyświetlane są symbole wprowadzanych danych, opis danych z Workbooka Zapytań, urządzenie, istniejąca wartość budynku i wartość projektowa modernizacji.

Tabela 11.4: Pokazuje dane wprowadzone na etapie rejestrowania i symulacji danych w zeszycie zapytań oprogramowania Ebenergy Software oraz wygenerowany wynik komfortu.

Źródło: Badanie terenowe (2013).

| **Pozycja** | **Symbol** | **Opis: Dane z podręcznika zapytań** | **Jednostka** | **Wartość istniejąca** | **Retrofit Wartość projektowa** |
|---|---|---|---|---|---|
| WYMAGANE DANE TECHNOLOGICZNE | | | | | |
| | | Wymiary ogólne | | | |
| 1 | L | Długość budynku | m | 34.7 | 34.7 |
| 2 | W | Szerokość pomieszczenia | m | 5.6 | 5.6 |
| 3 | H | Pokój wysokościowy | m | 27.5 | 27.5 |
| HARMONOGRAM MATERIAŁÓW: ROOFING | | | | | |
| | | Istniejące: Mabati Roofing | | | |
| | | Modernizacja: Pokrycie dachowe Mabati z wentylowanym/izolowanym /odblaskowym stropem foliowym | | | |
| 4 | Hr | Wysokość: Dach | m | 27.5 | 27.5 |
| 5 | Ur | Transmisja: Dach | W/m2o C | 8.5 | 1.3 |
| 6 | a | Absorpcja powierzchni dachowej | Stosunek: | 0.4 | 0.4 |
| 7 | Fo | Przewodność powierzchniowa: | W/m2o C | 13.18 | 13.18 |
| | | SZKLANE: Blachy półprzezroczyste | | | |
| | | Okno z szybą pojedynczą | | | |
| 8 | Hg | Wysokość: Szkło | m | 0 | 0 |

Tabela 11.4: Kontynuuje.

| | | | | | |
|---|---|---|---|---|---|
| 9 | Ug | Transmisja: Szkło | W/m2o C | 4 | 4 |
| 10 | Q | Szkło Solar Gain Factor | Stosunek: | 0.85 | 0.85 |
| WYMAGANE DANE SPOŁECZNE | | | | | |
| 11 | Ti | Konstrukcja Temperatura wewnętrzna | oC | 20 | 20 |
| 12 | N | Liczba wymian powietrza na godzinę | Nie. | 3 | 3 |

| 13 | | WZORZEC OBŁOŻENIA | Godziny pracy | 25 | 25 |
|---|---|---|---|---|---|
| | Nio | Liczba mieszkańców | Nie. | 20 | 20 |
| | HRo | Stawka ciepła na jednego mieszkańca | W | 140 | 140 |
| | Nie | Liczba żarówek elektrycznych | Nie. | 144 | 144 |
| | HRb | Stawka ciepła na żarówkę elektryczną | W | 10 | 10 |
| WYMAGANE DANE KLIMATYCZNE | | | | | |
| | Do | Konstrukcja Temperatura zewnętrzna | oC | 32.5 | 32.5 |
| | I | Promieniowanie incydentalne | W/m2 | 300 | 300 |
| | | BASELINE CLIMATE Temperatura KLIMATU: MARZEC | | | |
| DOJRZAŁA ARCHITEKTURA: | | | | | |
| Cool | KW | Komfortowy wynik | KWh | - 1198.85 | -306.07 |

Redukcja wartości transmitancji z 8,5 do 1,3 W na metr kwadratowy stopnia Celsjusza (W/m2oC) (Patrz: Transmitancja dachu (Ur) poprzez dodanie nowego sufitu z izolacją, folią odblaskową i wentylacją, pozwoliłaby osiągnąć 892,9 kilowatogodzin (KWh) lub 75% redukcję obciążenia energetycznego klimatyzacji lub wentylacji mechanicznej dla pojedynczego elementu. Na podstawie kosztów dodatkowego elementu budynku, projektant może ocenić koszt lub korzyść z propozycji.

Oczekiwano, że inne środki doprowadzą do zmniejszenia zużycia energii od 25 do 40 procent. Wilgotność względna jest kontrolowana strukturalnie i wymaga dalszych badań i analiz w przyszłych badaniach. Informacje z arkusza obserwacji zostały wprowadzone do skonsolidowanego arkusza podsumowania wsadu (Rysunek 1 - Załącznik 1: Tabela rysunków) gotowego do analizy danych.

# ROZDZIAŁ DWUNASTY: ANALIZA DANYCH I METODY

Analiza danych została opisana jako zestaw technik obrazowych i matematycznych oraz związanych z nimi rozważań logicznych i koncepcyjnych, które pozwalają na wydobycie znaczenia z systematycznie gromadzonych pomiarów naszego interesującego nas zjawiska i przekazanie go innym, a także powiązały je z czterema celami naukowymi: opisem, prognozą, wyjaśnieniem i kontrolą (Montello & Sutton, 2013, s. 189).
Z drugiej strony, wnioskiem statystycznym jest proces, w którym wyniki z próby mogą być zastosowane bardziej ogólnie do populacji, z której została ona wybrana losowo. Dokładniej rzecz biorąc, jest to założenie, że jeżeli wynik utrzyma się dla próby, która została wybrana losowo z populacji N1, to te same wyniki utrzymają się w populacji N1 na określonym poziomie ufności. Statystyki wnioskowania są stosowane przy podejmowaniu takich krytycznych decyzji i zasadniczo różnią się od statystyk opisowych. Statystyki opisowe opisują jedynie zmienne oraz siłę i charakter relacji między nimi, ale nie pozwalają na generalizację. Zdolność do wyciągania dokładnych wniosków na temat populacji z próby obserwacji zależy od liczebności próby, zastosowanych technik i procedur doboru próby, wiarygodności i ważności danych oraz wielkości błędów standardowych (Mugenda & Mugenda, 2012, s. 313 - 314).
Rozdział dwunasty poświęcony analizie danych i metodom, analizuje zebrane dane i łączy je z celami badania oraz szczegółowo przedstawia tabele i wyświetla zmienne dotyczące budynków i otwartej przestrzeni, w których przetwarzane są dane; oraz potrzeby w zakresie danych i techniki ich analizy. Cała sekcja dotycząca analizy danych i metod mogła zostać pominięta, skrócona lub zreorganizowana w niniejszych wytycznych i jest dostępna w całości z tekstu oryginalnego (Ebrahim, 2017, s. 138-139).

## 12.1 TABELARYZOWANIE I WYŚWIETLANIE ZMIENNYCH BUDYNKU I OTWARTEJ PRZESTRZENI PRZETWARZANE DANE

Analizę danych i metody realizacji wytycznych rozpoczęto od zestawienia i wyświetlenia przetworzonych danych dotyczących zmiennych budowlanych (tabela 12.1) oraz zmiennych dotyczących otwartej przestrzeni (tabela 12.2).

Tabela 12.1: Skonsolidowany arkusz podsumowujący oprogramowanie Ebstats związany z przetwarzaniem danych zmiennych budynku i wyświetlaniem zebranych danych.

Źródło: Badanie terenowe (2016).

| **Pozycja** | **Działka nr.** | **X1** | **X2** | **X3** | **X4** | **X5** | **X6** | **X7** | **Y** |
|---|---|---|---|---|---|---|---|---|---|
| 1 | 237 | 46 | 36 | 22 | 7.7 | 108 | 37 | 71 | 4.2 |
| 2 | 234 | 46 | 36 | 45.8 | 7.7 | 108 | 51 | 84 | 2.8 |
| 3 | 137 | 46 | 24.5 | 65.8 | 7.7 | 101 | 40 | 75 | 1.8 |
| 4 | 74 | 136 | 18 | 35.4 | 7.7 | 108 | 37 | 71 | 2 |
| 5 | 99 | 136 | 153 | 83.5 | 7.7 | 108 | 37 | 71 | 1.4 |

Tabela 12.1: Kontynuuje.

| 6 | 125 | 136 | 43.5 | 83.5 | 7.7 | 108 | 37 | 71 | 2.9 |
|---|---|---|---|---|---|---|---|---|---|
| 7 | 41 | 46 | 42 | 85.6 | 5.3 | 108 | 44 | 44 | 3.9 |
| 8 | 211 | 46 | 36 | 35.6 | 5.3 | 108 | 44 | 44 | 1.5 |
| 9 | 133 | 46 | 30 | 76 | 5.3 | 108 | 44 | 44 | 3.3 |
| 10 | 54 | 226 | 42 | 72.5 | 5.3 | 108 | 57 | 57 | 2.8 |
| 11 | 225 | 224 | 36 | 38.5 | 5.3 | 108 | 45 | 45 | 6.7 |
| 12 | 48 | 136 | 39 | 37.7 | 5.3 | 108 | 44 | 44 | 2.7 |
| 13 | 79 | 136 | 153 | 77.8 | 5.4 | 108 | 44 | 44 | 1.6 |
| 14 | 109 | 226 | 45.1 | 46.4 | 5.4 | 127 | 66 | 66 | 3.3 |
| 15 | 142 | 136 | 57.5 | 43 | 6.4 | 108 | 62 | 82 | 7.2 |
| 16 | 233 | 316 | 45 | 71.5 | 5.3 | 127 | 47 | 47 | 3.5 |
| 17 | 34 | 136 | 6 | 93.6 | 7.7 | 164.4 | 40 | 75 | 5.6 |
| 18 | 122 | 226 | 6.5 | 98.6 | 5.3 | 169 | 29 | 29 | 1.7 |
| 19 | 218 | 316 | 18 | 26.5 | 5.3 | 132 | 37 | 37 | 3.8 |
| 20 | 10 | 316 | 24 | 28.8 | 5.3 | 144 | 63 | 63 | 3.1 |
| 21 | 16 | 316 | 21 | 23.5 | 7.7 | 171.4 | 23 | 44 | 4.2 |
| 22 | 180 | 316 | 49.4 | 28.8 | 7.7 | 165 | 40 | 62 | 3.5 |
| 23 | 158 | 46 | 42 | 80.4 | 7.7 | 165 | 24 | 46 | 3 |
| 24 | 172 | 316 | 73.3 | 31 | 7.7 | 159 | 45 | 62 | 3.5 |
| 25 | 164 | 316 | 73.3 | 31 | 5.3 | 159 | 30 | 30 | 4.1 |
| 26 | 68 | 46 | 12 | 68.4 | 6.2 | 108 | 74 | 106 | 3 |
| 27 | 71 | 46 | 6 | 51.8 | 6.2 | 108 | 86 | 162 | 3.7 |
| 28 | 19 | 205 | 8.1 | 11.4 | 5.3 | 422.3 | 83 | 83 | 3.3 |
| 29 | 77 | 226 | 17.8 | 52 | 7.7 | 132.3 | 47 | 77 | 5.5 |
| 30 | 220 | 226 | 10 | 12.3 | 7.7 | 240 | 70 | 141 | 3.1 |
| ΣX/n | Mean | 171.2 | 40.1 | 51.9 | 6.4 | 140 | 47.6 | 65.9 | 3.42 |
| | Skrót | $\dot{X}_1$ | $\dot{X}_2$ | $\dot{X}_3$ | $\dot{X}_4$ | $\dot{X}_5$ | $\dot{X}_6$ | $\dot{X}_7$ | $\dot{Y}$ |

Należy zwrócić uwagę, że szczegóły dotyczące działek (kolumna 2) w porównaniu z orientacją budynku X1 w stopniach (kolumna 3), klasyfikacja budynku X2 w metrach (kolumna 4), bliskość drogi X3 w metrach (kolumna 5), typ budynku X4 w metrach (kolumna 6), wielkość działki X5 w metrach kwadratowych (kolumna 7), pokrycie terenu X6 w procentach (kolumna 8), stosunek powierzchni X7 w procentach (kolumna 9) i zmiana mikrotemperatury Y w stopniu Celsjusza (kolumna 10).

Tabela 12.2: Skonsolidowany arkusz podsumowujący oprogramowanie Ebstats związany z przetwarzaniem danych zmiennych open space i wyświetlaniem zebranych danych.

Źródło: Badanie terenowe (2016).

| **Pozycja** | **Open Space Nie.** | **X8** | **X9** | **X10** | **X11** | **X12** | **X13** | **X14** | **Y** |
|---|---|---|---|---|---|---|---|---|---|
| 1 | OG3 | 46 | 91.9 | 85 | 81.8 | 45 | 822 | 68 | 3.8 |
| 2 | OG3 | 226 | 97.1 | 85 | 81.8 | 45 | 822 | 68 | 2.4 |
| 3 | OG4 | 46 | 75.4 | 87 | 86.6 | 39 | 1182 | 65 | 2.6 |
| 4 | OG5 | 46 | 24.9 | 90 | 45.9 | 19.1 | 349 | 50 | 3.8 |
| 5 | OG12 | 136 | 95 | 90 | 29.4 | 43.6 | 763 | 67 | 4 |
| 6 | OG14 | 46 | 80.4 | 80 | 48.8 | 43.5 | 1838 | 49 | 3.3 |
| 7 | OG13 | 46 | 76 | 86 | 65 | 30 | 738 | 80 | 4.1 |
| 8 | OG14 | 316 | 31 | 88 | 49 | 53 | 1838 | 49 | 3.9 |
| 9 | OG8 | 226 | 38.5 | 87 | 27 | 36 | 1071 | 75 | 7.5 |
| 10 | R1 | 136 | 40 | 80 | 58 | 23 | 276 | 42 | 2.9 |
| 11 | R6 | 226 | 50.1 | 82 | 40.4 | 18 | 270 | 40 | 5.5 |
| 12 | R9 | 136 | 83.5 | 80 | 39.3 | 67.9 | 815 | 50 | 1.6 |
| 13 | R11 | 316 | 32 | 80 | 35.5 | 45.1 | 541 | 50 | 2.9 |
| 14 | R15 | 46 | 31 | 80 | 22 | 48.5 | 582 | 50 | 3.4 |
| 15 | P6 | 316 | 50.5 | 55 | 0 | 39 | 117 | 100 | 2 |
| 16 | P3 | 226 | 74.5 | 55 | 51 | 42 | 126 | 100 | 6 |
| ΣX/n | Mean | 158.5 | 60.7 | 80.6 | 47.6 | 39.9 | 759.4 | 62.7 | 3.7 |
| | Skrót | $\dot{X}_8$ | $\dot{X}_9$ | $\dot{X}_{10}$ | $\dot{X}_{11}$ | $\dot{X}_{12}$ | $\dot{X}_{13}$ | $\dot{X}_{14}$ | $\dot{Y}$ |

Należy zwrócić uwagę, że szczegóły dotyczące przestrzeni otwartych (kolumna 2) w porównaniu z orientacją przestrzeni otwartej X8 w stopniach (kolumna 3), bliskość drogi otwartej X9 w metrach (kolumna 4), kąt oświetlenia przestrzeni otwartej X10 w stopniach (kolumna 5), procentowy współczynnik zacienienia przestrzeni otwartej X11 (kolumna 6), długość przestrzeni otwartej X12 w metrach (kolumna 7), powierzchnia przestrzeni otwartej X13 w metrach kwadratowych (kolumna 8), procentowy współczynnik twardości krajobrazu przestrzeni otwartej X14 i zmiana mikrotermury Y w stopniu Celsjusza (kolumna 10).

## 12.2 ZAPOTRZEBOWANIE NA DANE I TECHNIKI ANALIZY

W ramach analizy danych i metod zawartych w wytycznych przystąpiono do sporządzenia wykazu potrzeb w zakresie danych i technik analizy, tworząc powiązanie między technikami analizy danych a rodzajami potrzebnych danych (tabela 12.3).

Tabela 12.3: Pokazuje listę potrzeb w zakresie danych i technik ich analizy na potrzeby wytycznych.

Źródło: Opracowane na podstawie metod badawczych (2016).

| **Pozycja** | **Techniki analizy danych** | **Rodzaje potrzebnych danych** |
|---|---|---|
| Zmienna zależna: Zmiana mikro-temperatury (Y: $^{oC}$) | | |
| Zmienne niezależne i zastępcze (Postać zabudowana miejska): typ budynku (X4: M), wielkość działki (X5: M2) i wielkość otwartej przestrzeni (X13: M2), orientacja budynku (X1: Stopień) i orientacja otwartej przestrzeni (X8: Stopień), bliskość drogi budowlanej (X3: M) i bliskość dróg otwartych (X9: M), klasyfikacja budynków (X2: M), pokrycie terenu (X6: %), wskaźnik powierzchni (X7: %), współczynnik architektury krajobrazu twardego (X14: %), kąt oświetlenia (X10: Stopień), współczynnik zacienienia (X11: %) i długość otwartej przestrzeni (X12: M). | | |
| 1 | Dane przetworzone | Zmienne dotyczące budynków i otwartej przestrzeni. |
| 2 | Podsumowanie danych statystycznych | Liczba, średnia, odchylenie standardowe, zakres, pochylenie, kurtoza, współczynnik zmienności, p25, mediana, p75 i suma. |
| 3 | Matryca korelacji Pearsona | Orientacja budynku, klasyfikacja budynków, bliskość drogi, typ budynku, wielkość działki, pokrycie terenu i stosunek powierzchni działki. |
| 4 | Test na normalność | Shapiro-Wilk W-test dla danych normalnych: obserwacja, W, V, z i Prob (Prob>). |
| 5 | Test wielokoliniowości | Współczynniki zmienności inflacji (VIF): VIF i tolerancja (1/VIF). |
| 6 | Heteroscedastyczność | Badanie Breush-Pagan/Cook-Weisberg'a na wyniki testu heteroskedastyczności. |
| 7 | Wielokrotne wyniki regresji | Wyniki regresji: współczynnik, błąd standardowy, t i P (P>t), wartość F i R-kwadrat. |
| 8 | Testowanie hipotezy | Budynek, otwarta przestrzeń i zmienne zmiany mikrotemperaturowe. |
| 9 | Prognoza | Na podstawie wyników analizy regresji. |

Zmienną zależną była zmiana mikrotemperaturowa (Y) w stopniu Celsjusza ($^{oC}$). Zmienne niezależne i zastępcze związane z miejską formą budowlaną to: typ budynku (X4: M), wielkość działki (X5: M2) i wielkość otwartej przestrzeni (X13: M2), orientacja budynku (X1: Stopień) i orientacja otwartej przestrzeni (X8: Stopień), bliskość drogi budowlanej (X3: M) i bliskość dróg otwartych (X9: M), klasyfikacja budynków (X2: M), pokrycie terenu (X6: %), wskaźnik powierzchni (X7: %), współczynnik architektury krajobrazu twardego (X14: %), kąt oświetlenia (X10: Stopień), współczynnik zacienienia (X11: %) i długość otwartej przestrzeni (X12: M).

Zebrane dane analizowano na różnych poziomach i testowano za pomocą technik analizy danych, w tym: statystyki zbiorczej, macierzy korelacji Pearsona, testu normalności (test Shapiro-Wilka W dla danych normalnych), testu wieloliniowości (współczynniki inflacji wariancyjnej: VIF), heteroskedastyczności (test Breuscha-Pagana/Cook-Weisberga dla wyników testu heteroskedastyczności), wyników regresji wielokrotnej, testowania hipotez i prognozowania.

## 12.3 ANALIZA DANYCH PRZETWORZONYCH

Analiza danych dotyczy analizy trzech rodzajów danych, mianowicie danych przetworzonych (przekrojowych), danych szeregów czasowych i danych dotyczących zmian w czasie (panelowych) (Kilonia, 2015 r., s. 2). W prezentacji i analizie danych przekrojowych dane są analizowane z wielu podmiotów w jednym punkcie czasowym, natomiast w szeregach czasowych obserwacja jednego podmiotu odbywa się w wielu okresach czasu. Dużą różnicą pomiędzy analizą przekrojową a analizą szeregów czasowych jest to, że kolejność numerów obserwacji nie ma znaczenia w przekrojach. W przypadku analizy szeregów czasowych niektóre z najciekawszych cech danych zostałyby utracone w wyniku przemieszania obserwacji. Wreszcie, analiza danych dotyczących zmian w czasie może być postrzegana jako połączenie analizy przekrojowej i analizy szeregów czasowych, ponieważ w wielu okresach czasu obserwuje się wiele podmiotów (Kilonia, 2015 r., s. 5).

Analiza przetworzonych danych została wykorzystana w badaniu do analizy danych, wyciągnięcia wyników, syntezy i interpretacji wyników. Zaletą tabelowania danych przekrojowych, zwłaszcza w formie arkusza kalkulacyjnego, takiego jak Microsoft Excel, jest to, że dane można następnie wyciąć i wkleić na Stata, co jest raczej żmudną metodą ręcznego wprowadzania dużej ilości danych, która jest podatna na błędy ludzkie (Kiel, 2015, s.5).

Tabela 16.1 przedstawia przetworzone dane dla zmiennych budowlanych, natomiast tabela 16.3 dla zmiennych dotyczących otwartej przestrzeni. Zmienne dotyczące budynków obejmowały orientację budynku (X1), klasyfikację budynków (X2), bliskość dróg (X3), rodzaj budynku (X4), wielkość działki (X5), pokrycie terenu (X6), wskaźnik powierzchni (X7) i zmiany mikrotemperaturowe (Y). Zmienne dotyczące przestrzeni otwartej obejmowały orientację przestrzeni otwartej (X8), bliskość drogi otwartej (X9), kąt oświetlenia przestrzeni otwartej (X10), współczynnik zacienienia przestrzeni otwartej (X11), długość przestrzeni otwartej (X12), powierzchnię otwartą (X13), współczynnik twardości krajobrazu przestrzeni otwartej (X14) i zmianę mikrotemperatury (Y).

## 12.4 ZBIORCZE DANE STATYSTYCZNE

Kolejnym etapem analizy przetwarzanych danych było tabelaryczne zestawienie statystyk. Statystyki sumaryczne to statystyki obliczane na podstawie szeregu zmiennych z próby podmiotów, elementów lub jednostek (Mugenda & Mugenda, 2012, s. 320). Tabela 16.2 przedstawia statystyki zbiorcze dla zmiennych budowlanych, natomiast tabela 16.4 jest dla zmiennych typu open space. Zmienne dotyczące budynków obejmowały orientację budynków (X1), klasyfikację budynków (X2), bliskość dróg (X3), rodzaj budynku (X4), wielkość działki (X5), pokrycie terenu (X6), wskaźnik powierzchni działki (X7) i zmiany mikrotemperaturowe (Y). Zmienne dotyczące przestrzeni otwartej obejmowały orientację przestrzeni otwartej (X8), bliskość drogi otwartej (X9), kąt oświetlenia przestrzeni otwartej (X10), współczynnik zacienienia przestrzeni otwartej (X11), długość przestrzeni otwartej (X12), powierzchnię otwartą (X13), współczynnik twardości krajobrazu przestrzeni otwartej (X14) i zmianę mikrotemperatury (Y). Statystyka zbiorcza obejmowała liczbę obserwacji, średnią, odchylenie standardowe, zakres, pochylenie (normalne = 0), kurtozę (normalne = 3), współczynnik zmienności (wariancja: normalne = 1), dwudziesty piąty percentyl (p25), medianę (p50), siedemdziesiąty piąty percentyl (p75) i sumę (całkowitą).

## 12.5 MATRYCA KORELACJI PEARSON

Do pomiaru asocjacji pomiędzy dwoma zmiennymi mierzonymi na skali proporcji lub przedziałów zastosowano korelację momentu obrotowego produktu Pearsona lub matrycę korelacji Pearsona oraz jako miarę siły liniowej relacji pomiędzy dwoma zmiennymi ciągłymi lub kowariancję dwóch zmiennych podzieloną przez iloczyn ich odpowiednich odchyleń standardowych (Mugenda & Mugenda, 2012, s. 231 - 232).

W tabeli 17.1 przedstawiono matrycę korelacji Pearsona dla zmiennych budowlanych na poziomie istotności 1% (0,01), a w tabeli 17.2 dla zmiennych dotyczących przestrzeni otwartej. Zmienne budowlane to: orientacja budynku (X1), klasyfikacja budynków (X2), bliskość dróg (X3), rodzaj budynku (X4), wielkość działki (X5), pokrycie terenu (X6), współczynnik pokrycia terenu (X7) oraz zmiana mikrotemperatury (Y). Zmienne otwartej przestrzeni były następujące: orientacja przestrzeni otwartej (X8), bliskość drogi otwartej (X9), kąt oświetlenia przestrzeni otwartej (X10), współczynnik zacienienia przestrzeni otwartej (X11), długość przestrzeni otwartej (X12), powierzchnia przestrzeni otwartej (X13), współczynnik twardości krajobrazu przestrzeni otwartej (X14) i zmiana mikrotemperatury (Y).

Współczynnik korelacji (r) waha się od ujemnego do dodatniego ($-1 \leq r \geq 1$). Współczynnik zbliżony do ± 1 wskazuje na silną zależność, podczas gdy współczynniki zbliżone do zera wskazują na małą zależność lub jej brak. Ujemny współczynnik korelacji oznacza, że zmienne są ze sobą odwrotnie powiązane, natomiast dodatni współczynnik korelacji oznacza bezpośrednią zależność między zmiennymi (Mugenda i Mugenda, 2012, s. 69).

## 12.6 TEST NORMALNOŚCI

Badania statystyczne i określenie normalności zbioru danych wykonano za pomocą testu Shapiro-Wilk W. Na przykład, jeśli obliczona statystyka W jest mniejsza od wartości krytycznej W, która odpowiada ustalonemu poziomowi ufności, wówczas hipoteza ($H_0$ dane są normalnie rozproszone) jest odrzucana. Wniosek jest taki, że dane te nie spełniają założenia normalności (Mugenda & Mugenda, 2012, s. 298). Test normalności przy użyciu testu Shapiro-Wilka W jest testem na hipotezę zerową, że próba została pobrana z populacji o rozkładzie normalnym (Mugenda & Mugenda, 2012, s. 329).

Założenie normalności opiera się na założeniu, że dane są pobierane z populacji o normalnym rozkładzie w odniesieniu do zmiennych będących przedmiotem zainteresowania. Większość procedur modelowania liniowego, takich jak regresja i ANOVA, zakłada, że resztki lub błędy z modelu są rozkładem normalnym. Naruszenie założenia o normalności wpływa na prawdopodobieństwo podjęcia błędnej decyzji podczas testowania hipotezy. W tym przypadku prawdopodobieństwo popełnienia báĊdu typu I jest niedoszacowane, a wartoĞü prawdopodobieĔstwa związana ze statystyką testu jest nieco wiĊksza od wartoĞci podawanej (Mugenda & Mugenda, 2012, s.23).

Tabela 17.3 przedstawia test normalności przy użyciu testu Shapiro-Wilka W dla danych normalnych dla zmiennych budowlanych, natomiast tabela 17.4 jest dla zmiennych o otwartej przestrzeni. Interpretacja wartości W i V wykracza poza zakres badania i może być dalej przesłuchiwana poprzez przegląd literatury w Internecie. Wartości Z (z) mogą być oceniane przy użyciu tabel "Powierzchnia pod krzywą normalną" (Kothari & Garg, 2014, s. 426). P (Prob) powinna być większa niż poziom istotności 0,01 i została oceniona w odniesieniu do wielokąta częstotliwości przy użyciu estymacji gęstości jądra z projekcją gęstości normalnej dla zmiennych budowlanych i otwartych przestrzeni.

## 12.7 TEST WIELOKOLINIOWOŚCI

Jednym z założeń klasycznego modelu regresji liniowej (CLRM) jest brak dokładnej zależności liniowej pomiędzy regresorami. Jeżeli istnieje jedna lub więcej takich zależności pomiędzy regresorami, mówi się, że stan ten ma w skrócie wieloliniowość lub współliniowość. Współczynnik zmienności napompowania (VIF) jako test wieloliniowości jest miarą stopnia, w jakim zmienność estymatora zwykłego najmniejszego kwadratu (OLS) jest napompowana z powodu współliniowości (Gujarati, 2012, s.68). W tabeli 17.5 przedstawiono test wieloliniowości przy użyciu współczynników inflacji wariancji (VIF) dla zmiennych budowlanych, natomiast w tabeli 17.6 dla zmiennych dotyczących otwartej przestrzeni.

Z tabeli jasno wynika, że wraz ze wzrostem współczynnika korelacji pomiędzy zmiennymi gwałtownie rośnie wariancja b (stałej lub β) modelu regresji w sposób nieliniowy. W rezultacie przedziały ufności będą stopniowo poszerzane i badanie może błędnie stwierdzić, że prawdziwe b jest obojętne od zera. Odwrotność współczynnika Variance Inflation Factor (VIF) nazywana jest Tolerancją (TOL). Kiedy R2 = 1 (tzn. współliniowość idealna), TOL wynosi zero, a kiedy R2 wynosi zero (tzn. brak współliniowości), TOL wynosi 1 (Gujarati, 2012, s. 68). R2 lub R-Squared to kwadratowy współczynnik korelacji wielokrotnej otrzymany w równaniu regresji. Nazywany jest on również współczynnikiem determinacji i oznaczany jest jako R2 (Mugenda & Mugenda, 2012, s. 286).

Tabele wyników (tabela 17.5) współczynników VIF (Variance Inflation Factors) wyraźnie pokazują, że pomiędzy kilkoma zmiennymi istnieje wysoki stopień współliniowości, nawet średnia VIF przekracza 2. Zmienna ma problem z wieloliniowością, jeśli wartość VIF jest większa niż 10 (Tolerancja powyżej 0,1). Nie ma problemu z wieloliniowością przy wartościach VIF poniżej 10 (Tolerancja poniżej 0.1). Wyniki badań powinny być mniejsze niż 0,1 wartości tolerancji przy poziomie istotności 0,01. Dopóki współliniowość nie jest doskonała (tzn. równa 1), często sugeruje się, że najlepszym lekarstwem jest nie robić nic, a po prostu przedstawić wyniki dopasowanego modelu. Dzieje się tak dlatego, że bardzo często współliniowość jest zasadniczo problemem braku danych i w wielu sytuacjach nie można mieć wyboru w stosunku do danych, które można mieć dostępne do badań (Gujarati, 2012, s. 74).

## 12,8 HETEROSCEDASTYCZNOŚĆ

Jednym z problemów często spotykanych w danych przekrojowych jest heteroscedastyczność (nierównomierna wariancja) w zakresie błędu. Istnieją różne przyczyny heteroscedastyczności, takie jak obecność wartości odstających w danych, nieprawidłowa forma funkcjonalna modelu regresji lub nieprawidłowa transformacja danych, lub mieszanie obserwacji z różnymi miarami skali (np. mieszanie dużej powierzchni z małą powierzchnią) itp. Klasyczny normalny model regresji liniowej (CNLRM), będący rozszerzeniem klasycznego modelu regresji liniowej (CLRM), zakłada, że termin błędu u w modelu regresji jest normalnie rozłożony. Założenie to jest krytyczne, jeśli wielkość próbki jest stosunkowo mała dla powszechnie stosowanego testu istotności, takiego jak t i F, które są oparte na założeniu normalności. Ważne jest zatem, aby sprawdzić, czy termin błędu jest normalnie rozłożony (Gujarati, 2012, s. 109). Powszechnie stosowanym testem do wykrywania heteroscedastyczności są testy Breuscha-Pagana i White'a (Gujarati, 2012, s. 82). Tabela 17.7 przedstawia heteroskedastyczność przy użyciu testu Breuscha-Pagana/Cook-Weisberga dla wyników testu heteroskedastyczności dla zmiennych budowlanych, natomiast tabela 17.8 jest dla zmiennych typu open space.

Teraz hipoteza zerowa ($H_0$) jest hipotezą stawową, czyli pochylenie jest równe zeru (S = 0), a kurtoza jest równa trzem (K = 3), i podąża za rozkładem Chi-kwadratu ($\chi 2$) z 2 stopniami swobody (df). Istnieją dwa stopnie swobody, ponieważ badanie nakłada dwa ograniczenia, a mianowicie, że pochylenie jest równe zeru, a kurtoza wynosi trzy. Dlatego też, jeśli w aplikacji statystyka Chi-kwadratowa przekracza krytyczną wartość chi-kwadratu, powiedzmy na poziomie 5%, badanie odrzuca hipotezę, że termin błędu jest normalnie rozłożony (Gujarati, 2012, s. 128). Krytyczne wartości chi-kwadratu są dostępne w standardowych książkach statystycznych (Kothari & Garg, 2014, s. 428). Co ciekawe, testy t i F są w przybliżeniu ważne w dużych próbach, przy czym przybliżenie jest dość dobre, ponieważ wielkość próby rośnie w nieskończoność (Gujarati, 2012, s. 129).

## 12,9 WYNIKI REGRESJI WIELOKROTNEJ

Ponieważ liczebność próby jest dość duża, w celu zbadania istotności statystycznej w badaniu wykorzystano raczej wartość Z (standardowa wartość normalna) niż statystykę t, ponieważ liczebność próby rośnie w nieskończoność, rozkład t zbiega się z rozkładem normalnym (Gujarati, 2012, s. 129). Tabela 18.1 przedstawia wyniki regresji wielokrotnej dla zmiennych dotyczących budynków, natomiast tabela 18.2 jest dla zmiennych dotyczących otwartej przestrzeni.

W pierwszej części tabel przedstawiono nazwę zmiennej zależnej (Micro-temperature change) oraz metodę estymacji (Ordinary Least Squares OLS). W drugiej części tabeli podano nazwy zmiennych objaśniających, ich współczynniki szacunkowe, błędy standardowe współczynników, statystykę t każdego współczynnika, czyli stosunek współczynnika szacunkowego do jego błędu standardowego oraz wartość p lub dokładny poziom istotności statystyki t. Dla każdego współczynnika przyjmuje się hipotezę zerową, że wartość populacyjna tego współczynnika (duże B) wynosi zero. Oznacza to, że dany regresor nie ma żadnego wpływu na regres i po utrzymywaniu pozostałych wartości regresora na stałym poziomie (Gujarati, 2012, s.15 - 16).

Hipoteza zerowa zakłada, że prawdziwy współczynnik populacji wynosi zero. Można jednak sprawdzić każdą inną hipotezę dla Bk, umieszczając tę wartość w poprzedzającym stosunku t. Im mniejsza wartość p, tym większy dowód w porównaniu z hipotezą zerową (Gujarati, 2012, s. 16).

Jeżeli wybierzemy wartość p równą 5% (lub 0,5), to z tabeli 18.1 wynika, że każdy z szacowanych współczynników jest statystycznie i znacząco różny od zera, czyli każdy z nich jest ważnym wyznacznikiem zmiennej zależnej Y. W trzeciej części tabeli 18.1 i 18.2 podano kilka statystyk opisowych (F statystyka i R-kwadrat).

Jeżeli jest obliczana wartość P, to nie ma potrzeby stosowania arbitralnie wybranych wartości odchylenia standardowego (σ). W praktyce, niska wartość P sugeruje, że szacowany współczynnik jest statystycznie istotny. Sugerowałoby to, że dana zmienna ma statystycznie istotny wpływ na regres i utrzymuje wszystkie pozostałe wartości regresora na stałym poziomie. Należy zauważyć, że niektórzy badacze wybierają wartości poziomu istotności (α) i odrzucają hipotezę zerową, jeśli wartość P jest niższa od wybranego poziomu istotności α (Gujarati, 2012, s.11).

Jeśli chodzi o testowanie hipotezy o współczynniku regresji prawdziwej lub regresji populacyjnej, załóżmy, że badanie chce sprawdzić hipotezę, że współczynnik regresji populacyjnej bk = 0. Zauważmy, że jeśli znana jest prawdziwa wariancja (σ2), można użyć standardowego rozkładu normalnego do przetestowania hipotezy. Ponieważ ocenia się wariancję błędu prawdziwego przez jego estymator. Teoria statystyczna pokazuje, że należy użyć rozkładu t (Gujarati, 2012, s.11). Aby przetestować tę hipotezę, należy użyć testu statystycznego t, który jest:

t = bk /se (bk) (wzór 3.3)

Gdzie se (bk) jest błędem standardowym bk, a ta wartość t ma (n - k) stopni swobody (df). Zwróć uwagę, że związana z tym statystyka t jest jego stopniem swobody. W regresji zmiennej k, df jest równe liczbie obserwacji minus liczba oszacowanych współczynników. Po obliczeniu statystyki t (Tabela 18.1 i Tabela 18.2) można zajrzeć do tabeli t (Patrz: Wartości krytyczne tabel t-Dystrybucji Studenta - Kothari & Garg, 2014, s. 427), aby dowiedzieć się o prawdopodobieństwie uzyskania takiej lub większej wartości t. Jeśli prawdopodobieństwo uzyskania obliczonej wartości t jest małe, powiedzmy 5% lub mniejsze, można odrzucić hipotezę zerową, że bk = 0. W takim przypadku można powiedzieć, że oszacowana wartość t jest statystycznie istotna, czyli znacząco różni się od zera. Często wybierane wartości prawdopodobieństwa to 10%, 5% i 1%. Wartości te znane są jako poziomy istotności (zwykle oznaczane grecką literą α (alfa), a także znane jako błąd typu I, stąd nazwa t test istotności.

Załóżmy, że chcemy sprawdzić hipotezę, że wszystkie współczynniki nachylenia są jednocześnie równe zeru. To znaczy, że wszystkie regresory w modelu regresji nie mają wpływu na zmienną zależną. Krótko mówiąc, model nie jest pomocny w wyjaśnianiu zachowania się regresji. Jest to znane w literaturze jako ogólne znaczenie regresji. Hipoteza ta jest testowana przez statystykę testu F. Werbalnie statystyka F jest zdefiniowana jako:

F = ESS/df ÷ RSS/df (wzór 3.4)

Gdzie ESS jest częścią zmiany zmiennej zależnej Y wyjaśnionej przez model, a RSS jest częścią zmiany Y niewyjaśnioną przez model. Suma tych zmiennych jest całkowitą zmiennością w Y, zwaną całkowitą sumą kwadratów (TSS). Statystyka F ma dwa zestawy stopni swobody (df). Jeden dla licznika i jeden dla mianownika, przy czym mianownik df jest zawsze liczbą obserwacji minus liczba szacowanych zmiennych łącznie z punktem przecięcia (n - k), a licznik df jest zawsze całkowitą liczbą regresorów w modelu z wyłączeniem terminu stałego, który jest całkowitą liczbą szacowanych współczynników nachylenia (k - 1) (Gujarati, 2012, s. 12).

Obliczoną wartość F można sprawdzić pod względem jej istotności, porównując ją z wartością F z tabel F (patrz: Wartości krytyczne F-Dystrybucji przy 5% tabeli - Kothari & Garg, 2014, s. 429 oraz Wartości krytyczne F-Dystrybucji przy 1% tabeli - Kothari & Garg, 2014, s. 430). Jeżeli obliczona wartość F jest większa niż jej wartość krytyczna lub benchmark F na wybranym poziomie istotności (α), można odrzucić hipotezę zerową i stwierdzić, że co najmniej jeden regresor jest statystycznie istotny (Gujarati, 2012, s. 12). Wartość F wynosiła 0,62 (7, 23) (tabela 18.1). Tę hipotezę zerową można odrzucić, jeśli wartość p szacowanej wartości F jest bardzo niska (poniżej 0,4). W badanym przypadku wartość p równa praktycznie zeru sugeruje, że można zdecydowanie odrzucić hipotezę, że łącznie wszystkie zmienne objaśniające nie mają wpływu na zmienną zależną Y (zmiana mikro-temperaturowa). Co najmniej jeden regresor ma znaczący wpływ na regresant.

Bardzo ważne jest, aby zauważyć, że stosowanie testów t i F jest wyraźnie oparte na założeniu, że termin błędu (ui) jest zwykle rozłożony. Jeżeli założenie to nie jest możliwe do utrzymania, procedura badania t i F jest nieważna w małych próbach, chociaż mogą one być nadal stosowane, jeżeli próba jest wystarczająco duża lub technicznie nieskończona (Gujarati, 2012, s. 12). Oceny wpływu na średnią mikro-zmianę temperatury jednostkowej zmiany wartości indywidualnego regresora można dokonać na podstawie tabeli 18.1 i 18.2. Jeżeli weźmiemy pod uwagę współczynnik orientacji budynku wynoszący 0,0033 (tabela 18.1), co oznacza, że utrzymując wszystkie inne zmienne na stałym poziomie, średnia orientacja budynku jest wyższa od stałej. Również klasyfikacja budynków jest niższa średnio o 0,01 stopnia Celsjusza.

Ogólne znaczenie regresji można sprawdzić za pomocą tabel 18.1 i 18.2. Wartość F wynosiła 0,62 (7, 23), a R-kwadrat 0,1583 dla zmiennych dotyczących budynków (tabela 18.1). Werbalnie statystyka F została określona jako (wzór 3.4):

F = ESS/df ÷ RSS/df

Teraz, poprzez dokonanie niezbędnego zastępstwa, można sformułować i obliczyć statystykę F w przypadku, gdy tabele F-Dystrybucji nie są dostępne:

F = R2/(k -1) ÷ (1 - R2)/(n - k) (wzór 3.5)

F = 0,16/7 ÷ (1 - 0,16)/23 (wzór 3.6)

F = 0,02286 ÷ 0,03652 (wzór 3.7)

F = 0,62596 (wzór 3.8)

Prawdopodobieństwo uzyskania wartości F równej 0,626 lub większej nie jest praktycznie zerowe, co sugeruje, że hipoteza zerowa nie może być odrzucona. Istnieje co najmniej jeden regresor, który znacznie różni się od zera.

R-kwadrat (R2) jest współczynnikiem wyznaczania i jest miarą dopasowania szacowanej linii lub płaszczyzny regresji (dotyczy więcej niż jednego regresora). Oznacza to, że daje on proporcję lub procent całkowitej zmienności zależnej zmiennej Y (TSS: całkowita suma kwadratów), która jest wyjaśniona przez wszystkie regresory. R-kwadrat (R2) leży pomiędzy 0 i 1 pod warunkiem, że w modelu znajduje się termin przecięcia. Im bliżej jest do 1, tym lepsze jest dopasowanie, a im bliżej jest do 0, tym gorsze jest dopasowanie. Pamiętając, że w analizie regresji jednym z celów jest wyjaśnienie jak największej zmienności zmiennej zależnej przy pomocy regresorów (Gujarati, 2012, s.13).

Wartość R-kwadrat (R2) wynosząca 0,1583 (tabela 5.7) oznacza, że około 16% zmienności zmiennej zależnej (zmiana mikro-temperaturowa) jest wyjaśnione zmiennością siedmiu zmiennych objaśniających. Może się wydawać, że ta wartość R-kwadratowa jest raczej niska, ale należy pamiętać, że ma się 210 (30 na 7 równa się 210) obserwacji ze zmiennymi wartościami regresji i regresorów. W tak zróżnicowanym ustawieniu, wartości R-kwadratowe są zazwyczaj niskie i często są niskie, gdy analizowane są dane na poziomie indywidualnym.

Jedną z wad R-kwadratu (R2) jest to, że jest to rosnąca funkcja liczby regresorów. To znaczy, że jeżeli dodamy do modelu zmienną, to wartości R-kwadratu (R2) wzrastają. Tak więc czasami badacze grają w grę "maksymalizacja R2", co oznacza, że im wyższa jest kwadratowa wartość R, tym lepszy jest model. Aby uniknąć tej pokusy, sugeruje się użycie miary R-kwadratu, która wyraźnie uwzględnia liczbę regresorów zawartych w modelu. Taka R-kwadrat nazywa się skorygowaną R-kwadratą, oznaczoną jako $^{\bar{R}2}$ (R-kwadrat bar) (Gujarati, 2012, s. 14).

## 12.10 TESTOWANIE HIPOTEZY

Pojęcie wnioskowania statystycznego odnosi się do wyciągania wniosków na temat charakteru niektórych populacji. Wymaga to szacowania i testowania hipotez. Oszacowanie polega na zebraniu próby losowej z populacji i uzyskaniu estymatora, takiego jak $\ddot{X}$ (znanego również jako statystyka próby).

Hipoteza Testowanie polega na ocenie prawdziwości wartości w oparciu o wcześniejszy osąd lub oczekiwanie co do tego, jaka może być ta wartość. W przypadku badania należy założyć, że średnia zmiana mikrotemperatury $\ddot{Y}$ (wynik budynku wynosił 3,42 $^{oC}$ a wynik dla otwartej przestrzeni 3,73 $^{oC}$) w populacji i wybrać losowo próbę działek (wynik budynku wynosił 30 działek a wynik dla otwartej przestrzeni 16 otwartych przestrzeni) z tej populacji aby sprawdzić czy średnia zmiana mikrotemperatury z tej próby różni się statystycznie od rzeczywistej temperatury Y w stopniu Celsjusza ($^{oC}$). Taka była istota testowania hipotez (Gujarati, 2012, s. 368).

Zakładając, że dopasowany model jest dość dobrym przybliżeniem rzeczywistości, można by opracować odpowiednie kryteria, aby dowiedzieć się, czy szacunki uzyskane w modelach regresji są zgodne z oczekiwaniami testowanej teorii. Teoria lub hipoteza, której nie można zweryfikować odwołując się do dowodów empirycznych, może nie być dopuszczalna w ramach badania naukowego. Zanim przyjmiemy wyniki badań jako potwierdzenie planowania i projektowania budynków i otwartej przestrzeni w związku ze zmianą mikrotemperatury, musimy zapytać, czy oszacowania zmiennych są wystarczająco poniżej jedności, aby przekonać się, że nie jest to przypadek lub specyfika poszczególnych danych, które wykorzystaliśmy. Takie potwierdzenie lub obalenie teorii na podstawie próbnych dowodów opiera się na gałęzi teorii statystycznej znanej jako testowanie wniosków lub hipotez statystycznych (Gujarati, 2004, s. 8).

Hipotezę testującą, że wszystkie współczynniki nachylenia są jednocześnie równe zeru, przyjęto na podstawie wielowymiarowej analizy wyników regresji przy pomocy statystyki testu F (ogólna istotność regresji). Obecnie testowanie hipotezy można rozszerzyć o sprawdzenie wyników badania (tabela 18.4), a zwłaszcza pojedynczej zmiennej, takiej jak orientacja budynku (X1) ze średnią 171,2 stopnia na losowej próbie 30 działek. Jeśli to jest to, co badanie chce przetestować, można ustawić Hipotezę zerową ($H_0$), Hipotezę alternatywną (H1) i μX średnią dla populacji zmiennej X, w następujący sposób:

$H_0$:μx = 171,2 stopnia (wzór 3.9)

H1:μx ≠ 171,2 stopnia (wzór 3.10)

Jest to test z dwoma ogonami (Gujarati, 2012, s. 369).

Jeśli badanie miało na celu sprawdzenie, czy prawdziwa średnia populacji jest mniejsza niż 171,2 stopnia, zamiast po prostu nie być równa 171,2 stopnia, można postawić następującą hipotezę zerową i alternatywną:

$H_0$:μx = 171,2 stopnia (wzór 3.11)

H1:μx < 171,2 stopnia (wzór 3.12)

Jest to test jednoosobowy (Gujarati, 2012, s. 369).

Istnieją dwie metody, które można wykorzystać do testowania hipotez, a mianowicie szacowanie interwału i szacowanie punktowe. W oszacowaniu interwału, jedna z nich ustala zakres wokół Ẍ, gdzie prawdopodobna jest prawdziwa (populacyjna) wartość średniej. Stworzony przedział nazywany jest przedziałem ufności, w którym nasza ufność we wnioskach z badania opiera się na prawdopodobieństwie popełnienia błędu typu I. Błąd typu I to prawdopodobieństwo odrzucenia hipotezy zerowej, gdy jest ona prawdziwa (Gujarati, 2012, s. 369).

Błąd typu II to prawdopodobieństwo nie odrzucenia hipotezy zerowej, gdy jest ona fałszywa, co zazwyczaj uważa się za łagodniejszy z tych dwóch błędów. Rozważmy w przypadku badania, czy ktoś raczej błędnie sądzi, że zmiana mikrotemperaturowa jest związana z formą budowli miejskiej (orientacja budowlana) i przypomina Błąd typu I, czy też błędnie uważa, że zmiana mikrotemperaturowa nie jest związana z formą budowli miejskiej (orientacja budowlana)? Nie jest możliwe zminimalizowanie obu rodzajów błędów bez zwiększenia liczby obserwacji. Siła testu, która czasami jest obliczana jest równa jednemu minus prawdopodobieństwo popełnienia błędu typu II (Gujarati, 2012, s.369). Błąd typu I jest oznaczany jako α. Przedział czasowy jest określony przez:

$P (L \leq \mu X \leq U) = 1 - \alpha$, gdzie $0 < \alpha < 1$ (wzór 3.13)

Obliczając dolną (L) i górną (U) granicę, należy pamiętać, że stosuje się raczej rozkład t niż Z, ponieważ generalnie zakłada się, że wariancja populacji jest nieznana. t jest obliczana jako:

$t = (\ddot{X} - \mu X) \div (SX/\sqrt{n})$ (Wzór 3.14)

Gdzie t była wartością t, Ẍ - średnia wartość zmiennej X, μX - średnia populacji zmiennej X, SX - odchylenie standardowe (σ) zmiennej X i n - stopień swobody. Przy tworzeniu 95% przedziału ufności (istotność 0,01) krytyczna wartość t dla stosunkowo dużej liczby stopni swobody wynosi 1,96 (Patrz: Wartości krytyczne tablic t-Dystrybucji Studenta - Kothari & Garg, 2014, s. 427). Ponieważ rozkład t jest symetryczny, wartości t wynoszą -1,96 i 1,96. W związku z tym można utworzyć przedział jak:

$P(-1{,}96 \leq t \leq 1{,}96)$ (wzór 3.15)

$P(-1{,}96 \leq (\ddot{X} - \mu X) \div (SX/\sqrt{n}) \leq 1{,}96)$ (wzór 3.16)

Przerzucanie, jeden dostaje:

$P(\ddot{X} - 1{,}96\ (SX/\sqrt{n}) \leq \mu X \leq \ddot{X} + 1{,}96\ (SX/\sqrt{n})) = 0{,}95$ (wzór 3.17)

W Point Estimation stosowana jest jedna wartość liczbowa, taka jak średnia orientacji budynku $\ddot{x}_1$ ($\mu X$) wynosząca 171,2 stopnia i jest badana w stosunku do proponowanej (hipotetycznej) średniej populacji. W przypadku badania można było sprawdzić wyniki orientacji otwartej przestrzeni X8 dla losowo wybranej próby 16 otwartych przestrzeni (n) i stwierdzić, że średnia orientacja otwartej przestrzeni $\ddot{x}_8$ ($\ddot{X}$) wynosi 158,5 stopnia, przy standardowym odchyleniu próby σ (SX) wynoszącym 106,5. Można przetestować hipotezę dwukierunkową, stosując wartość istotności α równą 5%, obliczając rzeczywistą wartość t i porównując ją z krytyczną wartością t równą 2,731 (Patrz: Wartości krytyczne tabel t-Dystrybucji Studenta - Kothari & Garg, 2014, s. 427) dla 15 stopni swobody (n), tj. 16 - 1 lub k - 1 stopień swobody. Rzeczywista wartość t (wzór 3.14) wynosi:

$t = (\ddot{X} - \mu X) \div (SX/\sqrt{n})$

$t = (158{,}5 - 171{,}2) \div (106{,}5/\sqrt{15})$ (wzór 3.18)

$t = (-12{,}7) \div (27{,}5) = -0{,}46182$ (wzór 3.19)

Ponieważ wartość t wynosząca - 0,462 jest mniejsza w wartości bezwzględnej niż krytyczna wartość t, można przyjąć hipotezę zerową na 95% poziomie ufności, że średnia dla populacji wynosi 171,2 stopnia, w przeciwieństwie do hipotezy alternatywnej, która nie wynosi 171,2 stopnia. 95% przedział ufności wokół średniej próby wyglądałby tak, jak we wzorze 3.17:

$P(\ddot{X} - 1{,}96\ (SX/\sqrt{n}) \leq \mu X \leq \ddot{X} + 1{,}96\ (SX/\sqrt{n})) = 0{,}95$

$P(158{,}5 - 2{,}731\ (106{,}5/\sqrt{15}) \leq \mu X \leq 158{,}5 + 2{,}731\ (106{,}5/\sqrt{15})) = 0{,}95$

(Wzór 3.20)

$P(83{,}34 \leq \mu X \leq 233{,}66) = 0{,}95$ (wzór 3,21)

Należy pamiętać, że 171,2 stopnia mieści się w przedziale ufności. Tak więc, w oparciu o 95% przedział ufności przyjmujemy hipotezę zerową, że prawdziwa orientacja populacyjna wynosi 171,2 stopnia, a w przeciwieństwie do alternatywnej hipotezy, że prawdziwa orientacja populacyjna nie jest równa 171,2 stopnia. Gdyby w tym przypadku przeprowadzić test jedno-ogonowy, a nie dwuogonowy, krytyczna wartość t wynosiłaby 1,753 (Patrz: Krytyczne wartości tabel t-Dystrybucji Studenta - Kothari & Garg, 2014, s. 427), i ponownie zaakceptowalibyśmy hipotezę zerową i odrzucilibyśmy alternatywną hipotezę, że orientacja populacyjna wynosi 171,2 stopnia.

95% przedział ufności dla tego testu z jednym ogonem wyglądałby tak:

$P(-\infty < \mu X \leq \ddot{X} + 1\ 753\ (SX/\sqrt{n})) = 0{,}95$ (wzór 3.22)

$P(-\infty < \mu X \leq 158{,}5 + 1{,}753\ (106{,}5/\sqrt{15})) = 0{,}95$ (wzór 3,23)

$P(-\infty < \mu X \leq 206{,}74) = 0{,}95$ (wzór 3,24)

Należy pamiętać, że 171,2 stopnia mieści się w przedziale ufności. Tak więc na podstawie 95% przedziału ufności można przyjąć hipotezę zerową, że prawdziwa orientacja populacyjna wynosi 171,2 stopnia i odrzucić alternatywną hipotezę, że prawdziwa orientacja populacyjna wynosi mniej niż 171,2 stopnia.

## 12.11 PROGNOZOWANIE

Jeżeli wybrany model nie obala rozważanej hipotezy lub teorii, można go wykorzystać do prognozowania przyszłej wartości zmiennej zależnej lub prognozowania, zmiennej Y na podstawie znanych lub oczekiwanych wartości objaśniających lub prognozujących wykonalnych X (Gujarati, 2004, s. 8). Czasami do celów prognozowania można wykorzystać model regresji szacunkowej (Gujarati, 2012, s. 19). Załóżmy, że badanie otrzymuje informacje dotyczące niezależnej wartości zmiennej X. Biorąc pod uwagę takie informacje oraz wyniki współczynników regresji podane w tabelach 18.1 i 18.2, można obliczyć oczekiwaną mikrotermiczną zmianę sytuacji. Nie można z całą pewnością stwierdzić, czy ta potencjalna zmienna rzeczywiście osiągnie zmianę mikrotermiczną obliczoną na podstawie recesji podanej w tabeli 18.1 lub 18.2. Można jedynie powiedzieć, co sytuacja z daną charakterystyką X może osiągnąć na poziomie istotności (0,01) i pewności (99%) stosowanego narzędzia. Jest to istota prognozowania.

## ROZDZIAŁ TRZYNASTY: KORZYSTANIE Z NARZĘDZI GRAFICZNYCH

Nie jest łatwo zrozumieć charakter danego klimatu, patrząc jedynie na ogromną ilość danych publikowanych w zapisach najbliższej stacji meteorologicznej i innych danych zebranych w badaniu. Konieczne było uporządkowanie, podsumowanie i uproszczenie zebranych danych w odniesieniu do celów i wymogów badania. Najlepiej udało się to osiągnąć poprzez przyjęcie znormalizowanej metody prezentacji graficznej (Koenigsberger *i in.* , 1973, s.18).

Rozdział trzynasty, dotyczący wykorzystania narzędzi graficznych, przedstawia szczegółowo przeznaczenie informacji i możliwości prezentacji graficznej; zdjęcia; tabelę rozkładu częstotliwości; wykres słupkowy; wykres rozpraszający; wielokąt częstotliwości; wykres nadprzestrzenny; krzywą biegunową; nomogram; mapę rozkładu izoterm; oraz tabelę zestawień schematycznych. Cała część wykorzystania narzędzi graficznych mogła zostać w tym podręczniku pominięta, skrócona lub zreorganizowana i jest dostępna w całości z oryginalnego tekstu (Ebrahim, 2017, s. 139 - 151).

### 13.1 CEL INFORMACJI I MOŻLIWOŚCI PREZENTACJI GRAFICZNEJ

Podręcznik obejmował wiedzę i umiejętności w zakresie analizy, interpretacji danych, w oparciu o graficzne przedstawienie danych w celu wyciągnięcia wyników, interpretacji i syntezy ustaleń, wniosków i zaleceń. Organizacja odnosi się do procesu reorganizacji, redukcji i podsumowania danych tak, aby były one łatwo zrozumiałe i użyteczne. Konieczne było uporządkowanie danych przed przystąpieniem do ich analizy. W badaniu wykorzystano metody, które były wizualnie łatwe do interpretacji (Kabiru i Njenga, 2009, s. 135-6).

Tabela 13.1: Lista przeznaczenia informacji i opcji prezentacji graficznej.

Źródło: Opracowane na podstawie metod badawczych (2016).

| Pozycja | Cel informacji | Opcja prezentacji graficznej |
|---|---|---|
| 1 | Aby opisać cały obiekt lub sytuację. | Fotografia |
| 2 | Aby przedstawić dokładne wartości, surowe dane lub dane, które nie mieszczą się w żadnym pojedynczym wzorze. | Tabela rozkładu częstotliwości |
| 3 | Aby dramatyzować różnice, dokonywać porównań i opisywać proporcje | Wykres słupkowy |
| 4 | Przedstawienie w dwóch wymiarach relacji pomiędzy dwoma zmiennymi | Scattergram |
| 5 | Aby podsumować trendy, pokazać interakcje między dwoma lub więcej zmiennymi, powiązać dane ze stałymi lub podkreślić ogólny wzorzec, a nie konkretne pomiary | Wielokąt częstotliwości |
| 6 | Aby przedstawić w trzech wymiarach zależność między trzema lub więcej zmiennymi | Schemat hiperprzestrzeni |
| 7 | Aby pokazać zmienne wzory rozmieszczenia w koncentrycznych okręgach. | Krzywa biegunowa |

Tabela 13.1: Kontynuuje.

| | | |
|---|---|---|
| 8 | Pokazanie trzech lub więcej zmiennych w powiązanych ze sobą skalach i trendach. | Nomogram |
| 9 | Pokazanie lokalizacji i rozkładu zależnej częstotliwości zmiennej. | Mapa rozmieszczenia izoterm |
| 10 | W celu podsumowania i przedstawienia w formie wykresu trendów, pokazania interakcji pomiędzy dwoma lub więcej zmiennymi, powiązania danych ze stałymi lub podkreślenia ogólnego wzorca i związanego z wynikami badań. | Schematyczna tabela podsumowująca |

Tabela 13.1 przedstawia listę celów informacji i możliwości graficznej prezentacji badania. Graficzne przedstawienie danych w badaniu obejmowało fotografię, tabele rozkładu częstotliwości, wykres słupkowy, scattergram, wielokąt częstotliwości, wykresy hiperprzestrzenne, krzywe biegunowe, nomogram, mapę rozkładu izotermy oraz tabelę zestawień wykresowych.

Rysunek 13.1: Pokazuje zdjęcie przykładowego efektu chłodzenia krajobrazu na otwartych przestrzeniach.
Źródło: Badanie terenowe (2015).

## 13.2 FOTOGRAFIA

Fotografie stanowiły opcję prezentacji graficznej w badaniu, której celem było uchwycenie informacji opisujących cały obiekt lub sytuację.

Rysunek 13.1 pokazuje efekt chłodzenia krajobrazu na otwartej przestrzeni i jest przykładem zdolności pojedynczego zdjęcia do uchwycenia obserwacji wbudowanych zmiennych formy w sposób naturalny.

## 13.3 TABELA ROZKŁADU CZĘSTOTLIWOŚCI

Jako opcje prezentacji graficznej w badaniu wykorzystano tabelę rozkładu częstotliwości, której celem było przedstawienie dokładnych wartości, danych surowych lub danych, które nie mieściły się w żadnym pojedynczym wzorcu. Rozkład częstotliwości jako wartości liczbowe lub obserwowane reprezentowały pomiary każdej zmiennej w zbiorze danych. Rozkład częstotliwości umożliwił szybką wizualną ocenę kluczowych cech zbioru danych.

Tabele rozkładu częstotliwości, jako pierwszy wynik analizy danych ilościowych, pokazały sumy odpowiedzi dla każdej możliwej obserwacji narzędzia badawczego. Jednorodne statystyki dla każdej zmiennej badania obejmowały miary rozproszenia (odchylenie standardowe i zakres) oraz miary tendencji centralnej (średnia, mediana i tryb) jako wynik (Mugenda & Mugenda, 2012, s. 128). Przykładem tabeli rozkładu częstotliwości jest tabela 12.1 przedstawiająca część informacji wyświetlanych w Skonsolidowanym Arkuszu Podsumowującym Ebstats Software związanym z przetwarzaniem danych zmiennych budowlanych i wyświetlaniem zebranych danych.

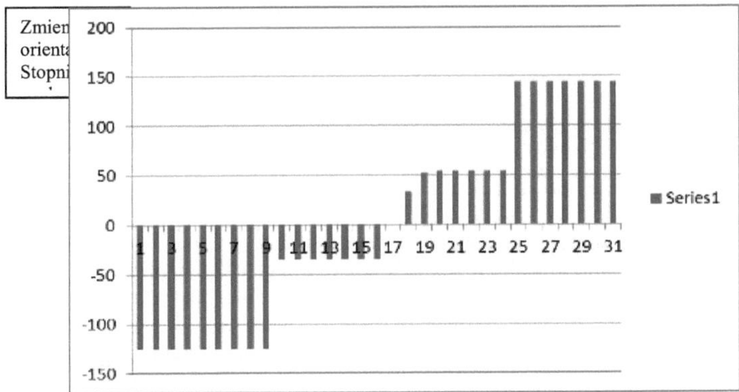


Rysunek 13.2: Wykres słupkowy przedstawiający zmienność orientacji międzypowierzchniowej na powierzchni badanej dla badanych powierzchni.
Źródło: Badanie terenowe (2015).

## 13.4 GRANICZKA ZĘBNA

Wykres słupkowy jako opcja graficznej prezentacji badania miał na celu dramatyzowanie różnic, rysowanie porównań i opisywanie proporcji. Wykresy słupkowe były graficznym sposobem przedstawienia rozkładu danych kategorycznych i składały się z słupków o długościach proporcjonalnych do częstotliwości w poszczególnych kategoriach. Zazwyczaj słupki nie były połączone, lecz raczej oddzielone przestrzenią, ponieważ zmienna miała charakter kategoryczny, a nie ciągły (Mugenda & Mugenda, 2012, s. 28).

W badaniu wykorzystano wykresy słupkowe do analizy miar tendencji centralnych (średnia) i rozpiętości (zakres i odchylenie standardowe). Rysunek 13.2 jest przykładem wykresu słupkowego przedstawiającego zmienność orientacji międzypowierzchniowej na badanym obszarze dla badanych powierzchni, gdzie średnia wynosiła 171,2 stopnia, odchylenie standardowe 104,3 i zakres 270 stopni.

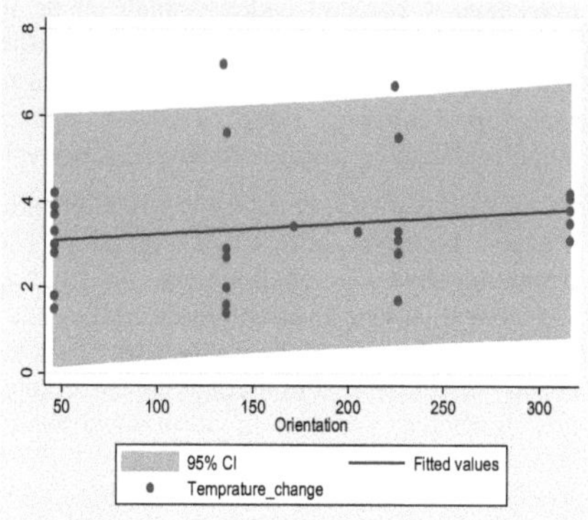


Rysunek 13.3: Schemat z rzutem liniowym dla zmiennej orientacji budynku.
Źródło: Badanie terenowe (2015).

## 13.5 DIAGRAM ROZPROSZONY

Scattergram jako opcja prezentacji graficznej został wykorzystany w badaniu do przedstawienia, w dwóch wymiarach, relacji pomiędzy dwoma zmiennymi. Scattergram, nazywany również scatter diagramem lub scatterplotem, jest powszechnym sposobem graficznego przedstawienia zależności dla każdego typu danych. Dla każdego przypadku w przestrzeni wykresu umieszczono kropkę na przecięciu każdej pary wartości zmiennych umieszczonych na osi X i Y (Montello & Sutton, 2013, s.239).

Do analizy regresji liniowej wykorzystano scattegram zdefiniowany przez przecięcie lub stałą alfa (α lub a), nachylenie linii regresji przez współczynnik beta (β lub b) oraz błąd standardowy (u). Należy zauważyć, że wykres linii regresji nie pozwala na składanie ilościowych oświadczeń dotyczących zależności między zmiennymi. Trzeba by znać dokładne wartości nachylenia i przechwycenia. Linia regresji to niewiele więcej niż dopasowanie linii przez obserwacje w scattergramie zgodnie z pewną zasadą (Kiel, 2015, s.13).

Rysunek 13.3 jest przykładem schematu rozproszenia z rzutem liniowym dla zmiennej orientacji budynku, gdzie stała wynosiła 1,208963 (błąd standardowy 3,663526 stopnia Celsjusza), współczynnik wynosił 0,0033003, a błąd standardowy 0,0031414. Współczynnik będący dodatni implikował linię wznoszącą się, jak pokazano na linii regresji.

## 13.6 WIELOKĄT CZĘSTOTLIWOŚCI

Wielokąt częstotliwości był opcją graficzną wykorzystywaną w badaniu do podsumowania trendów, pokazania interakcji pomiędzy dwoma lub więcej zmiennymi, powiązania danych ze stałymi lub podkreślenia ogólnego wzorca, a nie konkretnych pomiarów. Wielokąt częstotliwości jest wykresem przedstawiającym pogrupowane dane liczbowe, w którym częstotliwość jest wykreślona względem odpowiednich przedziałów klasowych lub kategorii. Odstępy klasowe są wykreślone na osi X. Częstotliwość dla każdego przedziału klasowego jest wykreślona wzdłuż osi Y (Mugenda & Mugenda, 2012, s.128).

W podręczniku wykorzystano rozkład częstotliwości przy porównywaniu różnych rozkładów, gdy rozkłady te są rysowane na tym samym wykresie za pomocą analizy dwuwartościowej; analizę miar pochylenia i kurtozy, w odniesieniu do miar tendencji centralnych (średnia, mediana i tryb).

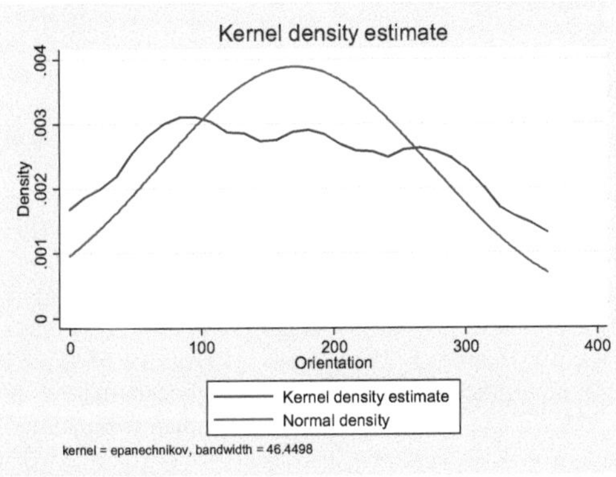


Rysunek 13.4: Wielokąt częstotliwości przy użyciu szacunku gęstości jądra z projekcją gęstości normalnej dla zmiennej orientacji budynku.
Źródło: Badanie terenowe (2015).

Skośność to stopień, w jakim rozkład danych odbiega od rozkładu normalnego wzdłuż osi poziomej. Oznacza to, że rozkład danych dla danej zmiennej zwęża się w jednym kierunku lub w kierunku skrajnych wyników oddalonych od większości przypadków. W przypadku ujemnego odchylenia, większość wartości skupia się w górnej części rozkładu dalej od zera. Przechylenie dodatnie oznacza, że większość przypadków skupia się w dolnej części rozkładu bliżej zera. Ważne jest, aby znać kształt rozkładu, aby wiedzieć, jakich miar (np. tendencji centralnej) należy użyć do jego najlepszego opisu. Gdy dane dla danej zmiennej są mocno pochylone w obie strony, mediana jest dokładniejszą miarą tendencji centralnej w porównaniu ze średnią, ponieważ ma ona tendencję do bycia stabilną, szczególnie w przypadkach, gdy występuje odchylenie w rozkładzie (Mugenda & Mugenda, 2012, s. 300 - 301).

Kurtoza jest miarą szczytowości rozkładu danych dla ciągłej zmiennej losowej. Tak jak zmienna zmiennej losowej jest drugim momentem o średniej wartości zmiennej, pochylenie jest trzecim, a kurtoza czwartym momentem, wszystkie mierzone od wartości średniej.

Skłośliwość jest miarą symetrii, a kurtoza jest miarą talii lub płaskości rozkładu prawdopodobieństwa (Gujarati, 2012, s. 128).

Kurtoza jest intuicyjnie pionowym odejściem rozkładu danych od tego, co byłoby uważane za normalne. Dystrybucja z ujemną kurtozą jest opisana jako platykurtowa (bardziej płaska), a dystrybucja z dodatnią kurtozą jest opisana jako leptokurtowa (bardziej szczytowa). Rozkład z kurtozą równą zero jest opisany jako mezokurtowy (Mugenda & Mugenda, 2012, s. 173).

Dla zmiennej normalnie rozłożonej, Skewness (S) jest równa zeru, a Kurtosis (K) jest równa trzem (Gujarati, 2012, s. 128). Rysunek 13.4 jest przykładem wielokąta częstotliwości, w którym dla zmiennej orientacyjnej budynku zastosowano oszacowanie gęstości jądra przy projekcji gęstości normalnej o wartościach średnich 171,2 stopnia, medianie 136 stopni, pochyleniu 0,1333 i kurtozie 1,61268.

## 13.7 WYKRES HIPERPRZESTRZENI

Diagram nadprzestrzenny był opcją graficzną wykorzystaną w badaniu do przedstawienia w trzech wymiarach relacji pomiędzy trzema lub więcej zmiennymi. Wykres hiperprzestrzeni jest wykresem reprezentującym pogrupowane dane liczbowe, w którym częstotliwość jest wykreślana względem dwóch lub więcej niezależnych zmiennych. Niezależna zmienna jest wykreślana na osi X, a inna na osi Z. Częstotliwości dla każdego przedziału klasowego zostały wykreślone wzdłuż osi Y. W badaniu wykorzystano rozkłady nadprzestrzenne do porównania różnych rozkładów, gdy takie rozkłady są rysowane na tym samym wykresie za pomocą analizy wielowymiarowej (King'oriah, 2016, s. 566). Rysunek 18.14 jest przykładem wykresu hiperprzestrzennego wykorzystującego dane z prac terenowych do orientacji budynku, klasyfikacji budynku i zmiennych zmian temperatury w skali mikro.

## 13,8 KRZYWA BIEGUNOWA

Krzywa biegunowa była opcją graficzną wykorzystaną w badaniu do pokazania wzoru rozkładu zmiennych w koncentrycznych okręgach. W krzywych biegunowych zastosowano oś współrzędnych biegunowych (Koenigsberger *i in.* , 1973, s. 150, s. 182 i s. 231) lub okrągłe wymiary wykresu składające się z osi promienia o zmiennej długości i kącie, odpowiednie dla danych cyklicznych, takich jak kierunki w przestrzeni lub pomiary w powtarzających się okresach czasu (Montello & Sutton, 2013, s. 239). Rysunek 20.1 jest przykładem najlepiej dopasowanej krzywej biegunowej przedstawiającej zmiany mikrotermiczne i zmienną orientację budynku.

## 13.9 NOMOGRAM

Nomogram był opcją graficzną wykorzystaną w badaniu do pokazania trzech lub więcej zmiennych w powiązanych ze sobą skalach i trendach. Nomogram jest kombinacją różnych skal wyświetlających zmienne, które są ze sobą powiązane poprzez relację. Jeden rysuje linię między tymi dwiema skalami i odczytuje wynik na trzeciej (Koenigsberger *i in.* , 1973, s. 156, s. 161, s. 167 i s. 187).

W badaniu wykorzystano dwa rodzaje nomogramów do zbadania analizy wielowymiarowej. Jako skalę nominalną zastosowano nomogram predykcyjny, natomiast jako skalę kwalifikowaną nomogram naprawczy. Rysunek 19.2. jest przykładem nomogramu prognostycznego (skala nominalna) dla zmiennych budowlanych, natomiast rysunek 21.1. jest nomogramem zaradczym (skala kwalifikowana) dla zmiennych budowlanych pokazujących średnią zmianę mikrotemperaturową dla zorganizowanych dzielnic w klimacie tropikalnych terenów górskich.

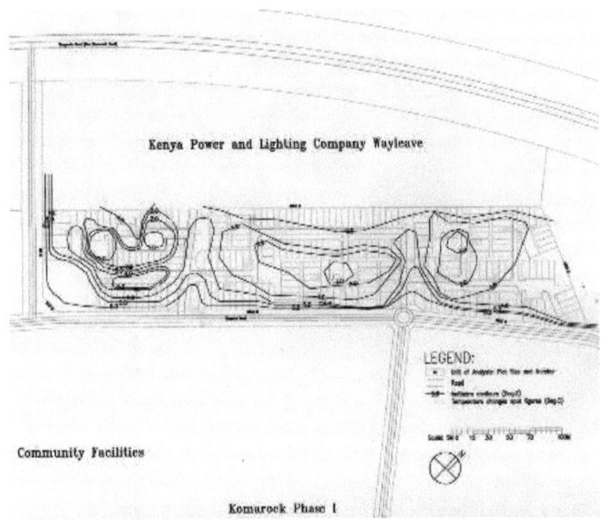


Rysunek 13.5: Mapa rozkładu izotermii.
Źródło: Badanie terenowe (2015).

## 13.10 MAPA ROZKŁADU IZOTERMII

Mapa rozkładu izoterm była opcją graficzną wykorzystaną w badaniu do pokazania lokalizacji i rozkładu zależnych od siebie zmiennych częstotliwości. Mapy rozkładu izotermy są formą map geoprzestrzennych i wykorzystują analizę geoprzestrzenną do analizy i wyświetlania zebranych danych. Analiza danych geoprzestrzennych wyraźnie uwzględnia przestrzenność w danych geograficznych i środowiskowych, nazywanych inaczej statystyką przestrzenną lub geo-statystyką (Montello & Sutton, 2013, s. 212). W opracowaniu wykorzystano mapy rozkładu izotermicznego do analizy zmiennej bliskości drogi (budynek i otwarta przestrzeń) w odniesieniu do zmiennej zależnej od zmian mikrotermicznych. Przykładem mapy rozkładu izotermii jest rysunek 13.5.

## 13.11 SCHEMATYCZNA TABELA PODSUMOWUJĄCA

Diagramowa tabela podsumowująca była opcją graficzną wykorzystywaną w badaniu do podsumowania i wyświetlenia w formie graficznej trendów, pokazania interakcji pomiędzy dwoma lub więcej zmiennymi, powiązania danych ze stałymi lub podkreślenia ogólnego wzorca i związanego z wynikami badania. Rysunek 13.6 jest przykładem schematycznej tabeli podsumowującej jako arkusz podsumowujący część zmienną budowlaną.

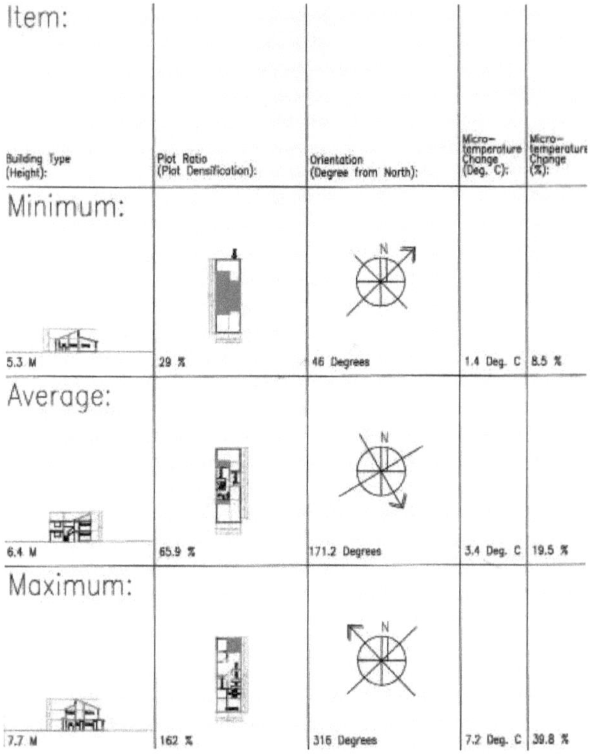

| Item: Building Type (Height): | Plot Ratio (Plot Densification): | Orientation (Degree from North): | Micro-temperature Change (Deg. C): | Micro-temperature Change (%): |
|---|---|---|---|---|
| Minimum: 5.3 M | 29 % | 46 Degrees | 1.4 Deg. C | 8.5 % |
| Average: 6.4 M | 65.9 % | 171.2 Degrees | 3.4 Deg. C | 19.5 % |
| Maximum: 7.7 M | 162 % | 316 Degrees | 7.2 Deg. C | 39.8 % |

Rysunek 13.6: Schematyczna tabela podsumowująca.
Źródło: Badanie terenowe (2015).

# ROZDZIAŁ CZTERNASTY: WYKORZYSTANIE CYFROWYCH NARZĘDZI ANALIZY STATYSTYCZNEJ

Rozdział czternasty poświęcony wykorzystaniu cyfrowych narzędzi analitycznych w statystyce, szczegółom dotyczącym potrzeb w zakresie cyfrowych narzędzi statystycznych oraz technikom analizy; Microsoft Excel; Ebstats Software; Stata Software; analizie testów danych przeprowadzanych na potrzeby wytycznych; podsumowaniu ram analitycznych; oraz refleksji nad metodami badawczymi. W niniejszych wytycznych można pominąć, skrócić lub przeorganizować cały rozdział dotyczący korzystania z narzędzi graficznych i uzyskać do niego dostęp w całości z tekstu oryginalnego (Ebrahim, 2017, s. 152 - 155).

Problemy, których nie udało się rozwiązać wcześniej ze względu na samą ilość obliczeń, zostały rozwiązane precyzyjnie i szybko przy pomocy komputerów. Wykorzystanie komputera do analizy złożonych danych sprawiło, że skomplikowane projekty badawcze stały się praktyczne. Komputery idealnie nadają się do analizy danych dotyczących dużych projektów badawczych. Naukowcom zależy przede wszystkim na szybszym pozyskiwaniu ogromnych ilości przechowywanych danych, a komputery jedynie ułatwiły przetwarzanie danych i analizę technik.

Korzystanie z komputera, poza przyspieszeniem prac badawczych, ograniczyło uciążliwość pracy ludzkiej i przyczyniło się do poprawy jakości działań badawczych. Komputery mogą wykonywać wiele obliczeń statystycznych łatwo i szybko. Obliczanie środków, odchylenia standardowe, współczynniki korelacji, testy t, analiza wariancji, analiza kowariancji, regresja wielokrotna, analiza czynnikowa i różne analizy nieparametryczne to tylko niektóre z wyników statystycznych (Kothari, 2006, s.361 - 374).

## 14.1 ZAPOTRZEBOWANIE NA DANE I TECHNIKI ANALIZY W ZAKRESIE CYFROWYCH NARZĘDZI STATYSTYCZNYCH

W tabeli 14.1 przedstawiono wykaz narzędzi statystyki cyfrowej, potrzeb w zakresie danych statystycznych oraz technik analizy na potrzeby badania. Cyfrowymi narzędziami analizy statystycznej wykorzystywanymi w badaniu były Microsoft Excel, Ebstats Software i Stata Software.

Tabela 14.1: Cyfrowe narzędzia statystyczne, potrzeby w zakresie danych statystycznych i techniki ich analizy.

Źródło: Opracowane na podstawie metod badawczych (2016).

| Pozycja | Rodzaje potrzebnych danych | Cyfrowe statystyczne narzędzie analityczne |
|---|---|---|
| 1 | Tabulowanie i porządkowanie danych, dopasowywanie równań do danych, interpolacja pomiędzy punktami danych, rozwiązywanie pojedynczych i wielokrotnych równań, znajdowanie optymalnych rozwiązań, wykresy, wykresy i schematy, wycinanie i wklejanie danych | Microsoft Excel |

| | z arkusza kalkulacyjnego do innego oprogramowania i platformy do uruchamiania Ebstats Software. | |
|---|---|---|
| 2 | Skonsolidowany arkusz podsumowujący, analiza przetworzonych danych i podsumowanie analizy danych. | Oprogramowanie Ebstats |

Tabela 14.1: Kontynuuje.

| 3 | Statystyka zbiorcza, matryca korelacji Pearsona, test normalności (test Shapiro-Wilka W dla danych normalnych), test wieloliniowości (współczynniki inflacji wariancyjnej: VIF), heteroskedastyczność (test Breuscha-Pagana/Cook-Weisberga dla wyników testu heteroskedastyczności), wyniki regresji wielokrotnej, testowanie hipotez i prognozowanie. | Oprogramowanie Stata |
|---|---|---|

## 14.2 MICROSOFT EXCEL

Microsoft Excel był opcją cyfrowego narzędzia analityki statystycznej wykorzystywaną w badaniu danych wymagających zestawień tabelarycznych, do porządkowania danych, dopasowywania równań do danych, interpolacji pomiędzy punktami danych, rozwiązywania pojedynczych i wielokrotnych równań, znajdowania optymalnych rozwiązań, wykresów, diagramów i wykresów, wycinania i wklejania danych z arkusza kalkulacyjnego do innego oprogramowania i platformy do uruchamiania Ebstats Software. Excel opracowany przez Microsoft Corporation jest najczęściej używanym programem arkuszy kalkulacyjnych na świecie.

Excel ma wiele zastosowań, jednak w pracy wykorzystano go do wyznaczania korzeni równań algebraicznych, dopasowywania krzywych do zbiorów danych, statystycznej analizy danych, prowadzenia badań w analizie mikrotermicznej i urbanistycznej oraz rozwiązywania skomplikowanych problemów optymalizacyjnych. Excel był również wykorzystywany do rozwiązywania innych rodzajów problemów technicznych, takich jak ocena całek i rozwiązywanie problemów interpolacji, mimo że brakuje w nim specjalnych cech automatyzujących te zadania. Excel szczególnie dobrze nadawał się do wyświetlania danych w różnych formatach graficznych (Gottfried, 2002, s. 148 - 172). W pracy wykorzystano Microsoft Excel 2010 w wersji 2010.

## 14.3 OPROGRAMOWANIE EBSTATS

Oprogramowanie Ebstats było opcją cyfrowego narzędzia do analizy statystycznej wykorzystywaną w badaniu, w którym różne rodzaje danych musiały być skonsolidowane w arkuszu podsumowującym do celów analizy danych przekrojowych oraz do celów podsumowania analizy danych. Oprogramowanie Ebstats Software (zob.: Przetwarzanie informacji surowych z rejestratorów danych) zawiera szczegółowe informacje na temat kwestii związanych z korzystaniem z oprogramowania ebstats, skonsolidowanego arkusza podsumowującego, zebranej analizy danych, podsumowania analizy danych (Ebrahim, 2015). Oprogramowanie Ebstats Software rozpoczęło się od wprowadzenia danych ze zmian mikrotemperaturowych i zmiennych formy urbanistycznej, przetworzenia danych z 30 działek i 16 otwartych przestrzeni do skonsolidowanego arkusza podsumowującego oraz przeprowadzenia wielowymiarowej analizy i wygenerowania wykresu hiperprzestrzeni.

## 14.4 OPROGRAMOWANIE ANALITYCZNE

Oprogramowanie Stata Software było opcją cyfrowego narzędzia do analizy statystycznej używaną w badaniu, gdy różne rodzaje danych musiały być podsumowane jako statystyki. Stata jest pakietem oprogramowania statystycznego i ekonometrycznego opracowanym przez Stata Corp w College Station, Texas (USA) (Kilonia, 2015). W badaniu testowano wyniki przy użyciu: macierzy korelacji Pearsona, testu normalności (test Shapiro-Wilka W dla danych normalnych), testu wielokoliniowości (współczynniki inflacji wariancyjnej: VIF), heteroskedastyczności (test Breuscha-Pagana/Cook-Weisberga dla wyników testu heteroskedastyczności), wyników regresji wielokrotnej i testowania hipotez. Oprogramowanie Stata było więc przydatnym narzędziem do wnioskowania statystycznego związanego z szacowaniem, testowaniem hipotez i prognozowaniem.

W badaniu wykorzystano dane Stata w wersji 14, działające na platformie Windows. Econometrics or economic measurements as part of finding the set of assumptions that were both sufficiently specific and sufficiently realistic to allow the study to take the best possible advantage of the data available (Gujarati, 2004, p.2).

## 14.5 TESTY DANYCH I ANALIZY PRZEPROWADZONE NA POTRZEBY WYTYCZNYCH

Procedury analizy danych zawarte w wytycznych dla zmiennych dotyczących budynków i przestrzeni otwartych obejmowały: wyniki podsumowujące, statystyki podsumowujące, matrycę korelacji Pearsona, test normalności wykorzystujący test Shapiro-Wilka W dla danych normalnych, test wieloliniowości wykorzystujący współczynniki inflacji wariancyjnej (VIF), test heteroskedastyczności wykorzystujący test Breuscha-Pagana/Cook-Weisberga dla wyników testu heteroskedastyczności, wyniki regresji wielokrotnej i test hipotez.

## 14.6 PODSUMOWANIE RAM ANALITYCZNYCH

Przygotowanie ram analitycznych do prowadzenia analizy danych i wyciągania wyników do wytycznych miało wiele zalet. Ramy te zapewniły, że analiza będzie nie tylko dobrze przemyślana, ale również będzie stanowić odpowiedź na pytania badawcze. W badaniu dobrano odpowiednie techniki analizy do zebranych danych i celu analizy (Ngau & Kumssa Ed., 2004, s. 203). Tabela 14.2 przedstawia podsumowanie ram analitycznych badania.

Tabela 14.2: Pokazująca podsumowanie ram analitycznych.

Źródło: Opracowane na podstawie metod badawczych (2010).

| Rodzaje danych: | Techniki analizy: | Oczekiwane wyniki: |
|---|---|---|
| **Identyfikacja zmiennych o budowie miejskiej powodujących zmiany temperatury** | | |
| Pytanie 1: Jakie są zmienne formy zabudowy miejskiej, które powodują zmiany temperatury w Osiedlu Komarock? | | |
| Cel 1: Identyfikacja zmiennych postaci zabudowy miejskiej powodujących zmiany temperatury w Osiedlu Komarock. | | |
| Dane dotyczące Zmiennej Niezależnej X (Urban Built Form) | Inwentaryzacja zebranych danych została przedstawiona w formie danych przekrojowych i podsumowania | Ustalenie współczynnika zależności, potencjału i limitów wykorzystania itp. oraz wpływu |

Tabela 14.2: Kontynuuje.

| | | |
|---|---|---|
| i Zmienna Zależna Y (Zmiana Mikro-Temperatury). | statystyki dla zmiennych dotyczących budynków i otwartej przestrzeni. | ocena zmiennych formy budownictwa miejskiego. |
| **Wyznaczanie istotnych zmiennych dotyczących budynków miejskich mających wpływ na zmiany temperatury** | | |
| Pytanie 2: Jaki wpływ mają znaczące zmienne formy zabudowy miejskiej na zmiany temperatury? | | |
| Cel 2: Ustalenie wpływu istotnych zmiennych formy budownictwa miejskiego na zmiany temperatury. | | |
| Wielkość populacji, zmiany temperatury, rozkład, proporcje, skład, wzrost, cechy fizyczne. | Dane analizowano przy użyciu macierzy korelacji Pearsona dla zmiennych dotyczących budynków i przestrzeni otwartej, testu Normalności przy użyciu testu Shapiro-Wilka W dla danych normalnych dla zmiennych dotyczących budynków i przestrzeni otwartej, testu Wielokoliniowości przy użyciu współczynników inflacji wariancji (VIF) dla zmiennych dotyczących budynków i przestrzeni otwartej, testu heteroskalastyczności przy użyciu Breuscha-Pagana/Cook-Weisberga dla wyników testu heteroskalastyczności dla zmiennych dotyczących budynków i przestrzeni otwartej, wyników regresji wielokrotnej i testu hipotez dla zmiennych dotyczących budynków i | Opracowanie Nomogramów Przewidywalnych, Wielokątów Częstotliwości i Krzywych Polarnych. |

| | przestrzeni otwartej. | |
|---|---|---|
| **Opracowanie strategii projektowania i planowania z myślą o zrównoważonej formie zabudowy miejskiej w warunkach zmieniającej się temperatury otoczenia.** | | |
| Pytanie 3: Jaki wpływ ma projektowanie i strategie planowania zabudowy miejskiej na zmiany temperatury? | | |
| Cel 3: Opracowanie strategii projektowania i planowania z myślą o zrównoważonej formie zabudowy miejskiej w środowisku o zmiennej temperaturze. | | |
| Wielkość populacji, zmiany temperatury, rozkład, wskaźniki, skład, zmienna planowania wzrostu. | Podjęto refleksję nad wynikami. | Opracowanie Nomogramów Remedialnych, Podsumowania Zmiennych Budowlanych i Podsumowania Zmiennych Otwartej Przestrzeni. |

## 14.7 REFLEKSJA NAD METODAMI BADAWCZYMI

W ramach projektu badawczego i ram metodologicznych opracowano model operacyjny metod badawczych, który ułatwiłby badanie zależności między zmianą mikrotemperatury a formą zabudowy miejskiej. Prowadzono badania projektowe w zakresie pomiarów terenowych, pomiarów i badań podłużnych, modelowania parametrycznego i badań, przypadków bazowych oraz eksperymentalnych konstrukcji i budownictwa.

W badaniu wykorzystano projekt badań podłużnych do pomiaru i gromadzenia danych dla niezależnej formy zabudowy miejskiej i zależnych od niej zmiennych zmiany temperatury w skali mikro. W świetle danych, które miały zostać zebrane, zidentyfikowano źródła danych pierwotnych i wtórnych. Do identyfikacji narzędzi badawczych wykorzystano metodę obserwacyjną: książkę i arkusze obserwacji, dziennik wsadowy, dziennik rejestratora danych, listy kontrolne i tabulacje.

Projekt pobierania próbek określał populację próbkowaną (240 działek), jednostkę analizy (działka i powierzchnie otwarte), atrybuty działki (dzielnice, węzły, krawędzie, punkty orientacyjne, ścieżki i osie), postawy planistyczne i projektowe (typy budynków, wielkość działki, orientacja, bliskość dróg i klasyfikacja budynków), technikę pobierania próbek, projekt doboru partii i dobór klastrów.

W badaniu opisano metody badawcze stosowane w związku z gromadzeniem, przetwarzaniem i przygotowywaniem danych, metody i metody analizy danych, techniki analizy danych stosowane w badaniu, graficzne przedstawienie danych wykorzystywanych w badaniu, wykorzystanie w badaniu cyfrowych narzędzi analizy statystycznej, testy danych i analizy prowadzone w badaniu oraz podsumowanie ram analitycznych.

# ROZDZIAŁ PIĘTNASTY: STUDIUM PRZYPADKU

W niniejszym rozdziale przedstawiono wyniki i analizę zebranych danych w odniesieniu do zmian mikrotermicznych i formy zabudowy miejskiej w formie studium przypadku. Próbując odnieść się do pierwszego celu badawczego, jakim była identyfikacja zmiennych formy miejskiej zabudowy, które mają wpływ na zmianę temperatury, przeanalizowano wyniki próbkowania atrybutów powierzchni, postawy planistyczne i projektowe, a także poddano je analizie na tle próbkowania i tendencyjności klastrów. Przetworzone dane i zbiorcze statystyki dla zmiennych dotyczących budynków i przestrzeni otwartej zostały przedstawione i przeanalizowane pod kątem formy zabudowy miejskiej i wpływu na zmiany mikrotemperaturowe.

## 15.1 ATRYBUTY POWIERZCHNI POBIERANIA PRÓBEK

Analiza danych przy użyciu atrybutów powierzchni próbkującej, podejścia planistycznego i projektowego została wykorzystana do dalszej analizy danych pod kątem błędów lub zniekształceń próbki. Błąd próby to stopień, w jakim wyniki z próby odbiegają od tych, które zostałyby uzyskane z całej populacji, z powodu błędu losowego w procesie doboru.

Wyniki pobierania próbek z okręgów odzwierciedlają trzy okręgi w ramach Osiedla Komarock Infill B, przy czym okręg pierwszy posiada 78 działek, okręg drugi 93 działki, a okręg trzeci 69 działek, co stanowi odpowiednio 32,5, 38,8 i 28,7 procent.

Wyniki pobierania próbek Węzłów odzwierciedlają rozmieszczenie węzłów na terenie obiektu. W wyniku badań zidentyfikowano czternaście węzłów i jeden otwarty teren (Działka narożna) wzdłuż odcinków drogi, skrzyżowań i kulminacji.

Wyniki pobierania próbek Krawędzie odzwierciedlają rozmieszczenie działek przede wszystkim jako działki brzegowe lub narożne, przy czym jedna działka narożna, która nie została zagospodarowana, została w przyszłości przeznaczona na szkołę. Powierzchnie skrajne były 185, a środkowe 55, co przekłada się odpowiednio na 77,1 i 22,9 procent.

Wyniki pobierania próbek punktów orientacyjnych wskazują na rozmieszczenie punktów orientacyjnych na badanym terenie, które stanowiły głównie szkoły i sklepy, na siedem działek, z czego 233 to inne działki, czyli odpowiednio 2,9 i 97,1%.

Wyniki próbkowania Ścieżek i Osi polegały na zastosowaniu koncepcji próbkowania atrybutów powierzchni na badanym terenie i wskazały układ ścieżek (cyrkulacja piesza) i dróg (cyrkulacja samochodowa) dla terenu oraz tabelę podsumowującą i przekładają się na piętnaście jednostek dla pierwszej i dwanaście jednostek dla drugiej, czyli odpowiednio 55,6 i 44,4 procent.

## 15.2 PLANOWANIE POBIERANIA PRÓBEK I PODEJŚCIE PROJEKTOWE

Wyniki pobierania próbek Typów Budynków pokazują rozmieszczenie różnych typów budynków na terenie badań. W badaniu zidentyfikowano trzy typy budynków: Maisonette, Villa i inne działki z 74, 159 i 7 działek, co stanowi odpowiednio 31,8, 66,3 i 2,9 procent.

Wyniki pobierania próbek na podstawie wielkości powierzchni pokazują rozmieszczenie powierzchni na podstawie wielkości powierzchni w obrębie badanego obiektu. W badaniu określono cztery kryteria oparte na wielkości powierzchni: zmiana powierzchni użytkowej (liczba 7), mała powierzchnia o powierzchni mniejszej niż 99 metrów kwadratowych (liczba 5), średnia powierzchnia o powierzchni od 99 do 149 metrów kwadratowych (liczba 65) oraz duża powierzchnia o powierzchni ponad 150 metrów kwadratowych (liczba 163), co stanowi odpowiednio 2,9, 2,1, 27,1 i 67,9 procent.

Wyniki pobierania próbek Orientacji wskazują na rozmieszczenie powierzchni na podstawie kryteriów orientacji w obrębie terenu badań. W badaniu zidentyfikowano trzy orientacje powierzchni: Orientacja północ-południe (N-S) (98 powierzchni), orientacja wschód-zachód (E-W) (135 powierzchni) oraz zmiana orientacji powierzchni użytkowych (7 powierzchni), co stanowi odpowiednio 40,8, 56,3 i 2,9 procent.

Wyniki pobierania próbek na podstawie kryterium bliskości drogi pokazują rozmieszczenie działek w oparciu o kryteria bliskości drogi. W badaniu zidentyfikowano trzy konfiguracje działek i ich związek przede wszystkim z drogą główną: działki narożne zlokalizowane były wewnętrznie (9 numerów), duża działka zlokalizowana w pobliżu drogi głównej (58 numerów) i podstawowa (173 numery), stanowiące odpowiednio 3,8, 24,2 i 72%.

Wyniki pobierania próbek w klasyfikacji budynków pokazują rozmieszczenie działek w oparciu o kryteria klasyfikacji budynków.

W badaniu zidentyfikowano cztery klasy budynków mieszkalnych: zmiana działek użytkowych (liczba 7), działka pod zabudowę wolnostojącą (liczba 22), działka pod zabudowę bliźniaczą (liczba 17) i działka pod zabudowę szeregową (liczba 194), reprezentujących odpowiednio 2,9, 9,2, 7,1 i 80,8 proc.

## 15.3 SUBWENCJE

Analizę danych w ramach badanych wykorzystano do analizy danych pod kątem próbkowania oraz błędów lub zniekształceń klastrowych. Ukośność klastra jest formą ukośności wyboru, która powstaje w przypadku, gdy projekt doboru próby klastrowej wybiera respondentów, którzy są zbyt blisko siebie w ramach klastra, aby mieli tendencję do udzielania podobnych odpowiedzi.

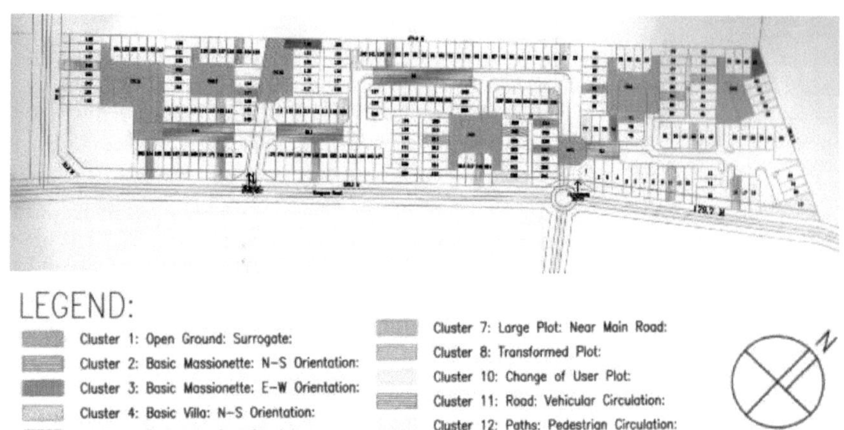


Rysunek 15.1: Mapa rozkładu pobierania próbek w klastrach.

Źródło:

Badanie terenowe (2015 r.).

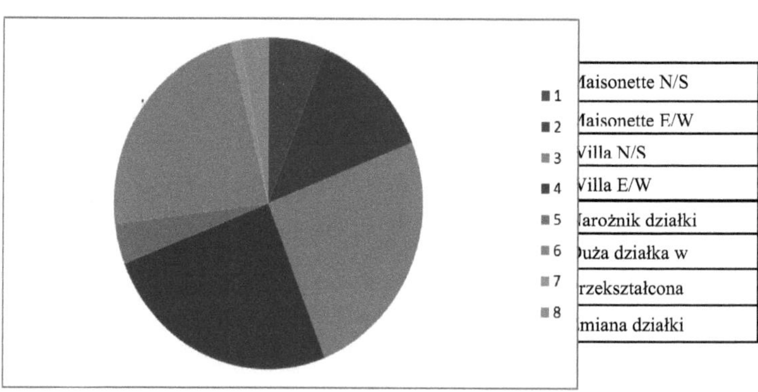


Rysunek 15.2. Pokazuje wykres kołowy proporcji całkowitej liczby działek w skupisku do całkowitej liczby działek w Osiedlu Komarock Infill B.

Źródło: Badanie terenowe (2015).

Mapa rozkładu próbkowania klastrów (Rysunek 15.1) przedstawia rozkład próbkowania powierzchni i przestrzeni otwartej w oparciu o wpisy z dziennika rejestratora danych oraz podsumowanie analizy danych statystycznych dla klastrów, natomiast tabela 15.1 przedstawia opis klastrów, numery powierzchni i przestrzeni otwartej.

Tabela 15.1: Pokazanie opisu klastra, wykresu i numerów otwartej przestrzeni.
Źródło: Badanie terenowe (2015).

| **Pozycja/opis** | **Numery klastrów** | **Numery działek i otwartej przestrzeni** |
|---|---|---|
| Open Ground | 1 | OG3, OG3, OG4, OG5, OG8, OG12, OG13, OG14, OG14. |
| Basic Maisonette (N - S Orientacja) | 2 | 137, 234, 237 |
| Basic Maisonette (E - W Orientacja) | 3 | 74, 99, 125 |
| Willa podstawowa (N - S Orientacja) | 4 | 41, 54, 133, 211, 225 |
| Willa podstawowa (Orientacja E - W) | 5 | 48, 79, 109, 142, 233 |
| Działka narożna (zlokalizowana wewnętrznie) | 6 | 34, 122 |
| Duża działka (w pobliżu głównej drogi) | 7 | 10, 16, 158, 164, 172, 180, 218 |
| Przekształcona działka | 8 | 68, 71 |
| Zmiana użytkownika | 10 | 19, 77, 220 |
| Droga (Circulation of Vehicular) | 11 | R1, R9, R11, R15 |

Tabela 15.1: Kontynuuje.

| | | |
|---|---|---|
| Ścieżki (Obieg dla pieszych) | 12 | P3, P6 |

Z populacji 240 działek dostępnych w Osiedlu Komarock Infill B, 30 działek zostało wybranych losowo z 8 dostępnych skupisk, co stanowi 12,5 procent próby. W tabeli 15.2 przedstawiono technikę pobierania próbek wykorzystywaną do budowania skupień, natomiast na rysunku 15.2 pokazano udział całkowitej liczby działek w skupisku w całkowitej liczbie działek w Osiedlu Komarock Infill B.

Tabela 15.2: Pokazuje technikę pobierania próbek wykorzystywaną do tworzenia klastrów.

Źródło: Badanie terenowe (2015).

| **Pozycja** | **Opis** | **Numery klastrów** | | | | | | | | **Razem** |
|---|---|---|---|---|---|---|---|---|---|---|
| | | **2** | **3** | **4** | **5** | **6** | **7** | **8** | **10** | |

| 1 | Łączna liczba działek w klastrze | 15 | 31 | 61 | 59 | 9 | 56 | 2 | 7 | 240 |
|---|---|---|---|---|---|---|---|---|---|---|
| 2 | Proporcja całkowitej liczby w klastrze do całkowitej liczby działek | 0.06 | 0.13 | 0.25 | 0.25 | 0.04 | 0.23 | 0.01 | 0.03 | 1 |
| 3 | Proporcja w stosunku do powierzchni próbnych wynoszących 30 | 1.8 | 3.9 | 7.5 | 7.5 | 1.2 | 6.9 | 0.3 | 0.9 | 30 |
| 4 | Zaokrąglenie | 2 | 4 | 8 | 7 | 1 | 7 | 0 | 1 | 30 |
| 5 | Łączna liczba działek, z których pobrano próbki | 3 | 3 | 5 | 5 | 2 | 7 | 2 | 3 | 30 |
| 6 | Niedobór (-ve) lub nadmiar (+ve) | 1 | -1 | -3 | -2 | 1 | 0 | 2 | 2 | 0 |

Próba obejmowała: 6 procent Basic Maisonette North South Orientation (klaster 2: Sektor 1), 13 procent Basic Maisonette East West Orientation (klaster 3: Sektor 2), 25 procent Basic Villa North South Orientation (klaster 4: Sektor 3), 25 procent Basic Villa East West Orientation (klaster 5): Sektor 4), 4% działka wewnętrzna na rogu (Klaster 6: Sektor 5), 23% działka duża w pobliżu głównej drogi (Klaster 7: Sektor 6), 1% działka przekształcona (Klaster 8: Sektor 7) i 3% działka zmiana użytkownika (Klaster 10: Sektor 8).

Rysunek 15.3 przedstawia wykres słupkowy (seria 1) braku lub nadmiaru proporcjonalnych powierzchni próbnych w stosunku do całkowitej liczby powierzchni w skupisku. Niedobór lub nadmiar to Basic Maisonette North South Orientation (Gromada 2: kolumna 1), Basic Maisonette East West Orientation (Gromada 3: kolumna 2), Basic Villa North South Orientation (Gromada 4: kolumna 3), Basic Villa East West Orientation (Gromada 5): Kolumna 4), Wewnętrzna działka na rogu (kolumna 6: kolumna 5), Duża działka w pobliżu drogi głównej (kolumna 7: kolumna 6), Działka przekształcona (kolumna 8: kolumna 7), Zmiana działki użytkownika (kolumna 10: kolumna 8) i całość (kolumna 9).
Z populacji 41 terenów otwartych, dróg lub ścieżek dostępnych w Osiedlu Komarock Infill B losowo wybrano 15 terenów otwartych z 3 dostępnych klastrów, co stanowi 36,6 procent próby. W tabeli 15.3 przedstawiono technikę doboru próby wykorzystywaną do pobierania próbek z klastrów na otwartej przestrzeni.

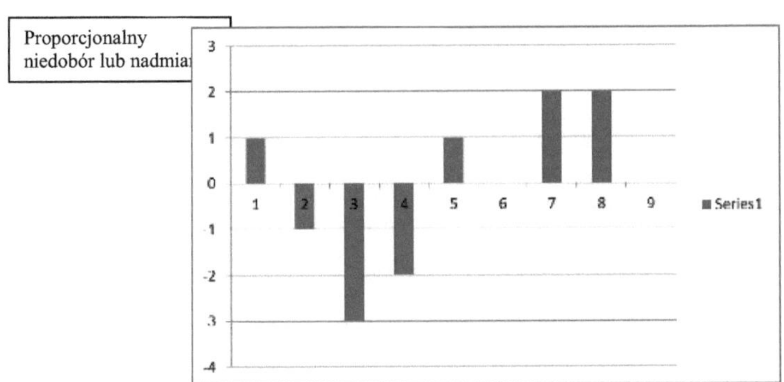


Rysunek 15.3: Pokazuje diagram kolumnowy (seria 1) niedoboru lub nadmiaru proporcjonalnych powierzchni próbnych w stosunku do całkowitej liczby powierzchni w skupisku.

Źródło: Badanie terenowe (2015).

Tabela 15.3: Pokazuje technikę próbkowania stosowaną do próbkowania klastrów na otwartej przestrzeni.

Źródło: Badanie terenowe (2015).

| Pozycja | Opis | Numery klastrów | | | Razem |
|---|---|---|---|---|---|
| | | 1 | 11 | 12 | |
| 1 | Całkowita liczba otwartych przestrzeni w klastrze | 14 | 15 | 12 | 41 |
| 2 | Proporcja całkowitej liczby w klastrze do całkowitej liczby otwartych przestrzeni | 0.34 | 0.37 | 0.29 | 1 |
| 3 | Proporcja do próbki otwartej przestrzeni 15 | 5.1 | 5.5 | 4.4 | 15 |
| 4 | Zaokrąglenie | 5 | 6 | 4 | 15 |
| 5 | Łącznie otwarte przestrzenie objęte próbą | 8 | 6 | 2 | 16 |
| 6 | Niedobór (-ve) lub nadmiar (+ve) | 3 | 0 | -2 | 1 |

Na rysunku 15.4. przedstawiono udział całkowitej liczby otwartych przestrzeni w klastrze w stosunku do całkowitej liczby otwartych przestrzeni w Osiedlu Komarock Infill B. Próba obejmowała 34% powierzchni otwartej (Klaster 1: Sektor 1), 37% cyrkulacji samochodowej (Klaster drogowy 11: Sektor 2) i 29% cyrkulacji pieszej (Klaster ścieżkowy 12: Sektor 3).

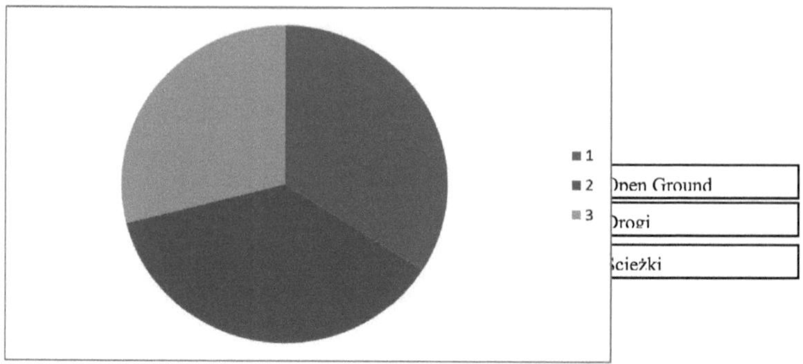


Rysunek 15.4. Pokazuje wykres kołowy proporcji całkowitej liczby otwartych przestrzeni w klastrze do całkowitej liczby otwartych przestrzeni w Osiedlu Komarock Infill B.

Źródło: Badanie terenowe (2015).

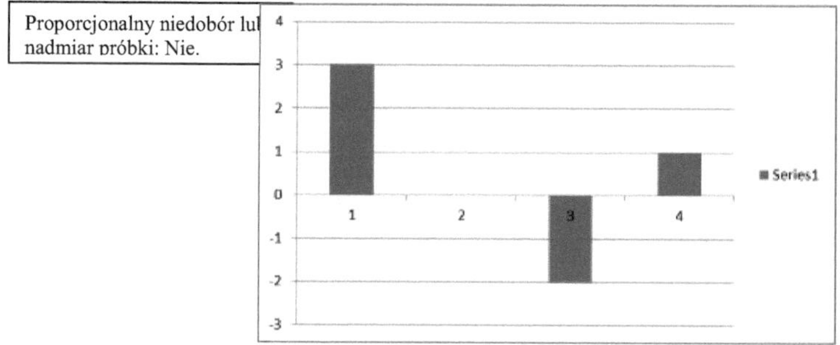


Rysunek 15.5: Pokazuje diagram kolumnowy (seria 1) braku lub nadmiaru proporcjonalnej próbki przestrzeni otwartych w stosunku do całkowitej liczby przestrzeni otwartych w klastrze.

Źródło: Badanie terenowe (2015).

Rysunek 15.5 przedstawia diagram kolumnowy (Seria 1) niedoboru lub nadmiaru przestrzeni otwartej próbki proporcjonalnej do całkowitej liczby przestrzeni otwartej w klastrze. Niedobór lub nadmiar był otwarty (Grono 1: Kolumna 1), cyrkulacja samochodowa (Grono drogowe 11: Kolumna 2), cyrkulacja piesza (Grono drogowe 12: Kolumna 3) i całkowity (Kolumna 4).

## ROZDZIAŁ SZESNASTY: FORMA BUDOWNICTWA MIEJSKIEGO I WPŁYW NA ZMIANY MIKROTEMPERATUROWE

W niniejszym rozdziale przedstawiono wyniki i analizę zebranych danych w odniesieniu do zmian mikrotemperaturowych i formy zabudowy miejskiej, w zakresie formy zabudowy miejskiej i wpływu na zmiany mikrotemperaturowe. Próbując odnieść się do drugiego celu badawczego, którym było określenie znaczących zmiennych formy miejskiej zabudowy, które przyczyniają się do zmiany temperatury, przedstawiono i przeanalizowano wyniki wykorzystania zebranych danych i zbiorczych statystyk dotyczących budynków i otwartej przestrzeni, oszacowania gęstości zalążków dla znaczących zmiennych formy miejskiej zabudowy, które przyczyniają się do zmiany temperatury.

### 16.1. ZEBRANE DANE I ZBIORCZE STATYSTYKI DOTYCZĄCE BUDYNKÓW

Zapytano o obserwacje związane z formą zabudowy miejskiej oraz o wpływ na zmianę mikrotemperatury w okresie obserwacji od 8 czerwca 2013 r. do [19] września 2015 r. Średnia liczba obserwacji orientacji budynku wynosiła 171,2 stopnia (SD = 104,3, zakres = 270), szerokość rzędu budynków wynosiła średnio 40,1 metra (SD = 35,6, zakres = 147), bliskość drogi budowlanej 51,9 metra (SD = 25,6, zakres = 87,2), wysokość budynków 6.4 metry (SD = 1,1, zasięg = 2,4), powierzchnia działki wynosiła 140 metrów kwadratowych (SD = 62, zasięg = 321,3), pokrycie terenu 47,6 procent (SD = 16, zasięg = 63), wskaźnik powierzchni działki 65,9 procent (SD = 29,6, zasięg = 133) i zmiana mikrotemperatury 3,4 stopnia Celsjusza (SD = 1,4, zasięg = 5,8). W tabeli 16.1 zestawiono zebrane dane w formie tabelarycznej, natomiast w tabeli 16.2 zestawiono statystyki zbiorcze dla zmiennych budowlanych.

Tabela 16.1: Dane tabelaryczne przedstawiające zebrane dane dla zmiennych budowlanych. Źródło: Badanie terenowe (2015).

| **Pozycja** | **Działka nr.** | **X1 (Stopień)** | **X2 (M)** | **X3 (M)** | **X4 (M)** | **X5 (M2)** | **X6 (%)** | **X7 (%)** | **Y (°C)** |
|---|---|---|---|---|---|---|---|---|---|
| 1 | 237 | 46 | 36 | 22 | 7.7 | 108 | 37 | 71 | 4.2 |
| 2 | 234 | 46 | 36 | 45.8 | 7.7 | 108 | 51 | 84 | 2.8 |
| 3 | 137 | 46 | 24.5 | 65.8 | 7.7 | 101 | 40 | 75 | 1.8 |
| 4 | 74 | 136 | 18 | 35.4 | 7.7 | 108 | 37 | 71 | 2 |
| 5 | 99 | 136 | 153 | 83.5 | 7.7 | 108 | 37 | 71 | 1.4 |
| 6 | 125 | 136 | 43.5 | 83.5 | 7.7 | 108 | 37 | 71 | 2.9 |
| 7 | 41 | 46 | 42 | 85.6 | 5.3 | 108 | 44 | 44 | 3.9 |
| 8 | 211 | 46 | 36 | 35.6 | 5.3 | 108 | 44 | 44 | 1.5 |
| 9 | 133 | 46 | 30 | 76 | 5.3 | 108 | 44 | 44 | 3.3 |
| 10 | 54 | 226 | 42 | 72.5 | 5.3 | 108 | 57 | 57 | 2.8 |
| 11 | 225 | 224 | 36 | 38.5 | 5.3 | 108 | 45 | 45 | 6.7 |
| 12 | 48 | 136 | 39 | 37.7 | 5.3 | 108 | 44 | 44 | 2.7 |
| 13 | 79 | 136 | 153 | 77.8 | 5.4 | 108 | 44 | 44 | 1.6 |
| 14 | 109 | 226 | 45.1 | 46.4 | 5.4 | 127 | 66 | 66 | 3.3 |
| 15 | 142 | 136 | 57.5 | 43 | 6.4 | 108 | 62 | 82 | 7.2 |

Tabela 16.1: Kontynuuje.

| 16 | 233 | 316 | 45 | 71.5 | 5.3 | 127 | 47 | 47 | 3.5 |
|---|---|---|---|---|---|---|---|---|---|
| 17 | 34 | 136 | 6 | 93.6 | 7.7 | 164.4 | 40 | 75 | 5.6 |
| 18 | 122 | 226 | 6.5 | 98.6 | 5.3 | 109 | 29 | 29 | 1.7 |
| 19 | 218 | 316 | 18 | 26.5 | 5.3 | 132 | 37 | 37 | 3.8 |
| 20 | 10 | 316 | 24 | 28.8 | 5.3 | 144 | 63 | 63 | 3.1 |
| 21 | 16 | 316 | 21 | 23.5 | 7.7 | 171.4 | 23 | 44 | 4.2 |
| 22 | 180 | 316 | 49.4 | 28.8 | 7.7 | 165 | 40 | 62 | 3.5 |
| 23 | 158 | 46 | 42 | 80.4 | 7.7 | 165 | 24 | 46 | 3 |
| 24 | 172 | 316 | 73.3 | 31 | 7.7 | 159 | 45 | 62 | 3.5 |
| 25 | 164 | 316 | 73.3 | 31 | 5.3 | 159 | 30 | 30 | 4.1 |
| 26 | 68 | 46 | 12 | 68.4 | 6.2 | 108 | 74 | 106 | 3 |
| 27 | 71 | 46 | 6 | 51.8 | 6.2 | 108 | 86 | 162 | 3.7 |
| 28 | 19 | 205 | 8.1 | 11.4 | 5.3 | 422.3 | 83 | 83 | 3.3 |
| 29 | 77 | 226 | 17.8 | 52 | 7.7 | 132.3 | 47 | 77 | 5.5 |
| 30 | 220 | 226 | 10 | 12.3 | 7.7 | 240 | 70 | 141 | 3.1 |
| Średnia | | 171.2 | 40.1 | 51.9 | 6.4 | 140 | 47.6 | 65.9 | 3.4 |

Należy zwrócić uwagę na orientację budynku (X1), klasyfikację budynków (X2), bliskość drogi (X3), rodzaj budynku (X4), wielkość działki (X5), pokrycie terenu (X6), wskaźnik powierzchni (X7) i zmianę temperatury w skali mikro (Y).

Tabela 16.2: Dane tabelaryczne przedstawiające zbiorcze statystyki dla zmiennych dotyczących budynków.
Źródło: Badanie terenowe (2016).

| **Statystyki** | **X1** | **X2** | **X3** | **X4** | **X5** | **X6** | **X7** | **Y** |
|---|---|---|---|---|---|---|---|---|
| Numer | 30 | 30 | 30 | 30 | 30 | 30 | 30 | 30 |
| Mean | 171.2 | 40.1 | 52 | 6.4 | 140 | 47.6 | 65.9 | 3.4 |
| odchylenie standardowe | 104.3 | 35.6 | 25.6 | 1.1 | 62 | 16.0 | 29.6 | 1.4 |
| Zasięg | 270 | 147 | 87.2 | 2.4 | 321.3 | 63 | 133 | 5.8 |
| Skewność | 0.13 | 2.1 | 0.21 | 0.14 | 3.4 | 0.83 | 1.6 | 0.95 |
| Kurtoza | 1.61 | 7.39 | 1.76 | 1.14 | 15.7 | 3.09 | 5.85 | 3.89 |
| Współczynnik zmienności | 0.61 | 0.89 | 0.49 | 0.18 | 0.44 | 0.34 | 0.45 | 0.41 |
| p25 | 46 | 18 | 31 | 5.3 | 108 | 37 | 44 | 2.8 |
| Mediana | 136 | 36 | 46.1 | 6.2 | 108 | 44 | 62.5 | 3.3 |
| p75 | 226 | 45 | 76 | 7.7 | 159 | 57 | 75 | 3.9 |
| Suma | 5135 | 1204 | 1558.7 | 192.8 | 4198.4 | 1427 | 1977 | 102.7 |

Należy zwrócić uwagę na orientację budynku (X1), klasyfikację budynków (X2), bliskość drogi (X3), rodzaj budynku (X4), wielkość działki (X5), pokrycie terenu (X6), wskaźnik powierzchni (X7) i zmianę temperatury w skali mikro (Y).

## 16.2 ZMIENNE OPEN SPACE GROMADZONE DANE I STATYSTYKI ZBIORCZE

Średnia liczba obserwacji orientacji w przestrzeni otwartej wynosiła 158,5 stopnia (SD = 106,5, zasięg = 270), bliskość drogi otwartej wynosiła 60,7 metra (SD = 25,9, zasięg = 72,2), kąt oświetlenia przestrzeni otwartej wynosił 80,6 stopnia (SD = 10,6, zasięg = 35), współczynnik zacienienia przestrzeni otwartej wynosił 47,6 procent (SD = 23).4, zakres = 86,6), długość otwartej przestrzeni wynosiła 39,9 metra (SD = 12,8, zakres = 49,9), powierzchnia otwartej przestrzeni wynosiła 759,4 metra kwadratowego (SD = 525,9, zakres = 1721), twardy krajobraz otwartej przestrzeni wynosił 62,7 procent (SD = 18,8, zakres = 60), a zmiana mikrotemperatury wynosiła 3,7 stopnia Celsjusza (SD = 1,53, zakres = 5,9). W tabeli 16.3 zestawiono zebrane dane w formie tabelarycznej, natomiast w tabeli 16.4 zestawiono statystyki zbiorcze dla zmiennych dotyczących otwartej przestrzeni.

Tabela 16.3: Dane tabelaryczne przedstawiające zebrane dane zmiennych typu open space.
Źródło: Badanie terenowe (2015).

| **Pozycja** | **Open Space Nie.** | **X8 (Stopień)** | **X9 (M)** | **X10 (Stopień)** | **X11 (%)** | **X12 (M)** | **X13 (M2)** | **X14 (%)** | **Y ($^{oC}$)** |
|---|---|---|---|---|---|---|---|---|---|
| 1 | OG3 | 46 | 91.9 | 85 | 81.8 | 45 | 822 | 68 | 3.8 |
| 2 | OG3 | 226 | 97.1 | 85 | 81.8 | 45 | 822 | 68 | 2.4 |
| 3 | OG4 | 46 | 75.4 | 87 | 86.6 | 39 | 1182 | 65 | 2.6 |
| 4 | OG5 | 46 | 24.9 | 90 | 45.9 | 19.1 | 349 | 50 | 3.8 |
| 5 | OG12 | 136 | 95 | 90 | 29.4 | 43.6 | 763 | 67 | 4 |
| 6 | OG14 | 46 | 80.4 | 80 | 48.8 | 43.5 | 1838 | 49 | 3.3 |
| 7 | OG13 | 46 | 76 | 86 | 65 | 30 | 738 | 80 | 4.1 |
| 8 | OG14 | 316 | 31 | 88 | 49 | 53 | 1838 | 49 | 3.9 |
| 9 | OG8 | 226 | 38.5 | 87 | 27 | 36 | 1071 | 75 | 7.5 |
| 10 | R1 | 136 | 40 | 80 | 58 | 23 | 276 | 42 | 2.9 |
| 11 | R6 | 226 | 50.1 | 82 | 40.4 | 18 | 270 | 40 | 5.5 |
| 12 | R9 | 136 | 83.5 | 80 | 39.3 | 67.9 | 815 | 50 | 1.6 |
| 13 | R11 | 316 | 32 | 80 | 35.5 | 45.1 | 541 | 50 | 2.9 |
| 14 | R15 | 46 | 31 | 80 | 22 | 48.5 | 582 | 50 | 3.4 |
| 15 | P6 | 316 | 50.5 | 55 | 0 | 39 | 117 | 100 | 2 |
| 16 | P3 | 226 | 74.5 | 55 | 51 | 42 | 126 | 100 | 6 |
| Średnia | | 158.5 | 60.7 | 80.6 | 47.6 | 39.9 | 759.4 | 62.7 | 3.7 |

Należy zwrócić uwagę na orientację w przestrzeni otwartej (X8), bliskość drogi w przestrzeni otwartej (X9), kąt padania światła w przestrzeni otwartej (X10), współczynnik zacienienia przestrzeni otwartej (X11), długość przestrzeni otwartej (X12), powierzchnię otwartą (X13), współczynnik twardości krajobrazu w przestrzeni otwartej (X14) i zmianę mikrotemperatury (Y).

Tabela 16.4: Dane tabelaryczne przedstawiające statystyki zbiorcze dla zmiennych typu open space.
Źródło: Badanie terenowe (2016).

| **Statystyki** | **X8** | **X9** | **X10** | **X11** | **X12** | **X13** | **X14** | **Y** |
|---|---|---|---|---|---|---|---|---|
| Numer | 16 | 16 | 16 | 16 | 16 | 16 | 16 | 16 |
| Mean | 158.5 | 60.7 | 80.6 | 47.6 | 39.9 | 759.4 | 62.7 | 3.7 |

Tabela 16.4: Kontynuuje.

| | | | | | | | | |
|---|---|---|---|---|---|---|---|---|
| odchylenie standardowe | 106.5 | 25.9 | 10.6 | 23.4 | 12.8 | 525.9 | 18.8 | 1.53 |
| Zasięg | 270 | 72.2 | 35 | 86.6 | 49.9 | 1721 | 60 | 5.9 |
| Skewność | 0.25 | 0.01 | -1.76 | 0.02 | 0.01 | 0.84 | 0.81 | 0.98 |
| Kurtoza | 1.6 | 1.43 | 4.93 | 2.61 | 3.09 | 2.997 | 2.65 | 3.6 |
| Współczynnik zmienności | 0.67 | 0.43 | 0.13 | 0.49 | 0.32 | 0.693 | 0.2992 | 0.41 |
| p25 | 46 | 35.3 | 80 | 32.5 | 33 | 312.5 | 49.5 | 2.75 |
| Mediana | 136 | 62.5 | 83.5 | 47.4 | 42.8 | 750.5 | 57.5 | 3.6 |
| p75 | 226 | 81.95 | 87 | 61.5 | 45.1 | 946.5 | 71.5 | 4.05 |
| Suma | 2536 | 971.8 | 1290 | 761.5 | 637.7 | 12150 | 1003 | 59.7 |

Należy zwrócić uwagę na orientację w przestrzeni otwartej (X8), bliskość drogi w przestrzeni otwartej (X9), kąt padania światła w przestrzeni otwartej (X10), współczynnik zacienienia przestrzeni otwartej (X11), długość przestrzeni otwartej (X12), powierzchnię otwartą (X13), współczynnik twardości krajobrazu w przestrzeni otwartej (X14) i zmianę mikrotemperatury (Y).

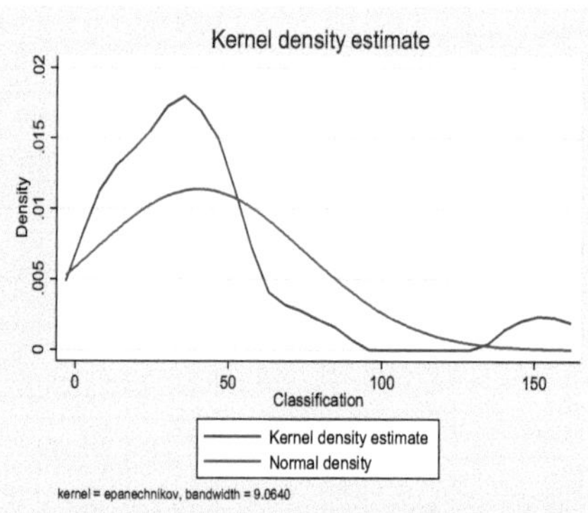


Rysunek 16.1: Wielokąt częstotliwości przy użyciu szacunku gęstości jądra z projekcją gęstości normalnej dla zmiennej klasyfikacji budynku.
Źródło: Badanie terenowe (2015).

## 16.3 SZACOWANIE GĘSTOŚCI ZALĄŻKOWEJ ZMIENNYCH BUDOWLANYCH

Do analizy danych wielokąta częstotliwości w badaniu wykorzystano szacunek gęstości jądra z projekcją gęstości normalnej w celu podsumowania trendów, pokazania interakcji między dwoma lub więcej zmiennymi, powiązania danych ze stałymi lub podkreślenia ogólnego wzorca, a nie konkretnych pomiarów. Oszacowanie gęstości j±der jest podstawowym problemem wygładzaj±cym dane, gdzie wnioski na temat populacji s± dokonywane na podstawie skończonej próby danych. Krzywizna jest stopniem, w jakim rozkład danych odbiega od rozkładu normalnego wzdłuż osi poziomej (normalny = 0),

podczas gdy kurtoza jest miarą szczytowości rozkładu danych dla ciągłej zmiennej losowej (normalny = 3).
Orientacja budowlana miała sumaryczną tendencję o średniej wartości 171 stopni, medianie 136 stopni, pochyleniu 0,13 i kurtozie 1,61. Zarówno pochylenie, jak i kurtoza zbliżały się do normalnego rozkładu danych ze średnią stanowiącą dobrą miarę tendencji centralnej. Obserwacja polegająca na tym, że zmiana mikro-temperatury wydaje się wykazywać normalny wzór z orientacją budynku.
Klasyfikacja budynków wykazywała sumaryczną tendencję o średniej wartości 40 m, medianie 36 m, pochyleniu 2,1 i kurtozie 7,39. Zarówno pochylenie, jak i kurtoza są nieprawidłowe (rysunek 16.1). Kurtoza wydaje się być bardziej wyraźna niż pochylenie, przy czym mediana przeważa nad średnią jako centralna tendencja rozkładu. Zauważono, że zmiana mikrotemperaturowa wydaje się wykazywać nieprawidłowy wzór w klasyfikacji budynków.

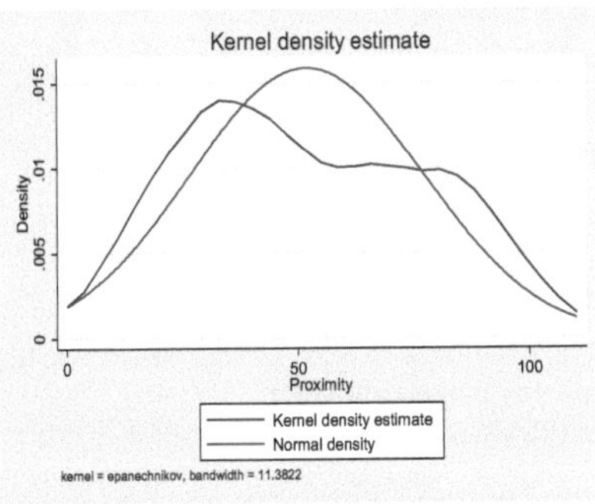


Rysunek 16.2. Wielokąt częstotliwości przy użyciu szacunku gęstości jądra z projekcją gęstości normalnej dla budowy zmiennej bliskości drogi.
Źródło: Badanie terenowe (2015).

Bliskość drogi budowlanej miała sumaryczną tendencję o średniej wartości 52 metry, medianie 46 metrów, pochyleniu 0,21 i kurtozie 1,76. Krzywa zbliżała się do krzywej rozkładu normalnego, przy czym średnia była wyraźną statystyką (rysunek 16.2). Zauważono, że zmiana mikrotemperaturowa wydaje się wykazywać normalny wzorzec przy bliskości drogi budowlanej.
Typ budynku charakteryzował się średnią wartością 6,4 metra, medianą 6,2 metra, pochyleniem 0,14 i kurtozą 1,14. Mimo że pochylenie zbliżało się do zera, rozkład krzywej był niezdecydowany (rysunek 16.3). Jako statystyka przeważyła jednak średnia nad medianą. Zauważono, że zmiana mikrotemperatury wydawała się być niezdecydowana, przy czym typ budynku zdominowany był przez wille o wysokości 5,3 metra i maisonety o wysokości 7,7 metra.
Wielkość działki miała tendencję sumaryczną o średniej wartości 140 metrów kwadratowych, medianie 108 metrów kwadratowych, pochyleniu 3,4 i kurtozie 15,65. Zarówno pochylenie, jak i kurtoza są nieprawidłowe (rysunek 16.4). Kurtoza wydaje się być bardziej wyraźna niż pochylenie, a zatem mediana miałaby przewagę nad średnią i wyborem

rozkładu. Zauważono, że zmiana mikrotemperaturowa wydaje się wykazywać nieprawidłowy wzór o wielkości wykresu.
Pokrycie podłoża miało średnią wartość 48%, medianę 44%, pochylenie 0,83 i kurtozę 3,08. Krzywa zbliża się do krzywej rozkładu normalnego, a jej średnia jest widoczna w statystyce (rysunek 16.5). Zauważono, że zmiana mikrotemperaturowa wydaje się wykazywać wzorzec normalny z pokryciem terenu.

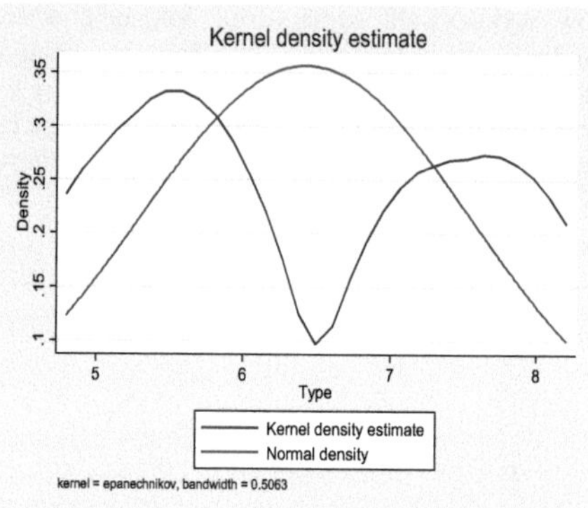


Rysunek 16.3. Wielokąt częstotliwości przy użyciu szacunku gęstości jądra z projekcją gęstości normalnej dla zmiennych typu budynku.
Źródło: Badanie terenowe (2015).

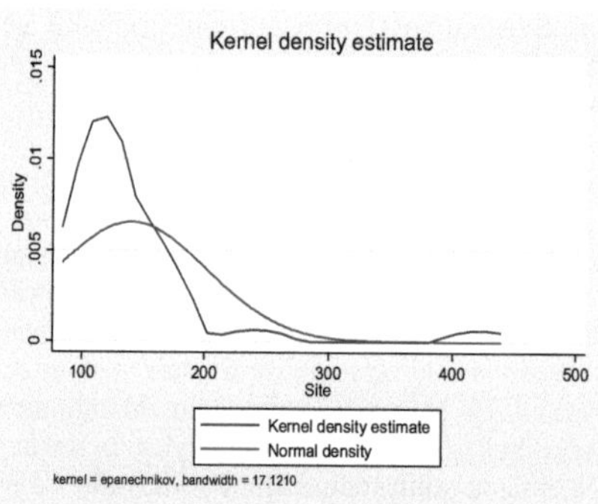


Rysunek 16.4: Wielokąt częstotliwości przy użyciu szacunku gęstości jądra z projekcją gęstości normalnej dla powierzchni o zmiennej wielkości.
Źródło: Badanie terenowe (2015).

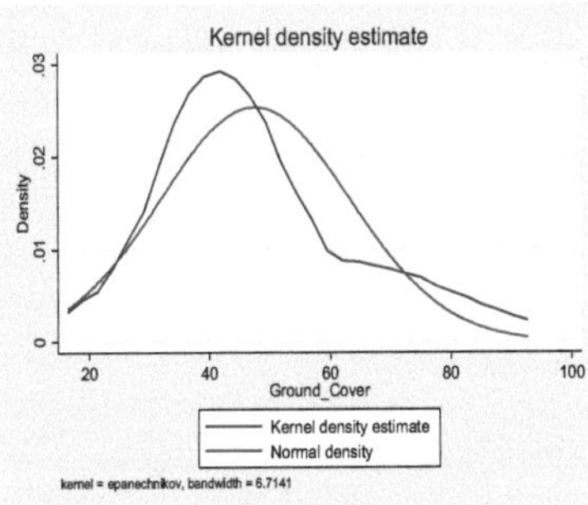


Rysunek 16.5. Wielokąt częstotliwości przy użyciu szacunku gęstości jądra z projekcją gęstości normalnej dla zmiennej pokrycia gruntu.
Źródło: Badanie terenowe (2015).

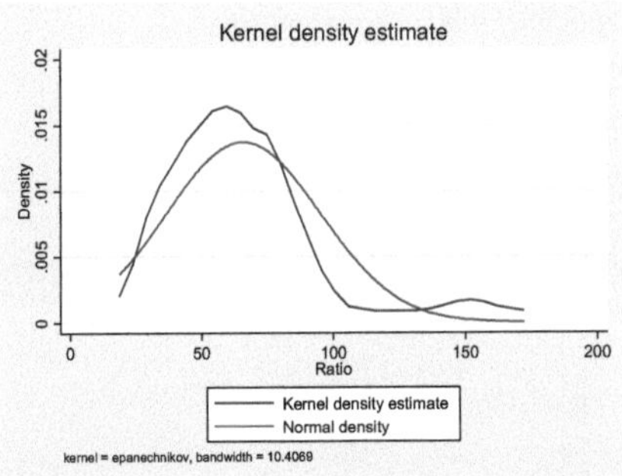


Rysunek 16.6. Wielokąt częstotliwości przy użyciu szacunku gęstości jądra z projekcją gęstości normalnej dla zmiennej proporcji powierzchni.
Źródło: Badanie terenowe (2015).

Współczynnik wykresu miał średnią wartość 66%, medianę 63%, pochylenie 1,60 i kurtozę 5,85. Zarówno pochylenie, jak i kurtoza są nieprawidłowe (rysunek 16.6). Kurtoza wydaje się być bardziej wyraźna niż pochylenie, a zatem mediana miałaby przewagę nad średnią i wyborem rozkładu. Stwierdzono, że zmiana mikrotemperaturowa wydaje się wykazywać nieprawidłowy wzór z proporcją wykresu.
Zmiana mikrotemperaturowa miała skumulowany trend o średniej wartości 3,4 stopnia Celsjusza, medianie 3,3 stopnia Celsjusza, pochyleniu 0,95 i kurtozie 3,89. Krzywa ta jest zbliżona do krzywej rozkładu normalnego z pikiem przy średniej statystyce (rysunek 16.7).

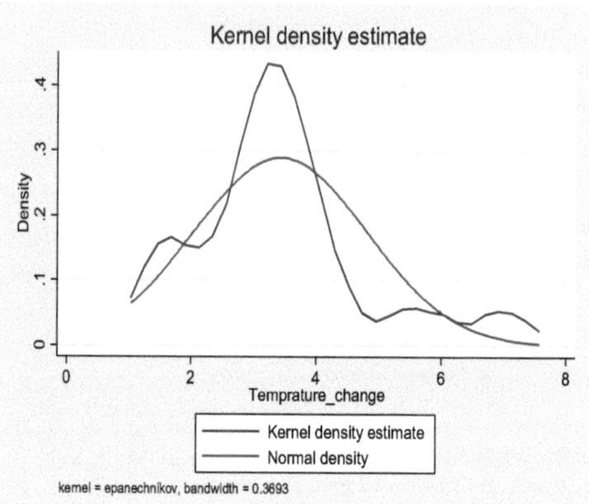


Rysunek 16.7: Wielokąt częstotliwości przy użyciu szacunku gęstości jądra z projekcją gęstości normalnej dla zmiennej mikro-temperaturowej.
Źródło: Badanie terenowe (2015).

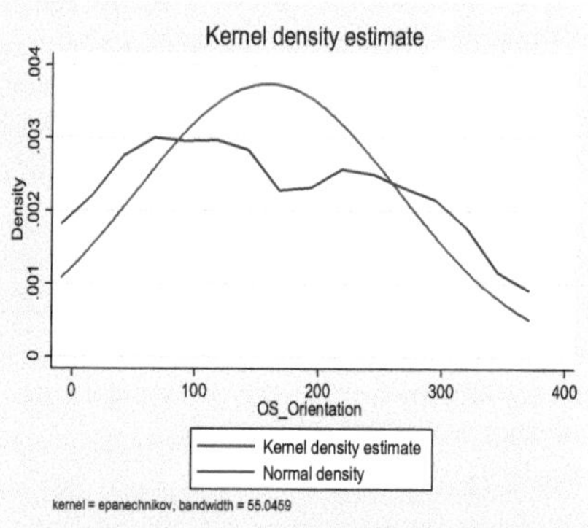


Rysunek 16.8. Wielokąt częstotliwości przy użyciu szacunku gęstości jądra z projekcją gęstości normalnej dla zmiennej orientacji otwartej przestrzeni.
Źródło: Badanie terenowe (2015).

## 16.4 ESTYMACJA GĘSTOŚCI JĄDRA DLA ZMIENNYCH W PRZESTRZENI OTWARTEJ

Orientacja w przestrzeni otwartej wykazywała sumaryczny trend o średniej wartości 159 stopni, medianie 136 stopni, pochyleniu 0,25 i kurtozie 1,6. Krzywa ta jest zbliżona do krzywej rozkładu normalnego, a jej średnią stanowi statystyka widoczna (rysunek 16.8). Zauważono, że zmiana mikrotemperaturowa wydaje się wykazywać wzorzec normalny przy orientacji w przestrzeni otwartej.

Bliskość drogi w terenie otwartym miała średnią wartość 60,7 metra, medianę 62,5 metra, pochylenie 0,01 i kurtozę 1,43. Krzywa zbliżała się do krzywej rozłożonej normalnej, przy czym średnia była widoczną statystyką (rysunek 16.9). Z obserwacji wynikało, że zmiana temperatury w skali mikro wykazywała tendencję normalną przy bliskości drogi w otwartej przestrzeni.

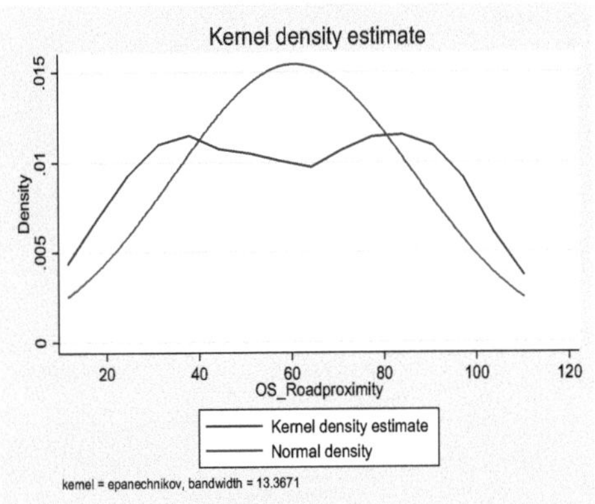


Rysunek 16.9. Wielokąt częstotliwości przy użyciu szacunku gęstości jądra z projekcją gęstości normalnej dla zmiennej bliskości drogi na otwartej przestrzeni.
Źródło: Badanie terenowe (2015).

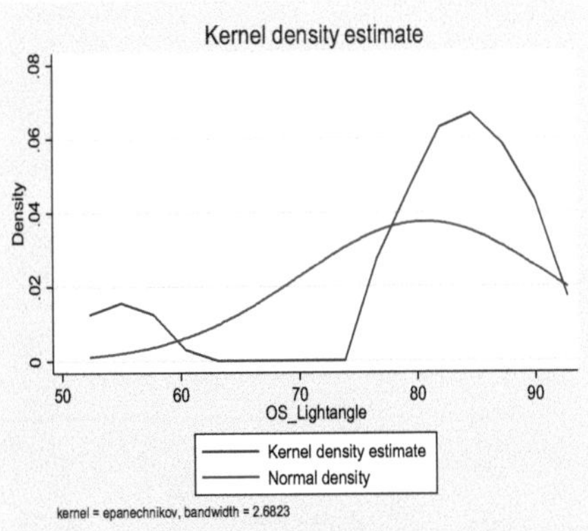


Rysunek 16.10. Wielokąt częstotliwości przy użyciu szacunku gęstości jądra z projekcją gęstości normalnej dla zmiennego kąta padania światła w przestrzeni otwartej.
Źródło: Badanie terenowe (2015).

Kąt padania światła w otwartej przestrzeni miał średnią wartość 81 stopni, medianę 84 stopni, pochylenie -1,76 i kurtozę 4,9. Zarówno pochylenie, jak i kurtoza są nieprawidłowe (rysunek 16.10). Przechylenie jest negatywne, co oznacza przechylenie na prawą stronę, przy czym kurtoza jest bardziej wyraźna niż przechylenie. W związku z tym mediana przeważa nad średnią jako miara tendencji centralnej. Zauważono, że zmiana mikrotemperaturowa wydawała się wykazywać nieprawidłowy wzór przy kącie padania światła w otwartej przestrzeni.

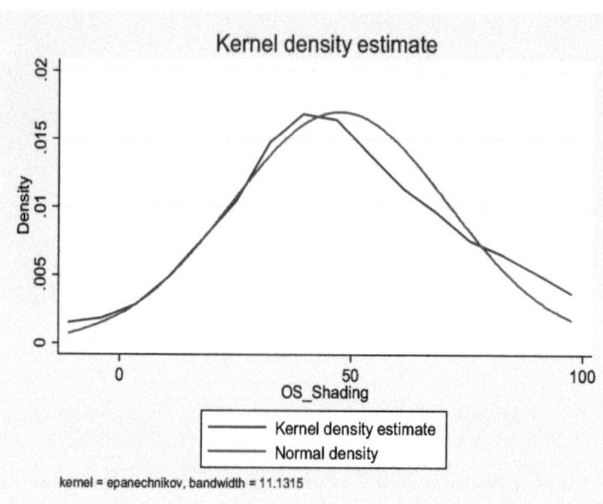


Rysunek 16.11. Wielokąt częstotliwości przy użyciu szacunku gęstości jądra z projekcją gęstości normalnej dla zmiennej współczynnika zacienienia przestrzeni otwartej.
Źródło: Badanie terenowe (2015).

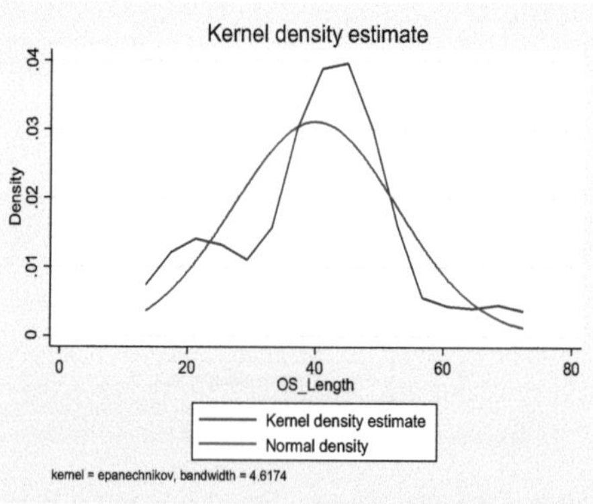


Rysunek 16.12. Wielokąt częstotliwości przy użyciu szacunku gęstości jądra z projekcją gęstości normalnej dla zmiennej długości przestrzeni otwartej.
Źródło: Badanie terenowe (2015).

Współczynnik zacienienia przestrzeni otwartej miał średnią wartość 48%, medianę 47%, pochylenie 0,02 i kurtozę 2,6. Krzywa zbliżała się do krzywej rozkładu normalnego, a jej średnia była widoczna w statystyce (rysunek 16.11). Obserwacja ta, polegająca na tym, że zmiana mikro-temperatury wydawała się wykazywać normalny wzór ze współczynnikiem zacienienia przestrzeni otwartej.

Długość otwartej przestrzeni miała w sumie tendencję średnią 40 metrów, medianę 43 metrów, pochylenie 0,01 i kurtozę 3,1. Krzywa zbliżała się do krzywej rozkładu normalnego, przy czym średnią stanowiła statystyka wybitna (rysunek 16.12). Zauważono, że zmiana mikrotemperaturowa wydaje się wykazywać wzorzec normalny przy długości otwartej przestrzeni.

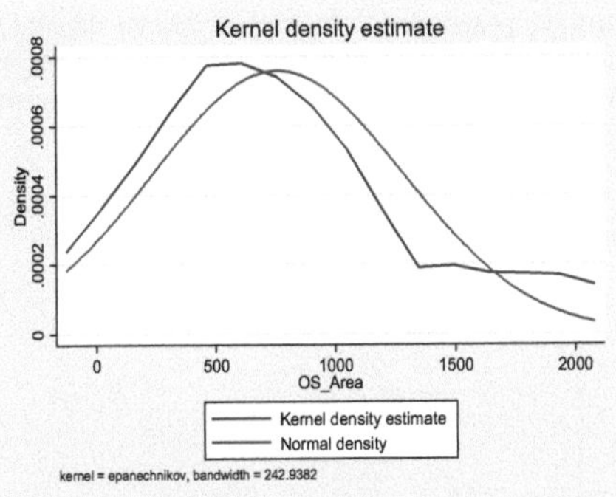


Rysunek 16.13. Wielokąt częstotliwości przy użyciu szacunku gęstości jądra z projekcją gęstości normalnej dla zmiennej powierzchni otwartej.
Źródło: Badanie terenowe (2015).

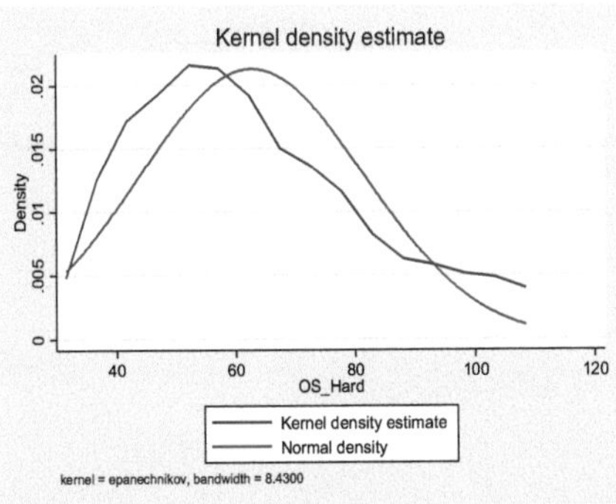


Rysunek 16.14. Wielokąt częstotliwości przy użyciu szacunku gęstości jądra z projekcją gęstości normalnej dla otwartej przestrzeni o twardym krajobrazie.
Źródło: Badanie terenowe (2015).

Powierzchnia otwarta posiadała statystykę sumaryczną o średnich wartościach 759 m2 , medianie 751 m2 , pochyleniu 0,84 i kurtozie 3. Krzywa zbliżała się do krzywej rozkładu normalnego, przy czym średnią stanowiła statystyka wybitna (rysunek 16.13). Zauważono, że zmiana mikrotemperaturowa wydaje się wykazywać normalny wzorzec przy otwartej przestrzeni.

Twardy krajobraz o otwartej przestrzeni miał średnią wartość 63 procent, medianę 58 procent, pochylenie 0,81 i kurtozę 2,7. Krzywa zbliżała się do krzywej rozkładu normalnego, przy czym średnia była wyraźną statystyką (rysunek 16.14). Zauważono, że zmiana mikrotemperaturowa wydaje się wykazywać normalny wzorzec przy otwartym, twardym krajobrazie.

Zmiana mikrotemperatury w przestrzeni otwartej wykazywała skumulowaną tendencję o średniej wartości 3,7 stopnia Celsjusza, medianie 3,6 stopnia Celsjusza, pochyleniu 0,98 i kurtozie 3. Krzywa zbliżała się do krzywej rozkładu normalnego, przy czym średnia była wyraźną statystyką (rysunek 16.15).

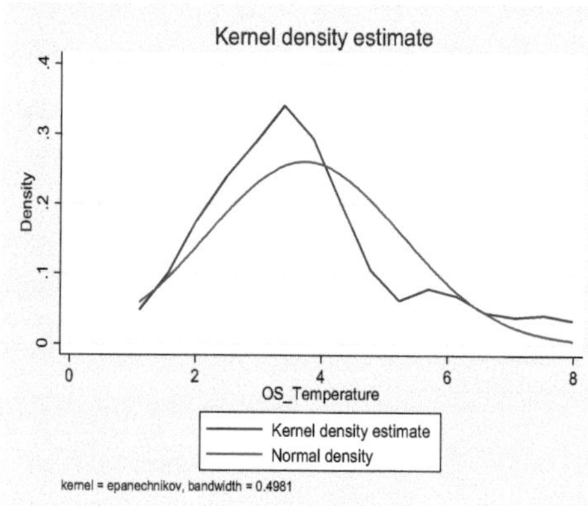


Rysunek 16.15. Wielokąt częstotliwości przy użyciu szacunku gęstości jądra z projekcją gęstości normalnej dla zmiennej zmiany mikrotemperatury.
Źródło: Badanie terenowe (2015).

# ROZDZIAŁ SIEDEMNASTY: STATYSTYKA BUDOWNICTWA MIEJSKIEGO I ZMIANY MIKROTEMPERATUROWE

W niniejszym rozdziale przedstawiono wyniki i analizę zebranych danych w odniesieniu do zmian mikrotemperaturowych i formy budownictwa miejskiego, w zakresie statystyki formy budownictwa miejskiego i zmian mikrotemperaturowych. Próbując odnieść się do drugiego celu badawczego, jakim było określenie istotnych zmiennych formy miejskiej zabudowy, które przyczyniają się do zmiany temperatury, podjęto próbę wykorzystania macierzy korelacji Pearsona dla zmiennych dotyczących budynków i otwartej przestrzeni oraz statystycznego wnioskowania, która forma miejska zabudowy powoduje zmianę mikrotemperaturową, wykorzystując test Normalności, test Shapiro-Wilka W dla danych normalnych do określenia istotnych zmiennych dotyczących budynków i otwartej przestrzeni. Przetworzone dane i zbiorcze statystyki dla znaczących zmiennych formy miejskiej zabudowy, które przyczyniają się do zmiany temperatury, zostały przedstawione i przeanalizowane pod kątem występowania czynników formy miejskiej zabudowy.
W ramach statystycznego wnioskowania, jakie czynniki kształtu budynków miejskich wywołują zmiany mikrotemperaturowe, w badaniu wykorzystano test wieloliniowości przy użyciu współczynników inflacji wariancyjnej (VIF) dla zmiennych dotyczących budynków i otwartej przestrzeni, a następnie przeprowadzono test heteroskedastyczności przy użyciu testu Breuscha-Pagana/Cook-Weisberga w celu zbadania wyników dla zmiennych dotyczących budynków i otwartej przestrzeni.

## 17.1 MATRYCA KORELACJI PEARSON

Do analizy danych wykorzystano matrycę korelacji Pearsona jako miarę asocjacji i siły liniowej zależności pomiędzy dwoma zmiennymi w budynku lub w przestrzeni otwartej. Współczynnik korelacji (r) waha się od ujemnej do dodatniej ($-1 \leq r \geq 1$). Współczynnik zbliżony do ± 1 oznacza silną zależność, podczas gdy współczynniki zbliżone do zera oznaczają niewielką asocjację lub jej brak. Ujemny współczynnik korelacji oznacza, że zmienne są ze sobą odwrotnie powiązane, podczas gdy dodatni współczynnik korelacji oznacza bezpośrednią zależność między zmiennymi.

W tabeli 17.1 przedstawiono matrycę korelacji Pearsona dla zmiennych budowlanych na poziomie istotności 1 % (0,01). Najsilniejsza zależność korelacyjna wystąpiła pomiędzy współczynnikiem pokrycia powierzchni i pokrycia terenu wynoszącym 0,7252 na poziomie istotności 1 proc. (0,01).

Tabela 17.1: Dane tabelaryczne przedstawiające matrycę korelacji Pearsona dla zmiennych budowlanych.
Źródło: Badanie terenowe (2016).

| | X1 | X2 | X3 | X4 | X5 | X6 | X7 |
|---|---|---|---|---|---|---|---|
| X1 | 1.0000 | | | | | | |
| X2 | 0.0289 | 1.0000 | | | | | |
| X3 | -0.3852 | 0.2182 | 1.0000 | | | | |
| X4 | -0.1526 | 0.0093 | -0.0192 | 1.0000 | | | |
| X5 | 0.3146 | -0.2587 | -0.3852 | -0.0499 | 1.0000 | | |
| X6 | -0.1046 | -0.2495 | -0.2565 | -0.2884 | 0.3077 | 1.0000 | |
| X7 | -0.2840 | -0.2777 | -0.1850 | 0.3323 | 0.1470 | 0.7252* | 1.0000 |

Należy zwrócić uwagę, że symbol (*) oznacza znaczenie przy 1% (0,01), orientację budynku (X1), klasyfikację budynków (X2), bliskość drogi (X3), rodzaj budynku (X4), wielkość działki (X5), pokrycie terenu (X6), współczynnik pokrycia terenu (X7) i zmiany mikrotemperaturowe (Y).

W tabeli 17.2 przedstawiono matrycę korelacji Pearsona dla zmiennych typu open space na poziomie istotności 1 % (0,01). Najsilniejsza zależność korelacyjna wystąpiła pomiędzy kątem padania światła w przestrzeni otwartej a przestrzenią otwartą wynoszącą 0,4902 na poziomie istotności 1 proc. (0,01).

Tabela 17.2: Dane tabelaryczne przedstawiające macierz korelacji zmiennych open space Pearsona. Źródło: Badanie terenowe (2016 r.).

| | X8 | X9 | X10 | X11 | X12 | X13 | X14 |
|---|---|---|---|---|---|---|---|
| X8 | 1.0000 | | | | | | |
| X9 | -0.2949 | 1.0000 | | | | | |
| X10 | -0.4001 | 0.0032 | 1.0000 | | | | |
| X11 | -0.4119 | 0.4775 | 0.3956 | 1.0000 | | | |
| X12 | 0.1352 | 0.3375 | -0.0890 | -0.0603 | 1.0000 | | |
| X13 | -0.1358 | 0.1620 | 0.4902 | 0.2762 | 0.4248 | 1.0000 | |
| X14 | 0.2050 | 0.3269 | -0.6167 | -0.1075 | 0.0681 | -0.2797 | 1.0000 |

Należy pamiętać, że symbol (*) oznacza znaczenie przy 1% (0,01), orientację w przestrzeni otwartej (X8), bliskość drogi otwartej (X9), kąt padania światła w przestrzeni otwartej (X10), współczynnik zacienienia przestrzeni otwartej (X11), długość przestrzeni otwartej (X12), powierzchnię otwartą (X13), współczynnik twardości krajobrazu w przestrzeni otwartej (X14) i zmianę mikrotemperatury (Y).

## 17.2 TEST KSZTAŁTU WILKA W (Z)

Analizę danych przy użyciu testu Shapiro-Wilk W (z) wykorzystano do analizy danych w oparciu o test hipotezy zerowej, pobrano próbkę z populacji o rozkładzie normalnym w celu spełnienia warunku zastosowania większości procedur modelowania liniowego, takich jak regresja i analiza wariancji (ANOVA). W badaniu interesowano się analizą wartości P (Prob), które powinny być większe od poziomu istotności 0,01.

Tabela 17.3: Dane tabelaryczne przedstawiające test normalności przy użyciu testu Shapiro-Wilk W dla danych normalnych dla zmiennych budowlanych.
Źródło: Badanie terenowe (2016).

| **Zmienna** | **Obserwacja** | **W** | **V** | **z** | **Prob > z** |
|---|---|---|---|---|---|
| Orientacja budowlana | 31 | 0.98798 | 0.391 | -1.943 | 0.97401 |
| Klasyfikacja budynków | 31 | 0.74738 | 8.229 | 4.367 | 0.00001 |
| Bliskość drogi | 31 | 0.94744 | 1.712 | 1.114 | 0.13260 |
| Typ | 31 | 0.95682 | 1.406 | 0.707 | 0.23987 |

| budynku | | | | | |
|---|---|---|---|---|---|
| Wielkość działki | 31 | 0.60992 | 12.706 | 5.267 | 0.00000 |

Tabela 17.3: Kontynuacja.

| | | | | | |
|---|---|---|---|---|---|
| Pokrycie terenu | 31 | 0.92359 | 2.489 | 1.889 | 0.02943 |
| Stosunek liczby działek | 31 | 0.84635 | 5.005 | 3.337 | 0.00042 |
| Zmiana mikrotemperatury | 31 | 0.90843 | 2.983 | 2.264 | 0.01178 |

Tabela 17.3 przedstawia test normalności przy użyciu testu Shapiro-Wilk W dla danych normalnych dla zmiennych budowlanych. Zmienne budowlane o wartościach P większych niż poziom istotności 0,01 miały krzywe zbliżone do rozkładu normalnego (orientacja budynku, bliskość drogi, rodzaj budynku, pokrycie terenu i zmiana mikrotemperatury), podczas gdy te zmienne budowlane o wartości mniejszej niż poziom istotności 0,01 miały krzywe odchylone (klasyfikacja budynku, wielkość działki i stosunek powierzchni).

Tabela 17.4: Dane tabelaryczne przedstawiające test normalności przy użyciu testu Shapiro-Wilk W dla danych normalnych dla zmiennych typu open space.
Źródło: Badanie terenowe (2016).

| **Zmienna** | **Obserwacja** | **W** | **V** | **z** | **Prob > z** |
|---|---|---|---|---|---|
| Orientacja na otwartą przestrzeń | 16 | 0.96812 | 0.646 | -0.868 | 0.80732 |
| Bliskość drogi na otwartej przestrzeni | 16 | 0.89403 | 2.147 | 1.518 | 0.06453 |
| Kąt padania światła w otwartej przestrzeni | 16 | 0.74260 | 5.216 | 3.281 | 0.00052 |
| Współczynnik zacienienia przestrzeni otwartej | 16 | 0.96940 | 0.620 | -0.950 | 0.82883 |
| Długość otwartej przestrzeni | 16 | 0.93926 | 1.231 | 0.412 | 0.34001 |
| Otwarta przestrzeń | 16 | 0.92113 | 1.598 | 0.931 | 0.17589 |
| Otwarta przestrzeń - twardy krajobraz | 16 | 0.90854 | 1.853 | 1.225 | 0.11022 |
| Zmiana mikrotemperatury | 16 | 0.91986 | 1.624 | 0.963 | 0.16784 |

Tabela 17.4 przedstawia test normalności przy użyciu testu Shapiro-Wilk W dla danych normalnych dla zmiennych o otwartej przestrzeni. Zmienne dotyczące przestrzeni otwartej o wartościach P większych od poziomu istotności 0,01 miały krzywe zbliżone do rozkładu normalnego (orientacja przestrzeni otwartej, bliskość drogi otwartej, współczynnik zacienienia przestrzeni otwartej, długość przestrzeni otwartej, powierzchnia otwarta i zmiana mikrotemperatury), podczas gdy jedyna zmienna dotycząca przestrzeni otwartej o wartości mniejszej od poziomu istotności 0,01 miała rozkład krzywych pochylonych (kąt oświetlenia).

## 17.3 WSKAŹNIKI INFLACJI WARIANCYJNEJ

Współczynniki zmienności inflacji (VIF) wykorzystano do analizy danych opartych na teście wieloliniowości jako miarę stopnia zawyżenia wariancji zwykłego estymatora najmniejszego kwadratu (OLS) ze względu na współliniowość lub jako warunek braku dokładnej liniowej zależności między regresorami. Zmienna ma problem z wieloliniowością, jeżeli wartość wskaźnika inflacji wariancji jest większa niż 10 (tolerancja powyżej 0,1). Wyniki powinny być mniejsze niż 0,1 wartości tolerancji przy poziomie istotności 0,01. Nie stwierdzono wieloliniowości przy wartościach współczynnika inflacji wariancji poniżej 10 (tolerancja poniżej 0,1). Tak długo, jak współliniowość nie była doskonała (tj. równa 1), jak to miało miejsce w przypadku zmiennych dotyczących budynku lub otwartej przestrzeni, często sugerowano, że najlepszym rozwiązaniem jest po prostu przedstawienie wyników zamontowanego modelu.

Tabela 17.5: Dane tabelaryczne przedstawiające test wieloliniowości z wykorzystaniem współczynników inflacji wariancji (VIF) dla zmiennych budowlanych.
Źródło: Badanie terenowe (2016).

| **Zmienna** | **VIF** | **Tolerancja (1/VIF** |
|---|---|---|
| Orientacja budowlana | 7.55 | 0.132533 |
| Klasyfikacja budynków | 7.51 | 0.133092 |
| Bliskość drogi | 3.71 | 0.269812 |
| Typ budynku | 1.49 | 0.671102 |
| Wielkość działki | 1.46 | 0.684923 |
| Pokrycie terenu | 1.45 | 0.689552 |
| Stosunek liczby działek | 1.20 | 0.835603 |
| Średnia VIF | 3.48 | |

Tabela 17.5 przedstawia test wieloliniowości z wykorzystaniem współczynników inflacji wariancyjnej (VIF) dla zmiennych budowlanych. Wśród kilku zmiennych występował wysoki stopień współliniowości, nawet średni współczynnik inflacji wariancyjnej przekraczał 2 (średnia VIF = 3,48). Żadna ze zmiennych budowlanych nie miała wartości współczynnika inflacji wariancji powyżej 10, przy czym orientacja budowlana miała najwyższą wartość współczynnika inflacji wariancji wynoszącą 7,55.

Tabela 17.6: Dane tabelaryczne przedstawiające test wieloliniowości z wykorzystaniem współczynników inflacji wariancyjnej (VIF) dla zmiennych o otwartej przestrzeni. Źródło: Badanie terenowe (2016).

| **Zmienna** | **VIF** | **Tolerancja (1/VIF** |
|---|---|---|
| Orientacja na otwartą przestrzeń | 1.45 | 0.688494 |

Tabela 17.6: Kontynuacja.

| | | |
|---|---|---|
| Bliskość drogi na otwartej przestrzeni | 2.19 | 0.457488 |
| Kąt padania światła w otwartej przestrzeni | 2.56 | 0.390856 |
| Współczynnik zacienienia przestrzeni otwartej | 1.82 | 0.550668 |
| Długość otwartej przestrzeni | 1.81 | 0.553378 |
| Otwarta przestrzeń | 1.92 | 0.521564 |
| Otwarta przestrzeń - twardy krajobraz | 2.04 | 0.489541 |
| Średnia VIF | 1.97 | |

W tabeli 17.6 przedstawiono test wieloliniowości z wykorzystaniem współczynników inflacji wariancyjnej (VIF) dla zmiennych o otwartej przestrzeni. Wśród kilku zmiennych wystąpił wysoki stopień współliniowości, nawet średnia wartość współczynnika inflacji wariancyjnej wynosiła prawie 2 (średnia VIF = 1,97). Żadna ze zmiennych przestrzeni otwartej nie miała wartości współczynnika inflacji wariancji powyżej 10, przy czym kąt padania światła w przestrzeni otwartej miał najwyższą wartość współczynnika inflacji wariancji wynoszącą 2,56.

## 17.4 PRÓBA CHI-SQUARE

Test Breuscha-Pagana i Cook-Weisberga (Chi-square: $\chi 2$) wykorzystano do analizy danych pod kątem heteroskedastyczności (wariancji nierównomiernej) w warunkach błędu. Termin błędu jest zwykle rozłożony jako warunek zastosowania testu istotności, np. t i F. Hipoteza zerowa ($H_0$) jest hipotezą wspólną, tzn. pochylenie jest równe zeru (S = 0), a kurtoza jest równa trzem (K = 3) i podąża za rozkładem Chi-kwadratowym ($\chi 2$) z 2 stopniami swobody (df). Istniały dwa stopnie swobody, ponieważ badanie nałożyło dwa ograniczenia, a mianowicie, że pochylenie jest równe zeru, a kurtoza jest równa trzem. Dlatego też, jeśli w zastosowaniu statystyki Chi-kwadratowej przekroczymy krytyczną wartość chi-kwadratu, powiedzmy na poziomie 5 procent, badanie odrzuci hipotezę, że termin błędu jest normalnie rozłożony. Co ciekawe, testy t i F były w przybliżeniu poprawne w dużych próbach (30 wykresów losowych), przy czym przybliżenie było dość dobre, ponieważ wielkość próby rosła w nieskończoność.

Tabela 17.7: Dane tabelaryczne przedstawiające heteroscedastyczność przy użyciu testu Breuscha-Pagana/Cook-Weisberga dla wyników badań heteroscedastyczności dla zmiennych budowlanych.
Źródło: Badanie terenowe (2016).

| Badanie Breuscha-Pagana/Cook-Weisberga na heteroscedastyczność<br>$H_0$: Stałe odchylenie<br>Zmienne: Dopasowane wartości zmiany temperatury |
|---|
| Chi2 (1) = 0,71 i Prob > Chi2 = 0,3999 |

Tabela 17.7 przedstawia heteroscedastyczność przy użyciu testu Breuscha-Pagana/Cook-Weisberga dla wyników badań heteroscedastyczności dla zmiennych budowlanych. Chi-kwadrat (1) wynosił 0,71 i 0,3999, i nie przekraczał wartości krytycznych Chi-kwadratu (poziom 5%) 1,386. Przyjęto hipotezę, że termin błędu jest normalnie rozłożony.

Tabela 17.8: Dane tabelaryczne przedstawiające heteroscedastyczność przy użyciu testu Breuscha-Pagana/Cook-Weisberga dla wyników badań heteroscedastyczności dla zmiennych o otwartej przestrzeni.
Źródło: Badanie terenowe (2016).

| Badanie Breuscha-Pagana/Cook-Weisberga na heteroscedastyczność<br>$H_0$: Stałe odchylenie<br>Zmienne: Dopasowane wartości zmiany temperatury |
|---|
| Chi2 (1) = 3,02 i Prob > Chi2 = 0,0825 |

Tabela 17.8 przedstawia heteroscedastyczność przy użyciu testu Breuscha-Pagana/Cook-Weisberga dla wyników badań heteroscedastyczności dla zmiennych typu open space. Chi-kwadrat (1) wynosił 3,02 i 0,0825 i przekroczył wartość krytyczną Chi-kwadratu (poziom 5%) wynoszącą 1,386. Hipoteza o normalnym rozłożeniu błędu została odrzucona.

## ROZDZIAŁ OSIEMNASTY: BUDOWNICTWO MIEJSKIE - INTERWENCJA W ZAKRESIE ZMIANY MIKROTEMPERATURY

W niniejszym rozdziale przedstawiono wyniki i analizę zebranych danych w odniesieniu do zmiany mikrotemperaturowej i formy zabudowy miejskiej, w zakresie interwencji formy zabudowy miejskiej w zakresie zmiany mikrotemperaturowej. Próbując odnieść się do drugiego celu badawczego, jakim było określenie istotnych zmiennych formy miejskiej zabudowy przyczyniających się do zmiany temperatury, oraz w zakresie określenia rodzajów i rozpowszechnienia interwencji formy miejskiej zabudowy w zakresie zmiany mikrotermicznej, w badaniu wykorzystano wyniki regresji wielokrotnej i testowanie hipotez.

### 18.1 WYNIKI REGRESJI WIELOKROTNEJ DLA BUDYNKÓW I PRZESTRZENI OTWARTYCH

W celu przedstawienia w dwóch wymiarach relacji między dwoma zmiennymi oraz wyjaśnienia stałej, współczynnika, błędu standardowego i nachylenia linii regresji wykorzystano wykresy rozproszenia rzutu liniowego niezależnych zmiennych związanych z formą urbanistyczną. Tabela 18.1 przedstawia wyniki regresji wielokrotnej dla zmiennych budowlanych, natomiast tabela 18.2 przedstawia wyniki dla zmiennych w przestrzeni otwartej wytycznych.

Tabela 18.1: Dane tabelaryczne przedstawiające wielokrotne wyniki regresji dla zmiennych budowlanych.
Źródło: Badanie terenowe (2016).

| Metoda: OLS<br>Zmienna zależna: Zmiana mikro-temperatury | | | | |
|---|---|---|---|---|
| | Współczynnik | Std. Err. | t | P > t |
| Orientacja budowlana | 0.0033003 | 0.0031414 | 1.05 | 0.304 |
| Klasyfikacja budynków | -0.0110001 | 0.0082397 | -1.34 | 0.195 |
| Bliskość drogi | -0.0043829 | 0.0126472 | -0.35 | 0.732 |
| Typ budynku | 0.3522775 | 0.4545206 | 0.78 | 0.446 |
| Wielkość działki | -0.0050629 | 0.0052329 | -0.97 | 0.343 |
| Pokrycie terenu | 0.0365329 | 0.0459403 | 0.80 | 0.435 |
| Stosunek liczby działek | -0.0147858 | 0.0249051 | -0.59 | 0.559 |
| Stały | 1.208963 | 3.663526 | 0.33 | 0.744 |
| F (7, 23) = 0.62 | | R-squared = 0,1583 | | |

Tabela 18.2: Dane tabelaryczne przedstawiające wielokrotne wyniki regresji dla zmiennych typu open space.
Źródło: Badanie terenowe (2016).

| Metoda: OLS<br>Zmienna zależna: Zmiana mikro-temperatury | | | | |
|---|---|---|---|---|
| | Współczynnik | Std. Err. | t | P > t |
| Otwarta przestrzeń | 0.001806 | 0.0050211 | 0.36 | 0.728 |

Tabela 18.2: Kontynuuje.

| Orientacja | | | | |
|---|---|---|---|---|
| Bliskość drogi na otwartej przestrzeni | -0.0069516 | 0.0253656 | -0.27 | 0.791 |
| Kąt padania światła w otwartej przestrzeni | 0.0400538 | 0.0667436 | 0.60 | 0.565 |
| Współczynnik zacienienia przestrzeni otwartej | -0.0102052 | 0.0255198 | -0.40 | 0.700 |
| Długość otwartej przestrzeni | -0.0558715 | 0.046644 | -1.20 | 0.265 |
| Otwarta przestrzeń | 0.0007021 | 0.0011682 | 0.60 | 0.564 |
| Otwarta przestrzeń - twardy krajobraz | 0.0381042 | 0.033806 | 1.13 | 0.292 |
| Stały | 0.4285851 | 6.885985 | 0.06 | 0.952 |
| F (7, 8) = 0.55 | | R-squared = 0,3250 | | |

## 18.2 WYNIKI SCHEMATU ROZPRASZANIA ZMIENNYCH BUDOWLANYCH

Orientacja budynku była reprezentowana przez stałą 1,2 (błąd standardowy 3,7 stopnia Celsjusza), współczynnik 0,0033 i błąd standardowy 0,0031. Dodatni współczynnik wyjaśniał rosnącą linię regresji i obserwowaną zależność między zmianą mikrotemperaturową a orientacją budynku.

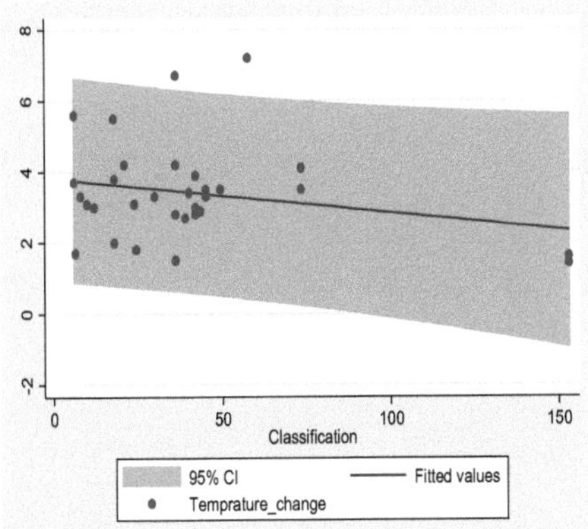


Rysunek 18.1: Schemat z rzutem liniowym dla zmiennej klasyfikacji budynku.
Źródło: Badanie terenowe (2015).

Klasyfikacja budynków reprezentowana była przez stałą 1,21 (błąd standardowy 3,7 stopnia Celsjusza), współczynnik -0,011 i błąd standardowy 0,0082. Ujemny współczynnik wyjaśniał opadającą linię regresji (rysunek 18.1) oraz obserwowaną zależność między zmianą mikrotemperatury a klasyfikacją budynków.
Bliskość drogi budowlanej reprezentowana była przez stałą 1,21 (błąd standardowy 3,7 stopnia Celsjusza), współczynnik -0,0044 i błąd standardowy 0,013. Ujemny współczynnik wyjaśniał opadającą linię regresji (rysunek 18.2) oraz obserwowaną zależność między zmianą mikrotemperatury a bliskością drogi budowlanej.

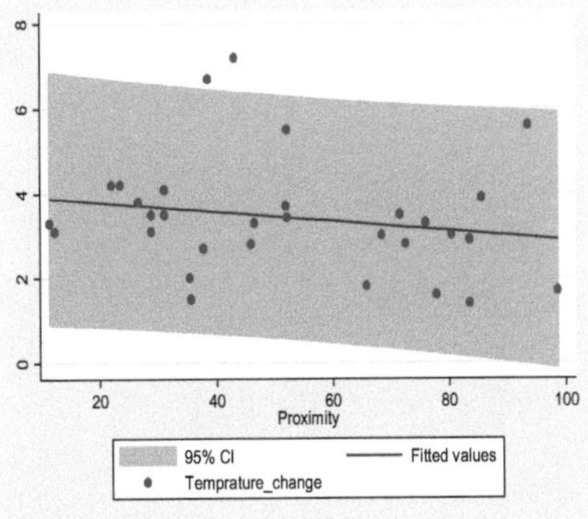


Rysunek 18.2. Schemat rozproszenia z rzutem liniowym dla budowy zmiennej bliskości drogi.
Źródło: Badanie terenowe (2015).

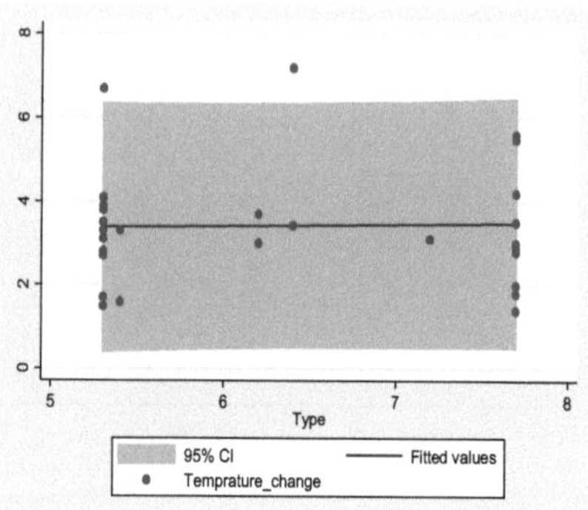


Rysunek 18.3. Schemat rozproszenia z rzutem liniowym dla zmiennej typu budynku.
Źródło: Badanie terenowe (2015).

Typ budynku reprezentowany był przez stałą 1,21 (błąd standardowy 3,7 stopnia Celsjusza), współczynnik 0,35 i błąd standardowy 0,46. Dodatni współczynnik wyjaśniał rosnącą linię regresji (rysunek 18.3) oraz obserwowaną zależność między zmianą mikrotemperatury a typem budynku.
Wielkość działki reprezentowana była przez stałą 1,21 (błąd standardowy 3,7 stopnia Celsjusza), współczynnik -0,0051 oraz błąd standardowy 0,0052. Ujemny współczynnik wyjaśniał malejącą linię regresji (rysunek 18.4) oraz obserwowaną zależność między zmianą mikrotemperatury a wielkością powierzchni.

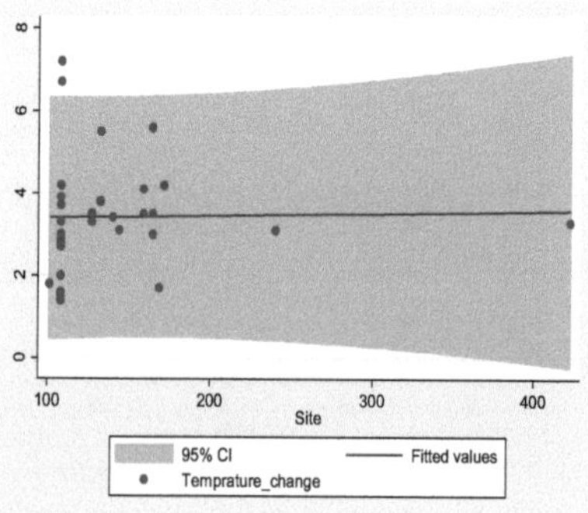


Rysunek 18.4: Schemat rozproszenia z rzutem liniowym dla zmiennej wielkości wykresu.
Źródło: Badanie terenowe (2015).

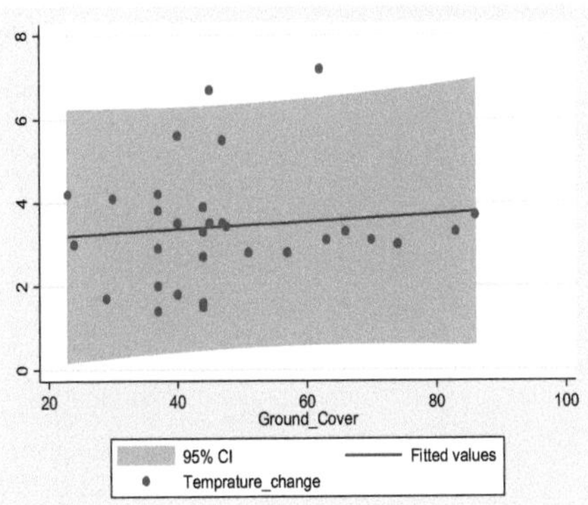


Rysunek 18.5: Schemat rozproszenia z rzutem liniowym dla zmiennej pokrycia gruntu.
Źródło: Badanie terenowe (2015).

Pokrycie terenu było reprezentowane przez stałą 1,21 (błąd standardowy 3,7 stopnia Celsjusza), współczynnik 0,037 i błąd standardowy 0,046. Dodatni współczynnik wyjaśniał rosnącą linię regresji (rysunek 18.5) oraz obserwowaną zależność między zmianą mikrotermii a pokryciem terenu.
Współczynnik powierzchni reprezentowany był przez stałą 1,21 (błąd standardowy 3,7 stopnia Celsjusza), współczynnik -0,015 i błąd standardowy 0,025. Ujemny współczynnik wyjaśniał malejącą linię regresji (rysunek 18.6) oraz obserwowaną zależność między zmianą mikrotemperatury a stosunkiem powierzchni.

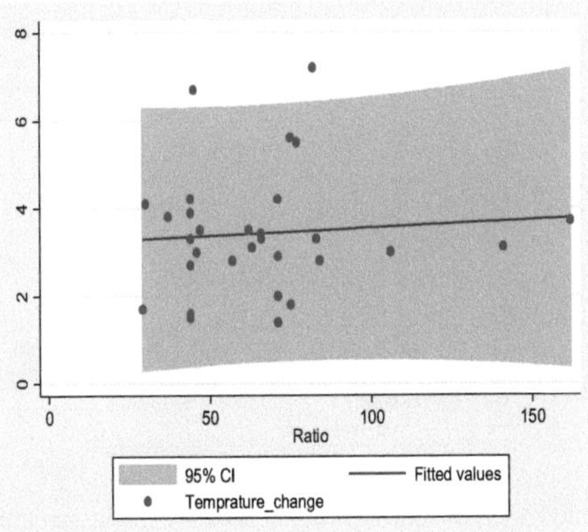


Rysunek 18.6: Schemat rozproszenia z rzutem liniowym dla zmiennej proporcji wykresu.
Źródło: Badanie terenowe (2015).

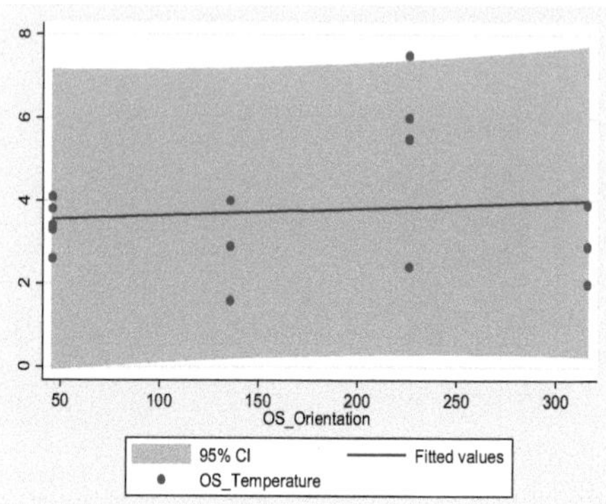


Rysunek 18.7: Schemat rozproszenia z rzutem liniowym dla zmiennej orientacji przestrzeni otwartej.
Źródło: Badanie terenowe (2015).

## 18.3 WYNIKI SCHEMATU ROZPRASZANIA ZMIENNYCH OPEN SPACE

Orientacja w przestrzeni otwartej reprezentowana była przez stałą 0,43 (błąd standardowy 6,9 stopnia Celsjusza), współczynnik 0,0018 i błąd standardowy 0,005. Dodatni współczynnik wyjaśniał rosnącą linię regresji (rysunek 18.7) oraz obserwowaną zależność między zmianą mikrotermii a orientacją w przestrzeni otwartej.

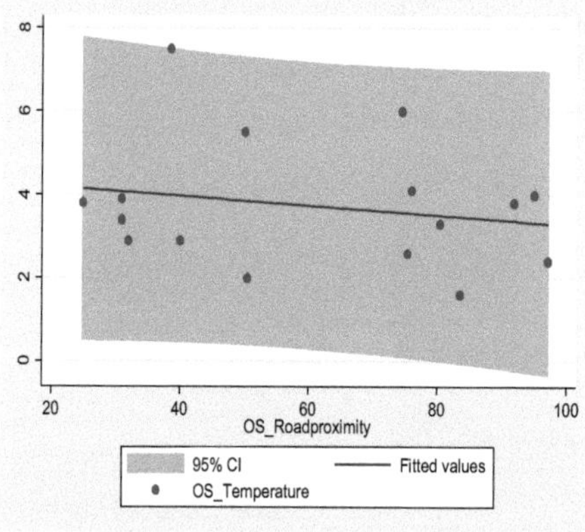


Rysunek 18.8. Schemat rozproszenia z rzutem liniowym dla zmiennej bliskości drogi w otwartej przestrzeni.
Źródło: Badanie terenowe (2015).

Bliskość drogi na otwartej przestrzeni reprezentowana była przez stałą 0,43 (błąd standardowy 6,9 stopnia Celsjusza), współczynnik -0,007 i błąd standardowy 0,025. Ujemny współczynnik wyjaśniał malejącą linię regresji (rysunek 18.8) oraz obserwowaną zależność między zmianą mikrotemperatury a bliskością drogi otwartej.

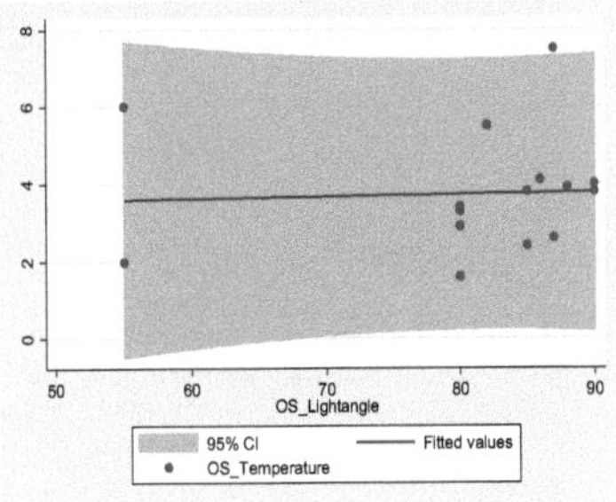


Rysunek 18.9: Schemat rozproszenia z rzutem liniowym dla zmiennej kąta światła w przestrzeni otwartej.
Źródło: Badanie terenowe (2015).

Kąt padania światła w otwartej przestrzeni był reprezentowany przez stałą 0,43 (błąd standardowy 6,9 stopnia Celsjusza), współczynnik 0,04 i błąd standardowy 0,067. Dodatni współczynnik oznacza rosnącą linię regresji (rysunek 18.9) i obserwowaną zależność między zmianą mikrotermii a kątem padania światła w otwartej przestrzeni.
Współczynnik zacienienia przestrzeni otwartej reprezentowany był przez stałą 0,43 (błąd standardowy 6,9 stopnia Celsjusza), współczynnik -0,01 i błąd standardowy 0,026. Ujemny współczynnik wyjaśniał malejącą linię regresji (rysunek 18.10) oraz obserwowaną zależność między zmianą mikrotermii a współczynnikiem zacienienia przestrzeni otwartej.

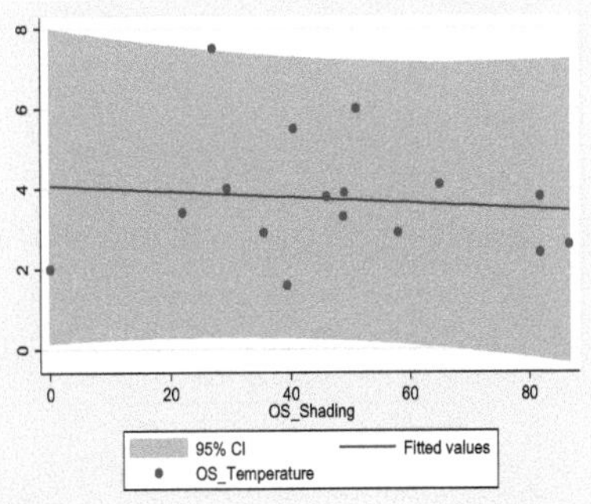


Rysunek 18.10. Schemat rozproszenia z rzutem liniowym dla zmiennej współczynnika zacienienia przestrzeni otwartej.
Źródło: Badanie terenowe (2015).

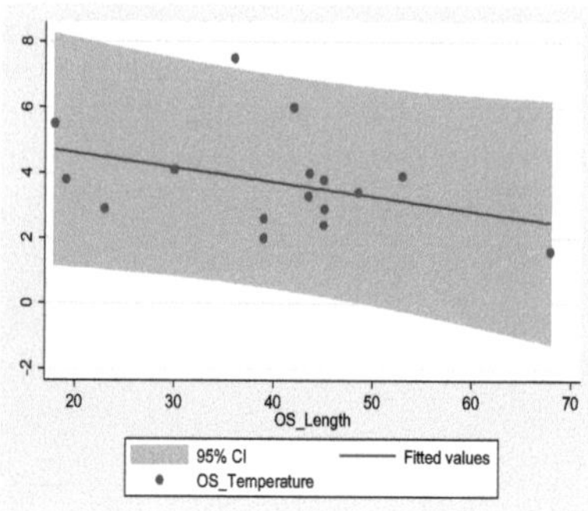


Rysunek 18.11. Schemat rozproszenia z rzutem liniowym dla zmiennej długości przestrzeni otwartej.
Źródło: Badanie terenowe (2015).

Długość otwartej przestrzeni była reprezentowana przez stałą 0,43 (błąd standardowy 6,9 stopnia Celsjusza), współczynnik -0,056 i błąd standardowy 0,047. Ujemny współczynnik wyjaśniał malejącą linię regresji (rysunek 18.11) oraz obserwowaną zależność między zmianą mikrotermii a długością otwartej przestrzeni.
Otwarta przestrzeń była reprezentowana przez stałą 0,43 (błąd standardowy 6,9 stopnia Celsjusza), współczynnik 0,0007 i błąd standardowy 0,0012. Dodatni współczynnik wyjaśniał rosnącą linię regresji (rysunek 18.12) oraz obserwowaną zależność między zmianą mikrotemperatury a przestrzenią otwartą.

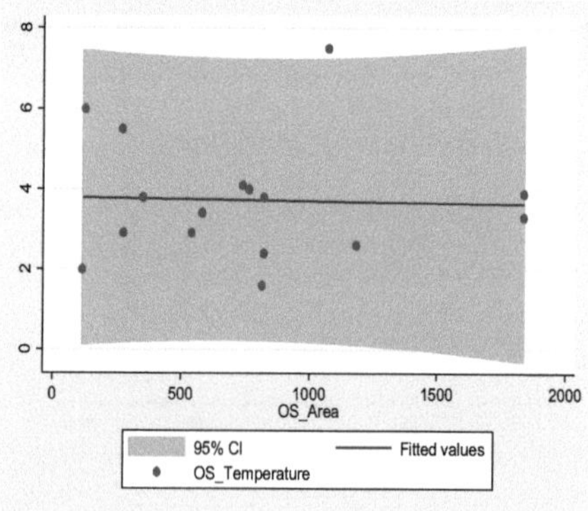


Rysunek 18.12. Schemat rozproszenia z rzutem liniowym dla zmiennej powierzchni otwartej.
Źródło: Badanie terenowe (2015).

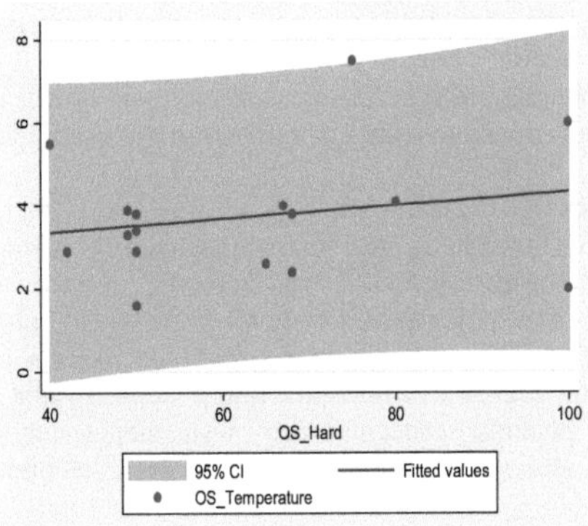


Rysunek 18.13. Schemat rozproszenia z rzutem liniowym dla zmiennej krajobrazu twardego w otwartej przestrzeni.
Źródło: Badanie terenowe (2015).

Twardy krajobraz na otwartej przestrzeni reprezentowany był przez stałą 0,43 (błąd standardowy 6,9 stopnia Celsjusza), współczynnik -0,056 i błąd standardowy 0,047. Ujemny współczynnik wyjaśniał malejącą linię regresji (rysunek 18.13) oraz obserwowaną zależność między zmianą mikrotemperatury a twardym krajobrazem otwartej przestrzeni.
Podsumowując, zmiennymi kształtu urbanistycznego o ujemnych wartościach współczynnika były: klasyfikacja budynków, bliskość budynków i dróg otwartych, wielkość działki, stosunek powierzchni, współczynnik zacienienia przestrzeni otwartej i długość przestrzeni otwartej, co wyjaśniało opadającą linię regresji i obserwowaną zależność między zmianą mikro-temperatury a tymi zmiennymi kształtu urbanistycznego.
Podobnie, zmiennymi o dodatnich wartościach współczynnika były: orientacja budynku i przestrzeni otwartej, typ budynku, pokrycie terenu, kąt padania światła w przestrzeni otwartej, powierzchnia przestrzeni otwartej oraz twardy krajobraz przestrzeni otwartej, co wyjaśniało wznoszącą się linię regresji i obserwowaną zależność między zmianą mikro-temperatury a tymi zmiennymi o charakterze zabudowy miejskiej.
Z definicji, hipoteza zerowa dla relacji między zmienną niezależną a zmienną zależną nie powinna mieć wartości zerowej jako wartości współczynnika. Zarówno dodatnie, jak i ujemne wartości współczynnika oznaczają zależność rosnącą lub malejącą i jako takie oznaczają przyjęcie hipotezy alternatywnej.
Ani zmienne budynku, ani otwartej przestrzeni nie miały zera jako wartości współczynnika. W związku z tym odrzucono hipotezę zerową i przyjęto hipotezę alternatywną, która łączyła zmienne budynku i otwartej przestrzeni miejskiej formy zbudowanej z mikro-zmianą temperatury w oparciu o współczynnik regresji na poziomie istotności 0,05 lub 95 procent poziomu ufności.

## 18.4 WYKRES HIPERPRZESTRZENI

Diagram hiperprzestrzeni został użyty do porównania różnych rozkładów dwóch niezależnych zmiennych ze zmienną zależną, gdy takie rozkłady są rysowane na tym samym wykresie przy użyciu analizy wielowymiarowej. Rysunek 18.14 przedstawia wykres nadprzestrzenny wyników przy użyciu klastra oznacza dane dotyczące orientacji budynku, klasyfikacji budynku oraz zmiennych zmiany temperatury w skali mikro.

## 18,5 REGRESJE WIELOKROTNE

Regresję wielokrotną wykorzystano do analizy danych i przetestowania hipotezy o domyślnej hipotezie zerowej, istotności statystycznej oszacowanego współczynnika, przetestowania hipotezy o współczynniku regresji prawdziwej lub regresji populacyjnej, przetestowania hipotezy, że wszystkie współczynniki nachylenia są jednocześnie równe zeru, ogólnego znaczenia regresji, zmierzenia dobra dopasowania oszacowanej linii lub płaszczyzny oraz do podania procentowego wyjaśnienia albo siedmiu zmiennych objaśniających budynek, albo siedmiu zmiennych objaśniających przestrzeń otwartą.

## 18.6 TEST WSPÓŁCZYNNIKA REGRESJI

Decyzja dotycząca hipotezy zerowej opartej na wartości współczynnika współczynnika regresji dla populacji jest negacją (zero) lub afirmacją (jedno) opartą na modelu regresji dla zmiennej budynku lub otwartej przestrzeni. Oznacza to, że dany regresor nie ma wpływu na regresję i po utrzymywaniu pozostałych wartości regresora jako stałych. Wartość współczynnika mieści się w przedziale od minus jeden do plus jeden. Zmienne z minusem jeden przedstawiały linie regresji rzędu malejącego, natomiast dodatnie wartości współczynnika przedstawiały linie regresji rzędu rosnącego. Zerowe lub neutralne wartości współczynnika miały linie biegnące równolegle do osi współczynnika, co oznacza brak związku ze zmienną zależną Y. Zmienne o minusie jednej przedstawiły linie regresji rzędu malejącego, natomiast dodatnie wartości współczynnika wykreślały linie regresji rzędu rosnącego.

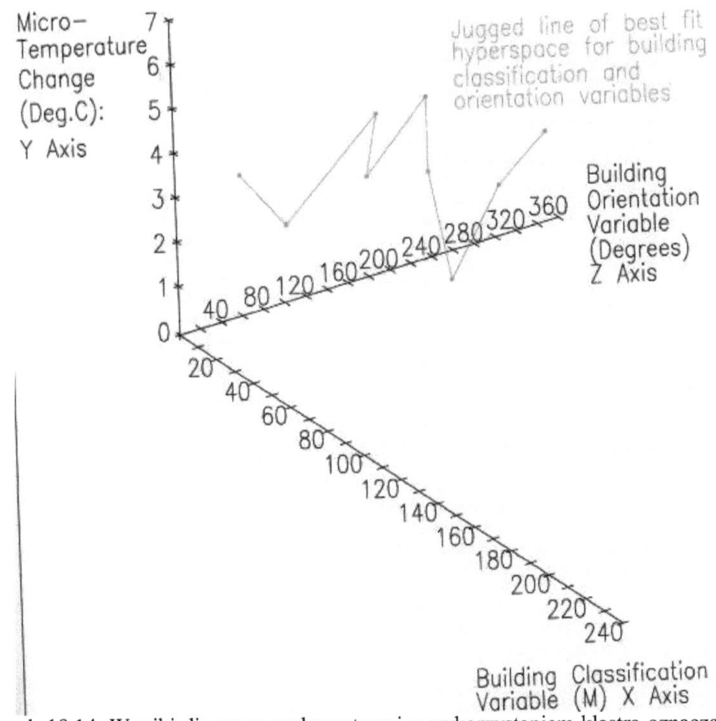


Rysunek 18.14. Wyniki diagramu nadprzestrzeni z wykorzystaniem klastra oznaczają dane dotyczące orientacji budynku, klasyfikacji budynku oraz zmiennych zmian temperatury w skali mikro.
Źródło: Badanie terenowe (2016).

**18,7 WARTOŚĆ P**

W badaniu przetestowano domyślną hipotezę zerową przy użyciu statystyki t i wartości p dla współczynnika populacji, test jest dorozumiany, im mniejsza wartość p, tym większe dowody przeciwko hipotezie zerowej.

Tabela 18.3: Zestawienie wyników badań statystycznych dla zmiennych dotyczących budynków.
Źródło: Badanie terenowe (2016).

| **Pozycja** | **Test statystyczny** | **Format** |
|---|---|---|
| 1 | Pearson Correlation Matrix | r = 0,7252 α = 0,05 (stosunek powierzchni do pokrycia gruntu) |

| 2 | z-test (Shapiro - Wilk W Test) | p > 0,01 (Orientacja budynku, bliskość drogi, rodzaj budynku, pokrycie terenu i zmiana mikrotemperatury)<br>p < 0,01 (Klasyfikacja budynków, wielkość działki i stosunek powierzchni). |
|---|---|---|
| 3 | Współczynnik zmienności inflacji (VIF) | VIF = 7,55 < 10 (Orientacja budynku) |
| 4 | Chi-square (Breusch - Pagan/Cook - Weisberg Test) | $\chi2 = 0{,}71$ i $p > \chi2 = {}^{0},3999$ |
| 5 | wartości p- wartości | 0 < p < 0,49 (Orientacja budynku, klasyfikacja budynków, rodzaj budynku, wielkość działki i pokrycie terenu)<br>0,5 < p < 1 (bliskość drogi i stosunek powierzchni). |
| 6 | t-test | t(29) = 2,045, p < 0,05 |
| 7 | Analiza wariancji (ANOVA) (test F-test Ogólnego Znaczenia) | F(7,23) = 0,62, p < 0,05 |
| 8 | Test z kwadratem R | R-squared = 0,1583 |

W tabeli 18.1 podano p-wartości (P>t) zmiennych budowlanych, w tabeli 18.3 podano testy statystyczne dla zmiennych budowlanych, natomiast w tabeli 18.2 dla zmiennych dotyczących przestrzeni otwartej. Wartości P mieściły się w przedziale od zera do jednego. Zarówno zmienne budowlane jak i zmienne dla otwartej przestrzeni o wartości zerowej lub bliskiej zeru miały duże szanse na odrzucenie domyślnej hipotezy zerowej dla hipotezy alternatywnej, podczas gdy zmienne budowlane o jednej lub bliskiej jednej wartości p miały duże szanse na zaakceptowanie hipotezy zerowej i odrzucenie hipotezy alternatywnej dla tej konkretnej zmiennej budowlanej w stosunku do zależnej od niej zmiany mikrotemperatury.
Zmienne budowlane o wartości p od zera do 0,49 były następujące: orientacja budynku, klasyfikacja budynku, typ budynku, wielkość działki i pokrycie terenu. Zmienne budowlane o wartościach p od 0,5 do 1 to: bliskość drogi i stosunek powierzchni działki.
Zmienne dotyczące przestrzeni otwartej o wartościach p od zera do 0,49 to: długość przestrzeni otwartej i twardy krajobraz przestrzeni otwartej. Zmienne przestrzeni otwartej o wartościach p od 0,5 do 1 to: orientacja przestrzeni otwartej, bliskość drogi w przestrzeni otwartej, kąt padania światła w przestrzeni otwartej, współczynnik zacienienia przestrzeni otwartej i powierzchnia przestrzeni otwartej.
Hipoteza zerowa oparta na wybranych wartościach poziomu istotności (α) ma wpływ na przyjęcie lub odrzucenie hipotezy zerowej, przy czym hipoteza zerowa jest odrzucana, gdy wartość P jest niższa od wybranej wartości α istotności.
Przy poziomie istotności 0,01 (99% poziom ufności), czyli wartości prawie zerowej i faktycznie bardzo wysokim poziomie istotności i ufności, wszystkie zmienne dotyczące budynków i przestrzeni otwartych miały wartości p powyżej 0,01, a więc odrzucenie hipotezy zerowej opartej na poziomie istotności 0,01.

Na poziomie istotności 0,05 (95% poziom ufności), ponownie wszystkie zmienne dotyczące budynków i przestrzeni otwartych miały wartości p powyżej 0,05, i ponownie odrzucono hipotezę zerową opartą na poziomie istotności 0,05.

**18,8 T-TEST**

T-test istotności hipoteza testująca współczynnik regresji prawdziwej lub populacyjnej (bk) opierała się na przyjęciu hipotezy zerowej, że współczynnik regresji populacyjnej wynosi zero w porównaniu między obliczoną t-statystyką dla tej zmiennej budowlanej a krytyczną wartością rozkładu t oraz na ustaleniu prawdopodobieństwa uzyskania takiej wartości t lub większej. Jeżeli prawdopodobieństwo uzyskania obliczonej wartości t jest małe, powiedzmy 5 % lub mniejsze, można odrzucić hipotezę zerową, że współczynnik regresji populacyjnej jest równy zero (bk = 0). Oszacowana wartość t jest statystycznie istotna, to znaczy znacząco różni się od zera. Często wybierane wartości prawdopodobieństwa lub poziomy istotności wynoszą 0,01 (10%) i 0,05 (5%). Z daną statystyką t związany jest jej stopień swobody. W regresji zmiennej k, df jest równe liczbie obserwacji (n) minus liczba współczynników oszacowanych (k).

Tabela 18.4 przedstawia t-testową hipotezę testowania współczynnika regresji prawdziwej lub regresji populacyjnej z zerowym wynikiem dla zmiennych budowlanych, natomiast tabela 18.5 dotyczyła zmiennych dla przestrzeni otwartej.

Tabela 18.4: Dane tabelaryczne przedstawiające hipotezę testową t testowanie współczynnika regresji prawdziwej lub populacyjnej jest zerowym wynikiem dla zmiennych budowlanych.

Źródło: Badanie terenowe (2016).

| Nazwa zmienna | df (n - k) | t | se(bk) | Obliczony bk | Krytyczne t | Uwaga na temat hipotezy zerowej |
|---|---|---|---|---|---|---|
| Orientacja budowlana | 29 | 1.05 | 0.0031414 | 0.0033 | 2.045 | Odrzucony |
| Klasyfikacja budynków | 29 | -1.34 | 0.0082397 | 0.01103 | 2.045 | Odrzucony |
| Bliskość drogi | 29 | -0.35 | 0.0126472 | 0.00442 | 2.045 | Odrzucony |
| Typ budynku | 29 | 0.78 | 0.4545206 | 0.35453 | 2.045 | Odrzucony |
| Wielkość działki | 29 | -0.97 | 0.0052329 | 0.00507 | 2.045 | Odrzucony |
| Pokrycie terenu | 29 | 0.80 | 0.0459403 | 0.03675 | 2.045 | Odrzucony |
| Stosunek liczby działek | 29 | -0.59 | 0.0249054 | 0.01469 | 2.045 | Odrzucony |

Należy zauważyć, że krytyczna wartość t znajdowała się na poziomie istotności 0,05.

Tabela 18.5: Dane tabelaryczne przedstawiające hipotezę testową t testowanie współczynnika regresji prawdziwej lub populacyjnej jest zerowym wynikiem dla zmiennych typu open space.
Źródło: Badanie terenowe (2016).

| Nazwa zmienna | df (n - k) | t | se(bk) | Obliczony bk | Krytyczne t | Uwaga na temat hipotezy zerowej |
|---|---|---|---|---|---|---|
| Orientacja na otwartą przestrzeń | 15 | 0.36 | 0.0050211 | 0.00181 | 2.731 | Odrzucony |
| Bliskość drogi na otwartej przestrzeni | 15 | -0.27 | 0.0253656 | 0.00685 | 2.731 | Odrzucony |
| Kąt padania światła w otwartej przestrzeni | 15 | 0.60 | 0.0667436 | 0.04004 | 2.731 | Odrzucony |
| Współczynnik zacienienia przestrzeni otwartej | 15 | -0.40 | 0.0255198 | 0.0102 | 2.731 | Odrzucony |
| Długość otwartej przestrzeni | 15 | -1.20 | 0.046644 | 0.05597 | 2.731 | Odrzucony |
| Otwarta przestrzeń | 15 | 0.60 | 0.0011682 | 0.0007 | 2.731 | Odrzucony |
| Otwarta przestrzeń - twardy krajobraz | 15 | 1.13 | 0.033806 | 0.03819 | 2.731 | Odrzucony |

Należy zauważyć, że krytyczna wartość t znajdowała się na poziomie istotności 0,05.

## 18.9 F-TEST O OGÓLNYM ZNACZENIU

Test F o ogólnym znaczeniu dla hipotezy, że nachylenie linii regresji jest jednocześnie równe zeru, został użyty do porównania obliczonej statystyki F dla zmiennych budynku lub otwartej przestrzeni oraz wartości krytycznej rozkładu F w celu określenia prawdopodobieństwa uzyskania takiej lub większej wartości F. Jeżeli obliczona wartość F jest większa niż jej wartość krytyczna lub benchmark F na wybranym poziomie istotności (α), można odrzucić hipotezę zerową i stwierdzić, że co najmniej jeden regresor jest statystycznie istotny.

Obliczona wartość F dla połączonych zmiennych budowlanych wynosiła 0,62 przy stopniu swobody 7 i 23 (tabela 4.16). Krytyczna wartość F na poziomie istotności 5 procent (0,05) wyniosła 2,53, a na poziomie istotności 1 procent (0,01) 3,71.

Obliczona wartość F dla połączonych zmiennych przestrzeni otwartej wynosiła 0,55 przy stopniu swobody 7 i 8 (tabela 4.17). Krytyczna wartość F na poziomie istotności 5 procent (0,05) wyniosła 3,58, a na poziomie istotności 1 procent (0,01) 6,37.

Obliczona wartość F jest niższa od krytycznej wartości F albo na poziomie istotności 5 albo 1 procent i jako taka można przyjąć hipotezę zerową, że ani połączony budynek ani połączone zmienne otwartej przestrzeni nie były statystycznie istotne dla zmiany mikrotermicznej.

## 18,10 R-KWADRATOWY TEST

Przeprowadzono test R-kwadratowy miary dobrego dopasowania szacowanej linii lub płaszczyzny w celu uzyskania procentowego wyjaśnienia siedmiu zmiennych objaśniających budynek i siedmiu zmiennych objaśniających przestrzeń otwartą.

Wartość R-kwadrat (R2) wynosząca 0,1583 (tabela 4.16) oznacza, że około 16 procent zmian zmiennej zależnej (zmiana mikrotemperaturowa) jest wyjaśnione zmiennością siedmiu objaśniających zmiennych budynku. Może się wydawać, że ta wartość R-kwadratowa jest raczej niska, ale należy pamiętać, że ma się 210 (30 na 7 równa się 210) obserwacji ze zmiennymi wartościami regresji i regresorów.

Wartość R-kwadrat (R2) wynosząca 0,3250 (tabela 4.17) oznacza, że około 33 procent zmienności zmiennej zależnej (zmiana mikro-temperaturowa) jest wyjaśnione zmiennością siedmiu zmiennych objaśniających przestrzeń otwartą. Może się wydawać, że ta wartość R-kwadratowa jest raczej niska, ale należy pamiętać, że ma się obserwacje 112 (16 na 7 równa się 112) ze zmiennymi wartościami regresji i regresorów.

W tak zróżnicowanym ustawieniu wartości R-kwadratowe są zazwyczaj niskie i często są niskie podczas analizy danych na poziomie indywidualnym. R-kwadrat jest rosnącą funkcją liczby regresorów - tzn. wartości R-kwadratu rosną wraz ze wzrostem wartości zmiennej do modelu.

## 18.11 TEST WSPÓŁCZYNNIKA NACHYLENIA

Testowanie hipotezy dla zmiennych budynku i otwartej przestrzeni wykorzystano w badaniu do: testowania współczynników nachylenia, które jednocześnie były równe zeru, testowania zmiennych pojedynczego budynku i otwartej przestrzeni (test dwupłaszczyznowy i jednopłaszczyznowy), błędu typu I i błędu typu II testowania hipotezy, interwału i oszacowań punktowych dla testowania hipotezy. Testowanie hipotezy polegało na ocenie prawdziwości średniej zmiany temperatury w skali mikro, której wynik budowlany wynosił 3,42 stopnia Celsjusza, a wynik dla otwartej przestrzeni 3,73 stopnia Celsjusza, na wybraniu z populacji losowo wybranej próby 30 działek i 16 otwartych przestrzeni oraz na sprawdzeniu, czy średnia zmiana temperatury w skali mikro z tej próby była statystycznie różna od rzeczywistej zmiany temperatury Y w stopniu Celsjusza ($^{oC}$).

Hipotezę testowano wykorzystując wielowymiarową analizę wyników regresji za pomocą statystyki testu F (ogólna istotność regresji).

Dwustopniowy wynik estymacji punktowej badania hipotezy za pomocą testu t oraz wartość istotności 5 procent pojedynczej wartości liczbowej, takiej jak średnia orientacji budynku wynosząca 171,2 stopnia, porównano z wynikami orientacji otwartej przestrzeni dla próby losowej 16 otwartych przestrzeni o średniej wartości 158,5 stopnia, odchyleniu standardowym próby 106,5 i 15 stopni swobody, uzyskując obliczoną wartość t równą -0,46 w porównaniu z wartością krytyczną 2,7. Ponieważ wartość t wynosząca - 0,46 jest mniejsza w wartości bezwzględnej niż krytyczna wartość t; można przyjąć hipotezę zerową przy 95-procentowym poziomie ufności, że średnia dla populacji wynosi 171,2 stopnia, w przeciwieństwie do alternatywnej hipotezy, że nie jest to 171,2 stopnia.

Wynik oszacowania interwału dwupłaszczyznowego badania hipotezy przy użyciu testu t oraz 95% przedziału ufności wokół średniej próby był następujący:

$P (83{,}34 \leq \mu X \leq 233{,}66) = 0{,}95$ (wzór 4.1)

Ponieważ wartość 171,2 stopnia mieści się w przedziale ufności i w oparciu o 95 procentowy przedział ufności przyjmujemy hipotezę zerową, że prawdziwa orientacja populacyjna wynosi 171,2 stopnia, a w przeciwieństwie do alternatywnej hipotezy, że prawdziwa orientacja populacyjna nie jest równa 171,2 stopnia. Gdyby w tym przypadku przeprowadzić test jedno-ogonowy, a nie dwuogonowy, krytyczna wartość t wynosiłaby 1,753 i ponownie przyjęto by hipotezę zerową i odrzucono by alternatywną hipotezę, że orientacja populacyjna wynosi 171,2 stopnia.

Wynik estymacji interwału jednokierunkowego badania hipotezy przy użyciu testu t i 95-procentowego przedziału ufności wokół średniej próby był następujący:

$P (-\infty < \mu X \leq 206{,}74) = 0{,}95$ (Wzór 4.2)

Ponieważ wartość 171,2 stopnia mieści się w przedziale ufności i na podstawie 95-procentowego przedziału ufności przyjmujemy hipotezę zerową, że prawdziwa orientacja populacyjna wynosi 171,2 stopnia i odrzucamy alternatywną hipotezę, że prawdziwa orientacja populacyjna wynosi mniej niż 171,2 stopnia.

## ROZDZIAŁ DZIEWIĘTNASTY: STOSOWANIE NARZĘDZI PREDYKCYJNYCH

W niniejszym rozdziale przedstawiono wyniki i analizę zebranych danych w odniesieniu do zmian mikro-temperaturowych i formy zabudowy miejskiej, w zakresie wykorzystania narzędzi prognostycznych. W celu realizacji trzeciego celu badawczego, jakim było opracowanie strategii projektowania i planowania z uwzględnieniem zrównoważonej formy budownictwa miejskiego w środowisku o zmieniającej się temperaturze, oraz określenie podpowiedzi i barier, które wpływają na zrównoważoną formę budownictwa miejskiego w środowisku o zmieniającej się temperaturze, w niniejszych wytycznych zastosowano mapy rozkładu izotermicznego, orientację międzyplanetrową i wyniki zmienności klasyfikacji budynków, nomogram predykcyjny, refleksję nad wynikami istotnych zmiennych formy budownictwa miejskiego, które przyczyniają się do zmiany temperatury dla budynków i przestrzeni otwartych.

### 19.1 DYSTRYBUCJA IZOTERMICZNA

Wyniki obserwacji zmian mikrotemperaturowych zostały zaznaczone w miejscach, z których pobrano próbki w stosunku do powierzchni, otwartej przestrzeni, drogi i ścieżek, na planie terenu. Dalsze obserwacje punktowe drogi i jej otoczenia zostały również zaznaczone na tym samym planie zagospodarowania przestrzennego. Dzięki zastosowaniu technik interpolacji polegających na uśrednieniu dwóch odpowiednich punktów i zaznaczeniu wyniku na planie możliwe było ekstrapolowanie linii o równych temperaturach - tj. mapy rozkładu izoterm.

Mapy rozkładu izotermicznego zostały wykorzystane w projektowaniu klimatycznym, aby zrozumieć nowy i nieznany klimat, a zwłaszcza mikrotemperaturę (np. mikrotemperatura Komarock Infill B Estate), przy czym należy odnieść nieznany klimat do klimatu znanego (np. zapisy temperatury w Międzynarodowej Stacji Metrologicznej Lotniska im. Jomo Kenyatta), a następnie zmierzyć i zanotować istotne różnice (np. zmiany temperatury). Najlepiej zrobić to za pomocą standardowej prezentacji graficznej najpierw dla klimatu własnego miasta (tj. projekcje programowe do ustalenia temperatury bazowej), a następnie dla badanego klimatu obcego (tj. rejestrowane pomiary temperatury). Gdy dwa wykresy są umieszczone obok siebie lub nakładają się na siebie (np. zmiana temperatury w skali mikro), podobieństwa i różnice stają się widoczne i można zidentyfikować cechy charakterystyczne. Nawet porównanie uproszczonych wykresów klimatycznych może ujawnić najważniejsze różnice.

W badaniu linia izotermiczna pokazuje rozwój stromych konturów lub grzbietów termicznych bliżej głównej drogi z odczytami zmian temperatury 6,0 stopni Celsjusza i depresji termicznych wokół otwartych przestrzeni 1,0 stopnia Celsjusza. W ten sposób powstała zależność pomiędzy bliskością drogi, a ekstremalnie wysokimi temperaturami mierzonymi w tych miejscach. Budynki położone dalej od dróg, odnotowujące niższe temperatury, oraz otwarte przestrzenie przedstawiały najmniejsze oddziaływanie termiczne w stosunku do zmiany mikro-temperatury.

Z wyników tego badania jasno wynika, że istniała zależność pomiędzy zmienną bliskości drogi a izotermicznymi konturami, biorąc pod uwagę rosnącą intensywność od 4 do 6 stopni Celsjusza. Wynik ten był widoczny w konturach izotermicznych biegnących równolegle do dróg głównych i wzdłuż dróg drugorzędnych do osiedla oraz przy wjazdach i zjazdach. Na układ trzeciorzędowy miały wpływ współczynniki lekkości i twardości krajobrazu. Ciepłowniki związane były z wielkością otwartej przestrzeni i jej bliskością do drogi.

## 19.2 ZMIENNOŚĆ MIĘDZY DZIAŁKAMI

W badaniach wykorzystano zmienność międzypowierzchniową do opracowania wykresu słupkowego dla badanych powierzchni. Zmienność orientacji między działkami wahała się od minus 125,2 stopnia do plus 144,8 stopnia w oparciu o średnią orientację 171,2 stopnia dla zmiennej orientacji budynku, natomiast zmienność klasyfikacji budynków między działkami wahała się od minus 34,1 metra do plus 112,9 metra i była oparta na średnim rzędzie budynków dla zmiennej klasyfikacji budynku. Badanie zmienności, prowadzone w okresie od 8 czerwca 2013 r. do [19] września 2015 r. na 30 działkach objętych próbą z populacji 240 działek.

Wyniki średniej zmienności orientacji budynku na poszczególnych działkach wskazują, że wraz ze wzrostem niezależnej wartości zmiennej orientacji budynku w stopniach, zależna od niej wartość zmiennej zmiany mikro-temperatury wzrasta również w stopniach Celsjusza. Średnia orientacja budowlana wynosiła 171,2 stopnia (Y: 3,4oC).

Tabela 19.1: Dane tabelaryczne przedstawiające międzywydziałowe minimalne wyniki zmienności orientacji budynku.
Źródło: Badanie terenowe (2017).

| Pozycja | Dzi ałka nr. | Orientacja budynku X1: Stopnie naukowe | Zmiana mikrotempe raturowa Y: oC | Średnia zmiana mikro-temperatury YAve: oC | Zakres : oC | Komentarze |
|---|---|---|---|---|---|---|
| 1 | 237 | 46 | 4.2 | | 4.2 | YMax |
| 2 | 234 | 46 | 2.8 | | | |
| 3 | 137 | 46 | 1.8 | | | |
| 4 | 41 | 46 | 3.9 | | | |
| 5 | 211 | 46 | 1.5 | | 1.5 | YMin |
| 6 | 133 | 46 | 3.3 | | | |
| 7 | 158 | 46 | 3 | | | |
| 8 | 68 | 46 | 3 | | | |
| 9 | 71 | 46 | 3.7 | | | |
| Razem | | | 27.2 | | | |
| Średnia | | 46 | | 3.0 | | |
| Zasięg | | | | | 2.7 | |

Tabela 19.2: Maksymalna zmienność orientacji budynku między działkami.
Źródło: Badanie terenowe (2017).

| Pozycja | Dzi ałka nr. | Orientacja budynku X1: Stopnie naukowe | Zmiana mikrotempe raturowa Y: oC | Średnia zmiana mikro-temperatury YAve: oC | Zakres : oC | Komentarze |
|---|---|---|---|---|---|---|

| 1 | 233 | 316 | 3.5 | | | |
|---|---|---|---|---|---|---|
| 2 | 218 | 316 | 3.8 | | | |

Tabela 19.2: Kontynuacja.

| 3 | 10 | 316 | 3.1 | | 3.1 | YMin |
|---|---|---|---|---|---|---|
| 4 | 16 | 316 | 4.2 | | 4.2 | YMax |
| 5 | 180 | 316 | 3.5 | | | |
| 6 | 172 | 316 | 3.5 | | | |
| 7 | 164 | 316 | 4.1 | | | |
| Razem | | | 25.7 | | | |
| Średnia | | 316 | | 3.7 | | |
| Zasięg | | | | | 1.1 | |

W tabeli 19.1 pokazano międzywydziałową minimalną zmienność orientacji budynku, a w tabeli 19.2 maksymalne wyniki zmienności orientacji budynku. Średnia minimalna zmienność orientacji budowlanej między działkami wyniosła 46 stopni (Y: 3,0oC, R: 2,7oC), a średnia maksymalna zmienność orientacji budowlanej między działkami wyniosła 316 stopni (Y: 3,7oC, R: 1,1oC).

W przypadku klasyfikacji budynków wydawało się, że nastąpił gwałtowny wzrost wartości dodatnich, podczas gdy krzywa dla wartości ujemnych była płytsza (rysunek 19.1).

Wyniki średniej międzywydziałowej zmienności klasyfikacji budynków wskazują, że w miarę wzrostu wartości zmiennej klasyfikacji budynków w metrach sześciennych, zależna od niej wartość zmiennej zmiany temperatury w skali mikro spada w stopniu Celsjusza. Średnia klasyfikacja budynków wyniosła 40,1 metra (Y: 3,4oC).

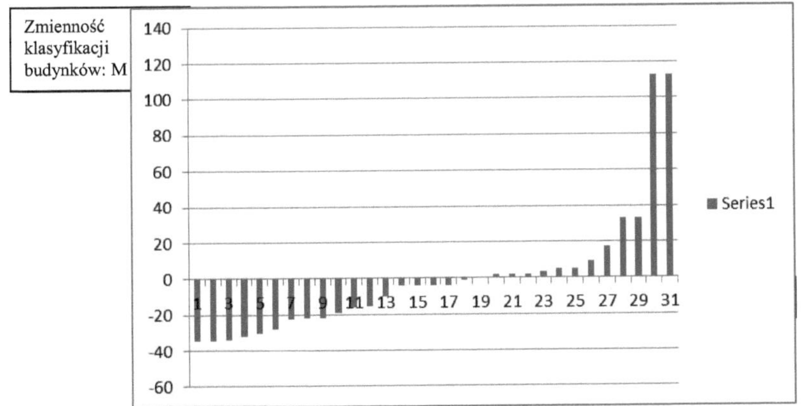


Rysunek 19.1 Wykres słupkowy przedstawiający zmienność klasyfikacji budynków na badanych powierzchniach dla badanych powierzchni.

Źródło: Badanie terenowe (2015).

Tabela 19.3: Minimalna międzywydziałowa zmienność klasyfikacji budynków. Źródło: Badanie terenowe (2017).

| Pozycja | Dzi ałk a nr. | Klasyfikacja budynków X2: M | Zmiana mikrotemper aturowa Y: oC | Średnia zmiana mikro-temperatury YAve: oC | Zakres : oC | Komentar ze |
|---|---|---|---|---|---|---|
| 1 | 34 | 6 | 5.6 | | 5.6 | YMax |
| 2 | 71 | 6 | 3.7 | | 3.7 | YMin |
| Razem | | | 9.3 | | | |
| Średnia | | 6 | | 4.7 | | |
| Zasięg | | | | | 1.9 | |

Tabela 19.4: Maksymalna zmienność klasyfikacji budynków między działkami. Źródło: Badanie terenowe (2017).

| Pozycja | Dzi ałk a nr. | Klasyfikacja budynków X2: M | Zmiana mikrotemper aturowa Y: oC | Średnia zmiana mikro-temperatury YAve: oC | Zakres : oC | Komentar ze |
|---|---|---|---|---|---|---|
| 1 | 99 | 153 | 1.4 | | 1.4 | YMin |
| 2 | 79 | 153 | 1.6 | | 1.6 | YMax |
| Razem | | | 3 | | | |
| Średnia | | 153 | | 1.5 | | |
| Zasięg | | | | | 0.2 | |

W tabeli 19.3 pokazano minimalną międzywydziałową zmienność klasyfikacji budynków, a w tabeli 19.4 maksymalną zmienność klasyfikacji budynków na poszczególnych działkach. Średnia minimalna międzywydziałowa minimalna zmienność klasyfikacji budynków wyniosła 6 metrów (Y: 4,7oC, R: 1,9oC), natomiast średnia maksymalna średnia zmienność klasyfikacji budynków międzywydziałowych wyniosła 153 metry (Y: 1,5oC, R: 0,2oC).

## 19.3 NOMOGRAM PREDYKCYJNY

Istotne zmienne urbanistyczne, które miały wpływ na zmiany mikrotemperaturowe w ustrukturyzowanej okolicy Osiedla Komarock Infill B, w klimacie wyżynnym w Nairobi, zostały zidentyfikowane jako: typ budynku, wielkość działki i otwartej przestrzeni, orientacja budynku i otwartej przestrzeni, bliskość drogi budowlanej i otwartej przestrzeni, klasyfikacja budynków, pokrycie terenu, stosunek powierzchni działki, współczynnik twardego krajobrazu, kąt padania światła, współczynnik zacienienia i długość otwartej przestrzeni.

Opracowano nomogram predykcyjny dla średniej zmiany mikrotemperatury dla zmiennych budowlanych dla zorganizowanych dzielnic w tropikalnym klimacie wyżynnym, aby wykazać związek pomiędzy siedmioma znaczącymi zmiennymi budowlanymi (rysunek 4.46) i siedmioma znaczącymi zmiennymi dotyczącymi otwartej przestrzeni (rysunek 19.2).

Nomogram predykcyjny używany jest przede wszystkim do przewidywania lub przepowiadania, przepowiadania (Allen Ed. 1985, s. 579) zmiany mikrotemperaturowej dla kombinacji miejskich zmiennych budowy (budynku), podczas gdy nominalny w sensie praktycznie nic lub wartość nominalna lub nominalna lub znacznie poniżej rzeczywistej wartości (Allen Ed. 1985, s. 497), oraz skala w odniesieniu do zasady określającej odstępy pomiędzy zmiennymi lub względnymi wymiarami lub systemem stopniowanym (Allen Ed. 1985, s. 664).

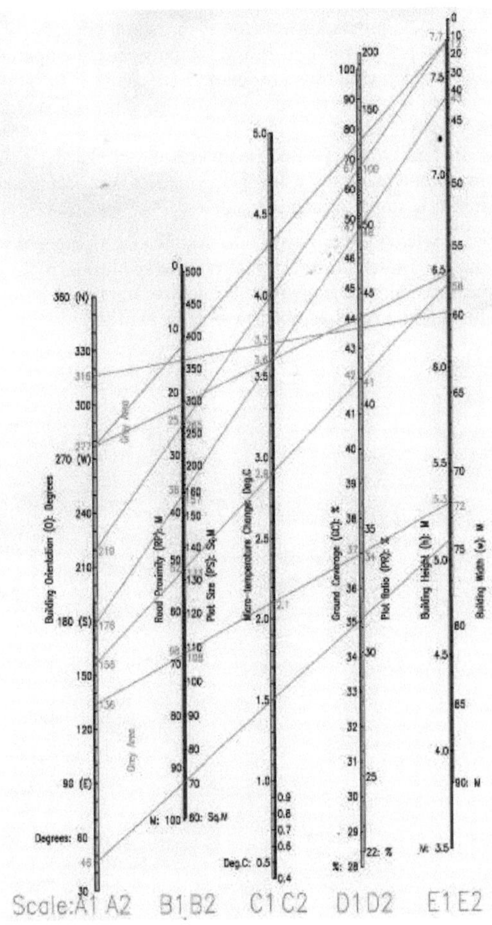


Rysunek 19.2. Przewidywalne nomogramy dla średniej zmiany mikrotemperatury dla zmiennych budowlanych dla zorganizowanych dzielnic w tropikalnym klimacie góralskim. Źródło: Badanie terenowe (2015).

Kroki, które należy podjąć przy użyciu rys. 2 (Nomogram prognostyczny) są następujące:

i. Znajdź wartość jednej z siedmiu zmiennych budynku i zlokalizuj tę wartość na odpowiedniej skali,

ii. Znajdź wartość innej zmiennej budynku i zlokalizuj tę wartość w odpowiedniej skali,

iii. Ustawić prostą krawędź od tych dwóch punktów w poprzek do Skali C1 w celu przybliżenia wartości zmiany mikrotemperatury w stopniach Celsjusza wielowymiarowej prognozy ustawienia,

iv. Przyjmij odczyty pozostałych pięciu zmiennych budynku jako wartości graniczne, oraz

v. Podjąć kroki od (i) do (iv) ponownie dla każdej z dwóch pozostałych zmiennych budynku, aby osiągnąć wynikowe wartości zmiany temperatury w skali mikro w stopniu Celsjusza.

Z analizy danych dwu- i wielowymiarowych oraz testowania hipotezy wynikało, że wyniki losowania były związane z ustaleniem zależności pomiędzy niezależnymi zmiennymi formy urbanistycznej a zależną zmienną zmiany mikrotemperaturowej, które z kolei zostały włączone do rozdziału piątego i zostaną przedstawione w syntezie i interpretacji wyników.

# ROZDZIAŁ DWUDZIESTY: WYTYCZNE DOTYCZĄCE PLANOWANIA I PROJEKTOWANIA

Niniejszy rozdział stanowi omówienie i interpretację wyników badań, zgodnie z analizowaną literaturą, a także próbę syntezy wyników zgodnie z celami niniejszych wytycznych. W ramach celu pierwszego starano się zidentyfikować zmienne formy miejskiej zabudowy powodujące zmiany temperatury w Osiedlu Komarock Infill B, natomiast w ramach celu drugiego określono wpływ istotnych zmiennych formy miejskiej zabudowy na zmiany temperatury. Wyniki wytycznych zostały przedstawione w rozdziałach od czternastu do osiemnastu, w których dokonano analizy zebranych danych. Rozdział dziewiętnasty jest w zasadzie próbą odpowiedzi na pytania badawcze zawarte w tych wytycznych.

Rozdział dziewiętnasty jest zorganizowany w taki sposób, aby uchwycić i ujawnić, w jaki sposób wyniki zostały zsyntetyzowane i zinterpretowane, zgodnie z celem trzecim, którego celem było opracowanie strategii projektowania i planowania z uwzględnieniem zrównoważonej formy budownictwa miejskiego w środowisku o zmiennej temperaturze. Zsyntetyzowane wyniki zostały przedstawione najpierw przed wskazaniem, w jaki sposób odnoszą się one do analizowanej literatury. W rozdziale tym omówiono również spójność zsyntetyzowanych ustaleń z wynikami badań przeprowadzonych przez władze, wskazując wyraźnie na wkład wyników badań w wypełnianie luki w wiedzy zidentyfikowanej w literaturze objętej przeglądem w rozdziałach od drugiego do piątego oraz w praktyce. Podjęto również próbę wglądu w testowanie hipotezy. Ważne rysunki i tabele są zintegrowane w tekście, a dyskusje są dostosowane do obiektywnych obszarów tematycznych, którymi były zmienność i trend zmian formy budownictwa miejskiego, zmienność i trend zmian mikrotermicznych, forma budownictwa miejskiego i relacja zmian mikrotermicznych, a wreszcie refleksja nad wynikami.

## 20.1 BUDOWNICTWO MIEJSKIE - ZMIENNOŚĆ I TENDENCJA

Cel i obszar tematyczny budownictwa miejskiego kształtował zmienność i tendencję, starając się zająć kwestią wyników ujętych w niniejszych wytycznych oraz syntetyzować i interpretować wyniki zgodnie z trzecim celem badania, którym było opracowanie strategii projektowania i planowania z uwzględnieniem zrównoważonej formy budownictwa miejskiego w środowisku o zmiennej temperaturze. Dokonano przeglądu literatury i praktyki w zakresie znaczących zmiennych dotyczących budynków i otwartej przestrzeni w budownictwie miejskim w formie niezależnych zmiennych, które mają wpływ na zmienną zależną od zmian temperatury w skali mikro.

## 20.2 WYTYCZNE DOTYCZĄCE ISTOTNYCH ZMIENNYCH BUDOWLANYCH

W kwestii określenia istotnych zmiennych dotyczących budynków i zmian temperatury, wyniki badań zidentyfikowały i określiły znaczenie niezależnych zmiennych dotyczących budynków w postaci budynków miejskich jako mających wpływ na zależną od nich zmianę mikrotemperatury: były to: orientacja budynku, klasyfikacja budynków, bliskość dróg budowlanych, rodzaj budynku, wielkość działki, pokrycie terenu i stosunek powierzchni.

## 20.3 WYTYCZNE DOTYCZĄCE ORIENTACJI W BUDOWNICTWIE

W wyniku badań związanych z zagadnieniem wpływu zmiennej orientacji budowlanej na zmienną zmiany temperatury w skali mikro ustalono, że średnia orientacja budowlana

wynosiła 171,2 stopnia, skorelowana ze średnią zmianą temperatury ° 3,4 stopnia Celsjusza (°C), podczas gdy minimalna orientacja budowlana wynosiła 46 stopni, skorelowana z 1,4oC, maksymalna orientacja budowlana wynosiła 316 stopni i 7,2oC, a dodatnia i rosnąca linia regresji zależności między orientacją budowlaną a zmianą temperatury.
Dane te zdają się sugerować, że im niższa orientacja budynku w stopniach od północy, tym niższe są wartości zmian temperatury. Ponieważ jednak orientacja została zmierzona w stopniach w ruchu zgodnym z ruchem wskazówek zegara od północy, dane zostały wykreślone w formie relacji krzywej biegunowej pomiędzy zmianą mikrotemperatury a zmiennym rozkładem orientacji budynku w koncentrycznych okręgach (rysunek 20.1). Na działce 211 (Willa Podstawowa, O: 46 stopni, W: 36 M, RP: 35,6 M, H: 5,3 M, PS: 108 M2, GC: 44%, PR: 44%) odczyt temperatury wynosił 1,5oC (czerwiec), natomiast na działce 225 (Willa Podstawowa, O: 224 stopnie, W: 36 M, RP: 38,5 M, H: 5,3 M, PS: 108 M2, GC: 45%, PR: 45%) odczyt temperatury wynosił 6,7oC (wrzesień). Dominującym czynnikiem była orientacja budowlana i bliskość drogi budowlanej.

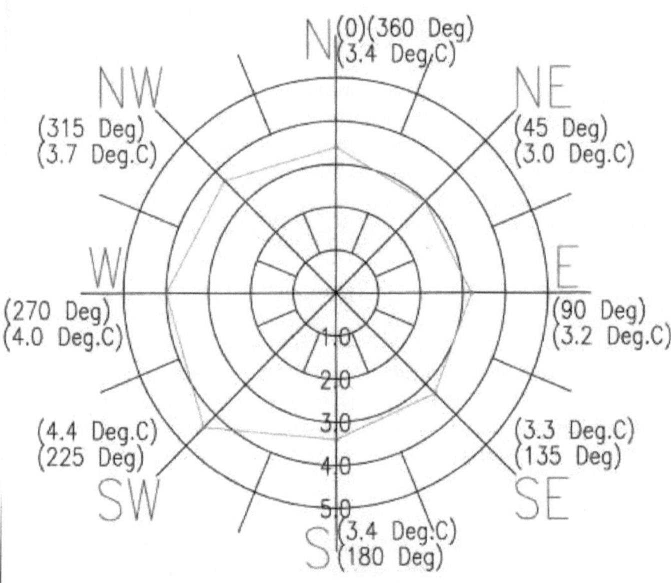


Rysunek 20.1. Najlepiej dopasowana krzywa biegunowa przedstawiająca zmiany temperatury w skali mikro oraz zmienną orientację budynku.

Źródło: Badanie terenowe (2015).

Wyniki tego badania były zgodne z ustaleniami Singh i Singh (2010, s. 158-176), których obserwacje wykazały, że orientacja budynku jako znaczącej zmiennej związanej ze zmianą temperatury, poprzez odnotowanie, że planowanie rozwoju obiektu musi uwzględniać obiekt, jego otoczenie, lokalny klimat, tradycje ludzi i elementy naturalne, takie jak słońce, deszcz, wiatr i orientacja struktur.

## 20.4 WYTYCZNE DOTYCZĄCE KLASYFIKACJI BUDYNKÓW

Wyniki badań związanych z zagadnieniem wpływu zmiennej klasyfikacji budynków na zmienną zmiany mikrotemperaturowe wykazały, że klasyfikacja budynków i szerokość rzędów domów jest znaczącą zmienną o średniej szerokości rzędu budynków 40,1 metra (bliźniak), która uzyskała ocenę 3.4 stopnie Celsjusza, minimalna szerokość rzędu budynków 6 m (dom jednorodzinny) - 1,4 stopnia Celsjusza, maksymalna szerokość rzędu budynków 153 m (domy szeregowe) - 7,2 stopnia Celsjusza oraz ujemna i malejąca linia regresji pomiędzy klasyfikacją budynków a zmianą temperatury.
Dane te zdają się sugerować, że im mniejsza szerokość rzędu budynku, tym wyższe są wartości zmian temperatury. W badaniu tym zidentyfikowano cztery kategorie budynków: wolnostojące, bliźniacze, szeregowe i zmiany użytkownika, a klasyfikacja budynków związana z szerokością szeregu budynków była znaczącą zmienną w określaniu zmian temperatury.
Wyniki badania były zgodne z zaleceniami Singh'a i Singh'a (2010, s. 24, 27 i 39), którzy zalecali klasyfikację budynków na sześć kategorii w oparciu o użytkowanie i podstawę lokalową.

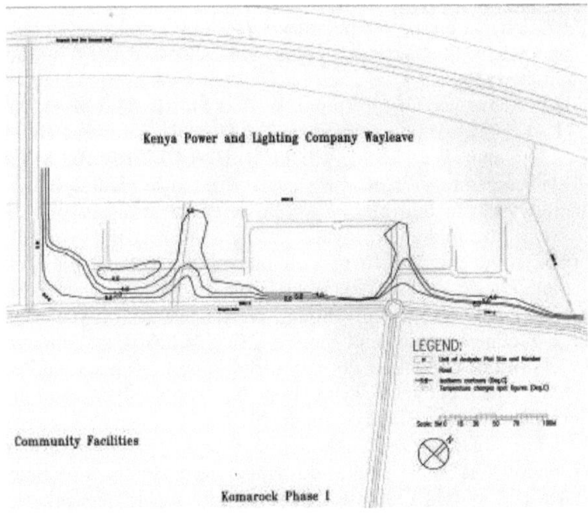


Rysunek 20.2. Rozkład izoterm w porównaniu z lokalizacją budynków w pobliżu drogi.

Źródło: Badanie terenowe (2015).

## 20.5 WYTYCZNE DOTYCZĄCE BUDOWY DRÓG W POBLIŻU BUDYNKÓW

W kwestii wpływu bliskości drogi budowlanej na zmienną zmiany mikrotemperaturowe, w wyniku badań ustalono, że średnia bliskość drogi budowlanej wynosi 51,9 m i jest skorelowana ze średnią zmianą temperatury $^{o}$ 3,4 stopnia Celsjusza ($^{oC}$), podczas gdy

minimalna bliskość drogi wynosi 11,4 m i jest skorelowana z 7,2oC, maksymalna bliskość drogi wynosi 98,2 m i jest skorelowana ze zmianą temperatury o 1,4oC, a ujemna i malejąca linia regresji pomiędzy odległością budynku od głównej drogi a zmianą temperatury.
Dane te zdają się sugerować, że im mniejsza odległość od głównej drogi, tym większe są wartości zmian temperatury. Położenie i rozkład zmiennej częstotliwości zależnej najlepiej jednak przedstawić na mapie rozkładu izotermicznego (rysunek 20.2). Ustalenie to było zgodne z ustaleniami Singh i Singh (2010, s. 4, 39 i 44), które określiły podejście planistyczne i projektowe jako podstawowe dla form budownictwa miejskiego.

## 20.6 WYTYCZNE DOTYCZĄCE TYPU BUDYNKU

Na podstawie wyników badań ustalono typ budynku i jego wysokość jako znaczącą zmienną o średniej wysokości 6,4 metra (Maisonette), która uzyskała 3,4 stopnia Celsjusza przy zmianie temperatury, minimalnej wysokości 5,3 metra (willa) przy 1,4 stopnia Celsjusza, maksymalnej wysokości 7,7 (zmiana użytkownika i przekształcone działki 71: rysunek 20.3) przy 7,2 stopniach Celsjusza oraz dodatniej i rosnącej linii regresji pomiędzy wysokością budynku a zmianą temperatury. Dane te wydają się sugerować, że im niższa wysokość budynku, tym niższa wartość zmiany temperatury.
Przekształcona powierzchnia 68 (rysunek 20.4; O: 46 stopni, W: 12 M, RP: 68.4 M, H: 6.2, PS: 108 M2, GC: 74%, PR: 106%) miała odczyt temperatury 3oC (luty), natomiast powierzchnia 71 (Przekształcona, O: 46 stopni, W: 6 M, RP: 51.8 M, H: 6.2 M, PS: 108 M2, GC: 86%, PR: 162%) miała odczyt temperatury 3.7oC (luty). Szerokość rzędów budynków, bliskość dróg budowlanych, pokrycie terenu i stosunek działek wydawały się być czynnikami dominującymi.
Działka 99 (Willa Podstawowa, O: 136 stopni, W: 153 M, RP: 83,5 M, H: 7,7, PS: 108 M2, GC: 37%, PR: 71%) miała odczyt temperatury 1,4oC (maj), natomiast Działka 142 (Willa Podstawowa, O: 136 stopni, W: 57,5 M, RP: 43 M, H: 6,4 M, PS: 108 M2, GC: 62%, PR: 82%) miała odczyt temperatury 7,2oC (wrzesień). Szerokość rzędów budynków, bliskość drogi budowlanej, wysokość budynku, pokrycie terenu i stosunek powierzchni działki, wydawały się być czynnikami dominującymi.
Ciepło jest przekazywane przez dach niskich budynków (Basic Villa) w porównaniu z wyższym budynkiem (Basic Maisonette). Wydaje się, że miesiąc zbierania danych również miał wpływ na wyniki; w klimacie tropikalnym wrzesień jest tradycyjnie cieplejszy niż maj.
Wyniki badania są zgodne z ustaleniami Singh'a i Singh'a (2010, s.1), którzy zauważyli, że planowanie i projektowanie budynków dotyczy nie tylko samego budynku, ale także formy i funkcji związanych z typem budynku, wyborem podejścia planistycznego i projektowego do formy budownictwa miejskiego (Singh & Singh, 2010, s.3).
Wyniki tego badania sugerują, że typ budynku i wysokość budynków były znaczącą zmienną formą budowlaną w stosunku do zmian temperatury i dobrze wypadają w porównaniu z Firth and Wright (2008, s.1), którzy opracowali zalecenia w oparciu o typ budynku dla klimatu umiarkowanego.

## 20.7 WYTYCZNE DOTYCZĄCE WIELKOŚCI DZIAŁKI

W kwestii wpływu wielkości powierzchni działki na zmienną zmiany temperatury w skali mikro, wyniki badań wykazały, że średnia wielkość działki wynosiła 140 $^{m2}$ i była skorelowana ze średnią zmianą temperatury o 3,4 stopnia Celsjusza ($^{oC}$), podczas gdy minimalna wielkość działki wynosiła 101 $^{m2}$ i była skorelowana z 1,4oC, maksymalna wielkość

działki wynosiła 422,3 $^{m2}$ i 7,2oC zmiany temperatury, a ujemna i malejąca linia regresji pomiędzy wielkością działki a zmianą temperatury. Dane te zdają się sugerować, że im mniejsza powierzchnia działki, tym większa jest wartość zmiany temperatury.
Wyniki badania są zgodne z ustaleniami Singh i Singh (2010, s. 22), którzy zauważyli, że ustalenie minimalnej wielkości działki jest jednym z aspektów podziału na strefy gęstości. Jednakże, biorąc pod uwagę charakter planowania w Osiedlu Komarock Infill B polegający na umieszczeniu większych działek w pobliżu drogi, a mniejszych wewnątrz, bliskość drogi budowlanej wydaje się być nadrzędna w stosunku do wielkości działki pod tym względem poprzez odwrotną zależność między wielkością działki a zmienną zmiany temperatury.

Rysunek 20.3: Pokazuje przekształconą działkę 71.

Źródło: Badanie terenowe (2015).

## 20.8 WYTYCZNE DOTYCZĄCE POKRYCIA TERENU BUDOWY

W kwestii wpływu pokrycia terenu budynku na zmienną zmiany mikrotemperaturowe, wyniki badań wykazały, że średnie pokrycie terenu budynku wynosi 47,6 % i jest skorelowane ze średnią zmianą temperatury o 3,4 stopnia Celsjusza, minimalne pokrycie terenu 23 % skorelowane jest z 1,4 stopnia Celsjusza, maksymalne pokrycie terenu 86 % z 7,2 stopniami Celsjusza oraz dodatnią i rosnącą linią regresji pomiędzy pokryciem terenu budynku a zmianą temperatury. Dane te wydają się sugerować, że im niższe pokrycie terenu, tym niższa wartość zmiany temperatury.
Wyniki badań były związane ze zmianą temperatury i sugerują, że zarówno pokrycie terenu (obszar zabudowany), jak i kąt padania światła (stosunek wysokości do szerokości) były istotnymi zmiennymi budowlanymi i wolnymi przestrzeniami. Inne badania przeprowadzone przez Rose, Horrison i Venkatachalam (2011, s. 5) sześciu miejskich form budowlanych (gęsta zwarta forma miejska w połowie wysokości i rozproszona forma miejska w połowie wysokości) w odniesieniu do geometrii miejskiej (stosunek wysokości budynku do szerokości), współczynnika widoczności nieba i pokrycia zielenią (roślinność), w Obszarze Metropolitalnym Chennai (Indie) przy użyciu modelu komputerowego,

wykazały, że stosunek wysokości do szerokości miał istotny wpływ na warunki komfortu w porównaniu z procentem powierzchni zabudowanej.

Rysunek 20.4: Przedstawia przekształconą powierzchnię 68.

Źródło: Badanie terenowe (2015).

## 20,9 WYTYCZNE DOTYCZĄCE PROPORCJI DZIAŁEK BUDOWLANYCH

W kwestii wpływu wskaźnika powierzchni działki budowlanej na zmienną zmiany temperatury w skali mikro, wyniki badań wykazały, że średni wskaźnik powierzchni działki budowlanej wynosił 65,9 % i był skorelowany ze średnią zmianą temperatury o 3,4 stopnia Celsjusza, minimalny wskaźnik powierzchni 29 % skorelowany z 1,4 stopnia Celsjusza, maksymalny wskaźnik powierzchni 162 % z 7,2 stopniami Celsjusza oraz ujemną i malejącą linią regresji pomiędzy pokryciem terenu budynku a zmianą temperatury. Dane te zdają się sugerować, że im niższy współczynnik powierzchni, tym większe są wartości zmiany temperatury.

Wyniki tego badania sugerują, że przy pokryciu terenu (GC) wynoszącym około 47,6 procent i stosunku powierzchni (PR) wynoszącym 65,9 procent, średnio zmiana temperatury o 3,4 stopnia Celsjusza zostałaby zrealizowana.

Wyniki są zgodne z ustaleniami z Mumina i Mundia (2014, s. 41), które zaleciły zastosowanie kontroli rozwoju, technologii zielonego budownictwa, ustanowienie zielonych korytarzy w Nairobi i przestrzeni w celu złagodzenia zmian mikroklimatu w miastach.

## 20.10 WYTYCZNE DOTYCZĄCE ISTOTNYCH ZMIENNYCH DOTYCZĄCYCH PRZESTRZENI OTWARTEJ

W kwestii określenia istotnych zmiennych przestrzeni otwartej i zmiany temperatury, w wyniku przeprowadzonych badań zidentyfikowano i określono znaczenie zmiennych przestrzeni otwartej formy budowlanej mających wpływ na niezależną zmienną zmiany mikrotemperaturowe; były to: orientacja przestrzeni otwartej, bliskość drogi otwartej przestrzeni, kąt oświetlenia przestrzeni otwartej, współczynnik zacienienia przestrzeni otwartej, długość przestrzeni otwartej, powierzchnia otwarta i współczynnik twardy krajobraz przestrzeni otwartej.

Rysunek 20.5. Pokazuje wykorzystanie powierzchni ogrodowej dla działki Maisonette 76.

Źródło: Badanie terenowe (2015).

## 20.11 WYTYCZNE DOTYCZĄCE ORIENTACJI W PRZESTRZENI OTWARTEJ

W kwestii wpływu orientacji w przestrzeni otwartej na zmienną zmiany temperatury w skali mikro, wyniki badań wykazały, że średnia orientacja w przestrzeni otwartej wynosiła 159 stopni i była skorelowana ze średnią zmianą temperatury ° 3,7 stopnia Celsjusza (°C), podczas gdy minimalna orientacja w przestrzeni otwartej wynosiła 46 stopni i była skorelowana z 1,6oC, maksymalna orientacja w przestrzeni otwartej wynosiła 316 stopni i 7,7oC, a dodatnia i rosnąca linia regresji pomiędzy orientacją w przestrzeni otwartej a zmianą temperatury.

Dane te zdają się sugerować, że im niższa wartość orientacji w stopniach od północy, tym niższa wartość zmiany temperatury. Ponieważ jednak orientacja była mierzona w stopniach w ruchu zgodnym z ruchem wskazówek zegara od północy, dane zostały wykreślone w postaci relacji krzywej biegunowej pomiędzy zmianą mikro-temperatury a zmiennym rozkładem orientacji otwartej przestrzeni w koncentrycznych okręgach. Orientacja otwartej przestrzeni jest związana z wielkością otwartej przestrzeni, w tym sensie, że im większa jest wielkość otwartej przestrzeni, tym więcej jest dostępnych pozycji do pomiaru kierunku orientacji otwartej przestrzeni i tym samym ma to wpływ na zmianę temperatury.

Open space OG8 (Open Ground, O: 226 stopni, RP: 38.5 M, LA: 87 stopni, SC: 27%, L: 36 M, A: 1071 M2, HL: 75%) miał odczyt temperatury 7.5oC (wrzesień), natomiast open space R9 (Road, O: 136 stopni, RP: 83.5 M, LA: 80 stopni, SC: 39.3%, L: 67.9 M, A: 815 M2, HL: 50%) miał odczyt temperatury 1.6oC (maj). Orientacja w przestrzeni otwartej i bliskość drogi, kąt padania światła, współczynnik zacienienia, długość, powierzchnia i twardy krajobraz były dominującymi czynnikami zmian temperatury. Typ otwartej przestrzeni (otwarty teren lub droga) oraz miesiąc rejestracji danych wydają się wpływać na wyniki. W klimacie tropikalnym wrzesień jest tradycyjnie cieplejszy od maja.

Open space P6 (Ścieżka, O: 316 stopni, RP: 50.5 M, LA: 55 stopni, SC: 0%, L: 39 M, A: 117 M2, HL: 100%) miał odczyt temperatury 2oC (czerwiec), natomiast open space P3 (Ścieżka, O: 226 stopni, RP: 74.5 M, LA: 55 stopni, SC: 51%, L: 42 M, A: 126 M2, HL: 100%) miał odczyt temperatury 6oC (wrzesień). Orientacja na otwartą przestrzeń i bliskość drogi, współczynnik zacienienia, długość i powierzchnia były czynnikami dominującymi na zmianę temperatury. Wpływ na wyniki miał miesiąc rejestracji danych, gdyż w klimacie tropikalnym wrzesień jest tradycyjnie cieplejszy od czerwca. Wykorzystanie roślin i krzewów, w obrębie działek, poprawiło temperaturę (rysunek 20.5).

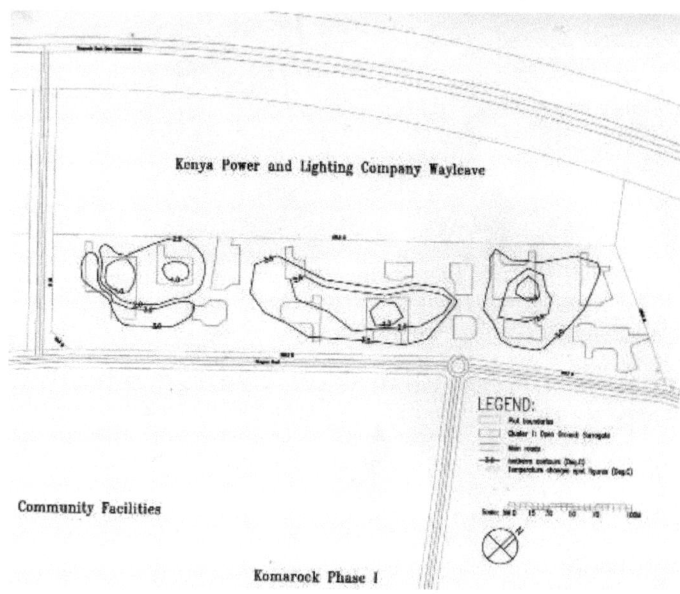


Rysunek 20.6. Rozkład izoterm w porównaniu z wynikami badań bliskości dróg na otwartej przestrzeni.

Źródło: Badanie terenowe (2015).

## 20.12 WYTYCZNE DOTYCZĄCE BLISKOŚCI PRZESTRZENI OTWARTEJ

W kwestii wpływu bliskości drogi otwartej na zmienną zmiany mikrotemperaturowe, wyniki badań wykazały, że średnia bliskość drogi otwartej wynosiła 61 metrów i była skorelowana ze średnią zmianą temperatury $^{o}$ 3,7 stopnia Celsjusza ($^{oC}$), podczas gdy minimalna bliskość drogi otwartej wynosiła 24,9 metra i była skorelowana z 7,5oC, maksymalna bliskość drogi

otwartej wynosiła 97 metrów przy zmianie temperatury o 1,6oC, a ujemna i malejąca linia regresji pomiędzy orientacją drogi otwartej a zmianą temperatury.
Dane te zdają się sugerować, że im mniejsza odległość od głównej drogi, tym większe są wartości zmian temperatury. Położenie i rozkład zmiennej częstotliwości zależnej najlepiej jednak przedstawić na mapie rozkładu izotermicznego (rysunek 20.6).
Wysokie temperatury odnotowano na otwartych przestrzeniach na działkach w pobliżu głównych dróg (rysunek 20.7). Powierzchnia otwarta na działce 19 (O: 205 stopni, RP: 11,4 M) miała odczyt temperatury 3,3oC (czerwiec).

## 20.13 WYTYCZNE DOTYCZĄCE KĄTÓW ŚWIATŁA W PRZESTRZENI OTWARTEJ

W kwestii wpływu kąta padania światła w otwartej przestrzeni na zmienną zmiany temperatury w skali mikro, wyniki badań wykazały, że średni kąt padania światła w otwartej przestrzeni wynosi 81 stopni i jest skorelowany ze średnią zmianą temperatury o 3,7 stopnia Celsjusza, minimalny kąt padania światła 55 stopni skorelowany z 1,6 stopnia Celsjusza, maksymalny kąt padania światła 90 stopni z 7,5 stopnia Celsjusza oraz dodatnią i rosnącą linią regresji pomiędzy kątem padania światła w otwartej przestrzeni a zmianą temperatury.
Dane te zdają się sugerować, że im niższa wartość kąta padania światła, tym niższe są wartości zmiany temperatury. Wyniki tego badania sugerują korelację minimalnego kąta padania światła o 55 stopni z minimalną zmianą temperatury o 1,6 stopnia Celsjusza, natomiast maksymalnego kąta padania światła o 90 stopni z maksymalną zmianą temperatury o 7,5 stopnia Celsjusza. Średni kąt światła 81 stopni miał 3,7 stopnia Celsjusza.
Ustawodawstwo kenijskie w formie projektu ustawy o planowaniu fizycznym (Laws of Kenya, 2009) i ustawy o planowaniu fizycznym Republiki Kenii (2012) wymaga, aby kąt światła 60 stopni dla otwartej przestrzeni w odniesieniu do przyległego budynku (Ebrahim, 2008a, s. 42) był zgodny z wynikami badań. W badaniu określono inne wytyczne planistyczne i projektowe w odniesieniu do pokrycia terenu, proporcji działek i wysokości budynków w zorganizowanych dzielnicach w tropikalnym górskim klimacie.
Wyniki badań pokrywają się z troską Oke (1988) o ustalenie ilościowych wytycznych dotyczących geometrii i wymiarów ulic; Oke przeprowadził więc badania terenowe kanionów miejskich, skalę i modelowanie matematyczne, schronów i geometrii miejskiej w przepływie powietrza i naturalnej wentylacji w budynkach i wokół nich, rozproszenia i geometrii miejskiej, ciepła i geometrii miejskiej (Oke, 1988, s. 103). Oke (1988) wywnioskował, że zmiennymi przestrzeni otwartej są: orientacja, wysokość przylegających budynków i szerokość przestrzeni otwartej, kąty widzenia nieba i kąty oświetlenia.

Rysunek 20.7: Pokazuje wykorzystanie powierzchni ogrodowych na działce szkolnej 19.
Źródło: Badanie terenowe (2015).

## 20.14 WYTYCZNE DOTYCZĄCE WSPÓŁCZYNNIKA ZACIENIENIA PRZESTRZENI OTWARTEJ

W kwestii wpływu współczynnika zaciemnienia przestrzeni otwartej na zmienną zmiany mikrotemperaturowe, w wyniku przeprowadzonych badań stwierdzono, że średni współczynnik zaciemnienia wynosił 48% i był skorelowany ze średnią zmianą temperatury o 3,7 stopnia Celsjusza, minimalny współczynnik zaciemnienia o wartości 0% skorelowany z 7,5 stopnia Celsjusza, maksymalny współczynnik zaciemnienia 87% z 1,6 stopnia Celsjusza oraz ujemną i malejącą linią regresji pomiędzy współczynnikiem zaciemnienia przestrzeni otwartej a zmianą temperatury.

Dane te zdają się sugerować, że im niższa wartość współczynnika zacienienia, czyli bardzo małe zacienienie przede wszystkim drzew, tym wyższe są wartości zmian temperatury, co sugeruje odwrotną zależność pomiędzy współczynnikiem zacienienia przestrzeni otwartej a zmiennymi zmian mikro-temperatury. Wyniki badań sugerują, że przy średnim zacienieniu wynoszącym około pięćdziesiąt procent i twardym współczynniku zacienienia krajobrazu wynoszącym sześćdziesiąt procent miała miejsce zmiana temperatury o 3,7 stopnia Celsjusza.

W badaniach Mumina i Mundia (2014, s. 38) wykorzystano zdjęcia satelitarne Landsat i wykazano ujemną zależność między degradacją pokrywy roślinnej a wzrostem temperatury powierzchni Metropolis Nairobi.

## 20.15 WYTYCZNE DOTYCZĄCE DŁUGOŚCI PRZESTRZENI OTWARTEJ

W kwestii wpływu długości otwartej przestrzeni na zmienną zmiany temperatury w skali mikro, wyniki badań wykazały, że średnia długość otwartej przestrzeni wynosiła 40 metrów i była skorelowana ze średnią zmianą temperatury o 3,7 stopnia Celsjusza, minimalna długość otwartej przestrzeni 18 metrów była skorelowana z 1,6 stopnia Celsjusza, maksymalna długość otwartej przestrzeni 68 metrów z 7,5 stopniami Celsjusza oraz ujemną i malejącą linią regresji pomiędzy długością otwartej przestrzeni a zmianą temperatury.

Dane te zdają się sugerować, że im niższa wartość długości otwartej przestrzeni, tym większe są wartości zmiany temperatury.

## 20.16 WYTYCZNE DOTYCZĄCE TERENÓW OTWARTYCH

W kwestii wpływu powierzchni otwartej na zmiany mikrotemperaturowe, wyniki badań określiły średnią powierzchnię otwartą jako znaczącą zmienną o średniej powierzchni otwartej 759,4 m2 , która koreluje z 3,7 stopniami Celsjusza, minimalnej powierzchni otwartej 117 m2 (7,5oC), maksymalnej powierzchni otwartej 1838 m2 (1,6oC) oraz dodatniej i rosnącej linii regręsji pomiędzy wielkością otwartej przestrzeni a zmianą temperatury.

Dane te zdają się sugerować, że im niższa jest wartość powierzchni, tym niższe są wartości zmian temperatury. Ponownie, podobnie jak w przypadku wielkości działki budowlanej, biorąc pod uwagę charakter planowania w Osiedlu Komarock Infill B polegający na umieszczeniu większych otwartych przestrzeni w pobliżu drogi i małych wewnątrz, bliskość drogi wydaje się być nadrzędna w stosunku do przestrzeni otwartej pod tym względem poprzez odwrotną zależność pomiędzy przestrzenią otwartą a zmienną zmian temperatury. Wydaje się również, że na zmiany temperatury przestrzeni otwartej wpływ mają również współczynnik twardości krajobrazu oraz współczynnik zacienienia.

Wyniki tego badania sugerują, że w Osiedlu Komarock Infill B odnotowano powierzchnię otwartą wynoszącą minimum 117 metrów kwadratowych, maksimum 1838 metrów kwadratowych i średnią wielkość 759,4 metrów kwadratowych, w porównaniu z kenijskim prawem budowlanym i planistycznym, projektem zmienionego prawa budowlanego (prawo kenijskie, 2009) i kodeksem budowlanym Republiki Kenii (1976, s. 18), które zapewnia miejsca siedzące i przestrzeń wokół budynków, wymaga istnienia dziedzińców i otwartych przestrzeni wolnych od przeszkód o minimalnej powierzchni 31,5 metrów kwadratowych (Ebrahim, 2008a, s. 42).

## 20,17 WYTYCZNE DOTYCZĄCE WSPÓŁCZYNNIKA KSZTAŁTU KRAJOBRAZU OTWARTEGO

W kwestii wpływu współczynnika krajobrazu twardego przestrzeni otwartej na zmienną zmiany mikrotemperaturowe, wyniki badań wykazały, że średni współczynnik krajobrazu twardego wynosi 62,7% i jest skorelowany ze średnią zmianą temperatury o 3,7 stopnia Celsjusza, minimalny współczynnik krajobrazu twardego wynosi 40% i jest skorelowany z 1,6 stopnia Celsjusza, maksymalny współczynnik krajobrazu twardego wynosi 100% z 7,5 stopnia Celsjusza, a dodatnia i wznosząca się linia regresji pomiędzy krajobrazem twardym przestrzeni otwartej a zmianą temperatury.

Dane te zdają się sugerować, że im niższa jest wartość krajobrazu otwartego, czyli dużego obszaru zielonego krajobrazu, tym niższe są wartości zmian temperatury.

Stwierdzenie tego badania na temat uporządkowanych dzielnic Osiedla Komarock Infill B o powierzchni 4,72 ha i 240 działek prowadzi do wzrostu temperatury o 3,4 stopnia Celsjusza w porównaniu z temperaturą bazową wiejskiej Nairobi, co można porównać z Mumina i Mundia (2014, s. 41), które związane z tym temperatury powierzchni wzrosły wraz z powstawaniem dróg, budynków, niekontrolowanym rozwojem miast i degradacją zieleni.

Ustalenia tego badania na podstawie danych meteorologicznych (Kenijski Departament Meteorologiczny, 1984), w których ustalono temperaturę bazową, mierzącą średnio 3,4 stopnia Celsjusza wzrost mikro-temperatury, przy minimalnej temperaturze 1,4 i maksymalnej 7,2 stopnia Celsjusza w okresie trzydziestu jeden lat (1984 - 2015). Zmian Klimatu (IPCC) wykazało zmianę temperatury o 0,71 stopnia Celsjusza w okresie pięćdziesięciu lat (Shuckburg, 2007, s. 6).

## 20.18 ZMIENNOŚĆ I TENDENCJA ZMIAN MIKROTERMICZNYCH

Cel i obszar tematyczny zmienności i trendu zmian mikrotemperaturowych dążył do syntezy i interpretacji wyników zgodnie z trzecim celem badania, którym było opracowanie strategii projektowania i planowania z uwzględnieniem zrównoważonej formy budownictwa miejskiego w środowisku o zmieniającej się temperaturze. W studium dokonano przeglądu literatury i praktyki w zakresie rozkładu izoterm oraz określono istotne zmienne dotyczące budynków i otwartej przestrzeni w formie niezależnych od siebie zmiennych, które mają wpływ na zmienną zależną od zmian temperatury w skali mikro.

## 20.19 WYTYCZNE DOTYCZĄCE DYSTRYBUCJI IZOTERMY

Wyniki badań dotyczyły zmiennej bliskości drogi o izotermicznym obrysie o rosnącym natężeniu od 4 do 6 stopni Celsjusza, biegnącej równolegle do dróg głównych i podążającej drogami drugorzędnymi do osiedla przy wjazdach i zjazdach. Na układ trzeciorzędowy miały wpływ współczynniki lekkości i twardości krajobrazu. Ciepłowniki związane były z wielkością otwartej przestrzeni i jej bliskością do drogi.

W wyniku przeprowadzonych badań dokonano obserwacji miejskich radiatorów wokół otwartych przestrzeni i konturów izotermicznych związanych z siecią dróg. Było to zgodne z pracami Mefferta (1981, s.2) nad rozwojem wysp ciepła w Nairobi i Lamu. W badaniu dokonano obserwacji związanych z urbanistyką i zdrowiem człowieka.

Wyniki badań i obserwacji na miejskich wyspach ciepła były zgodne z wynikami badań i obserwacji osiągniętymi przez Mumina i Mundia (2014, s. 41), które wiązały wzrost temperatury powierzchni z rozwojem wysp ciepła.

W kwestii przestrzeni otwartych, poprzez zastosowanie analizy statystycznej i geoprzestrzennej, wyniki badań sugerują, że przestrzenie otwarte pełniły rolę radiatorów, podczas gdy drogi miały grzbiety termiczne rzutowane jako izotermiczne kontury biegnące równolegle do drogi. Jest to zgodne z Choi Lee i Byun (2012, s. 127 - 133), którzy zauważyli, że związek pomiędzy klimatem miejskim a przestrzenią otwartą nie był badany w poprzednich badaniach i próbowali wypełnić tę lukę za pomocą analizy zmienności przestrzennej i sezonowej.

Wyniki badań sugerują minimalną zmianę temperatury o 1,4 stopnia Celsjusza ($^{oC}$), maksymalną zmianę temperatury o 7,2 stopnia Celsjusza i średnią zmianę temperatury o 3,4 stopnia Celsjusza. Koenigsberger (*i in.*, 1973, s. 37) podał średnią ośmiu stopni Celsjusza i jedenaście stopni Celsjusza pomiędzy miastem a otaczającymi je terenami wiejskimi. Kopenhaga (2009) zaleciła 1,5 do 2 stopni Celsjusza powyżej temperatury bazowej jako wartość graniczną dla zmian temperatury.

Wyniki badania sugerują, że jeżeli tryb i tempo procesu urbanizacji nie ulegnie pogorszeniu, przeważająca będzie zmiana temperatury o średnio 3,4 stopnia Celsjusza, a tym samym przekroczony zostanie limit 2 stopni Celsjusza ustalony w Paryżu w 2015 roku. Należy przestrzegać minimalnych standardów w odniesieniu do zmiennych dotyczących budynków i otwartej przestrzeni, jeśli zalecenia zawarte w wynikach badań mają w jakikolwiek sensowny sposób zapewnić zrównoważoną formę zabudowy.

W badaniu zauważono, że Ramowa Konwencja Narodów Zjednoczonych w sprawie zmian klimatu (UNFCCC, 2015a, 2015b i 2015c), Sekretariat Narodów Zjednoczonych ds. Zmian Klimatu (UNCCS, 2015, s.2 i 4) oraz Międzyrządowy Zespół ds.) dokonali przeglądu zmian temperatury na świecie w okresie przedindustrialnym i wykazali, że temperatura na świecie wzrosła z 1,5 do 2 stopni Celsjusza, zalecając ustanowienie "wartości granicznej ocieplenia globalnego" na poziomie 2 stopni Celsjusza, zalecanej w Paryżu w 2015 r., która ma wejść w życie w 2020 r. (UNCCS, 2015a, s. 1).

W wyniku przeprowadzonych badań stwierdzono średnią zmianę temperatury o 3,4 stopnia Celsjusza i zakres zmian mikrotermicznych o 5,8 stopnia Celsjusza. Praca Taha (1997, s. 99-103) na terenach miejskich i wyspach ciepła na obszarach o niskiej i średniej szerokości geograficznej wykazała, że temperatura powietrza wynosiła średnio 2 i 4 stopnie Celsjusza. Taha (1997) zauważyła również, że zmiany temperatury powietrza były związane z charakterystyką klimatu lokalnego i zbadała trzy zmienne albedo powierzchniowego, ewapotranspiracji z roślinności oraz ogrzewania antropogenicznego ze źródeł ruchomych i stacjonarnych, przy czym największy wpływ miało zwiększenie albedo pokrycia dachowego i kostki brukowej oraz zalesianie obszarów miejskich.

## 20.20 FORMA BUDOWNICTWA MIEJSKIEGO I ZALEŻNOŚĆ MIĘDZY ZMIANAMI TEMPERATURY W SKALI MIKRO

Celem i obszarem tematycznym relacji pomiędzy formą budowli miejskich a zmianami mikrotemperaturowymi była synteza i interpretacja danych zgodnie z trzecim celem badania, którym było opracowanie strategii projektowania i planowania z myślą o zrównoważonej formie budowli miejskich w środowisku o zmieniającej się temperaturze. W studium dokonano przeglądu literatury i praktyki. W tej części studium omawia formę budynków miejskich i zależność pomiędzy mikro- i termomodernistycznymi zmianami, zapewniając wgląd w orientację budynków na różnych działkach i ich klasyfikację, testowanie hipotez oraz projektowanie i rozwój nomogramu budynku i otwartej przestrzeni dla zrównoważonego rozwoju w środowisku zmieniającym się pod wpływem temperatury.

## 20.21 WYTYCZNE DOTYCZĄCE ZMIENNOŚCI MIĘDZY DZIAŁKAMI

Wyniki badań nad zmiennością orientacji budynku wykazały, że wartości dodatnie są prawie równe wartościom ujemnym, co implikuje spiralną relację. Wyniki badania sugerują, że istniała różnica pomiędzy średnią zmianą mikrotermiczną budynku a zmiennymi orientacji przestrzeni otwartej zmiennych formy budynku. Wydaje się, że na orientację ma wpływ dzienny i roczny ruch cykliczny Słońca względem jego położenia zarówno na wysokości jak i w azymucie.

W przypadku klasyfikacji budynków wydawało się, że nastąpił gwałtowny wzrost wartości dodatnich, podczas gdy krzywa dla wartości ujemnych była płytsza. Wydaje się, że klasyfikacja budynków była związana z charakterystyką wiatru i ogólnym przepływem powietrza wokół budynku. Przeważające wiatry nad Nairobi to północne i wschodnie strefy wschodnie i są one związane z opadami spowodowanymi przez wilgoć napływającą do kraju z Oceanu Indyjskiego.

## 20.22 WYTYCZNE DOTYCZĄCE TESTOWANIA HIPOTEZ

Wyniki badań nad testowaniem hipotezy dotyczącej poszczególnych zmiennych budynku i otwartej przestrzeni odniesione do scattergramu plus nachylenie linii regresji w odniesieniu do hipotezy zerowej (0) oraz alternatywnej hipotezy plus lub minus jeden (± 1) lub zbliżonej do jednego (1). Hipoteza zerowa została odrzucona, ponieważ żadna ze zmiennych budynku lub otwartej przestrzeni nie miała nachylenia zerowego w stosunku do zmiany mikro-temperatury.

Zmienne budownictwa i przestrzeni otwartej, które miały dodatnią i wznoszącą się linię regresji, to: orientacja budynku i przestrzeni otwartej, rodzaj budynku (wysokość budynków), pokrycie terenu, kąt padania światła na powierzchnię otwartą, powierzchnia przestrzeni otwartej oraz twardy krajobraz przestrzeni otwartej. Pozytywna i wznosząca się linia regresji sugeruje, że w miarę jak niezależny budynek miejski tworzy zmienną rosnącą wartość jednostkową, zależna od niej wartość zmiennej zmiany mikro-temperatury wzrasta również w stopniu Celsjusza.

Zmienne budownictwa i przestrzeni otwartej o ujemnej i malejącej linii regresji to: klasyfikacja budynków (szerokość rzędów budynków), bliskość budynków i dróg otwartych, wielkość działki, współczynnik zacienienia przestrzeni otwartej oraz długość przestrzeni otwartej. Ujemna i opadająca linia regresji sugeruje, że wraz ze wzrostem wartości jednostkowej niezależnej zabudowy miejskiej, zależna od niej wartość zmiennej zmiany mikrotemperaturowej maleje w stopniu Celsjusza.

Ustalenia raportu z badania dotyczące hipotezy testowania poszczególnych budynków i zmiennych open space związanych z analizą krzywych w oparciu o pochylenie (0) i kurtozę (3). Tylko kąt padania światła w otwartej przestrzeni miał ujemną krzywą, wszystkie pozostałe zmienne budowlane i otwarte przestrzenie miały krzywą dodatnią. Przechylenie jest to stopień, w jakim rozkład danych odbiega od rozkładu normalnego wzdłuż osi poziomej i jest miarą symetrii. W przypadku pochylenia ujemnego, większość wartości skupia się w górnej części rozkładu dalej od zera. Pochylenie dodatnie oznacza, że większość przypadków skupia się w dolnym końcu rozkładu bliżej zera.

Zmienne budownictwa i przestrzeni otwartej o wartości poniżej trzech (3) wartości kurtozy były następujące: orientacja budynku i przestrzeni otwartej, bliskość drogi budowlanej i otwartej przestrzeni, typ budynku, współczynnik zacienienia przestrzeni otwartej, powierzchnia otwarta i twardy krajobraz przestrzeni otwartej. Kurtoza jest miarą szczytowości rozkładu danych dla ciągłej zmiennej losowej i jest miarą talii lub płaskości rozkładu prawdopodobieństwa. Rozkład o kurtozie ujemnej mniejszej niż 3 wykazuje bardziej płaską krzywą.

Zmienne budowlane i przestrzeni otwartej o ponad trzech (3) wartościach kurtozy to: klasyfikacja budynku, powierzchnia działki, pokrycie terenu, stosunek powierzchni działki, kąt padania światła w przestrzeni otwartej oraz długość przestrzeni otwartej. Rozkład mający dodatnią kurtozę powyżej 3 wykazuje bardziej szczytową krzywą.

W wynikach badań nad testowaniem hipotezy o pomiarze skojarzenia dwóch zmiennych wykorzystano matrycę korelacji Pearsona. W macierzy korelacji Pearsona mierzono asocjację między dwoma zmiennymi mierzonymi w skalach proporcji lub przedziałach czasowych oraz jako miarę siły liniowej zależności między dwoma zmiennymi ciągłymi lub kowariancji dwóch zmiennych podzielonej przez iloczyn ich odpowiednich odchyleń standardowych. Współczynnik korelacji waha się od ujemnej do dodatniej. Współczynnik zbliżony do dodatniego (1) wskazuje na silną zależność, podczas gdy współczynniki zbliżone do zera wskazują na niewielki związek lub jego brak.

Ustalenia te sugerują, że żadna z dwóch zmiennych dotyczących budynków lub dwóch zmiennych dotyczących otwartej przestrzeni nie miała ani idealnej wartości asocjacyjnej jednej (1), ani żadnej wartości asocjacyjnej zerowej (0). Najsilniejsza korelacja w odniesieniu do zmiennych dotyczących budynków dotyczyła stosunku powierzchni do pokrycia terenu, podczas gdy w przypadku przestrzeni otwartej zmienne te dotyczyły powierzchni otwartej i anioła światła w przestrzeni otwartej na poziomie istotności 1 % (0,01).

W ramach badania przeprowadzono test na normalność przy użyciu testu Shapiro-Wilka W (z-test) jako test na hipotezę zerową; próbę pobrano z populacji o rozkładzie normalnym i przeanalizowano wartości P (Prob), które powinny być większe niż poziom istotności 0,01. Wyniki sugerują, że w przypadku budownictwa miejskiego zmienne o rozkładzie normalnym zbliżonym do rozkładu normalnego na poziomie istotności 1 % (0,01) to: orientacja budynku i przestrzeni otwartej, bliskość drogi budowlanej, typ budynku, pokrycie terenu budynkiem, obszar przestrzeni otwartej, zmiana mikrotemperatury budynku i przestrzeni otwartej. Zmienne formy budownictwa miejskiego o przechylonej krzywej rozkładu były następujące: klasyfikacja budynków, wielkość działki budowlanej, stosunek powierzchni budynków do powierzchni otwartej oraz kąt padania światła na powierzchnię otwartą.

W badaniu przetestowano hipotezę za pomocą testu wieloliniowości współczynnika inflacji wariancji (VIF) jako miary stopnia nadmiaru wariancji estymatora zwykłych najmniejszych kwadratów (OLS). W badaniu stwierdzono brak dokładnej zależności liniowej pomiędzy regresorami. Żadna ze zmiennych budynku lub otwartej przestrzeni nie miała idealnej współliniowości (tj. równej 1).

W wynikach badań nad testem hipotezy dotyczącej heteroskedastyczności (wariancja nierównomierna) w teście błędu zastosowano test Breush-Pagana i Cook-Weisberga (Chi-kwadrat: $\chi 2$) i stwierdzono, że termin błędu jest zwykle rozłożony jako warunek zastosowania testu istotności, takiego jak test t i test F, poprzez zastosowanie statystyki chi-kwadratu. W badaniu przyjęto hipotezę, że termin błędu jest zwykle rozkładany zarówno dla zmiennych dotyczących budynków, jak i dla zmiennych dotyczących otwartej przestrzeni miejskiej formy budynku.

Wyniki badań nad testowaniem hipotezy, zgodnie z którymi hipoteza zerowa dla współczynnika nachylenia wynosi zero (0), a hipoteza alternatywna leżąca między minus jedną (-1) a plus jedną (+1), wskazywały, że żadna z zmiennych budynku lub otwartej przestrzeni nie miała zerowego współczynnika nachylenia (0), a zatem hipoteza zerowa dla współczynnika nachylenia została odrzucona.

Hipotezę alternatywną przyjęto przy zastosowaniu ujemnych i malejących współczynników regresji zmiennych budownictwa i przestrzeni otwartej, takich jak: klasyfikacja budynków, bliskość dróg budowlanych i przestrzeni otwartej, wielkość działki budowlanej, współczynnik zacienienia przestrzeni otwartej oraz długość przestrzeni otwartej.

Hipotezę alternatywną przyjęto przy zastosowaniu dodatnich i rosnących współczynników regresji zmiennych budynku i przestrzeni otwartej, takich jak: orientacja budynku i przestrzeni otwartej, typ budynku, pokrycie terenu budynkiem, kąt padania światła w przestrzeni otwartej, powierzchnia otwarta i twardy krajobraz w przestrzeni otwartej.

W wynikach badań nad testem na domyślną hipotezę zerową wykorzystano t-statystykę i wartość p dla współczynnika populacji, przy czym mniejsza z nich to wartość p- (zero lub blisko zera). W przypadku zmiennych dotyczących budynków i przestrzeni otwartej dała ona dowody przeciwne do hipotezy zerowej, a jedna (1) lub bliska jednej z nich miała duże szanse na przyjęcie hipotezy zerowej.

Hipoteza zerowa dla domyślnej statystyki została odrzucona, a hipoteza alternatywna przyjęta dla: zmiennych budynku i otwartej przestrzeni dla orientacji budynku, klasyfikacji budynku, typu budynku, wielkości działki budowlanej, pokrycia terenu budynku, długości otwartej przestrzeni i twardego krajobrazu otwartej przestrzeni.

Przyjęto hipotezę zerową dla domyślnej t-statystyki, a odrzucono hipotezę alternatywną dla: zmiennych budynku i otwartej przestrzeni dla bliskości budynku i otwartej przestrzeni drogi, proporcji działki budowlanej, orientacji otwartej przestrzeni, kąta padania światła w otwartej przestrzeni, współczynnika zacienienia otwartej przestrzeni i powierzchni otwartej przestrzeni.

Wyniki badań nad testowaniem hipotezy zostały oparte na wybranym poziomie istotności, przy czym hipoteza zerowa została odrzucona, gdy wartość p jest niższa od wybranej wartości istotności.

Na poziomie istotności 1 proc. (poziom ufności 99 proc.) wszystkie zmienne dotyczące budynków i otwartej przestrzeni miały wartość p powyżej 0,01 (1 proc.), a zatem hipoteza zerowa została odrzucona na poziomie istotności 0,01.

Na poziomie istotności 5 procent (95% poziom ufności), ponownie wszystkie zmienne budynku i otwartej przestrzeni miały wartości p powyżej 0,05, i ponownie odrzucono hipotezę zerową opartą na poziomie istotności 0,05.

Wyniki badań nad t-testem istotności hipotezy testującej współczynnik regresji prawdziwej lub regresji populacyjnej oparto na założeniu, że współczynnik regresji populacyjnej wynosi zero w porównaniu do obliczonej statystyki t dla budynku i zmiennej otwartej przestrzeni. W pracy dążono do określenia wartości krytycznej rozkładu t oraz prawdopodobieństwa uzyskania takiej lub większej wartości t. Wyniki badań dla poszczególnych zmiennych budynku i otwartej przestrzeni pokazały, że wszystkie hipotezy zerowe zostały odrzucone.

Wyniki badań nad hipotezą testu F o ogólnym znaczeniu (ANOVA) testowania nachylenia linii regresji były jednocześnie równe zeru w porównaniu do obliczonej statystyki F dla połączonych zmiennych budynku lub otwartej przestrzeni. W badaniu tym starano się określić krytyczną wartość rozkładu F do prawdopodobieństwa uzyskania takiej lub większej wartości F. Wyniki badania zarówno na poziomie istotności 5 procent (0,05), jak i 1 procent (0,01) wykazały, że hipoteza zerowa została przyjęta.

Wyniki badań nad testem R-kwadratowej miary dopasowania szacowanej linii lub płaszczyzny wykazały, że około 16 procent budynków i 33 procent zmiennych dotyczących otwartej przestrzeni w zależnej od nich zmiennej mikrotemperaturowej zostało wyjaśnione przez siedem zmiennych objaśniających budynek i siedem zmiennych dotyczących otwartej przestrzeni. R-kwadrat jest rosnącą funkcją liczby regresorów, to znaczy, że wartość R-kwadratu rośnie wraz ze wzrostem zmiennej. Może się wydawać, że wartość R-kwadratowa była raczej niska, ale należy pamiętać, że mieliśmy 210 (30 na 7 równa się 210) obserwacji ze zmiennymi wartościami dla regresji i regresorów. W tak zróżnicowanym otoczeniu wartości R-kwadratowe były zazwyczaj niskie i częściej były niższe, gdy rozpatrywano dane na poziomie indywidualnym.

Wyniki badania dwupunktowego oszacowania hipotezy testem t oraz wartości istotności 5 procent (95% poziom ufności) pojedynczej wartości liczbowej, takiej jak orientacja budowlana w stosunku do innej, powiedzmy otwartej przestrzeni wskazują, że zaakceptowano hipotezę zerową, że średnia orientacja populacyjna była równa szacowanej wartości orientacji, w przeciwieństwie do alternatywnej hipotezy, że szacowana wartość orientacji nie była wartością średnią orientacji populacyjnej.

Wyniki badania dwupłaszczyznowego oszacowania interwału testowego hipotezy przy użyciu testu t i 95-procentowego przedziału ufności (poziom istotności 5%) wokół średniej były następujące:

$P\ (83{,}34 \leq \mu X \leq 233{,}66) = 0{,}95$ (wzór 5.1)

Przyjęto hipotezę zerową, że prawdziwa orientacja na populację jest równa średniej wartości budynku i zmiennej orientacji na otwartą przestrzeń.

Wyniki badania jednokrotnego oszacowania interwału testowego hipotezy przy użyciu testu t i 95-procentowego przedziału ufności (poziom istotności 5%) wokół średniej były następujące:

$P\ (-\infty < \mu X \leq 206{,}74) = 0{,}95$ (Wzór 5.2)

Przyjęto hipotezę zerową, że prawdziwa orientacja na populację jest równa średniej wartości budynku i zmiennej orientacji na otwartą przestrzeń.

# ROZDZIAŁ DWUDZIESTY JEDEN: STOSOWANIE NARZĘDZI ZARADCZYCH

Niniejszy rozdział stanowi omówienie i interpretację wyników badań, zgodnie z analizowaną literaturą, a także próbę syntezy wyników zgodnie z celami badań. W celu realizacji trzeciego celu badawczego, jakim było opracowanie strategii projektowania i planowania z uwzględnieniem zrównoważonej formy budownictwa miejskiego w środowisku zmieniającym się pod wpływem temperatury, w niniejszych wytycznych zastosowano nomogram predykcyjny, schematyczne arkusze podsumowujące, odzwierciedlające ustalenia dotyczące istotnych zmiennych formy budownictwa miejskiego, które przyczyniają się do zmiany temperatury dla budynków i otwartej przestrzeni.

## 21.1 WYTYCZNE DOTYCZĄCE NOMOGRAMÓW KORYGUJĄCYCH

Wyniki badania, oparte na opracowaniu nomogramu zmiennych budowlanych i zmiennych dotyczących otwartej przestrzeni, sugerują, że podejście wielowymiarowe, w którym dwie lub więcej zmiennych jest rozważanych w tandemie, przyniosłoby zrównoważone formy budowlane w środowisku o zmiennej temperaturze.

Opracowano nomogram naprawczy dla średniej zmiany mikrotemperatury dla zmiennych budowlanych dla zorganizowanych dzielnic w tropikalnym klimacie wyżynnym, aby wykazać związek pomiędzy siedmioma znaczącymi zmiennymi budowlanymi (rysunek 21.1) i siedmioma znaczącymi zmiennymi dotyczącymi otwartej przestrzeni. Przyjmując dwie dowolne zmienne, można ocenić wpływ na wynikową zmianę mikrotemperatury, a zainteresowane strony mogą podjąć odpowiednie, świadome decyzje.

Kroki, które należy podjąć przy użyciu nomogramu naprawczego są następujące:

i. Zidentyfikować źródło ciepła (orientacja budynku: stopnie) w skali A1 i A2,

ii. Zidentyfikować wymaganą barierę termiczną lub bufor w odpowiedniej skali w następujący sposób:

   a. Skala B1 (bliskość drogi: M) waha się od bliskiej, średniej i dalszej odległości od głównej drogi,
   b. Skala B2 (wielkość działki: M2) obejmuje zarówno małe działki, standardowe działki, jak i duże działki w pobliżu głównej drogi,
   c. Skala C1 (wysokość budynku: M) sięga od Villi, Maisonette lub zmiany działki użytkowej,
   d. Skala C2 (szerokość budynku: M) obejmuje budynki szeregowe, w zabudowie bliźniaczej lub wolnostojącej,
   e. Skala D1 (pokrycie terenu: %), oraz
   f. Skala D2 (współczynnik powierzchni: %),

iii. Na skali E1 i E2, która obejmuje kontrolę klimatu bazowego, kontrolę klimatu w systemie aktywnym, kontrolę mikroklimatyczną (wiejską), kontrolę mezoklimatyczną (podmiejską) i kontrolę makroklimatyczną (miejską), należy umieścić prostą krawędź od tych dwóch punktów w poprzek do aktywności lub sytuacji (zmiana temperatury w skali mikro: $^{oC}$).

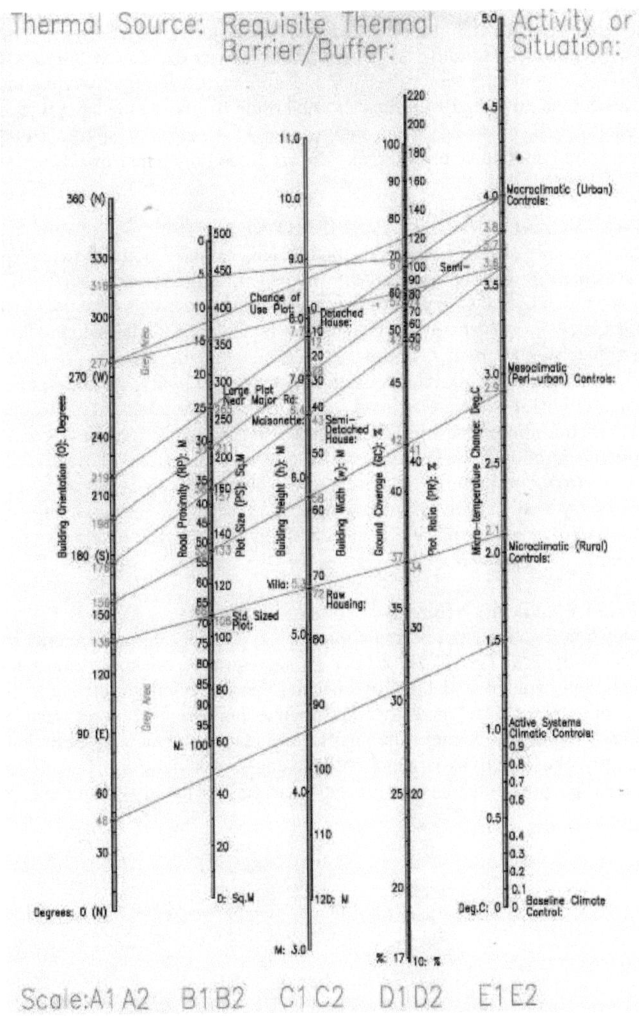


Rysunek 21.1: Remedialne nomogramy dla średniej zmiany mikrotemperatury dla zmiennych budowlanych dla zorganizowanych dzielnic w tropikalnym klimacie górskim.

Źródło: Badanie terenowe (2015).

Przykładowo, wyniki badania z wykorzystaniem nomogramu naprawczego sugerują, że poprzez wprowadzenie limitu 23% pokrycia terenu budynku i 29% proporcji działki budowlanej, zmiana temperatury o 1,4 stopnia Celsjusza zostałaby zrealizowana i spełniałaby zalecenie Sekretariatu Narodów Zjednoczonych ds. Zmian Klimatu (UNCCS, 2015a) na poziomie poniżej 2 stopni Celsjusza. Średnia wartość zmiany temperatury o 3,4 stopnia Celsjusza była związana z minimalną wielkością działki budowlanej wynoszącą 101 metrów kwadratowych, bliskością drogi budowlanej 11,4 metra, wysokością budynku 5,3 metra, orientacją budynku 46 stopni i szerokością rzędu domów 6 metrów.

## 21.2 SCHEMATYCZNE ARKUSZE PODSUMOWUJĄCE

Wyniki badania zostały wykorzystane do opracowania arkuszy podsumowujących siedem budynków i siedem otwartych przestrzeni miejskich, które tworzą zmienne. Arkusze podsumowujące mogą być wykorzystywane przez architektów i planistów jako wytyczne do projektowania i rozwoju zorganizowanych dzielnic, takich jak Osiedle Komarock Infill B, w tropikalnym klimacie wyżynnym w środowisku o zmiennej temperaturze.

Na przykład, schematyczne arkusze podsumowujące sugerowały, że minimalna wartość zmiany temperatury o 1,4 stopnia Celsjusza jest związana z minimalną wysokością budynku wynoszącą 5,3 metra, minimalną wielkością działki wynoszącą 101 metrów kwadratowych, minimalną orientacją budynku wynoszącą 46 stopni, minimalną szerokością rzędu domów wynoszącą 6 metrów, minimalną bliskością dróg budowlanych wynoszącą 11,4 metra, minimalnym pokryciem terenu wynoszącym 23 procent i minimalnym stosunkiem powierzchni działki wynoszącym 29 procent dla uporządkowanych dzielnic w tropikalnym klimacie górskim.

## 21.3 REFLEKSJA NAD WYNIKAMI

Zmienne budowlane i otwarte przestrzenie o współczynnikach regresji ujemnej i malejącej to: klasyfikacja budynków (szerokość zabudowy szeregowej), bliskość drogi budowlanej i otwartej przestrzeni, wielkość działki budowlanej, współczynnik zacienienia przestrzeni otwartej oraz długość otwartej przestrzeni. Zmienne budowlane i przestrzeni otwartej o współczynnikach regresji dodatniej i ujemnej to: orientacja budynku i przestrzeni otwartej, typ budynku (wysokość budynków), pokrycie terenu budynkiem, kąt padania światła na przestrzeń otwartą, powierzchnia przestrzeni otwartej i twardy krajobraz przestrzeni otwartej.

# ROZDZIAŁ DWUDZIESTY DRUGI: WNIOSKI I ZALECENIA

Wytyczne te wywnioskowały z przeglądu literatury, że zbudowana forma ucieleśniała i miała kluczowe wskaźniki dotyczące przyczyn i możliwych środków zaradczych zmiany temperatury. Ta fundamentalna idea była głównym celem tych wytycznych, które koncentrowały się na tym, jak zorganizowane dzielnice, takie jak Osiedle Komarock Infill B, są projektowane, planowane i ucieleśniają unikalny odcisk palca na tożsamości, określeniu znaczących zmiennych formy budowlanej. W opracowaniu tym skupiono się na określeniu mechanizmów rozwoju i kontroli niezbędnych do projektowania i planowania zrównoważonych form budowlanych, które mogą złagodzić i zachować znaczenie w środowisku o zmieniającej się temperaturze. Mając to na uwadze, zaprojektowano metodologię badań i rozpoczęto gromadzenie, przetwarzanie i analizę danych, a następnie testowanie hipotezy. Wyniki wytycznych zostały zsyntetyzowane, a wyniki zinterpretowane. W niniejszym rozdziale potwierdzono cel wytycznych, podsumowano ustalenia zgodnie z celem i pytaniem badawczym, przedstawiono wyniki testowania hipotez, określono filozofię pracy, ograniczono ustalenia, wnioski, implikacje badania w praktyce i teorii, zalecenia oparte na ustaleniach i określone zgodnie z celami oraz zasugerowano obszary do dalszych badań.

## 22.1 CEL WYTYCZNYCH

Celem i problemem badania było określenie, w jakim stopniu w porównaniu z międzynarodowym lotniskiem Jomo Kenyatta (JKIA) w Nairobi, w okresie od 8 czerwca 2013 r. do [19] września 2015 r., zmieniła się mikrotemperatura w obiekcie badawczym Komarock Infill B Estate w odniesieniu do istotnych zidentyfikowanych zmiennych formy miejskiej zabudowy, Ponadto, jakie czynniki były odpowiedzialne za różnice temperatur pomiędzy miejscem badania Komarock Infill B Estate a informacjami uzyskanymi z biura Jomo Kenyatta (JKIA) Nairobi z wydziału meteorologii, na temat zbudowanych zmiennych formy miejskiej.

Celem badań było określenie wpływu formy miejskiej zabudowy na zmiany mikrotemperaturowe oraz identyfikacja zmiennych formy miejskiej zabudowy powodujących zmiany temperatury w obiekcie badawczym Osiedle Komarock Infill B, a także określenie wpływu istotnych zmiennych formy miejskiej zabudowy powodujących zmiany temperatury oraz opracowanie strategii projektowania i planowania z myślą o zrównoważonej formie miejskiej zabudowy w środowisku o zmieniającej się temperaturze. Przewidywano, że wyniki badania będą stanowić cenne narzędzie w przyszłych badaniach pokrewnych; rozwiążą potencjalne wyzwania, jakie stwarzają zmiany temperatury szczególnie na poziomie lokalnym, a w szerszym ujęciu - zmiany w środowisku naturalnym na poziomie globalnym, poprzez poszukiwanie i opracowywanie odpowiednich narzędzi i środków do osiągnięcia zrównoważonych form budowlanych.

## 22.2 PODSUMOWANIE USTALEŃ

Ustalenia zidentyfikowały budownictwo miejskie tworzące zmienność i tendencje, które określają i mają wpływ na zależną od zmiennej mikro-temperaturę zmiany. Zmienne budowlane były następujące: typ budynku, wielkość działki, orientacja budynku, klasyfikacja budynków, bliskość drogi budowlanej, pokrycie terenu i współczynnik powierzchni. Zmienne otwartej przestrzeni były następujące: wielkość otwartej przestrzeni, orientacja i bliskość drogi, współczynnik architektury krajobrazu twardego, kąt padania światła, stopień zacienienia i długość otwartej przestrzeni.

Wyniki badania dla zmiennych dotyczących budynków skorelowane były ze średnią zmianą temperatury w skali mikro o 3,4 stopnia Celsjusza, średnie wynosiły 6,4 metra dla wysokości budynku, 140 metrów kwadratowych dla wielkości działki, 171,2 stopnia dla orientacji budynku, 40,1 metra dla szerokości rzędów budynków mieszkalnych, 51,9 metra dla bliskości drogi budowlanej, 47,6 procent dla pokrycia terenu i 65,9 procent dla stosunku powierzchni.

Podobnie zmienne dotyczące otwartej przestrzeni, które korelowały ze średnią zmianą mikrotermii o 3,7 stopnia Celsjusza, wynosiły średnio 759,4 metrów kwadratowych dla otwartej przestrzeni, 62,7 procent dla twardego krajobrazu, 159 stopni dla orientacji otwartej przestrzeni, 81 stopni dla kąta padania światła, 61 metrów dla bliskości drogi otwartej przestrzeni, 48 procent dla współczynnika zacienienia i 40 metrów dla długości otwartej przestrzeni.

Ustalenia te, oparte na współczynniku i nachyleniu linii regresji, sugerują, że budynki miejskie tworzą zmienne o dodatniej i wznoszącej się linii regresji ze zmianą mikro-temperatury to: orientacja budynku i przestrzeni otwartej, typ budynku (wysokość budynków), pokrycie terenu budynkiem, kąt padania światła w przestrzeni otwartej, obszar przestrzeni otwartej i twardy krajobraz przestrzeni otwartej.

Zmienne formy budownictwa miejskiego o ujemnej i opadającej linii regresji to: klasyfikacja budynków (szerokość rzędów domów), sąsiedztwo budynków i dróg otwartych, wielkość działki, stosunek powierzchni, współczynnik zacienienia przestrzeni otwartej oraz długość przestrzeni otwartej.

Wyniki badań linii izotermicznych wykazały rozwój stromych konturów (grzbietów termicznych) w pobliżu głównych dróg z odczytami zmian temperatury rzędu 6 stopni Celsjusza oraz depresji termicznych wokół otwartych przestrzeni o 1 stopniu Celsjusza jako radiatory.

Zmienność orientacji międzywydziałowej i międzywydziałowej klasyfikacji budynków na osiedlu Komarock Infill B dla 30 badanych działek sugerowała, że zmienność orientacyjna wykazywała krzywą rozkładu normalnego z dodatnimi wartościami odchylenia od średniej prawie równymi wartościom ujemnym, natomiast zmienność klasyfikacji budynków wykazywała krzywą pochyloną dla tych dwóch wartości.

Wydaje się, że istnieje różnica między średnią mikro-temperaturową zmianą orientacji i klasyfikacją budowlaną zmiennych formy zbudowanej. Wydaje się, że na orientację ma wpływ dzienny i roczny ruch cykliczny Słońca względem jego pozycji zarówno na wysokości jak i w azymucie.

Wyniki klasyfikacji budynków sugerowały negatywny związek ze zmienną zmiany mikrotemperaturowej, sugerując, że wraz ze zwiększaniem się szerokości domów szeregowych, zmiana mikrotemperaturowa zmniejszała się w wartościach jednostkowych. Wydawałoby się, że była ona związana z wzorcami wiatru i ogólnym przepływem powietrza wokół budynków. Dominującymi wiatrami nad Nairobi są północne i wschodnie strefy wschodnie; wiatry te związane są z opadami atmosferycznymi wywołanymi przez wilgoć napływającą do kraju z Oceanu Indyjskiego.

W ramach badania opracowano krzywe polarne dla zmiennej orientacji budynku i przestrzeni otwartej, opracowano nomogramy predykcyjne i naprawcze oraz wykresy podsumowujące, które odnosiły się do relacji między budynkami a przestrzenią otwartą formy urbanistycznej i zmian mikrotermicznych, które mogą być wykorzystywane przez architektów i planistów jako wytyczne do projektowania i rozwoju ustrukturyzowanych dzielnic, takich jak Osiedle Komarock Infill B, które znajdują się w klimacie tropikalnych wyżyn w środowisku o zmiennej temperaturze.

W badaniu odnotowano zmianę mikrotemperatury na poziomie minimum 1,4 stopnia Celsjusza, maksimum 7,2 stopnia Celsjusza i średnio 3,4 stopnia Celsjusza w porównaniu z globalnym standardem od 1,5 do 2 stopnia Celsjusza. Na podstawie danych meteorologicznych w badaniu ustalono temperaturę bazową mierzoną przy średnim wzroście temperatury w skali mikro wynoszącym 3,4 stopnia Celsjusza, minimalnej temperaturze 1,4 i maksymalnej 7,2 stopnia Celsjusza w okresie trzydziestu jeden lat (1984-2015).

Wyniki badania sugerują, że poprzez wprowadzenie limitu 23% pokrycia terenu budynku i 29% stosunku powierzchni, zmiana temperatury o 1,4 stopnia Celsjusza zostałaby zrealizowana i spełniałaby zalecenie Sekretariatu Narodów Zjednoczonych ds. Zmian Klimatu (UNCCS) na poziomie poniżej 2 stopni Celsjusza. Średnie dane dotyczące mikro-zmiany temperatury o 3,4 stopnia Celsjusza były związane z minimalną wielkością działki wynoszącą 101 metrów kwadratowych, bliskością drogi 11,4 metra, wysokością budynku 5,3 metra, orientacją budynku 46 stopni i szerokością zabudowy szeregowej 6 metrów.

## 22.3 USTALENIA Z TESTOWANIA HIPOTEZ

Wyniki testów hipotez dotyczących poszczególnych zmiennych budynku i otwartej przestrzeni związanych ze scattergramem plus nachylenie linii regresji, sugerują odrzucenie hipotezy zerowej, ponieważ żadna ze zmiennych budynku lub otwartej przestrzeni nie miała nachylenia zerowego w stosunku do zmiany mikro-temperatury. Siedem z czternastu zmiennych formy miejskiej budynków miało dodatnią i rosnącą linię regresji, a pozostałe siedem miało ujemną i malejącą linię regresji.

Korelacja zbudowanych w mieście zmiennych kształtu jako miara asocjacji i siły liniowej relacji pomiędzy dwoma budynkami lub dwoma zmiennymi otwartej przestrzeni nie miała ani idealnej wartości asocjacji jednej, ani żadnej wartości asocjacji zerowej. Najsilniejsza korelacja w odniesieniu do zmiennych dotyczących budynków była pomiędzy stosunkiem powierzchni działki do pokrycia terenu, a w przypadku zmiennych dotyczących przestrzeni otwartej - pomiędzy powierzchnią otwartą a kątem padania światła w przestrzeni otwartej na poziomie istotności 1 % (0,01).

Hipoteza domyślna zerowa, wykorzystująca t-statystykę i wartość p dla współczynnika zaludnienia, odrzuciła hipotezę zerową, a hipoteza altrująca została przyjęta dla zmiennych dotyczących orientacji budynku, klasyfikacji budynku, typu budynku, wielkości działki, pokrycia terenu, długości otwartej przestrzeni i twardego krajobrazu otwartego. Hipoteza zerowa dla domyślnej statystyki t została przyjęta, a hipoteza alternatywna odrzucona dla zmiennych formy urbanistycznej związanych z bliskością budynków i dróg otwartych, stosunkiem powierzchni, orientacją przestrzeni otwartej, kątem padania światła w przestrzeni otwartej, współczynnikiem zacienienia przestrzeni otwartej i powierzchnią otwartą.

Wyniki testów hipotez opartych na wybranym poziomie istotności sugerują, że zarówno poziom istotności 1 procent (99% poziom ufności), jak i 5 procent (95% poziom ufności) hipotezy zerowej zostały odrzucone na korzyść hipotezy alternatywnej.

T-test istotności hipoteza testująca współczynnik regresji prawdziwej lub populacyjnej dla poszczególnych zabudowań miejskich o zmiennej formie, sugeruje, że wszystkie indywidualne hipotezy zerowe zostały odrzucone na korzyść hipotezy alternatywnej.
T-test ogólnej ważności hipotezy testującej nachylenie linii regresji był jednocześnie równy zero, co sugerowało, że zarówno na poziomie istotności 5 procent (0,05), jak i 1 procent (0,01) hipoteza zerowa mogła być przyjęta, a hipoteza alternatywna została odrzucona.
Test R-kwadratowej miary dobrego dopasowania szacowanej linii lub płaszczyzny sugerował, że około 16 procent zmiennych dotyczących budynku i 33 procent zmiennych dotyczących otwartej przestrzeni w zależnej od nich zmianie mikro-temperatury zostało wyjaśnione przez siedem zmiennych objaśniających dotyczących budynku i siedem zmiennych objaśniających dotyczących otwartej przestrzeni, związanych z miejską formą zabudowy.

## 22.4 OŚWIADCZENIE O FILOZOFII

W odniesieniu do badania hipotezy, wyniki sugerowały, że zmiana mikrotemperaturowa miała pozytywny związek z orientacją budynku i otwartej przestrzeni, typem budynku, pokryciem terenu, kątem padania światła na otwartą przestrzeń, powierzchnią otwartą i twardym krajobrazem otwartej przestrzeni oraz miał negatywny związek z klasyfikacją budynków, bliskością budynków i dróg, wielkością działki, stosunkiem powierzchni, współczynnikiem zacienienia otwartej przestrzeni i długością otwartej przestrzeni zbudowanej formy miejskiej.
Filozoficznym założeniem studium było stwierdzenie, że na zmiany temperatury w pobliżu ziemi dla każdego obszaru bezpośredni wpływ mają decyzje dotyczące planowania, projektowania i rozwoju, podejmowane przez architektów i planistów.
Biorąc pod uwagę wybrane do analizy zmienne formy budownictwa miejskiego (budownictwo i przestrzeń otwarta), decyzja oparta na jednej z tych zmiennych formy budownictwa miejskiego miałaby z wyboru wpływ na zmianę mikrotemperatury.
Wyniki badań sugerują, że przy zastosowaniu dwóch lub więcej zmiennych postaci urbanistycznych wpływ na zmianę mikrotemperatury byłby bardziej wyraźny. Ważne jest, aby zrozumieć, że decyzje podejmowane dziś przez architektów mogą mieć długofalowe implikacje na przyszłość w zakresie zmian mikrotermicznych i zrównoważonej formy budownictwa miejskiego.

## 22.5 OGRANICZENIE USTALEŃ

Orientacja budynku i przestrzeni otwartej w urbanistycznej budowli o zmiennej formie sugerowała, że pozytywna i wznosząca się linia regresji pomiędzy orientacją budynku i przestrzeni otwartej oraz zmianami temperatury miała charakter cykliczny, a nie liniowy.
Klasyfikacja budynków miejskich o zmiennej formie zabudowy sugerowała, że negatywna i malejąca linia regresji pomiędzy klasyfikacją budynków a zmianą temperatury ma charakter jakościowy, a nie nominalny.
Bliskość budynku i drogi w otwartej przestrzeni miejskiej zbudowanej w formie zmiennej sugeruje, że negatywna i malejąca linia regresji pomiędzy odległością budynku od głównej drogi i zmianą temperatury miała charakter geograficzny, a nie liniowy.
Typ budynku o zmiennej formie zabudowy miejskiej sugerował, że dodatnia i wznosząca się linia regresji pomiędzy wysokością budynku a zmianą temperatury ma charakter jakościowy, a nie nominalny.

Wielkość działki o zmiennej formie zabudowy miejskiej sugerowała, że ujemna i opadająca linia regresji pomiędzy wielkością działki a zmianą temperatury, zaprzeczała otwartej przestrzeni z dodatnią i narastającą linią regresji, ale była zgodna z długością otwartej przestrzeni z ujemną i opadającą linią regresji do zmiany temperatury.
W przypadku współczynnika zacienienia zabudowy miejskiej zmienna formy sugerowała, że ujemna i malejąca linia regresji pomiędzy współczynnikiem zacienienia przestrzeni otwartej a zmianą temperatury była związana z przestrzenią otwartą, gęstością ulistnienia, współczynnikiem twardego krajobrazu i kątem padania światła w przestrzeni otwartej, co zostało uchwycone w nomogramach predykcyjnych i naprawczych.
Przestrzeń otwarta i kąt padania światła spowodowały najsilniejszą korelację pomiędzy zmiennymi przestrzeni otwartej na poziomie istotności 1 % (0,01).
Pokrycie terenu zabudową miejską w formie zmiennej sugerowało, że dodatnia i wznosząca się linia regresji pomiędzy pokryciem terenu budynku a zmianą temperatury igrała z ujemną i opadającą linią regresji pomiędzy stosunkiem powierzchni budynku do zmiany temperatury, co zostało uchwycone w nomogramach predykcyjnych i zaradczych.
Stosunek powierzchni działki grał również z wysokością budynku, co sugeruje, że gęstość zabudowy na danym terenie nie musi przekładać się na wysokość budynków. Stosunek powierzchni do pokrycia terenu spowodował najsilniejszą korelację pomiędzy zmiennymi budowlanymi na poziomie istotności 1 % (0,01).

## 22.6 WNIOSEK

Postrzegane obserwacje dotyczące zjawiska związanego ze zmianą mikrotemperatury zostały albo błędnie przedstawione w odniesieniu do relacji między formą urbanistyczną a zmianą mikrotemperatury, albo nie przeprowadzono wystarczających badań, aby uzasadnić cenioną ocenę stopnia zmiany lub jej przyczyn. W związku z tym należy opracować wytyczne dotyczące planowania i projektowania w oparciu o minimalne odległości budynków i przestrzeni otwartych od dróg głównych i drugorzędnych w oparciu o mapy rozkładu izotermicznego.
Minimalna odległość działek od najbliższej głównej drogi powinna wynosić 70 metrów, a otwartych - 42,5 metra w celu osiągnięcia zmiany mikrotemperatury o 1,5 do 2 stopni Celsjusza. W przypadku zwykłego budynku cofnięcie się o 10-15 metrów i orientację północno-zachodnią (270 stopni) pozwoliłoby na osiągnięcie 3,5 stopnia mikrotemperatury Celsjusza i wymagałoby izolacji termicznej budynku.
Ponieważ klimat danego obszaru i możliwości technologiczne wydają się mieć pozytywną długoterminową korelację z architekturą danego miejsca, szkoły architektury muszą włączyć do programów nauczania w zakresie nauk o budynkach lekcje na temat standardów lekkich kątów, współczynnika hard landscape i wielkości otwartej przestrzeni w oparciu o bliskość dróg wyższych. Otwarte przestrzenie powinny mieć maksymalny kąt padania światła 61,5 stopnia, maksymalny współczynnik twardego krajobrazu 25,5 procent oraz minimalną powierzchnię otwartą 730 metrów kwadratowych.
Środowisko budowlane Nairobi jest klasyfikowane jako tropikalny klimat górski; badania wykazały, że klimat ma związek z urbanistyką, zdrowiem i rozwojem wysp ciepła. Wyniki badania mogą być zatem wykorzystane do zniwelowania różnic w wiedzy. Technologia geoprzestrzenna i cyfrowa powinna być wykorzystywana do aktualizacji materiałów dydaktycznych i praktycznych dla architektów, poprzez rozwój oprogramowania cyfrowego, banków danych i bibliotek, wspieranie badań i rozwoju w instytucjach edukacyjnych i

pokrewnych oraz ułatwianie uczestnictwa w odpowiednich seminariach lokalnych i międzynarodowych oraz przedstawiania wyników badań i ustaleń.

Osoby planujące zagospodarowanie przestrzenne nie uwzględniają w odpowiedni sposób przepisów fizycznych przedstawionych w podręcznikach planowania i odpowiednich ustawach kenijskiego parlamentu i ustaw. Istnieje zatem potrzeba opracowania przepisów, które wymagają, aby formy budownictwa miejskiego reagowały na zmiany temperatury w skali mikro, a notatki praktyczne dla praktyków powinny być aktualizowane tak, aby przestrzegali limitu zmian temperatury w skali mikro wynoszącego od 1,5 do 2 stopni Celsjusza.

Wcześniejsze badania nad zmianami mikrotemperaturowymi wykazały, że zbudowana forma pozbawiona jest przejawów związanych ze zmianą temperatury otoczenia, wyniki tych badań i ustalenia mogą być wykorzystane do zniwelowania różnic w wiedzy. Wydaje się, że istnieje rozbieżność pomiędzy nieplanowanymi strukturami, w których zamieszkuje większość kenijskiej populacji miejskiej żyjącej za mniej niż jednego dolara dziennie, bez wątpienia ze względu na popyt i podaż zorganizowanych dzielnic. Należy przestrzegać minimalnych standardów w odniesieniu do zmiennych dotyczących budynków i otwartej przestrzeni, jeśli zalecenia zawarte w wynikach badań mają w jakikolwiek sensowny sposób zapewnić zrównoważoną formę zabudowy.

Zbudowana forma na obszarach miejskich nie reaguje na zmiany temperatury w środowisku, wykorzystując w projekcie bioklimatycznym dane temperaturowe pochodzące głównie z otwartych naziemnych stacji meteorologicznych, dlatego też architekci powinni wykorzystywać dane dotyczące zmian temperatury w skali mikro, korzystając z wykresów nomogramów. W regionie borykającym się z kurczącymi się zasobami i wahaniami zmian klimatu, projektanci i planiści muszą poszukiwać nowych sposobów optymalizacji wykorzystania zasobów i metod zrównoważonego życia. Odpowiednie powiązania powinny być tworzone przez praktyków, badaczy i trenerów architektów.

W dzielnicach i strukturach niezabudowanych brakowało sensownej i zrównoważonej formy budowlanej; wskazuje to na brak strategii projektowych i planistycznych w rozważaniu wpływu formy budowlanej na zmiany temperatury. Wyniki badań i ustalenia mogą być wykorzystane przez architektów do zrozumienia i zmierzenia wpływu formy budowlanej na zmiany mikrotemperaturowe na obszarach miejskich, co jest bardzo różne w przypadku obszarów wiejskich i wymaga od nich inwestycji w zrównoważoną formę budowlaną. Technologia cyfrowa i analogowa musi być wykorzystywana w szkoleniach i praktyce architektonicznej.

Wykorzystanie w badaniach nomogramów prognostycznych i zaradczych przekroczyło granice ustalonych dyscyplin; sugeruje to, że kształcenie architektów i naukowców zajmujących się środowiskiem powinno obejmować szerokie tło w dość zróżnicowanych dyscyplinach w celu ułatwienia zrozumienia wielu przekrojowych relacji, które istnieją; będzie to sprzyjać bardziej racjonalnej interpretacji koncepcji mikroklimatycznych, ponieważ odnoszą się one zarówno do środowiska naturalnego, jak i zmodyfikowanego przez człowieka.

Ponadto, jeśli zorganizowane dzielnice mają sprostać globalnej zaakceptowanej zmianie temperatury o 2 stopnie Celsjusza, uzgodnionej w Konwencji Paryskiej w 2015 r., wówczas należy przestrzegać ustaleń nomogramu budynku prognostycznego i zaradczego, a także scattergramu, na progu dla każdej ze zmiennych formy miejskiej zabudowy. Wyniki sugerowały, że: minimalna powierzchnia działki wynosi 108 metrów kwadratowych, orientacja budynku powinna wynosić od 46 do 136 stopni na północ (tj. kierunek N-E), minimalna odległość działek od najbliższej głównej drogi powinna wynosić 70 metrów, maksymalna wysokość budynku 5,3 metra, minimalna szerokość rzędów budynków mieszkalnych 72 metry, maksymalne pokrycie terenu działki 37 procent i maksymalny stosunek powierzchni działki 34 procent.

## 22.7 IMPLIKACJE WYTYCZNYCH W PRAKTYCE I W TEORII

Badanie wykazało, że na zmiany temperatury w pobliżu ziemi dla każdego obszaru bezpośredni wpływ mają decyzje dotyczące planowania, projektowania i rozwoju, podejmowane przez architektów i planistów. Można oczekiwać, że wnioski wyciągnięte z badań nad związkiem pomiędzy zmianami mikrotermenijnymi a zabudową miejską, szczególnie w dzielnicach o ustrukturyzowanej strukturze w tropikalnym klimacie wyżynnym, będą miały zastosowanie w podobnych okolicznościach. Luki w wiedzy na temat związków między zmianami mikrotemperaturowymi a urbanistyczną formą zabudowy należy uzupełnić, włączając wyniki badań do kursów teoretycznych w szkołach architektury, programów studiów i wreszcie do praktyki poprzez ciągły rozwój zawodowy (CPD) prowadzony corocznie przez stowarzyszenia architektoniczne kraju i radę rejestrującą architektów.
W badaniu stwierdzono, że istnieją zmienne budowlane, które korelują ze średnią zmianą mikrotemperatury. Istnieje potrzeba ponownego przemyślenia projektowania klimatycznego i zrównoważonej formy budynków w klimacie wyżynnym oraz planowania zorganizowanych dzielnic, biorąc pod uwagę wpływ pokrycia roślinnością na ogólną redukcję temperatury powietrza w pobliżu ziemi, zagęszczenie obszarów miejskich w oparciu o granice pokrycia terenu i proporcje powierzchni.
Ustalenia dotyczące współczynnika i nachylenia linii regresji zmiennych dotyczących budynków i otwartej przestrzeni sugerują, że architekci i pracownicy naukowi przyjmują interdyscyplinarne podejście do teorii i praktyki w zakresie rozwiązywania problemów społecznych, technologicznych i środowiskowych; w łańcuchu wartości dodanej pojawią się nowe możliwości radzenia sobie z wyzwaniami i zagrożeniami związanymi ze zmianami temperatury. Architekci i pracownicy naukowi będą musieli wykorzystać mocne strony wyników i ustaleń, aby poradzić sobie z takimi nowymi możliwościami.
Zmienność zmian mikrotermicznych i trend, który został ujawniony dzięki zastosowaniu map rozkładu izotermicznego, może mieć wpływ w praktyce i teorii. Określając warunki badań, które mogą ograniczyć zakres uzasadnionych uogólnień wniosków, można uzupełnić aktualny zasób wiedzy, przedstawiając wyniki w przygotowaniu pomocy dydaktycznych i praktycznych, w postaci książek, czasopism i innych narzędzi branżowych w odniesieniu do teorii i praktyki architektury.
Zmienność międzywydziałowa dla badanych działek może mieć pożądany efekt, jeśli zostanie uwzględniona w wyszukiwarkach i bibliotekach cyfrowych, które koncentrują się na zagadnieniach miejskich wysp ciepła w tropikalnym klimacie górskim, zmianach temperatury na poziomie mikro, miejskich i wiejskich przedziałach temperatur oraz opracowywaniu notatek na temat praktyk budowlanych i planistycznych dla uczniów i praktyków. Ponadto dodatkową wartość dodaną stanowiłoby przesłuchiwanie i stosowanie metod badawczych poprzez rozwijanie oprogramowania przyjaznego dla architektury oraz aplikacji przeznaczonych do stosowania w takich urządzeniach jak smartfony i inne media cyfrowe.

Konsekwencje związku zmiennych dotyczących budynku i otwartej przestrzeni ze zmienną zmiany mikrotemperatury mogą przejawiać się w wynikach zapisu minimalnej, maksymalnej i średniej zmiany mikrotemperatury; jeśli zostaną one porównane z globalnymi normami i ustawieniami temperatury bazowej na podstawie danych lokalnych stacji meteorologicznych, stworzą one przyszłe możliwości dla badań i rozwoju. Przedstawienie istotnych pytań, na które nadal nie udzielono odpowiedzi, oraz nowych pytań postawionych w badaniu wraz z sugestiami dotyczącymi rodzaju badań, które dostarczyłyby odpowiedzi, może być osiągnięte, jeśli wyniki i ustalenia oceny przewodnika po badaniu oraz proces podejmowania decyzji przez pracowników naukowych i praktyków.
Propozycja nałożenia ograniczeń na zmienne dotyczące budynków i otwartej przestrzeni powinna pomóc naukowcom i praktykom w opracowaniu wytycznych dotyczących planowania i projektowania dzielnic strukturalnych takich jak Komarock Infill B Estate pod kątem zrównoważonego rozwoju w różnych regionach Kenii. Kenia jest sygnatariuszem międzynarodowych konwencji, podobnie jak Wielka Brytania, gdzie można zastosować takie zasady jak Zielony Ład, zgodnie z którymi gospodarstwa domowe w Wielkiej Brytanii otrzymały pożyczkę na poprawę efektywności energetycznej swoich nieruchomości i oczekuje się, że będą spłacać pieniądze zaoszczędzone na niższym rachunku za energię.
W badaniach wykorzystano krzywe biegunowe do wyznaczenia zmiennych, które przyczyniają się do zmiany formy miejskiej zabudowy i mikrotermii. W badaniu wykorzystano także nomogram predykcyjny i zaradczy oraz wykresy zbiorcze do określenia zależności między różnymi zmiennymi. Wyniki mogą być następnie wykorzystane przez architektów i planistów jako wytyczne do projektowania i rozwoju zorganizowanych dzielnic, takich jak Osiedle Komarock Infill B, dla tropikalnych klimatów wyżynnych w środowisku o zmiennej temperaturze. Ponadto, wyniki mogą być pomocne w rozwiązywaniu problemów związanych z modernizacją istniejących budynków oraz w diagnozowaniu i podejmowaniu działań naprawczych w przypadku zespołu chorego budynku (SBS).

## 22.8 ZALECENIA

Wynikając ze stwierdzenia problemu i celów badawczych, w badaniu sformułowano szereg zaleceń mających na celu wzmocnienie odpowiedniej i zrównoważonej formy budowlanej w środowisku zmieniającym się pod wpływem temperatury, zbudowanie zmiennych, które korelowały ze średnimi wynikami zmian mikrotemperaturowych, związanych z wystawieniem przyszłych problemów do dalszych badań i wprowadzeniem większej liczby pytań w oparciu o termin obecnego badania. Planowanie ustrukturyzowanych dzielnic i projektowanie miejskich form zabudowy powinno obejmować wykorzystanie i zastosowanie prognozowania temperatury budynku i otwartej przestrzeni oraz projektowania działań zaradczych, krzywych polarnych, nomogramu prognozowania i działań zaradczych oraz tabel zbiorczych.
Rekomendacje oparte na zagadnieniach związanych ze współczynnikiem i nachyleniem linii regresji, podsumowanie ustaleń na temat zmienności zmian mikrotermicznych oraz trendu za pomocą map rozkładu izotermicznego, związane z ujawnieniem przyszłych nierozwiązanych problemów związanych z obszarem badań. Na podstawie podsumowania wyników badań sugeruje się, że zastosowanie podejścia dwuwartościowego do projektowania, w którym stosuje się dwie zmienne postaci zbudowanej, byłoby właściwe na wstępnym etapie projektowania, a podejścia wielowartościowego, w którym więcej niż dwie

zmienne postaci zbudowanej byłoby właściwsze w przypadku szczegółowego projektowania zrównoważonej postaci zbudowanej w zorganizowanych obszarach w środowisku o zmiennej temperaturze.
Zalecenia oparte na zagadnieniach związanych ze zmiennością międzypowierzchniową dla powierzchni, z których pobierane są próbki, z budową i otwartą przestrzenią o zmiennej zależności od zmiennej mikrotemperaturowej, z wynikami minimalnych, maksymalnych i średnich zapisów mikrotemperaturowych w porównaniu z normami globalnymi, z ustawieniami temperatury bazowej w oparciu o dane z lokalnych stacji meteorologicznych, związane z sugestiami dotyczącymi poprawy ogólnych przedsięwzięć badawczych, z wynikami i ustaleniami z badań oraz wskazujące obszary, które zasługują na dalsze badania.
Na podstawie projektu i planowania formy zabudowy miejskiej oraz w oparciu o dane pochodzące z odpowiednich danych meteorologicznych sformułowano zalecenia, aby w przypadku chęci poprawy i dostosowania do potrzeb procesu projektowania klimatycznego stworzyć dojrzałą architekturę opartą na solidnych zasadach bioklimatycznych.
Rekomendacje opierają się również na zagadnieniach związanych z propozycją wprowadzenia ograniczeń dla zmiennych dotyczących budynków i otwartej przestrzeni oraz związanych z aspektem zdecydowanego docenienia badania z wystarczającym zastanowieniem się nad implikacją zarówno dla ograniczeń tematu badawczego, jak i dziedzin pokrewnych. Wychodząc z założenia, że proces projektowania i planowania jest dynamiczny, a jedyną stałą temperaturową w środowisku jest zmiana, ustrukturyzowane dzielnice z początku lat osiemdziesiątych są przekształcane w mieszkania w średniej wysokości i nieuchronnie będą zastępowane przez wieżowce na kompleksowych osiedlach, na dużych terenach zielonych, gdzie współczynnik powierzchni działek wzrósłby, ale pokrycie terenu zostałoby ograniczone.
Rekomendacje dotyczące zagadnień związanych z urbanistyczną formą budowlaną i zależnością zmian mikrotemperaturowych sugerują zastosowanie krzywych biegunowych dla zmiennej orientacji budynku i otwartej przestrzeni, nomogramu prognostycznego i zaradczego, schematów zbiorczych dla zmiennej formy budowlano-montażowej i otwartej przestrzeni dla zmiennych formy budowlano-montażowej oraz związanych z aspektem studium foresightedness i kreatywności. Z wyników badań wynika sugestia, że należy zmniejszyć czarne powierzchnie dróg; bliskość dróg do nich łagodzona poprzez odpowiednie bufory pasów zieleni zarówno dla środków termicznych jak i środków kontroli hałasu. Należy wprowadzić strategie orientacji i zacieniania, szczególnie dla tropikalnego klimatu wyżynnego, zastosować odpowiednie kąty padania światła, współczynnik zacienienia i twarde środki ochrony krajobrazu w celu osiągnięcia zredukowanych zmian mikrotermicznych.

## 22.9 PROPONOWANE OBSZARY DALSZYCH BADAŃ

Istnieje potrzeba dalszych badań i odpowiedniego rozwoju teoretycznego w zakresie związku pomiędzy projektowaniem klimatycznym a architekturą, w szczególności w odniesieniu do granic wyznaczonych przez przestrzeganie trzech celów badawczych badania. Dalsze badania, związane ze zmiennymi kształtu budynków miejskich, które nie zostały jeszcze określone, a które powodują zmiany temperatury w dzielnicach strukturalnych, mogą obejmować następujące elementy:

i. Badania w innych przejawach i zapisach temperatury, ponieważ badania te ograniczały się do badania temperatury powietrza, podczas gdy inne przejawy to promieniowanie, temperatura powierzchni i ziemi,
ii. Badania w innych wskaźnikach cieplnych, ponieważ badania te ograniczały się do badania temperatury powietrza i istnieje potrzeba badania wilgotności względnej, przepływu powietrza i innych kontroli termicznych,
iii. Badania nad rozszerzeniem granic geograficznych w celu przekroczenia zakresu badań ograniczonego do osiedla Komarock Infill B, w ramach których pobrano próbki 30 z 240 populacji powierzchni, zebrano dane, przetworzono dane, uzyskano wyniki i ustalenia, oraz
iv. Badania mające na celu objęcie innych regionów klimatycznych, ponieważ zakres badań był ograniczony do tropikalnego klimatu górskiego. Kenia ma również w swoich granicach geograficznych ciepły wilgotny klimat, gorący suchy klimat i klimat jeziorny.

Dalsze badania związane z nieokreślonymi zmiennymi dotyczącymi budynków miejskich w zakresie udziału w zmianach temperatury obejmują następujące zagadnienia

i. Badania nad innymi formami budowlanymi, innymi niż strukturalna granica dzielnicy,
ii. Przestudiować zakres ograniczony do typów budynków, które były obserwowane w Osiedlu Komarock Infill B, którymi były Willa z limitem wysokości 5,3 metra, Maisonette z limitem wysokości 6,4 metra i zmianą użytkownika z wysokością 7,7 metra oraz klasyfikacja budynków, którą był dom jednorodzinny o szerokości rzędów 6 metrów, bliźniak z 40,1 metra i obudowa szeregowa z 153 metrami. W związku z tym istnieje potrzeba badania typów budynków i klasyfikacji budynków przekraczających odpowiednio te ograniczenia wysokości i szerokości, oraz
iii. Zakres badań ograniczony jest do powierzchni działek o wielkości od 101 do 422,3 metrów kwadratowych, bliskości dróg od 11,4 do 98,2 metrów, pokrycia terenu od 23 do 86 procent oraz współczynników powierzchni od 29 do 162 procent, które istniały na terenie badań, co daje możliwość dalszych badań nieokreślonych zmiennych budowlanych poza tymi zakresami.

Dalsze badania związane z brakiem opracowania strategii projektowania i planowania z myślą o zrównoważonej formie zabudowy miejskiej w środowisku o zmieniającej się temperaturze obejmują następujące zagadnienia:

i. Badania na innych poziomach analizy temperatury, ponieważ badania te ograniczały się do mikro-zmiany temperatury w pobliżu ziemi, która wymagała pomiaru temperatury powietrza w odległości 1,5 metra od powierzchni. Istnieje potrzeba zbadania zmian mezo- i makro-temperaturowych, a także sztucznych, hybrydowych i inteligentnych systemów kontroli klimatu,
ii. Badania innych zmiennych zmieniających temperaturę, ponieważ zakres badań był ograniczony do form budownictwa miejskiego i istnieje potrzeba badania innych kontekstów i środowisk, takich jak formy budownictwa wiejskiego i podmiejskiego,

iii. Badania innych czynników klimatycznych, ponieważ zakres badań był ograniczony do temperatury i potrzeby istnieje w badaniach innych czynników klimatycznych, oraz

iv. Badania innych czynników środowiskowych, ponieważ zakres badań był ograniczony do klimatu i potrzeby istnieje w badaniu innych czynników przyczyniających się do zrównoważonej formy budowania.

# BIBLIOGRAFIA

**African Population and Health Research Center. (2014).** *Population and health dynamics in Nairobi's informal settlements: report of the Nairobi cross-sectional slums survey (NCSS) 2012.* Nairobi: African Population and Health Research Center (Centrum Badań nad Ludnością i Zdrowiem w Afryce).

**Aljazeera. (2014).** *Australia została dotknięta setkami nowych pożarów - iskry piorunów szacuje się, że 250 płomieni w południowo-wschodnich stanach huśtawią się w temperaturach sięgających 46oC.* Środowisko Aljazeera: Odzyskane 15 stycznia 2014 r. ze strony www.aljazeeranews.com

**Alreck, P. & Settle, R. (1995).** *The survey research handbook.* ($^{2nd}$ ed.). Boston: Irwin McGraw-Hill.

**Allen, R.E. (Ed.). (1985).** *Oxfordzki słownik aktualnego języka angielskiego.* ($^{7.\ edycja)}$. Oxford: Oxford University Press.

**Anyamba, T. (2011).** Developing an authentic African architecture. *Africa Habitat Review Journal* (specjalne wydanie materiałów z warsztatów). 5(5), 276 – 285.

**Baker, N.V. (1987).** *Projekt budynków pasywnych i niskoenergetycznych dla tropikalnych klimatów wyspiarskich.* Londyn: Commonwealth Secretariat Publications.

**British Broadcasting Corporation. (2010).** *Naukowcy ostrzegali, że ogromna góra lodowa, która zerwała wschodnią Antarktydę na początku tego miesiąca, może zakłócić życie morskie w tym regionie.* BBC News: Ogromna góra lodowa na Antarktydzie zagraża życiu morskiemu. Odzyskane 25 lutego 2010 r. z www.bbcnews.com

**Canas, I. & Martin, S. (2005).** Recovery of Spanish vernacular construction as a model of bioclimatic architecture. *Budownictwo i środowisko.* 39, 1477 – 1495. Odzyskane 20 lipca 2015 r. z www.sciencedirecr.com & www.elsevier.com/locate/buildenv.

**Capeluto, I.G. (2005).** A methodology for the qualitative analysis of winds: natural ventilation as a strategy for improving the thermal comfort in open spaces. *Budownictwo i środowisko.* 40, 175-181. Uzyskane 15 lipca 2015 r. z www.sciencedirecr.com i www.elsevier.com/locate/buildenv.

**Choi, H., Lee, W. & Byun, W. (2012).** Określanie wpływu terenów zielonych na miejską dystrybucję ciepła za pomocą zdjęć satelitarnych. *Asian Journal of Atmospheric Environment.* 6.2, 127-135. Uzyskane 12 kwietnia 2015 r. na stronie http://dx.doi.org/10.5572/ajae.2012.6.2.127.

**Komisja ds. Wykonania Konstytucji. (2010).** *Innowacje w planowaniu urbanistycznym dla obszaru metropolitalnego Nairobi.* Odzyskane 20 sierpnia 2015 r. z nairobiplanninginnovations.com/policy/Nairobi Metropolitan Bill (2009).

**Wydział Meteorologiczny Afryki Wschodniej. (1970).** *Dane temperaturowe dla stacji w Afryce Wschodniej: Część 1 - Kenia.* Nairobi: East African Meteorological Department (Departament Meteorologiczny Afryki Wschodniej).

**Ebrahim, Y.H. (2018c).** *Przygotowanie do badań naukowych i prac dyplomowych od poziomu studiów licencjackich do podyplomowych.* LAP LAMBERT Academic Publishing (Odwiedź: www.lap-publishing.com), we współpracy z Morebooks! Marketing SRL (Visit: www.morebooks.de), Balti, 4 Industriala Street, Mołdawia, Europa; 2018; 366 stron; 1 autor; Autor: Yusuf Ebrahim (indywidualne zakupy tej książki można znaleźć w księgarni naszego partnera generalnego pod następującym linkiem:

https://www.morebooks.de/store/gb/book/preparation-for-academic-research-and-theses/isbn/978-613-9-87894-9

Można go również znaleźć na stronie amazon.com w linku poniżej oraz w wielu innych księgarniach:

https://www.amazon.com/Preparation-Academic-Research-Theses-undergraduate/dp/6139878942/ref=sr_1_1?ie=UTF8id=1539424804r=8-1eywords=9786139878949; W przypadku masowego lub łączonego zakupu książki kontakt: LAP Lambert Academic Publishing, jest we współpracy z MoreBooks! Marketing SRL Balti, 4 Industriala Street, Mołdawia, Europa; Andrei Fotescu (redaktor); Email: a.fotescu@lap-publishng.com Strona internetowa: www.lap-publishing.com

**Ebrahim, Y.H (2017).** *Wpływ miejskiej formy zbudowanej na zmianę mikro-temperatury: Studium przypadku Komarock Infill 'B' Estate Nairobi.* (Nieopublikowana praca doktorska). Uniwersytet w Nairobi, Nairobi (wizyta: https://www.researchgate.net/publication/325214979).

**Ebrahim, Y.H. (2017a).** *Ebrahim PhD Ebstats 2017 Decb.* Oprogramowanie w programie Microsoft Excel do pobrania za darmo (Odwiedź: https://researchgate.net/publication/325450503).

**Ebrahim, Y.H. (2015).** *Micro-temperature change in relation to urban built form: design and development of Ebstats Software, a digital statistical analytical tool for primary and secondary data analysis in upland climates.* Dokument prezentowany na corocznych Warsztatach Regionalnych Afryki Wschodniej, Nairobi (wizyta: https://www.researchgate.net/publication/325283993).

**Ebrahim, Y.H. (2011).** *Sick building syndrome (SBS) and bioclimatic regional classification in Kenya (Micro-temperature change in relation to urban built form).* National Council for Science and Technology, Ministry of Higher Education Science and Technology, 6 May 2011, Kenyatta International Conference Centre (KICC) Nairobi; 5 stron; 1 autor: Yusuf Ebrahim; Odpowiedni autor (wizyta: https://www.researchgate.net/publication/325284055); także 39 slajdów (wizyta: https://www.researchgate.net/publication/325534413); oraz 25 slajdów (wizyta: https://www.researchgate.net/publication/325534720); Autor i prezenter: Yusuf Ebrahim.

**Ebrahim, Y.H. (2011a).** *Diagnostyka, działania zaradcze i techniki modernizacji w przypadku zespołu chorego budynku (SBS) w klimacie wyżynnym (zmiana mikrotemperaturowa w stosunku do formy budownictwa miejskiego).* Coroczne Regionalne Warsztaty Wschodnioafrykańskie organizowane przez Wydział Architektury i Budownictwa Uniwersytetu w Nairobi w dniach 16-18 sierpnia 2011 r.; 10 stron; 1 autor: Yusuf Ebrahim; Odpowiedni autor (wizyta: https://www.researchgate.net/publications/325283748); oraz 28 slajdów; Autor i prezenter: Yusuf Ebrahim (wizyta: https://www.researchgate.net/publication/325534741).

**Ebrahim, Y.H. (2010).** *Ebenergy Software.* Nairobi: Ebenergy Enterprises (zob. również: Ebenergy Enterprises): Wykorzystanie oprogramowania Ebenergy Software dla zrównoważonego rozwoju w środowisku o zmiennej temperaturze: Mikrotemperatura zmienia się w stosunku do formy zabudowy miejskiej - wizyta: https://www.researchgate.net/publication/325216805).

**Ebrahim, Y.H. (2010c).** *Design and development of Temperature Template for bioclimatic analysis in tropical countries.* Opracowanie przedstawione w National Council for Science and Technology, Nairobi (wizyta: https://www.researchgate.net/publication/325261083).

**Ebrahim, Y.H. (2010d).** Design and development of Temperature Template for bioclimatic analysis in tropical countries. *Africa Habitat Review Journal* (Paper proposal - Visit: https://www.researchgate.net/publication/325261083).

**Ebrahim, Y.H. (2008).** *Odpowiednie pokrycie dachowe i względy energetyczne dla ciepłego i wilgotnego klimatu.* Nairobi: Ebenergy Enterprises (Odwiedź: https://www.researchgate.net/publication/325261010).

**Ebrahim, Y.H. (2008a).** *Parametry oświetleniowe elementów budowlanych w ciągu dnia.* Nairobi: Ebenergy Enterprises (Odwiedź: https://www.researchgate.net/publication/325260998).

**Ebrahim, Y.H. (2008b).** *Essay in environmental design (Essay 1-5), Essay 1: Thermal roof design for tropical provided housing.* Nairobi: Ebenergy Enterprises (Odwiedź: https://www.researchgate.net/publication/325259446).

**Ebrahim, Y.H. (Ed.). (2010).** *Bioklimatyczna analiza klimatu Kenii: klimat jezior.* Nairobi: Ebenergy Enterprises (Odwiedź: https://www.researchgate.net/publication/325397481).

**Ebrahim, Y.H. & Rukwaro, R.W. (2017).** Wykorzystanie map rozkładu izoterm dla zrównoważonego rozwoju w środowisku o zmiennej temperaturze: Mikrotemperaturowa zmiana w stosunku do formy zabudowy miejskiej. *Africa Habitat Review Journal.* 11(11), 1049 - 1060 (Visit: http://journals.uonbi.ac.ke/ and https://www.researchgate.net/publication/325261198).

**Ebrahim, Y.H. & Rukwaro, R.W. (2017a).** Use of the predictive and remedial building nomogram diagrams for sustainable development temperature changing environment: Mikrotemperaturowa zmiana w stosunku do formy budownictwa miejskiego. *Africa Habitat Review Journal.* 11(11), 1125 - 1134 (Visit: http://journals.uonbi.ac.ke/ and https://www.researchgate.net/publication/325261209).

**Erring, S. & Ismail, Z. (1980).** *Uwagi na temat planowania urbanistycznego Nairobi.* Kopenhaga: Royal Academy of Fine Arts (School of Architecture).

**Środowisko i urbanizacja. (2015).** *Urządzenia sanitarne i odwadniające w miastach.* Londyn: International Institute for Environment and Development (IIED) (Międzynarodowy Instytut Środowiska i Rozwoju). 27(1).

**Firth, S.K. & Wright, A.J. (2008).** Badanie charakterystyki cieplnej angielskich mieszkań: temperatury w okresie letnim. *Network for Comfort and Energy Use in Buildings.* Odebrane 20 sierpnia 2015 r. z http://nceub.org.uk

**Gakuru, W. (2006).** *Kenya Vision 2030: Transforming National Development.* Nairobi: Kenya Vision 2030 Delivery Secretariat.

**Gatari, M.J. (2006).** *Badania aerozoli atmosferycznych i rozwój energetycznego spektrometru fluorescencji rentgenowskiej rozproszonej w Kenii.* (Unpublished Doctor of Philosophy in Environmental Science thesis). Uniwersytet w Goteborgu, Szwecja.

**Geiger, R. (1975).** *Klimat przy ziemi.* Cambridge: Harvard University Press.

**Givoni, B. (1994).** *Pasywne i niskoenergetyczne chłodzenie budynków.* Londyn: John Wiley & Sons.

**Givoni, B. (1969).** *Człowiek, klimat i architektura.* Londyn: Elsevier Publishing Company Limited.

**Gottfried, B.S. (2002).** *Narzędzia arkusza kalkulacyjnego dla inżynierów korzystających z programu Excel: w tym Excel 2002.* Nowy Jork: McGraw Hill.

**Gujarati, D.N. (2012).** *Ekonometria na przykładzie.* (2nd ed.). Londyn: Palgrave MacMillan.

**Gujarati, D.N. (2004).** *Podstawowa ekonometria.* (4. edycja). Nowy Jork: McGraw Hill.

**Harvard University Graduate School of Design & University of Nairobi School of the Built Environment. (2007).** *Nairobi: Miasto bez planu generalnego.* Boston: Uniwersytet Harvarda.

**Heisenberg, W. (1927).** *Zasada niepewności Heisenberga.* Heisenberg uncertainty principle; uncertainty principle; indeterminacy principle; Wikipedia: Odzyskane 20 czerwca 2018 r. ze strony https://en.wikipedia.org/wiki/uncertainty_principle

**Hooper, C. (1975).** *Design for climate: wytyczne dotyczące projektowania tanich domów w kenijskim klimacie.* Nairobi: Housing Research and Development Unit.

**Hough, M. (1989).** *Forma miasta i proces naturalny: w kierunku nowego języka miejskiego.* Londyn: Routledged.

**Norma ISO 7345. (1996).** Izolacja cieplna: wielkości fizyczne i definicje. *Norma ISO.* Uzyskano 20 sierpnia 2015 r. na stronie www.standardsglossary.com

**Norma ISO 7726. (2001).** Ergonomia środowiska termicznego: przyrządy do pomiaru wielkości fizycznych. *Norma ISO.* Uzyskano 20 sierpnia 2015 r. na stronie www.standardsglossary.com

**Norma ISO 7730. (1995).** Umiarkowane środowisko termiczne: określenie wskaźników PMV i PPD oraz określenie warunków komfortu cieplnego. Norma *ISO.* Uzyskano 20 sierpnia 2015 r. na stronie www.standardsglossary.com

**Kabiru, M. & Njenga, A. (2009).** *Badania, monitorowanie i ocena.* Nairobi: Focus Publishers Ltd.

**Kane, T. et al. (2011).** Understanding occupant heating practices in UK dwellings. *World Renewable Energy Congress 2011.* Uzyskane 15 maja 2015 r. na stronie t.kane@lboro.ac.uk

**Kenijskie Biuro Statystyczne. (1999). Spis powszechny** *ludności Kenii - 1999 r.* Odzyskane 20 sierpnia 2015 r. z www.kbs.org

**Kenijskie Biuro Standardów. (2007).** *Kenijskie Biuro Standardów: Kenijski katalog norm - 2007.* Odebrane 20 sierpnia 2015 r. z http://www.kebs.org

**Kenya Laborum. (2016).** *Informacje o mieście: o Nairobi.* Odzyskane 15 lutego 2016 r. z http://www.kenyalaborum.com/city-information.php

**Kenijski Wydział Meteorologiczny. (1984).** *Statystyki klimatologiczne dla Kenii.* Nairobi: Kenya Meteorological Department (KMD) (Departament Meteorologiczny Kenii).

**Kenijskie Narodowe Biuro Statystyczne. (2009).** *Spis powszechny ludności i mieszkań w Kenii z 2009 r. - tom 1C - rozkład ludności według wieku, płci i jednostek administracyjnych.* Nairobi: Kenijskie Narodowe Biuro Statystyczne (KNBS).

**Kenya Population Clock. (2016).** *Ludność Kenii 24 kwietnia 2016 r: 47,039,449.* Odzyskane 24 kwietnia 2016 r. z http://countrymeters.info/en/kenya

**Kiel, M.W. (2015).** *STATA 10 Tutorial.* Odzyskane 20 sierpnia 2015 r. z pliku stata_tutorial_10_keil.pdf.

**Kimani, M. & Musungu, T. (2010).** Reforming and restructuring the planning and building laws and regulations in Kenya for sustainable development. *Kongres ISOCARP 2010.* 46.

**King'Oriah, G.K. (2016).** *Pośrednia analiza statystyczna.* (Niepublikowany manuskrypt). Uniwersytet w Nairobi, Nairobi.

**King'Oriah, G.K. (2013).** *Wprowadzenie do ekonomiki ziemi.* Nairobi: Ediface Enterprises Limited.

**King'Oriah, G.K. (2004).** *Podstawy stosowanej statystyki.* Nairobi: The Jomo Kenyatta Foundation.

**King'Oriah, G.K. (1980).** *Policy impacts of urban land use patterns in Nairobi, Kenya 1899 - 1979.* (Nieopublikowana rozprawa doktorska). Indiana State University, Terre Haute.

**Koenigsberger, O.H. *et al.* (1973).** *Manual of tropical housing and building: part one: climatic design.* Londyn: Longman Group Ltd.

**Kothari, C.R. & Garg, G. (2014).** *Metodologia badawcza: metody i techniki.* (3rd ed.). New Delhi: New Age International (P) Limited Publishers.

**Kothari, C.R. (2006).** *Metodologia badawcza: metody i techniki.* (2nd ed.). New Delhi: New Age International (P) Limited Publishers.

**Lam, J.C. (2005).** Weather data analysis and design implications for different climatic zones in China. *Building and Environment*, 40, 277-296. Uzyskane 20 lipca 2015 r. z www.sciencedirecr.com

**Prawa Kenii. (2012).** Ustawa nr 13 z 2011 r. o obszarach miejskich i miastach (Urban Areas and Cities Act No. 13 of 2011). (zrewidowana wersja). *Raporty dotyczące prawa kenijskiego* (KLR). Odzyskane 20 sierpnia 2015 r. ze strony www.kenyalaw.org

**Prawa Kenii. (2010).** Konstytucja Kenii, 2010. *Raporty dotyczące prawa kenijskiego* (KLR). Odzyskane 20 sierpnia 2015 r. ze strony www.kenyalaw.org

**Prawa Kenii. (2009).** Ustawa o planowaniu przestrzennym: Rozdział 286. (zrewidowana wersja). *Kenya Law Reports* (KLR). Odzyskane 20 sierpnia 2015 r. ze strony www.kenyalaw.org

**Prawa Kenii. (1968).** Ustawa o planowaniu przestrzennym: Rozdział 303. *Raporty o prawie kenijskim* (KLR). Odzyskane 20 sierpnia 2015 r. ze strony www.kenyalaw.org

**Lenihan J. & Fletcher W.W. (Ed.). (1978).** *Środowisko i człowiek: Tom 8: Środowisko zbudowane.* Glasgow: Blackie & Sons.

**Littlefield, D. (Ed.). (2008).** *Metric handbook: Planning and design data.* (3rd ed.). Londyn: Prasa Architektoniczna i Elsevier.

**Lynch, K. (1960).** *Wizerunek miasta.* Cambridge: MIT Press.

**Makokha, G.L. & Shisanya, C.A. (2010).** Tendencje w zakresie średnich rocznych minimalnych i maksymalnych temperatur na powierzchni w Nairobi City w Kenii. *Hindawi Publishing Corporation.* 2010 (1155/2010/676041), 6. Odzyskane 15 maja 2015 r. z http://www.hindawi.com/journals/amete/2010/676041/

**McDonald, R. (2003).** *Introduction to natural and man-made disasters and their effects on buildings.* Boston: Prasa architektoniczna.

**Meffert, E.F. (1981).** *Miejska wyspa ciepła Nairobi.* Nairobi: Uniwersytet w Nairobi (Environmental Science, Paper No. 9).

**Meffert, E.F. (1980).** *Komfort higieniczno-chemiczny w mieście Lamu: badanie budowlano-klimatologiczne osady o dużej gęstości w ciepłym i wilgotnym kenijskim klimacie.* Nairobi: University of Nairobi (Environmental Science, Paper No. 6).

**Montello, D.R. & Sutton, P.C. (2013).** *Wprowadzenie do metod badań naukowych w dziedzinie geografii i ochrony środowiska.* Londyn: Sage Publications Ltd.

**Mugenda, A.G. (2011).** *Badania, teoria i zasady nauk społecznych.* Nairobi: Applied Research & Training Services (Arts Press).

**Mugenda, O. & Mugenda, A. (2012).** *Słownik metod badawczych.* Nairobi: Applied Research & Training Services (Arts Press).

**Mugenda, O. & Mugenda, A. (2003).** *Metody badawcze: podejście ilościowe i jakościowe.* (wydanie pierwsze). Nairobi: African Centre for Technology Studies (ACTS).

**Mumina, J.M. & Mundia, C.N. (2014).** Dynamizm zmian w użytkowaniu gruntów w zakresie temperatury powierzchni w Kenii: studium przypadku miasta Nairobi. International Journal of Science and Research (IJSR). 3(4). Uzyskane 12 kwietnia 2016 r. na stronie www.ijsr.net

**Muneer, T. *et al.* (2000).** *Okna w budynkach: wydajność cieplna, akustyczna, wizualna i słoneczna.* Londyn: Prasa architektoniczna.

**Mutai, B.K. (2001).** *Jak napisać standardową rozprawę doktorską: Systematyczne i uproszczone podejście.* ([1] wydanie). Edynburg: Thelley Publications.

**Nairobi Urban Study Group. (1973).** *Metropolitalna strategia wzrostu w Nairobi: Tom 1 - Raport główny.* Nairobi: Nairobi City Council & United Nations.

**Nairobi Urban Study Group. (1973a).** *Metropolitalna strategia wzrostu w Nairobi: Tom 2 - Aneksy techniczne.* Nairobi: Nairobi City Council & United Nations.

**Neufert, E. & Neufert, P. (2000).** *Neufert Architects' Data.* ([3rd] ed.). Oxford: Blackwell Science Ltd.

**Uniwersytet Nowojorski. (2006).** *Metoda badania wydajności: Część 1: Czym jest projektowanie badawcze?* Odebrane 15 maja 2015 r. z www.nyu.edu/classes/bkg/methods/005847 ch1.pdf.

**Ngau, P. & Kumssa, A. (Ed.). (2004).** *Research Design, Data Collection and Analysis: Podręcznik szkoleniowy.* Nairobi: Centrum Rozwoju Regionalnego Organizacji Narodów Zjednoczonych (Biuro Africa) (seria tekstowa, nr 12).

**Ng'ayu, M.M. (2015).** *The challenge of sustainable land uses in a rural-urban fringe: a case study of the Nairobi - Kiambu Corridor.* (niepublikowana praca doktorska). Uniwersytet w Nairobi, Nairobi.

**Nikolopoulou, M., Baker, N. & Steemers, K. (2001).** Komfort cieplny w zewnętrznych przestrzeniach miejskich: rozumienie parametru ludzkiego. *Energia słoneczna.* 70(3), 227 – 235. Uzyskane 17 kwietnia 2015 r. z www.elsevier.com/locate/solener

**Njue, P.N. & Kimeu, M. (2010).** "Nieprzenikniony" labirynt miejski nadmorskiego miasta Afryki Wschodniej: jego wpływ na zmiany klimatu. *Kongres ISOCARP 2010.* 46.

**Oke, T.R. (1988).** Projektowanie ulic i klimat warstwy miejskiej zadaszenia. *Energia i budownictwo.* 11, 103 – 113. Odzyskane 17 kwietnia 2015 r. z Street Design i U.y. Layer Climate.pdf

**Olgyay, V. & Olgyay, A. (1963).** *Projektowanie z klimatem: bioklimatyczne podejście do regionalizmu architektonicznego.* New Jersey: Princeton University Press.

**Oliver, J.E. (1973).** *Climate and man's environment: an introduction to applied climatology.* Nowy Jork: John Wiley & Sons Inc.

**Ongoma, V., Otieno, S.A. & Onyango, A.O. (2015).** Badanie pozytywnego wpływu urbanizacji na zmienność opadów wieży Nairobi City, Kenia. *Momona Ethiopia Journal of Science* (MEJS), V7(2), 222-239. Odzyskane 20 kwietnia 2015 r. z http:dx.doi.org/10.4314/mejs.v712.6.

**Uruchomić rejestratory danych HOBO. (2007).** *Monitoring wewnętrzny i zewnętrzny: rejestratory danych i stacje meteorologiczne.* Odebrane 20 kwietnia 2015 r. z www.hobologgers.com

**Rapoport, A. (1969).** *Forma domu i kultura.* Londyn: Prentice-Hall International Inc.

**Republika Kenii: Ustawa o planowaniu fizycznym. (2012).** Prawa Kenii: Ustawa o planowaniu fizycznym: Rozdział 286. (zrewidowana wersja). *Krajowa Rada ds. Sprawozdawczości Prawnej.* Odzyskane 20 sierpnia 2015 r. ze strony www.kenyalaw.org

**Republika Kenii: Ustawa o zdrowiu publicznym. (2012a).** Prawo kenijskie: Ustawa o zdrowiu publicznym: Rozdział 242. (Zrewidowana wersja). *Krajowa Rada ds. Sprawozdawczości Prawnej*. Odzyskane 20 sierpnia 2015 r. z www.kenyalaw.org

**Republika Kenii: Ustawa o samorządzie terytorialnym. (2010).** Prawo kenijskie: Ustawa o samorządzie terytorialnym (Local Government Act): Rozdział 265. (wersja poprawiona). *Krajowa Rada ds. Sprawozdawczości Prawnej*. Odzyskane 20 sierpnia 2015 r. ze strony www.kenyalaw.org

**Republika Kenii. (1999).** Kenia 1999 Spis Powszechny Ludności i Mieszkań: Raport analityczny na temat warunków mieszkaniowych i udogodnień mieszkaniowych: Tom X. *Central Bureau of Statistics*. Odebrane 20 sierpnia 2015 r. z www.kenya.go.ke

**Republika Kenii: Kodeks budowlany. (1976).** *Kodeks budowlany: Rozporządzenie władz lokalnych (prawo budowlane) z 1968 r. i rozporządzenie władz lokalnych (prawo budowlane) z 1968 r. (prawo budowlane II stopnia)*. (wyd. 1997 r.). Nairobi: Drukarz rządowy.

**Rose, L., Horrison, E. & Venkatachalam, L.J. (2011).** *Wpływ zbudowanej formy na komfort cieplny zewnętrznych przestrzeni miejskich*. 5. Międzynarodowa Konferencja Międzynarodowego Forum Urbanizacji (IFoU). Odzyskane 20 sierpnia 2015 r. z http://www.ifou.org/globalvisions2011/Index/Group%202/FOUA00137-00244P2.pdf.

**Rosenlund, H. (1995).** *Design for desert: podejście architekta do pasywnej klimatyzacji w gorących i suchych regionach*. (Nieopublikowana praca doktorska). Uniwersytet w Lund, Szwecja.

**Rukwaro, R.W. (2016).** *Propozycja napisana w ramach badań naukowych*. Nairobi: Applied Research & Training Services.

**Rukwaro, R.W. (2011, sierpień).** Upowszechnianie wiedzy o architekturze wśród badań, szkoleń i praktyki. *Africa Habitat Review Journal* (Specjalny numer przebiegu warsztatów). 5(5), 304 - 317.

**Rukwaro, R.W. (1997).** *Kenijska architektura Maasai w zmieniającej się kulturze*. (Nieopublikowana praca doktorska). Uniwersytet w Nairobi, Nairobi.

**Rukwaro, R.W. (1990).** *Wpływ parametrów projektu architektonicznego na koszty utrzymania usług budowlanych budynków biurowych w mieście Nairobi*. (niepublikowana praca magisterska). Uniwersytet w Nairobi, Nairobi.

**Shuckburgh, E. (2007).** The scientific base of climate change. *The Darwinian*. 6 - 7.

**Singh, G. & Singh, J. (2010).** *Projektowanie i planowanie przestrzenne budynków*. (1. edycja). Delhi: Standard Publishers Distributors.

**Swales, J. M. (1990).** *Create a Research Space (CARS) Model of Research Introduductions*. Odebrany 15 maja 2015 r. z www.isa.umich.edu (swalesjohn).

**Szokolay, S.V. (2011).** *Wprowadzenie do Nauk Architektonicznych: Podstawy projektowania zrównoważonego*. (wydanie 2.). Oksford: Elsevier (Prasa Architektoniczna).

**Taha, H. (1997).** Klimaty miejskie i wyspy ciepła: Albedo, ewapotranspiracja i ciepło antropogeniczne. *Energia i budynki*. 25, 99 – 103. Odzyskane 15 maja 2015 r. z Urbanclimates.pdf

**Tayanc, M. & Toros, H. (1997).** Urbanization Effects on Regional Climate Change in the case of Four Large Cities of Turkey. *Zmiany klimatyczne*. 35(4), 501 – 524. Odebrane 15 maja 2015 r. z Google Scholar.

**Sekretariat Narodów Zjednoczonych ds. Zmian Klimatu. (2015).** *Harmonogram przeglądowy: Sesje Jednostek Zależnych (1 - 11 czerwca 2015, Bonn, Niemcy).* Uzyskano 19 maja 2015 r. z sb_42_overview_schedule.pdf.

**Sekretariat Narodów Zjednoczonych ds. Zmian Klimatu. (2015a).** *Komunikat prasowy: Rządy uzgadniają tekst negocjacyjny do Paryskiego Porozumienia Klimatycznego.* Odebrany 19 maja 2015 r. z pr20151302_adp_closing.pdf.

**Ramowa konwencja Narodów Zjednoczonych w sprawie zmian klimatu. (2015).** *Report on the Structured Expert Dialogue on the 2013 - 2015 Review (Note by the Co-facilitators of the Structured Expert Dialogue).* Uzyskane 4 maja 2015 r. z inf01.pdf.

**Ramowa konwencja Narodów Zjednoczonych w sprawie zmian klimatu. (2015a).** *2 stopnie Celsjusza Cel: sprawozdanie z dialogu ekspertów w latach 2013-2015 Przegląd.* Uzyskane 13 maja 2015 r. z UNFCCC 290515 PDF.pdf

**Ramowa konwencja Narodów Zjednoczonych w sprawie zmian klimatu. (2015b).** *Dostarczanie krajowych planów dotyczących klimatu: Dźwignia NAMA do Planu Indywidualnych Planów Klimatycznych.* Uzyskane 18 marca 2015 r. z UNFCCC 180315 PDF.pdf

**Ramowa konwencja Narodów Zjednoczonych w sprawie zmian klimatu. (2015c).** *Przyjęcie porozumienia paryskiego, Ramowa konwencja Narodów Zjednoczonych w sprawie zmian klimatu (FCCC/CP/2015/L9), 12 grudnia 2015 r., Konferencja Stron, dwudziesta pierwsza sesja, Paryż, 30 listopada - 11 grudnia 2015 r., pkt 4 lit. b) porządku obrad, Platforma z Durbanu dotycząca zwiększenia działań (decyzja 1/Cp.17), Przyjęcie protokołu, inna moc prawna na mocy konwencji mająca zastosowanie do wszystkich stron.* Odzyskany 18 marca 2015 r. z przyjęcia porozumienia paryskiego, wniosek przewodniczącego, projekt decyzji -/CP.21.

**Ramowa konwencja Narodów Zjednoczonych w sprawie zmian klimatu. (2006).** *Jednostka zależna ds. wdrażania: Dwudziesta piąta sesja: Nairobi, 6-14 listopada 2006 r.* Odebrane 18 marca 2015 r. ze sprawozdania na temat Ramowej konwencji Narodów Zjednoczonych w sprawie zmian klimatu (UNFCCC).

**Biblioteki Uniwersytetu Południowej Karoliny. (2014).** *Projektowanie badawcze.* Odzyskane 20 sierpnia 2015 r. z www.library.sc.edu

# DODATKI

## GLOSSARY

W książkach tych użyto następującej terminologii:

Punktem odniesienia jest pomiar kontrolowany, przeprowadzany przed zabiegiem doświadczalnym i stosowany głównie do analizy porównawczej zmiennej badawczej (University of South Carolina, 2014: Glossary of Research Terms).

Klimat bazowy jest pojęciem stosowanym w badaniu w celu porównania dziennych i rocznych zmian temperatury powietrza zewnętrznego. Odczyty temperatury zostały porównane z odczytami stacji meteorologicznej w regionie, która była stacją meteorologiczną znajdującą się na lotnisku międzynarodowym Jomo Kenyatta. Wykorzystując dane z tej stacji, w efekcie badania wyeliminowano efekt zmiennej wysokości, długości i szerokości geograficznej w równaniu. To również mocno ugruntowało ten klimatyczny region jako miejską wyżynę, z Nairobi jako bazą.

Budownictwo to wszelkie konstrukcje, niezależnie od ich przeznaczenia i materiałów, które zostały zbudowane i wykorzystane do zamieszkania przez ludzi lub do innych celów (Singh & Singh, 2010, s. 96).

Kodeks budowlany jest dokumentem, który Ministerstwo Samorządu Lokalnego (Republika Kenii: Ustawa o samorządzie lokalnym, 2010) upoważnia Radę Okręgu Nairobi (NCC) do przygotowania, jak np. dokument z 1968 r. o budynkach i budowlach adoptowanych (Republika Kenii: Kodeks budowlany, 1976). Kodeks budowlany jest obecnie poddawany przeglądowi, a jego projekty zostały rozesłane do zainteresowanych stron z branży budowlanej w celu uzyskania uwag i komentarzy przed jego przyjęciem.

Wysokość budynku dla dachu skośnego to pionowa odległość mierzona od średniego poziomu linii środkowej sąsiedniej ulicy do punktu, w którym zewnętrzna powierzchnia ściany zewnętrznej przecina gotową powierzchnię dachu skośnego (Singh & Singh, 2010, s. 96).

Linia zabudowy to linia, do której cokół budynku, przylegający do ulicy, może zgodnie z prawem rozciągać się i jest również określana jako pierzeja budynku lub niepowodzenie budowlane (Singh & Singh, 2010, s. 97).

Zbudowany odnosi się do próby modyfikacji otoczenia człowieka w celu dostosowania go do jego podstawowych potrzeb i ideologii związanych z komfortem, percepcją i przekonaniami (Koenigsberger *i in.,* 1973, s. 41), a także pada ofiarą podstawowych zagadnień projektowych związanych ze społeczeństwem, technologią, środowiskiem, a w szczególności z klimatem (Olgyay i Olgyay, 1963).

Formy konstrukcyjne są wynikiem przestrzegania przez projektantów i planistów procesu budowlanego regulowanego przez normy i przepisy prawa budowlanego i planistycznego.

Zbudowane standardy formy mogą być ustalane lokalnie lub pożyczane od uznanych międzynarodowych instytucji. Lokalne standardy są ustalane przez Kenijskie Biuro Standardów (2007), natomiast standardy międzynarodowe można uzyskać m.in. z metrycznego podręcznika planowania i projektowania (Littlefield Ed., 2008), danych architektów Neufert (Neufert & Neufert, 2000) oraz standardów ISO.

Miasta są tworami człowieka, wynikającymi z konieczności odpowiedniego usytuowania ludzi i ich działalności, w oparciu o mikroklimat i czynniki mezoklimatyczne w regionie (Król Oriasz, 2013, s. 342).

Klimat to integracja w czasie stanów fizycznych środowiska atmosferycznego, charakterystyczna dla danego położenia geograficznego (Koenigsberger *i in.*, 1973, s. 3). W Osiedlu Komarock klasyfikacja klimatu polegała na uśrednieniu regularnych danych meteorologicznych zbieranych z badanych działek i otwartych przestrzeni w postaci temperatur powietrza w celu określenia średniej tygodniowej i ostatecznie miesięcznych danych temperaturowych.

Data loggers są cyfrowymi odpowiednikami termometru analogowego i zostały udostępnione do badań przez Wydział Architektury i Budownictwa (University of Nairobi) od dostawcy, M/s Onset HOBO Data Loggers (2007).

Dom wolnostojący to dom, który ma otwarty teren wokół siebie.

Uprawnienia dyskrecjonalne odnoszą się do uprawnień niektórych ministerstw rządu centralnego w Kenii, aby umożliwić niektórym organom uchwalanie regulaminów, przygotowywanie planów rozwoju i strategii wzrostu, które kontrolują rozwój (Harvard University Graduate School of Design i University of Nairobi (2007), Erring & Ismail (1980), King'Oriah (2013 i 1980), Nairobi Urban Study Group (1973) i (1973a), Thornton White et *al (*1948) oraz Singh i Singh (2010, s. 4. - 54 i s. 95-133)).

Mieszkania mają od trzech do siedmiu pięter, a każde piętro może mieć dwie lub więcej kamienic. W Kenii wymaga się, aby w mieszkaniach z więcej niż pięcioma piętrami znajdowała się winda. W związku z tym, w przypadku mieszkań klasy średniej, większość deweloperów ograniczyłaby wysokość w celu zapewnienia zgodności z prawem i jako środek obniżający koszty.

Powierzchnia podłogi to użytkowa powierzchnia zadaszona budynku na dowolnym poziomie podłogi (Singh & Singh, 2010, s. 98).

Forma związana jest z kształtem, układem części i aspektem widzialnym bytów (Allen Ed., 1985, s. 290), jest to fizyczna manifestacja związana z bytem, a w przypadku studiów z budowaną formą kształty, rozmiary, kolor, wymiary, gęstość, skład, atrybuty i ogólna logistyka.

Pokój mieszkalny to pokój zajmowany lub przeznaczony do zamieszkania przez jedną lub więcej osób jako gabinet, pokój dzienny, sypialny, jadalny, kuchnia, obszar itp. i nie obejmuje korytarzy, toalet itp. (Singh & Singh, 2010, s.101).

Prawodawstwo w Kenii to albo akty prawne parlamentu albo załączone do nich regulaminy ustanawiane przez rządy okręgów i powiązane oraz zatwierdzane przez różne ministerstwa w imieniu rządu centralnego lub państwa. Według Komisji Wdrażania Konstytucji (2010) następujące przepisy prawa budowlanego i planistycznego Kenii mają znaczenie i są stosowane w budownictwie i zagospodarowaniu przestrzennym: Ustawa o Krajowej Komisji Ziemskich (2012), Ustawa o gruntach (2012), Przepisy Korporacyjne dotyczące gruntów (1989), Kodeks Budowlany (1968), Ustawa Mieszkaniowa (2009), Ustawa o zarządzaniu środowiskiem (1999), Rozporządzenie w sprawie oceny oddziaływania na środowisko i audytu (2003), Konstytucja Kenii (2010), Ustawa o samorządach lokalnych (1986) oraz Ustawa o obszarach miejskich Kenii (2011).

Makro odnosi się do dużych lub dużych rozmiarów (Allen Ed., 1985, s. 440).

Makroklimat odnosi się do klimatu opisanego dla regionu i jest informacją publikowaną przez najbliższe obserwatorium meteorologiczne - tj. klimatu dla regionu, poziomu osadnictwa lub planowania (Koenigsberger *i in.,* 1973, s. 31).

Maisonette to dwupiętrowy dom, który tworzył większość typów budynków dominujących w Osiedlu Komarock Infill B.

Meso odnosi się do średnich lub pośrednich (Allen Ed., 1985, s. 461).

Mezoklimat odnosi się do części klimatu osiedla lub poziomu budynku (Koenigsberger *i in.,* 1973, s. 31).

Micro odnosi się do małych (Allen Ed., 1985, s. 463).

Mikroklimat, o którym czasami mówi się w odniesieniu do klimatu miejsca, może oznaczać wszelkie odchylenia od klimatu większego obszaru; każde miasto, miasteczko lub wieś, a nawet dzielnica w mieście może mieć swój własny klimat - tj. klimat działki lub poziom elementów budowlanych (Koenigsberger *i in.,* 1973, s. 31). Projektantów interesują w szczególności te aspekty klimatu, które wpływają na komfort człowieka i użytkowanie budynków, do których zaliczają się między innymi średnie, zmiany i skrajności temperatur, różnice temperatur między dniem a nocą (zakres dzienny).

Mikrotemperatura w odniesieniu do kontekstu badań polegała na pomiarze temperatury powietrza, a dane zbierane w odległości półtora metra od ziemi. Rejestratory danych stacjonowały na otwartej przestrzeni bezpośrednio obok salonu, biura lub sklepu na terenie działki lub otwartej przestrzeni do pomiaru, w celu odzwierciedlenia i uwzględnienia metod i technik stosowanych przez lokalną stację meteorologiczną. Zarejestrowana temperatura powietrza zewnętrznego (Do), została przetworzona na pojedynczą wartość, zwaną dalej zależną zmienną mikro-temperaturą dla danej powierzchni lub przestrzeni otwartej w stopniu Celsjusza ($^{o}C$).

Mikrotemperaturę można zrównać z temperaturą powietrza zewnętrznego (Do) i zmianą ($\Delta$) tej temperatury. Tak więc zmiana temperatury powietrza zewnętrznego ($\Delta$To) lub po prostu ($\Delta$T) będzie oznaczać zmianę temperatury zewnętrznej. Mikrotemperatura może być ten aspekt temperatury, który jest związany z mikroklimatem (Koenigsberger *i in.,* 1973, str.13).

Sąsiedztwo jest związane z dzielnicą lub okolicą (Allen Ed., 1985, s. 482) i dobrze wpisuje się w koncepcję wizerunku miasta i jego elementów postulowaną przez Lyncha (1960). W obrębie tej dzielnicy istniałyby budynki i struktury o różnych stylach, klasyfikacjach i logistyce. W opracowaniu wykorzystano wytyczne Singh'a i Singh'a (2010) dotyczące planowania przestrzennego, takie jak pas zieleni, mieszkalnictwo, budownictwo publiczne, centra rekreacyjne, system drogowy, infrastruktura transportowa i planowanie przestrzenne. Ich punktem wyjścia są budynki mieszkaniowe i mieszkalne, a w tym przypadku są to domy jednorodzinne, bliźniaki, rzędy domów, apartamentów lub mieszkań oraz wieżowce (Singh & Singh, 2010, s. 6, s. 27 i s. 96-103).

Obłożenie jest również znane jako grupa użytkowania, stanowi ono główny cel, dla którego budynek lub część budynku jest używana lub przeznaczona do użytkowania (Singh & Singh, 2010, s. 99). Obłożenie mieszkalne to jedna z klas budynków w Kenii, która wymaga zmiany licencji użytkownika w celu zmiany sposobu użytkowania. Użytkowanie może mieć również charakter pojedynczy lub wielokrotny.

Otwarta przestrzeń jest integralną częścią działki, pozostawioną otwartą dla linii nieba (Singh & Singh, 2010, s. 98).

Powierzchnia cokołu to zabudowana powierzchnia zadaszona mierzona na poziomie podłogi (Singh & Singh, 2010, s.98).

Działka zwana również działką to kawałek ziemi otoczony określonymi granicami (Singh & Singh, 2010, s.99). Działki z dwiema stronami przylegającymi do siebie i przecinającymi się ulicami nazywane są działkami narożnymi.

Rzędy domów mają dwie ściany wspólne z sąsiednim domem zwanym również ścianami partyjnymi.

Wysokość pomieszczenia to pionowa odległość mierzona od powierzchni gotowej podłogi do powierzchni gotowego sufitu (Singh & Singh, 2010, s.97).

Użytkowanie gruntów rolnych jest klasyfikowane jako funkcja środowiska fizycznego, które obejmuje grunty rolne, lasy, parki narodowe i niewykorzystywane grunty, takie jak pustynie, zarośla itp. (King'Oriah, 2013, s. 297).

Domy w zabudowie bliźniaczej mają jedną wspólną ścianę z przyległym domem.

Wieżowce są budynkami o wysokości powyżej siedmiu kondygnacji i nie mogą być dopuszczone przez prawo strefowe obowiązujące na terenie Osiedla Komarock Infill B.

Konstrukcja i struktura odnosi się do sposobu, w jaki rzecz jest skonstruowana, ramy nośne lub istotne części (Allen Ed., 1985, s. 746).

Zorganizowane sąsiedztwo w pewnym sensie oznacza zaplanowane środowisko, które jest zgodne z odpowiednimi przepisami obowiązującymi na danym terenie. Zorganizowane i zaplanowane budynki, szczególnie w odniesieniu do miasta, składałyby się z różnych komponentów lub jednostek w taki sposób, aby miasto osiągnęło znaczenie żywego organizmu (Singh & Singh, 2010, s. 4 i 10).), zgodnie z planem generalnym miasta (Kimani & Musungu, 2010), a następnie w przypadku planowanych budynków w Kenii, zgodnie z różnymi ustawami i aktami prawnymi parlamentu (ustawy Kenii, 2012, 2010, 2009 i 1968 oraz Republiki Kenii, 2014, 2012, 2012a, 2010 i 1976).

Zastępca odnosi się do zastępcy, zwłaszcza biskupa lub zastępcy (Allen Ed., 1985, s. 757), i jest zbiorem obserwowalnych atrybutów, cech lub zachowań, które mogą być wykorzystane do przedstawienia abstrakcyjnej koncepcji, zmiennej lub idei (Mugenda & Mugenda, 2012, s. 321). W badaniu wykorzystano substytuty, ponieważ badaczowi trudno było uzgodnić roboczą definicję pewnych zmiennych związanych z formą budynku, takich jak typ budynku, klasyfikacja budynku itp. Ponadto, forma zbudowana była kombinacją kilku innych koncepcji. Na przykład, typ budynku jako zmienna może być tylko sensownie zdefiniowany jako odniesienie do kombinacji kilku mierzalnych atrybutów, takich jak wysokość budynku w metrach.

Temperatura jest stopniem lub natężeniem ciepła ciała w stosunku do innych, zwłaszcza odczytanym z termometru lub odebranym dotykiem (Allen Ed., 1985, s. 774).

Tropikalny klimat wyżynny to regiony górskie i płaskowyż o wysokości od 900 do 1200 m n.p.m., które doświadczają klimatów, między dwoma dwudziestoma stopniami Celsjusza. Nairobi jest przykładem miasta należącego do tego regionu klimatycznego (Koenigsberger *i in.,* 1973, s. 30). Hooper (1975, s. 96) odnosi się do tego regionu jako do strefy górskiej.

Charakter klimatu wyżynnego jest pod wieloma względami podobny do klimatu złożonego lub monsunowego, z wyraźną porą deszczową. Dominuje w nim silne promieniowanie słoneczne, często z umiarkowaną lub chłodną temperaturą powietrza. Nawet w najcieplejszej części roku, temperatury powietrza rzadko przekraczają trzydzieści stopni Celsjusza. Jednak wahania dzienne mogą wynosić nawet dwadzieścia stopni Celsjusza. Wyraźny spadek temperatur występuje w klimacie górskim, który znajduje się dalej od równika. Wilgotność nie jest nadmierna i istnieje prawie stały, nigdy nie bardzo silny ruch powietrza (Koenigsberger *i in.*, 1973, s. 229).

Urban jest przeciwieństwem wsi i odnosi się do życia lub lokalizacji w mieście (Allen Ed., 1985, s. 832). Obszary miejskie w kontekście Afryki Wschodniej liczą ponad dwa tysiące mieszkańców i są uważane za miejskie tak długo, jak długo pełnią funkcje administracyjne i ochronne, usług socjalnych, komunikacji i transportu, handlu, przemysłu i władzy (Król Oriasz, 2013, s. 298). Niniejsze opracowanie identyfikuje położenie geograficzne w celu zbadania zjawiska zmiany klimatu miejskiego na osiedlu Komarock Infill B w mieście Nairobi.

Urban built form is an acronim of three verbs, with governments and United Nations Agencies providing a distinction of rural and urban areas based on logistics of population, it is associated with the challenges posed by rural-urban migration, urban growth, densities and patterns (Mugenda & Mugenda, 2012, s.341 - 342: Urban ecology and urbanization).

Willa to dom parterowy.

Pogoda to chwilowy stan środowiska atmosferycznego w danym miejscu (Koenigsberger *i in.,* 1973, s. 3).

**AKRONIMY I SKRÓTY**

AAK Stowarzyszenie Architektoniczne Kenii
APHRC African Population and Health Research Center
AutoCAD Aplikacja komputerowa Autodesk o nazwie "AutoCAD".
BBC British Broadcasting Corporation
BRICS Brazylia, Rosja, Indie, Chiny i Republika Południowej Afryki
BS Normy brytyjskie
CAD Projektowanie wspomagane komputerowo
CARS Tworzenie przestrzeni badawczej
CBD Centralny Okręg Gospodarczy
CIC Komisja Wykonawcza do Konstytucji
CPD Ciągły rozwój zawodowy
CRU Jednostka Badań Klimatycznych w UEA
DA&BS Wydział Architektury i Budownictwa, Uniwersytet z Nairobi
EAMD Wydział Meteorologiczny Afryki Wschodniej
EIA Ocena oddziaływania na środowisko
Excel Oprogramowanie Microsoft Excel
GC Pokrycie naziemne
GIS Systemy Informacji Geoprzestrzennej
GPS System Pozycjonowania Geograficznego
HFCK Towarzystwo Finansowania Budownictwa Mieszkaniowego w Kenii
IAQ Jakość powietrza w pomieszczeniach
IEA Międzynarodowa Agencja Energii
INDC Zamierzone wkłady ustalone na poziomie krajowym
IPCC Międzyrządowy Zespół ds. Zmian Klimatu
ISO Międzynarodowa Organizacja Normalizacyjna
JICA Japońska Agencja Współpracy Międzynarodowej
JKIA Międzynarodowy port lotniczy Jomo Kenyatta
KBS Kenijskie Biuro Statystyczne
KEBS Kenijskie Biuro Standardów
KICC Międzynarodowe Centrum Konferencyjne Kenyatta
Wydział Meteorologiczny KMDKenya , Dagoretti Corner, Nairobi
Narodowy Urząd Statystyczny Kenii KNBS
KP&LC Kenya Power and Lighting Company
LST Temperatura powierzchni ziemi
LULC Powierzchnia użytkowa gruntów
Stacja metra Stacja Meteorologiczna
MMI Mutiso Menezes International, Architekci
NAMA Odpowiednie działania łagodzące na poziomie krajowym
NARC Narodowy Sojusz Tęczowej Koalicji Kenii
NASA Krajowa Administracja Aeronautyki i Przestrzeni Kosmicznej
NCC Hrabstwo Nairobi
NCS T Krajowa Rada Nauki i Techniki, Ministerstwo Szkolnictwa Wyższego, Nauki i Techniki

NDVI Różnica standaryzowana Wskaźnik roślinności
NEMA Krajowa Agencja Zarządzania Środowiskiem
NMR Region metropolitalny Nairobi

| | |
|---|---|
| PR | Stosunek liczby działek |
| SBS | Syndrom Chorego Budynku |
| SDI | Zrównoważony rozwój Międzynarodowy |
| SPSS | Program Statystyczny dla Naukowców Społecznych |
| UEA | University of East Anglia Norwich |
| UHI | Miejskie wyspy ciepła |
| ONZ | Organizacja Narodów Zjednoczonych |
| UNCCS | Sekretariat Narodów Zjednoczonych ds. zmian klimatu |
| UNEP | Program Ochrony Środowiska Narodów Zjednoczonych |
| UNFCCC | Ramowa konwencja Narodów Zjednoczonych w sprawie zmian |
| klimatu | |
| UON | Uniwersytet w Nairobi |
| USA | Stany Zjednoczone |
| USA | Stany Zjednoczone Ameryki Północnej |
| USC | Uniwersytet Południowej Karoliny |
| WMO | Światowa Organizacja Meteorologiczna |
| www | Sieć Światowa |

**WYKAZ SYMBOLI**

ΔT Zmiana temperatury (Deg.C)
Do Temperatura powietrza zewnętrznego (oC)
TAve Średnia lub średnia temperatura (oC)
Ti Temperatura powietrza w pomieszczeniu (oC)
TAir Temperatura powietrza (oC)
TGA Globalna temperatura powietrza (oC)
TMax Temperatura maksymalna (oC)
TMin Minimalna temperatura (oC)
TB Temperatura wzorcowa lub bazowa (oC)
Ts Temperatura powietrza słonecznego (oC)
I Natężenie promieniowania (W/m2)
a Absorpcja powierzchni (Stosunek)
Fo Przewodność powierzchniowa zewnętrzna (W/m2 Deg.C)
(↑) Idzie w górę
(↓) Idzie w dół
QTHB Całkowity bilans cieplny dla przestrzeni (W)
Qi Incydentalne zyski ciepła (W)
Qs Zyski słoneczne (W)
Qc Przewodzące zyski lub straty ciepła (W)
Qv Zyski lub straty z tytułu wentylacji (W)
Qr Zyski lub straty wynikające z promieniowania lub napromieniowania (W)
Qe Straty parowe (W)
Qm Wydajność sterowania mechanicznego (W)
r Współczynnik korelacji
r2 Współczynnik determinacji
a Y - Punkt przechwytywania (stała regresji) lub punkt przechwytywania na osi
Y
b Nachylenie najlepiej dopasowanej linii szacunkowej i nachylenie linii
regresji

n Całkowita liczba punktów lub pozycji danych lub całkowita liczba przypadków w dystrybucji lub liczba obserwacji w zbiorze danych
N Liczba sparowanych obserwacji lub liczba podmiotów w próbie
X Wartości zmiennej niezależnej
Xi Wartość *i-ej* pozycji X, *i* = 1, 2, ..., n
Y Wartości zmiennej zależnej
¥Line regresji (¥ = a + bx) lub obliczonej wartości niezależnej zmiennej
x Dana wartość niezależnej zmiennej
Ho Założenie hipotezy zerowej (wymawiane "H Sub-zero")
H1 Hipoteza alternatywna
μ Populacja średnia
μo Hipotetyczna Średnia (μo = 100)
μẊ Znaczenie dystrybucji Ẋ
S Standardowe odchylenie poszczególnych punktów

| | |
|---|---|
| N | Wielkość próbki |
| $S\dot{X}$ | Błąd standardowy średniej |
| $\alpha$ | Prawdopodobieństwo błędu typu I ($\alpha$ Wymawiane "Alfa") |
| $\beta$ | Prawdopodobieństwo błędu typu II ($\beta$ Błąd wymawiany "Beta") |
| $\alpha\dot{X}2$ | Różnice w dystrybucji $\dot{X}$ |
| df | Stopnie wolności |
| $\dot{X} * L$ | Dolna granica odrzucenia krytycznego |
| $\dot{X} * U$ | Górna granica odrzucenia krytycznego |
| $z\alpha/2$ | Wartość krytyczna |
| z | z-test Statystyka |
| P1 | Procentowy udział próbki pierwszej o pożądanej charakterystyce |
| P2 | Odsetek próbki drugiej o pożądanej charakterystyce |
| $\pi1$ | Prawdziwy procent ludności jeden |
| $\pi2$ | Prawdziwy procent ludności dwa |
| $sP1_{-P2}$ | Błąd standardowy wartości procentowej |
| D0 | Różnica pomiędzy ($\pi1$ - $\pi2$) |
| $\dot{X}1$ | Próbka oznacza jedną |
| $\dot{X}2$ | Próbka oznacza dwa |
| $\sigma1$ | odchylenie standardowe pierwsze |
| $\sigma2$ | Odchylenie standardowe dwa |
| $\alpha$ | Poziom istotności |

**SERIA PODRĘCZNIKÓW DLA PRZEDSIĘBIORSTW SEKTORA EBENERGETYCZNEGO**

1. Seria skonsolidowana
(Odwiedź: https://www.researchgate.net/publication/325280742)
2. Seria podręczników do nauki o budynkach
(Odwiedź: https://www.researchgate.net/publication/325280518)
3. Seria rekreacyjna e-Learning
4. Serie sztuki e-kształcenia
5. Serie naukowe e-Learning
6. Seria środowiskowa e-Learning
7. Serie społeczne e-Learning
8. Seria technologiczna e-Learning
9. Seria architektoniczna e-Learning
10. Seria projektów e-Learning
11. Seria planowania e-Learning
12. Seria nieruchomości e-Learning
13. Seria zarządzania e-learningiem
14. Seria e-Learning landscape
15. Seria inżynierska e-Learning
16. e-Learning seria maszyn i urządzeń elektrycznych
17. Serie pomiarowe e-Learning
18. Seria praktyk e-Learningowych
19. Seria biznesowa e-Learning
20. Seria e-notów

**KSIĄŻKI Z SERII PODRĘCZNIKÓW DO NAUKI O BUDYNKACH**

Książka 1: Kurs podstawowy
Książka 2: Kurs zaawansowany
Książka 3: Tematy aktualne
Książka 4: Krótkie referaty
Książka 5: Oprogramowanie i podręczniki
Księga 6: Badania naukowe i rozpoznawcze
Książka 7: Marketing dla innych autorów
Księga 8: Wspólne autorstwo z innymi
Księga 9: Referaty z konferencji i seminariów
Księga 10: Bieżąca praca w Instytucie Badań nad Środowiskiem
Książka 11: Typologie budowlane
Księga 12: Notatki z praktyki biura konsultanta ds. projektów architektonicznych i środowiskowych
Książka 13: Dokumenty i oprogramowanie do praktyki biurowej
Księga 14: Słowniki, odniesienia i nazwy zwyczajowe
Książka 15: Foldery informacyjne

**LINKI DO DANYCH DOTYCZĄCYCH YUSUF HAZARA EBRAHIM, PRZEDSIĘBIORSTW ENERGETYCZNYCH I INSTYTUTU KANTABRYDGE (BADANIA ARCHITEKTONICZNE I ŚRODOWISKOWE)**

| | |
|---|---|
| Nazwa | **Yusuf Hazara Ebrahim** |
| Profil | Odwiedź: |
| https://www.researchgate.net/profile/Yusuf_Ebrahim3 | |
| Instytucja | Uniwersytet w Nairobi |
| Kolegium | Wyższa Szkoła Architektury i Inżynierii |
| Szkoła | Szkoła Środowiska Zbudowanego |
| Departament | Wydział Architektury i Budownictwa |
| Obecna pozycja | Wykładowca |
| Doświadczenie zawodowe | Praktyka<br>Profesjonalny konsultant ds. zieleni, tropikalizacji, architektury i projektowania środowiskowego |
| Zainteresowanie rozwój oprogramowania | Forma budownictwa miejskiego, zmiany klimatu i |
| Data urodzenia | 11 grudnia 1960 r. |
| Stan cywilny | Żonaty z trójką dzieci. |
| Obywatelstwo | Kenijczyk |

## 1.0 WARUNKI OBOWIĄZKOWE

### 1.1 Edukacja

1.1.1 **Doktor filozofii w architekturze**: Architektura, zmiany klimatu miejskiego i rozwój oprogramowania, (Uniwersytet w Nairobi), 2017.
1.1.2 **Mistrz Filozofii w Architekturze**: Projektowanie środowiskowe (University of Cambridge, U.K.), 1989.
1.1.3 **Bachelor of Architecture**: [1] klasa Hons (Uniwersytet w Nairobi), 1986.

### 1.2 Rejestracja w odpowiednich organizacjach zawodowych

1.2.1 Członek kenijskiego stowarzyszenia architektonicznego (AAK), **Rozdział Architekta** (MAAK) (A), 1991.
1.2.2 Członek kenijskiego stowarzyszenia architektonicznego (AAK), **Rozdział Projektanta Środowiska** (MAAK), 2009.
1.2.3 **Architekt Rejestrowy**, Zarząd Rejestrowy Arch. i Q.S. (BORAQS), Kenia 1992.

### 1.3 Doświadczenie pedagogiczne zarówno na poziomie studiów licencjackich, jak i podyplomowych

**Wykładowca**, Uniwersytet w Nairobi (UON), Wydział Architektury i Budownictwa, Szkoła Środowiska Zbudowanego: Między 1989 a 1995 rokiem (6 lat); oraz między 2003 a 2018 rokiem (15 lat), a więc łącznie dwadzieścia jeden (21) lat.

### 1.4 Nadzór nad studentami studiów podyplomowych do ukończenia

1.4.1 **Thomas Ng'olua Ntarangui (1993)**, Master of Arts in Building Management, Department of Building Economics and Management, University of Nairobi. Nadzorcy: Dr Christopher Mbatha, N.B. Kithinji i Yusuf H. Ebrahim (patrz poniżej punkt 3.2.1: Nadzór podyplomowy do ukończenia).
1.4.2 **Sujesh S. Patel (2009)**, Master of Architecture, Department of Architecture and Building Science, University of Nairobi. Nadzorcy: Profesor Gerald Jerry Magutu, Kimeu Musau i Yusuf H. Ebrahim (zob. poniżej pkt 3.2.2: Nadzór podyplomowy do ukończenia).

## 2.0 BADANIA I PUBLIKACJE

### 2.1 Podręczniki akademickie na poziomie uniwersyteckim

2.1.1 **Seria podręczników do nauki budowlanej - abstrakty**; Ebenergy Enterprises, Nairobi; 2007; 49 stron; 1 autor; Autor: Yusuf Ebrahim (Odwiedź: https://www.researchgate.net/publication/325280518).
2.1.2 **Seria skonsolidowana - streszczenia**; Ebenergy Enterprises, Nairobi; 2007; 63 strony; 1 autor; Autor: Yusuf Ebrahim (odwiedź: https://www.researchgate.net/publication/325280742).
2.1.3 **Building science frame elementary course 2008**; Building Science Text Book Series, Book 1 Elementary Course, Part A; Ebenergy Enterprises, Nairobi; 2008; 147 stron; 1 autor; Autor: Yusuf Ebrahim (odwiedź: https://www.researchgate.net/publication/325414766).
2.1.4 **Elementary Lighting Design - Natural Lighting Design**; Building Science Text Book Series, Book 1 Elementary Course, Part 3, Section 1; Ebenergy Enterprises, Nairobi; 2007; 65 stron; 1 autor; Autor: Yusuf Ebrahim (Odwiedź: https://www.researchgate.net/publication/325281775).
2.1.5 **Elementary Lighting Design - Artificial Lighting Design**; Building Science Text Book Series, Book 1 Elementary Course, Part 3, Section 2; Ebenergy Enterprises, Nairobi; 2007; 49 stron; 1 autor; Autor: Yusuf Ebrahim (Odwiedź: https://www.researchgate.net/publication/325281531).
2.1.6 **Elementarny projekt akustyczny i kontrola hałasu - kontrola hałasu**; Tekstowa seria książek budowlanych, książka 1 Kurs podstawowy, część 4, sekcja 1; Ebenergy Enterprises, Nairobi; 2007; 163 strony; 1 autor; Autor: Yusuf Ebrahim (Odwiedź: https://www.researchgate.net/publication/325279589).
2.1.7 **Elementary Acoustics Design and Noise Control - Room Acoustics**; Building Science Text Book Series, Book 1 Elementary Course, Part 4, Section 2; Ebenergy Enterprises, Nairobi; 2007; 106 stron; 1 autor; Autor: Yusuf Ebrahim (Odwiedź: https://www.researchgate.net/publication/321261519).
2.1.8 **Podstawowe projektowanie akustyki i kontrola hałasu - Podstawowy sztuczny, hybrydowy i inteligentny system akustyczny**; Seria podręczników do nauki budowlanej, książka 1 Kurs podstawowy, część 4, sekcja 4; Ebenergy

Enterprises, Nairobi; 2007; 76 stron; 1 autor; Autor: Yusuf Ebrahim (Odwiedź: https://www.researchgate.net/publication/325261414).

2.1.9 **Prace egzaminacyjne z przeszłości nauki elementarnej o budownictwie (Rok 3: 2009)**; Tekstowa seria książek budowlanych, Książka 1 Kurs podstawowy, część 6; Ebenergy Enterprises, Nairobi; 2009; 144 strony; 1 autor; Autor: Yusuf Ebrahim (Odwiedź: https://www.researchgate.net/publication/325414756).

2.1.10 **Odpowiednie pokrycia dachowe i względy energetyczne dla ciepłego i wilgotnego klimatu**; Building Science Text Book Series, Book 3 Topical Themes, Part 1; Ebenergy Enterprises, Nairobi; 2008; 145 stron; 1 autor; Autor: Yusuf Ebrahim (odwiedź: https://www.researchgate.net/publication/325261010).

2.1.11 **Oświetlenie dzienne elementów budynków - Szczególne zastosowanie w muzeach tropikalnych**; Seria książek tekstowych o tematyce budowlanej, książka 3 Tematy tematyczne, część 2; Ebenergy Enterprises, Nairobi; 2008; 177 stron; 1 autor; Autor: Yusuf Ebrahim (Odwiedź: https://www.researchgate.net/publication/325260998).

2.1.12 **Eseje z zakresu projektowania środowiskowego (1 - 5)**; Seria książek tekstowych z dziedziny nauk budowlanych, książka 4 krótkie referaty, część 1; Ebenergy Enterprises, Nairobi; 2008; 150 stron; 1 autor; Autor Yusuf Ebrahim (wizyta: https://www.researchgate.net/publication/325259446).

2.1.13 **The power of deceit** (a dilemma of an architect: an autobiography); e-Learning Leisure Series, Book 12: Biographies and autobiographies, Part 1; Ebenergy Enterprises, Nairobi; 2009; 82 pages; 1 author; Author Yusuf Ebrahim (Visit: https://www.researchgate.net/publication/326981971).

2.1.14 **Błędna pokora** (dylemat architekta: autobiografia); e-Learning Leisure Series, Book 12: Biographies and autobiographies, Part 2; Ebenergy Enterprises, Nairobi; 2009; 92 strony; 1 autor; autor Yusuf Ebrahim (Visit: https://www.researchgate.net/publication/326983630).

2.1.15 Upadek **nadziei** (dylemat architekta: autobiografia); e-Learning Leisure Series, Book 12: Biographies and autobiographies, Part 3; Ebenergy Enterprises, Nairobi; 2011; 79 stron; 1 autor; Autor Yusuf Ebrahim (Visit: https://www.researchgate.net/publication/326983571).

2.1.16 **Przygotowanie do badań naukowych i prac dyplomowych od poziomu studiów licencjackich do podyplomowych**; Wydawnictwo Akademickie LAP LAMBERT (odwiedź: www.lap-publishing.com), we współpracy z Morebooks! Marketing SRL (wizyta: www.morebooks.de); Andrei Fotescu (redaktor); Email: a.fotescu@lap-publishing.com; Balti, 4 Industriala Street, Mołdawia, Europa; 2018; 366 stron; 1 autor; Autor: Yusuf Ebrahim (księgarnia partnera generalnego:

https://www.morebooks.de/store/gb/book/preparation-for-academic-research-and-theses/isbn/978-613-9-87894-9

Również: amazon.com oraz w wielu innych księgarniach:

https://www.amazon.com/Preparation-Academic-Research-Theses-undergraduate/dp/6139878942/ref=sr_1_1?ie=UTF8id=1539424804r=8-1eywords=9786139878949

## 2.2 Patent, wynalazki lub innowacja

2.2.1 **Oprogramowanie Ebenergy Software**: Republic of Kenya, The Trade Mark Act (CAP 506), Certificate of registration of trade mark (Rule 63), The trade mark shown has been registered under the Trade Mark Act, Part of registered trade mark is registered in A; Registration details: Znak towarowy nr 60701, klasa 42 (oprogramowanie komputerowe, usługi naukowe i technologiczne oraz związane z nimi badania i projektowanie, usługi w zakresie analiz i badań przemysłowych, projektowanie i rozwój sprzętu i oprogramowania komputerowego, usługi prawne), 9 sierpnia 2007 r. (wizyta: https://www.researchgate.net/publication/325390871, a także: https://www.researchgate.net/publication/325216170).

Republic of Kenya, the Registration of Business Names Act (CAP. 499, Section 140) carrying on business under the following business names (date of registration) and registration number (Visit: https://www.researchgate.net/publication/325390934), arranged in alphabetic order:

2.2.2 **Świat Architektury** (26 czerwca 1998 r.) Reg. Nr 283640;
2.2.3 **Cantabridge Design** (1 września 1999 r.) Reg. Nr 304842;
2.2.4 **Cantabridge Enterprises** (6 marca 2009 r.) Reg. Nr BN 2009/20779;
2.2.5 **Instytut Cantabridge** (5 marca 1999 r.) Reg. Nr 297270;
2.2.6 **Ebacoustics Software** (22 lutego 2007) Reg. Nr 464819;
2.2.7 **Ebeia Software** (22 lutego 2007 r.) Reg. Nr 464807;
2.2.8 **Ebenergy Enterprises** (23 lutego 2007 r.) Reg. Nr 465727;
2.2.9 **Eblighting Software** (22 lutego 2007 r.) Reg. Nr 464813;
2.2.10 **Ebtemp Software** (22 lutego 2007 r.) Reg. Nr 464814;
2.2.11 **Ebsustain Software** (22 lutego 2007) Reg. Nr 464809;
2.2.12 **Ebvent Software** (22 lutego 2007) Reg. Nr 464810:
2.2.13 **Ebcon Design Services** (15 sierpnia 1997) Reg. Nr 269380.

## 2.3 Artykuł w dzienniku

2.3.1 **Design and development of Temperature Template for bioclimatic analysis in tropical countries**; Africa Habitat Review Journal (Paper proposal), Nairobi; January 2010; 9 stron; 1 autor; Autor: Yusuf Ebrahim (odwiedź: https://www.researchgate.net/publication/325261083).

2.3.2 **Wykorzystanie map rozkładu izoterm dla zrównoważonego rozwoju w środowisku o zmieniającej się temperaturze** (Mikro-zmiana temperatury w stosunku do formy zabudowy miejskiej); Africa Habitat Review Journal, Nairobi; Tom 11 Issue 11; październik 2017; strony 1049 - 1060; Autorzy: Yusuf H. Ebrahim i Robert W. Rukwaro; Autor odpowiadający: Yusuf Ebrahim (odwiedziny: http://journals.uonbi.ac.ke/ i https://www.researchgate.net/publication/325261198)

2.3.3 **Wykorzystanie prognostycznych i naprawczych wykresów nomogramów budynków dla zrównoważonego rozwoju w środowisku o zmieniającej się temperaturze** (Mikro-zmiana temperatury w stosunku do formy budownictwa miejskiego); Africa Habitat Review Journal, Nairobi; Tom 11 Wydanie 11;

październik 2017; strony 1125 - 1134; Autorzy: Yusuf H. Ebrahim i Robert W. Rukwaro; Autor odpowiadający: Yusuf Ebrahim (Odwiedź: http://journals.uonbi.ac.ke/ oraz https://www.researchgate.net/publication/325261209).

2.3.4 **Wykorzystanie oprogramowania Ebclima dla zrównoważonego rozwoju w środowisku zmieniającym się pod wpływem temperatury** (mikro-zmiana temperatury w stosunku do formy zabudowy miejskiej); Publikacje Research Gate; maj 2018; 40 stron; Autor: Yusuf Ebrahim (Odwiedź: https://www.researchgate.net/publication/325216957).

2.3.5 **Use of the Ebstats Software for bioclimatic analysis in tropical countries** (Micro-temperature change in relation to urban built form); Research Gate Publications; May 2018; 23 pages; Author: Yusuf Ebrahim (Odwiedź: https://www.researchgate.net/publication/325216696).

2.3.6 **Use of the Ebenergy Software for sustainable development in a temperature changing environment** (Micro-temperature change in relation to urban built form); Research Gate Publications; May 2018; 24 pages; Author: Yusuf Ebrahim (Odwiedź: https://www.researchgate.net/publication/325216805).

2.3.7 **Wykorzystanie Oprogramowania Template'u Temperature Template'u do analizy bioklimatycznej w krajach tropikalnych** (Mikro-zmiana temperatury w stosunku do formy zabudowy miejskiej); Publikacje Research Gate; maj 2018; 14 stron; Autor: Yusuf Ebrahim (Odwiedź: https://www.researchgate.net/publication/325283658).

2.3.8 **Wykorzystanie Oprogramowania Template'u Temperature Template'u do analizy bioklimatycznej w krajach tropikalnych** (Mikro-zmiana temperatury w stosunku do formy zabudowy miejskiej); Research Gate Publications; maj 2018; 14 stron; Autor: Yusuf Ebrahim (Odwiedź: https://www.researchgate.net/publication/325283658).

2.3.9 **Bioklimatyczne i zrównoważone projektowanie czterech podstawowych regionów klimatycznych Kenii** (mikrotemperaturowa zmiana w stosunku do formy zabudowy miejskiej); Africa Habitat Review Journal (propozycja pracy), Nairobi; marzec 2017; 45 stron; Autorzy: Yusuf H. Ebrahim i Robert W. Rukwaro; Autor odpowiadający: Yusuf Ebrahim (Odwiedź: https://www.researchgate.net/publication/325284973).

2.3.10 **Regionalna architektura ciepłych i wilgotnych regionów klimatycznych Kenii** (Mikrotemperatura zmiany w stosunku do formy zabudowy miejskiej); Publikacje Research Gate; maj 2018; 14 stron; Autor: Yusuf Ebrahim (Odwiedź: https://www.researchgate.net/publication/325216855, a także https://www.researchgate.net/publication/325284714).

2.3.11 **Regional architecture of hot dry climate regions of Kenya** (Micro-temperature change in relation to urban built form); Africa Habitat Review Journal (Paper proposal), Nairobi; March 2017; 34 pages; Autorzy: Yusuf H. Ebrahim i Robert W. Rukwaro; Autor odpowiadający: Yusuf Ebrahim (Odwiedź: https://www.researchgate.net/publication/325284832).

2.3.12 **Regional architecture of Lakeland climateic region of Kenya** (Micro-temperature change in relation to urban built form); Africa Habitat Review Journal (Paper proposal), Nairobi; March 2017; 35 pages; Autorzy: Yusuf H. Ebrahim i

Robert W. Rukwaro; Autor odpowiadający: Yusuf Ebrahim (Odwiedź: https://www.researchgate.net/publication/325284775).

2.3.13 **Regionalna architektura górskich regionów klimatycznych Kenii** (Mikrotemperatura zmiany w stosunku do formy urbanistycznej); Publikacje Research Gate; maj 2018; 35 stron; Autor: Yusuf Ebrahim (Odwiedź: https://www.researchgate.net/publication/325216179; https://www.researchgate.net/publication/325283407 a także: https://www.researchgate.net/publication/325284580).

2.3.14 **Wykorzystanie wykresowej tabeli podsumowującej dla zrównoważonego rozwoju w środowisku zmieniającym się pod wpływem temperatury** (mikro-zmiana temperatury w stosunku do formy zabudowy miejskiej); Publikacje Research Gate; maj 2018; 19 stron; Autor: Yusuf Ebrahim (Odwiedź: https://www.researchgate.net/publication/325217032).

2.3.15 **Wykorzystanie krzywych polarnych dla zrównoważonego rozwoju w środowisku zmieniającym się pod wpływem temperatury** (mikro-zmiana temperatury w stosunku do formy zabudowy miejskiej); Publikacje Research Gate; maj 2018; 16 stron; Autor: Yusuf Ebrahim (Odwiedź: https://www.researchgate.net/publication/325216174, a także: https://www.researchgate.net/publication/325261092).

2.3.16 **Wykorzystanie prognostycznych i naprawczych wykresów nomogramów dla zrównoważonego rozwoju w środowisku zmieniającym się pod wpływem temperatury** (Mikro-zmiana temperatury w stosunku do formy zabudowy miejskiej); Publikacje Research Gate; maj 2018; 12 stron; Autor: Yusuf Ebrahim (odwiedź: https://www.researchgate.net/publication/325215981).

2.3.17 **Urban heat island and sustainable built form in a temperature changing environment** (Micro-temperature change in relation to urban built form); Africa Habitat Review Journal (Paper proposal), Nairobi; March 2017; 25 pages; Autorzy: Yusuf H. Ebrahim i Robert W. Rukwaro; Autor odpowiadający: Yusuf Ebrahim (Odwiedź: https://www.researchgate.net/publication/325833376).

2.3.18 **Climate change treaties and the planning and design of sustainable built form in a temperature changing environment** (Micro-temperature change in relation to urban built form); Africa Habitat Review Journal (Paper proposal), Nairobi; March 2017; 26 pages; Autorzy: Yusuf H. Ebrahim i Robert W. Rukwaro; Autor odpowiadający: Yusuf Ebrahim (Odwiedź: https://www.researchgate.net/publication/325283384).

2.3.19 **Prawodawstwo, normy cieplne i zrównoważona forma zabudowy w środowisku o zmieniającej się temperaturze** (zmiana mikrotemperaturowa w stosunku do formy zabudowy miejskiej); Africa Habitat Review Journal (propozycja papierowa), Nairobi; marzec 2017 r.; 34 strony; autorzy: Yusuf H. Ebrahim i Robert W. Rukwaro; Autor odpowiadający: Yusuf Ebrahim (wizyta: https://www.researchgate.net/publication/325284355).

2.3.20 **Planowanie i projektowanie przestrzeni otwartych w klimacie wyżyn tropikalnych** (zmiana mikro-temperatury w stosunku do formy zabudowy miejskiej); Africa Habitat Review Journal (propozycja pracy), Nairobi; marzec 2017; 31 stron; Autorzy: Yusuf H. Ebrahim i Robert W. Rukwaro; Autor odpowiadający: Yusuf Ebrahim (Odwiedź: https://www.researchgate.net/publication/325284528).

2.3.21 **Projekt próbek oparty na atrybutach działki, planowaniu i podejściu projektowym zrównoważonej formy budowlanej w środowisku zmieniającym się pod wpływem temperatury** (mikro-zmiana temperatury w stosunku do formy zbudowanej w mieście); Africa Habitat Review Journal (propozycja pracy), Nairobi; marzec 2017; 33 strony; Autorzy: Yusuf H. Ebrahim i Robert W. Rukwaro; Autor odpowiadający: Yusuf Ebrahim (Odwiedź: https://www.researchgate.net/publication/325285471).

2.3.22 **Planowanie i projektowanie budynków w klimacie wyżyn tropikalnych** (zmiana mikro-temperatury w stosunku do formy zabudowy miejskiej); Africa Habitat Review Journal (propozycja pracy), Nairobi; luty 2017; 33 strony; Autorzy: Yusuf H. Ebrahim i Robert W. Rukwaro; Autor odpowiadający: Yusuf Ebrahim (wizyta: https://www.researchgate.net/publication/325282558).

## 2.4 Doradztwo i projekty

2.4.1 **Rozbudowa i renowacja budynku Uniplaza (Uniwersytet w Nairobi), Mombasa**, 2001-2002; liczba konsultantów; Główny konsultant (Architekt): oraz

2.4.2 **Rozbudowa do budynku FADD (Uniwersytet w Nairobi), Nairobi**, 1993 - 1996; liczba konsultantów; asystent architekta.

## 2.5 Referencyjne wystawy i spektakle

2.5.1 **Krajowa Rada Nauki i Technologii, Ministerstwo Szkolnictwa Wyższego, Nauki i Technologii**: Zaproszenie na prace badawcze, innowacje i wystawę; Temat: Nauka, technologia i innowacje jako platforma rozwoju narodowego; Kenyatta International Conference Centre (KICC) Nairobi między [2] a [6] maja 2011 r., zorganizowała referendalną wystawę i performance, które zostały skontrolowane i zatwierdzone przez Wydział Architektury i Budownictwa (University of Nairobi) dla studentów i pracowników.

## 2.6 Nierecenzowany referat konferencyjny

2.6.1 **Projektowanie dużych przestrzeni spotkań**: Zapotrzebowanie przestrzenne, kubatury, tworzenie przestrzeni, tyczenie, cyrkulacja, usługi (WC, schody, rampy), itp. Rozmowy seminaryjne [4] Rok Pracownia 2017/8; BAR 413 Projekt architektoniczny 7 (tematyczny), BAR 421 Konserwacja 3, BAR 423 Architektura wnętrz 3, BAR 425 Architektura krajobrazu 3 i BAR 414 Projekt; Wydział Architektury i Budownictwa (Uniwersytet w Nairobi) w Małej Sali Seminaryjnej, Budynek FADD (Uniwersytet w Nairobi) [30] stycznia 2018 roku; 1 autor: Yusuf Ebrahim; Prezenter (odwiedź: https://www.researchgate.net/publication/325285952).

2.6.2 **2.6.2 Organizacja przestrzenna**: Projektowanie wnętrz domów mieszkalnych i case studies, rozważania projektowe dla siłowni i sauny; Rozmowy seminaryjne [4] lata Studio 2017/8; BAR 413 Projekt architektoniczny 7 (tematyczny), BAR 421 Konserwacja 3, BAR 423 Architektura wnętrz 3, BAR 425 Architektura krajobrazu 3 i BAR 414 Projekt; Wydział Architektury i Budownictwa (Uniwersytet w Nairobi) w Małej Sali Seminaryjnej, Budynek FADD (Uniwersytet w Nairobi) [19] grudnia 2017 roku; 1 autor: Yusuf Ebrahim; Prezenter (odwiedź: https://www.researchgate.net/publication/325285942).

2.6.3 **Wpływ miejskiej formy budowlanej na zmianę mikro-temperatury**: Studium przypadku osiedla Komarock Infill B Estate Nairobi; prezentacja doktorska; Wydział Architektury i Budownictwa (Uniwersytet w Nairobi) w sali dziekanskiej (School of the Built Environment, Uniwersytet w Nairobi) w dniu [21] listopada 2017 r.; Inspektorzy: Prof. Robert W. Rukwaro i prof. George K. King'oriah; Kandydat: Yusuf Hazara Ebrahim (wizyta: https://www.researchgate.net/publication/325284332).

2.6.4 **Różne miejsca siedzące w restauracjach** (wewnętrzne, tarasowe, zewnętrzne, ogrodowe, przy basenie itp.), rodzaje mebli, wystrój restauracji i studia przypadków; rozmowy seminaryjne 4-letnie Studio 2017/8; BAR 413 Projekt architektoniczny 7 (tematyczny), BAR 421 Konserwacja 3, BAR 423 Architektura wnętrz 3, BAR 425 Architektura krajobrazu 3 i BAR 414 Projekt; Wydział Architektury i Budownictwa (Uniwersytet w Nairobi) w Małej Sali Seminaryjnej, Budynek FADD (Uniwersytet w Nairobi) [21] listopada 2017 roku; 1 autor: Yusuf Ebrahim; Prezenter (odwiedź: https://www.researchgate.net/publication/325285844).

2.6.5 **Osiem posiedzeń konferencji stron konwencji bazylejskiej, siedziba główna UNEP, Gigiri Nairobi,** odbyło się w dniach 27 listopada - 1 grudnia 2006 r.; delegat: Yusuf Ebrahim;

2.6.6 **Kwestie kulturowe, środowiskowe i zrównoważonego rozwoju w mieście Trzeciego Świata**: Rozmowy na seminarium 3-letnie Studio 2006/7, BAR 313 Projekt architektoniczny 5 i 314 Projekt architektoniczny 6, Wydział Architektury i Budownictwa (Uniwersytet w Nairobi) odbyło się w Space 108, budynek FADD (Uniwersytet w Nairobi) 30 listopada 2006 r.; Autor i prowadzący: Yusuf Ebrahim;

2.6.7 **Zrównoważone materiały i technologie budowlane**, Stowarzyszenie Architektów Kenii (AAK: Rozdział Mombasa), seminarium w Royal Court Hotel, Mombasa, 16 listopada 2006 r.; 1 autor: Yusuf Ebrahim; Prezenter (odwiedź: http://www.bushdrums.com/index.php/news/item/498-mombasa-on-sustainable-buildings?tmp1=componentrint=1).

2.6.8 **Architektura i dyscypliny pokrewne 2008**, wieczór spotkań zawodowych, Hillcrest Secondary School, Karen, Nairobi, który odbył się między [10] listopada 2005 r. a [7] listopada 2006 r.; 68 slajdów; Autor i prezenter: Yusuf Ebrahim (odwiedź: https://www.researchgate.net/publication/325531490);

2.6.9 **Seminarium doradztwa zawodowego**, młodzież wschodnioafrykańska, przywództwo i program obywatelski "Uongozi Bora", The Dan Eldon Place of Tomorrow (DEPOT), które odbyło się [15] grudnia 2003 r.; Autor i prezenter: Yusuf Ebrahim;

2.6.10 **Zielone i zrównoważone obawy projektantów 2011**, Rosslyn Development Park Nairobi, 27 października 2011; 99 slajdów; Autor i prezenter: Yusuf Ebrahim (wizyta: https://www.researchgate.net/publication/325531323; https://www.researchgate.net/publication/325534473 oraz: https://www.researchgate.net/publication/325534646);

2.6.11 **Greening and sustainability of mosques 2012**, Halal Certification Offices Nairobi, [17] maja 2012; 28 slajdów; Autor i prezenter: Yusuf Ebrahim (Odwiedź: https://www.researchgate.net/publication/325531540);

2.6.12 **Zespół chorego budynku (SBS) i bioklimatyczna klasyfikacja regionalna w Kenii** (Mikrotemperaturowa zmiana w stosunku do formy budownictwa miejskiego), Krajowa Rada Nauki i Technologii, Ministerstwo Nauki i Technologii Szkolnictwa Wyższego, [6] maja 2011 r., Kenyatta International Conference Centre (KICC) Nairobi; 39 slajdów (wizyta: https://www.researchgate.net/publication/325534413) i 25 slajdów (wizyta: https://www.researchgate.net/publication/325534720); Autor i prezenter: Yusuf Ebrahim;

2.6.13 **Diagnostyka, działania zaradcze i techniki modernizacji w przypadku zespołu chorego budynku (SBS) w klimacie wyżynnym** (zmiana mikrotermiczna w stosunku do formy zabudowy miejskiej), coroczne regionalne warsztaty wschodnioafrykańskie prowadzone przez Wydział Architektury i Budownictwa Uniwersytetu w Nairobi w dniach 16-18 sierpnia 2011 r.; 28 slajdów; Autor i prowadzący: Yusuf Ebrahim (odwiedź: https://www.researchgate.net/publication/325534741);

2.6.14 **Rozwój narzędzi cyfrowych w Kenii 2010**, Zarząd Rejestracji Architektów i Geodetów Ilościowych (BORAQ), seminarium Ciągły Rozwój Zawodowy (CPD), Safari Park Hotel, Nairobi, [6] maja 2010; Autor i prowadzący: Yusuf Ebrahim; Część 1: 39 slajdów (Odwiedź: https://www.researchgate.net/publication/325534835) oraz Część 2: 47 slajdów (Odwiedź: https://www.researchgate.net/publication/325534845).

2.6.15 **Kenia bioklimatyczna i tradycyjna architektura**, Prezentacja nauk budowlanych [I] roku, Wydział Zarządzania Nieruchomościami i Budową (DRECM), Szkoła Środowiska Zbudowanego, Uniwersytet Nairobi (UON): Prowadzona w klasie DRECM, budynek FADD (UON); w różnych okresach w okresie od października 2008 do 2015 roku; Autor i prezenter: Yusuf Ebrahim; 30 slajdów (Odwiedź: https://www.researchgate.net/publication/325652003).

2.6.16 **Konstrukcje dla projektantów 1: siły i momenty konstrukcyjne (wstęp; siły, odkształcenia i zniszczenia; proste zespoły, rozciąganie i ściskanie)**, [2] rok ([2] semestr), wykład i rozmowy seminaryjne w ramach BDS202 Structures, School of the Arts and Design (SAD), University of Nairobi (UON): Prowadzone w SAD Studio, FADD Building (UON); w różnych okresach w okresie od października 2008 do 2015 roku; Autor i prezenter: Yusuf Ebrahim; 24 slajdy (Odwiedź: https://www.researchgate.net/publication/326979612).

2.6.17 **Struktury dla projektantów 2: połączenia konstrukcyjne, elastyczność i momenty (projektowanie mebli)**, [2] rok ([2] semestr), wykład i rozmowy seminaryjne w ramach BDS202 Structures, School of the Arts and Design (SAD), University of Nairobi (UON): Held in SAD Studio, FADD Building (UON); w różnych okresach w okresie od października 2008 do 2015 roku; Autor i prezenter: Yusuf Ebrahim; 23 slajdy (wizyta: https://www.researchgate.net/publication/327183447).

2.6.18 **Struktury dla projektantów 3: projekty konstrukcyjne, naturalne i wykonane przez człowieka (elementy specjalistyczne)**, [2] rok ([2] semestr), wykład i rozmowy seminaryjne w ramach BDS202 Structures, School of the Arts and Design

(SAD), University of Nairobi (UON): Held in SAD Studio, FADD Building (UON); w różnych okresach w okresie od października 2008 do 2015 roku; Autor i prezenter: Yusuf Ebrahim; 24 slajdy (odwiedź: https://www.researchgate.net/publication/327212033).

2.6.19 **Struktury dla projektantów 4: podstawowe lekcje konstrukcji**, [2] rok ([2] semestr), wykład i rozmowy seminaryjne w ramach BDS202 Structures, School of the Arts and Design (SAD), University of Nairobi (UON): Held in SAD Studio, FADD Building (UON); w różnych okresach w okresie od października 2008 do 2015 roku; Autor i prezenter: Yusuf Ebrahim; 29 slajdów (wizyta: https://www.researchgate.net/publication/327234291).

2.6.20 **Struktury dla projektantów 5: specyficzne problemy strukturalne**, [2] rok ([2] semestr), wykład i rozmowy seminaryjne w ramach BDS202 Structures, School of the Arts and Design (SAD), University of Nairobi (UON): Held in SAD Studio, FADD Building (UON); w różnych okresach w okresie od października 2008 do 2015 roku; Autor i prezenter: Yusuf Ebrahim; 24 slajdy (odwiedź: https://www.researchgate.net/publication/327286942).

## 2.7 Redakcja książek/konferencji/ czasopism

2.7.1 **S.V. Szokolay's 1965 Memoirs - Acoustic Design**; Building Science Text Book Series, Book 3 Topical Themes, Part 10, Section B; Ebenergy Enterprises, Nairobi; 2008; 104 strony; Autor: S.V. Szokolay; Redaktor: Yusuf Ebrahim (Odwiedź: https://www.researchgate.net/publication/325278826).

2.7.2 **S.V. Szokolay's 1965 Memoirs - Lighting Design**; Building Science Text Book Series, Book 3 Topical Themes, Part 10, Section C; Ebenergy Enterprises, Nairobi; 2008; 127 stron; Autor: S.V. Szokolay; Redaktor: Yusuf Ebrahim (odwiedź: https://www.researchgate.net/publication/325274013).

2.7.3 **Meffert Environmental Design Code - Lighting Design**; Building Science Text Book Series, Book 3 Topical Themes, Part 11, Section 2; Ebenergy Enterprises, Nairobi; 2007; 172 strony; Autor: E.F. Meffert; Redaktor: Yusuf Ebrahim (Odwiedź: https://www.researchgate.net/publication/325260991).

2.7.4 **Meffert Environmental Design Code - Acoustic Design**; Building Science Text Book Series, Book 3 Topical Themes, Part 11, Section 3; Ebenergy Enterprises, Nairobi; 2007; 172 strony; Autor: E.F. Meffert; Redaktor: Yusuf Ebrahim (Odwiedź: https://www.researchgate.net/publication/325261123).

2.7.5 **Środowisko fizyczne - Klimatologia miejska**, e-learning nieruchomości serii UON, Książka 1 Kurs podstawowy, część 1; Ebenergy Enterprises, Nairobi, 2010; 139 stron; Autor: Antony Sealey; Redaktor: Yusuf Ebrahim (odwiedź: https://www.researchgate.net/publication/325282512).

2.7.6 **Building Science - Thermal Design**, e-Learning Real Estate Seria UON, Book 1 Elementary Course, Part 2; Ebenergy Enterprises, Nairobi, 2010; 186 stron; Autorzy: Antony Sealey i Robert Rukwaro; Redaktor: Yusuf Ebrahim (Odwiedź: https://www.researchgate.net/publication/325282247).

2.7.7 **Projektowanie i rozbudowa budynku 1 - Projektowanie termiczne**, e-learning Planowanie serii UON, Książka 1 Kurs podstawowy; Ebenergy Enterprises,

Nairobi, 2010; 178 stron; Autorzy: Antony Sealey i Robert Rukwaro; Redaktor: Yusuf Ebrahim (Odwiedź: https://www.researchgate.net/publication/325661020).

2.7.8 **Bioklimatyczna analiza klimatu Kenii - Pojezierza**, e-Learning Real Estate Seria UON, Książka 3 Tematy przewodnie, część 1; Ebenergy Enterprises, Nairobi, 2010; 110 stron; Autorzy: Hussein Y. Olukhale, Nacheri M. Namajanja i Maruya G. Mbai; Redaktor: Yusuf Ebrahim (Odwiedź: https://www.researchgate.net/publication/325397481).

## 2.8 Prezentacja naukowa na konferencji i warsztatach

2.8.1 **Wykorzystanie oprogramowania Ebclima dla zrównoważonego rozwoju w środowisku zmieniającym się pod wpływem temperatury** (mikro-zmiana temperatury w stosunku do formy zabudowy miejskiej); propozycja referatu do prezentacji na 8. Dorocznej Wystawie Regionalnej i Warsztatach Wschodnioafrykańskich organizowanych przez Wydział Architektury i Budownictwa Uniwersytetu w Nairobi w dniach 4-9 września 2017 r.; temat warsztatów: miasta zagrożone - osiedla, powiązania i porządek; 2017; 40 stron; Autorzy: Yusuf H. Ebrahim i Robert W. Rukwaro; Autor odpowiadający: Yusuf Ebrahim (odwiedziny: https://www.researchgate.net/publication/325283795 i https://www.researchgate.net/publication/325216957)

2.8.2 **Wykorzystanie Template Software do analizy bioklimatycznej w krajach tropikalnych** (Mikro-zmiana temperatury w stosunku do formy urbanistycznej); propozycja referatu do prezentacji na 8 Dorocznej Wystawie Regionalnej Afryki Wschodniej i Warsztatach organizowanych przez Wydział Architektury i Budownictwa Uniwersytetu w Nairobi w dniach 4-9 września 2017 r.; temat warsztatów: miasta wrażliwe - osiedla, powiązania i porządek; 2017; 35 stron; Autorzy: Yusuf H. Ebrahim i Robert W. Rukwaro; Autor odpowiadający: Yusuf Ebrahim (wizyta: https://www.researchgate.net/publication/325283658 i https://www.researchgate.net/publication/325258446)

2.8.3 **Projektowanie i rozwój oprogramowania Ebstats** (Mikrotemperatura zmiany w stosunku do formy urbanistycznej); cyfrowe statystyczne narzędzie analityczne do analizy danych pierwotnych i wtórnych w klimacie wyżynnym; referat przedstawiony na corocznych warsztatach regionalnych Afryki Wschodniej organizowanych przez Wydział Architektury i Budownictwa Uniwersytetu w Nairobi w dniach 19-25 lipca 2015 r.; temat warsztatów: Frontiers in urban management II; 2015; 29 stron; 1 autor: Yusuf Ebrahim; Odpowiedni autor (odwiedź: https://www.researchgate.net/publication/325283993).

2.8.4 **Diagnostyka, działania naprawcze i techniki modernizacji w zespole chorego budynku (SBS) w klimacie wyżynnym** (zmiana mikrotermiczna w stosunku do formy budownictwa miejskiego); referat zaprezentowany na Drugim dorocznym regionalnym warsztacie wschodnioafrykańskim organizowanym przez Wydział Architektury i Budownictwa Uniwersytetu w Nairobi w dniach 16-18 sierpnia 2011 r.; temat warsztatów: Architektura i urbanistyka w Afryce Wschodniej; 2011; 10 stron; 1 autor: Yusuf Ebrahim; Odpowiedni autor (odwiedź: https://www.researchgate.net/publication/325283748).

2.8.5 **Syndrom chorego budynku (SBS) i bioklimatyczna klasyfikacja regionalna w Kenii** (zmiana mikrotemperaturowa w stosunku do formy budownictwa miejskiego); Czwarta Krajowa Konferencja na temat Upowszechniania Wyników Badań i Wystaw Innowacji, Krajowa Rada Nauki i Technologii, Ministerstwo Szkolnictwa Wyższego, Nauki i Technologii: Call for research papers, innovations and exhibitions held at the Kenyatta International Conference Centre (KICC) Nairobi between [2] and [6] May 2011; Theme: Nauka, technologia i innowacje jako platforma rozwoju narodowego, podtemat nr. 4 Energia, woda i zmiany klimatu; 2011; 5 stron; 1 autor: Yusuf Ebrahim; Odpowiedni autor (odwiedź: https://www.researchgate.net/publication/325284055).

2.8.6 **Design and development of Temperature Template Software for bioclimatic analysis in tropical countries**; Third National Conference on Dissemination of Research Results and Exhibition of Innovations, National Council of Science and Technology, Ministry of Higher Education, Science and Technology held at the Kenyatta International Conference Centre from [3] to [7] May 2010; 2010; 9 pages; 1 author: Yusuf Ebrahim; Odpowiedni autor (wizyta: https://www.researchgate.net/publication/325261083).

2.8.7 **Wykorzystanie Modelu Swales (1990) CARS i Modelu Mugenda (2011) do zdefiniowania problematyki zrównoważonego rozwoju tez** (Mikrotemperatura zmiany w stosunku do formy zabudowy miejskiej); propozycja referatu do prezentacji na VIII Dorocznej Wystawie i Warsztatach Regionalnych Afryki Wschodniej, których gospodarzem jest Wydział Architektury i Budownictwa Uniwersytetu w Nairobi w dniach 11-12 września 2018 r.; temat warsztatów: architektura wrażliwa na klimat i przystępne cenowo budownictwo mieszkaniowe; podtemat: architektura wrażliwa na klimat; 2018; 28 stron; Autor: Yusuf H. Ebrahim; Autor odpowiadający: Yusuf Ebrahim (Odwiedź: https://www.researchgate.net/publication/327289339).

### 2.9 Recenzja książki opublikowana w czasopiśmie naukowym

2.9.1 **Effect of thermal transmittance and thermal mass of walling materials on indoor thermal comfort in Nairobi**; Africa Habitat Review Journal; 11th Edition, 2017; Manuscript No. 3; Assessment of an article for publication: Yusuf Ebrahim.

## 3.0 NAUCZANIE I INSTRUKTAŻ

### 3.1 Kształcenie w zakresie nauczania w szkolnictwie wyższym

3.1.1 **Warsztaty szkoleniowe z zakresu nadzoru nad doktorantami, zorganizowane** w Centrum Konferencyjnym Arziki Chiromo w dniu 22 stycznia 2016 r. przez Kolegium Architektury i Inżynierii Uniwersytetu w Nairobi, podczas których poruszono następujące tematy: 1. wizja szkoleń i badań podyplomowych; 2. polityka badawcza Uniwersytetu w Nairobi; 3. planowanie badań i publikacji; 4. proces nadzoru nad doktoratem; 5. role i obowiązki nadzoru nad doktoratem; oraz 6. Sztuka nadzoru i etyka;

3.1.2 **Pierwsza regionalna konferencja na temat architektury w Afryce Wschodniej** (Temat: Szkolenia i praktyka w architekturze we współczesnych czasach), która odbyła się w dniach 24-31 sierpnia 2010 r. na Wydziale Architektury i Budownictwa Uniwersytetu w Nairobi;

3.1.3 **Wprowadzenie do Systemów Informacji Geograficznej (GIS)**, Uniwersytet w Nairobi, odbyło się w dniach 28 lutego - 16 kwietnia 2005 r;

3.1.4 **Stowarzyszenie Architektów Kenii (AAK) i Stowarzyszenie Architektów Wspólnoty Narodów (CAA) Seminarium na temat marketingu i zarządzania projektami**, które odbyło się w dniach 8-9 maja 1997 r;

3.1.5 **Kurs dla początkujących i średniozaawansowanych AutoCAD**, Gath Management Limited, odbywający się od 28 czerwca do 9 lipca 1993 roku;

3.1.6 **Cambridge Commonwealth Society, Cambridge Commonwealth Trust, Fellow**, [18] maja 1990;

3.1.7 **Cambridge Philosophical Society**, Fellow, [15] maja 1989;

3.1.8 **Mutiso i Menezes International Prize**, Uniwersytet w Nairobi, [30] października 1987 roku;

---

## 3.2 Nadzór nad studiami podyplomowymi do ukończenia

---

3.2.1 **Thomas Ng'olua Ntarangui (1993)**, Master of Arts in Building Management, Department of Building Economics and Management, University of Nairobi. Nadzorcy: Dr Christopher Mbatha, N.B. Kithinji i Yusuf H. Ebrahim. Tytuł pracy magisterskiej: Wpływ parametrów projektowych na zużycie energii w budynkach biurowych w Nairobi.

3.2.2 **Sujesh S. Patel (2009)**, Magister Architektury, Wydział Architektury i Budownictwa, Uniwersytet w Nairobi. Nadzorcy: Profesor Gerald Jerry Magutu, Kimeu Musau i Yusuf H. Ebrahim. Tytuł sprawozdania z projektu: Oświetlenie dzienne półki świetlnej.

3.2.3 **Tytuł magistra architektury,** Wydział Architektury i Budownictwa, Uniwersytet w Nairobi (2011-2012): Gave inputs in BAR 724 Thermal Environment; and BAR 726 Luminous Environment.

---

## 4.0 ZAWODOWE/KONSULTINGOWE/PRZEMYSŁOWE

---

4.1 **Cantabridge Institute (CEO)**, utworzony jako organ organizacyjny promujący obiekty edukacyjne, naukowe i podobne, początkowo w celu prowadzenia badań architektonicznych i środowiskowych, jednak wraz z innymi, podejmuje badania prawne i medyczne w zgodzie z celami i aspiracjami swoich interesariuszy; maj 2018 r;

4.2 **Ebenergy Enterprises (redaktor naczelny)**, Firma zajmująca się tłumaczeniem i wprowadzaniem na rynek różnych patentów i autorów, marzec 2007 r. do chwili obecnej;

4.3 **Ebrahim Consultants (Principal)**, Zaangażowany w kontakty z klientami, prace koordynacyjne przez specjalistów i prace budowlane zarówno w biurze jak i na budowie na różnych obiektach, do 1995 roku;

4.4 **Ebrahim Consultants (Environmental Design Consultant)**; współpracuje z różnymi firmami w zakresie doradztwa dotyczącego systemów solarnych, termicznych, akustycznych, klimatycznych, oświetlenia i pasywnych w projektach i systemach budowlanych; 1995 r. do chwili obecnej;

4.5 **Githunguri & Partners (Konsultant);** praca nad wspólnymi zleceniami różnej wielkości i o różnej specjalizacji; konsultant odpowiedzialny za nowe zlecenia dla grupy i sporządzanie bezpośrednich wykresów dla nowych przedsięwzięć; utrzymanie portfela klientów i spójności realizacji, 2005;

4.6 **DMJ Architekci** (dawniej Dalgliesh Marshall Johnson) **(Konsultant)**; zaangażowany w główne zgłoszenia i prezentacje dla klientów dotyczące hotelu, rozwoju biur i mieszkań w Nairobi; nadzór i inspekcja na miejscu różnych domów, rozbudowy biur, szkoły artystycznej i muzycznej oraz uniwersyteckiego schroniska studenckiego i jednostki gastronomicznej; 1995 - 2004;

4.7 **Dalgliesh Marshall Johnson, Nairobi (młodszy partner)**; zaangażowany w planowanie różnych typów mieszkań w Vipingo, Holiday Resort (Tanzania) i różnych programów w Nairobi; 1994;

4.8 **Dalgliesh Marshall Johnson, Nairobi (partner stowarzyszony); zaangażowany** w biuro komputerowe; wprowadzenie systemu CAD w jednostkach mieszkalnych, nieruchomościach na plaży i na wolnym powietrzu; zaangażowany w Międzynarodowy Uniwersytet Stanów Zjednoczonych w Afryce; międzynarodowe i lokalne zgłoszenia do konkursu, rozwój plaży i wybrzeża dla Kenii i Tanzanii; 1993;

4.9 **Dalgliesh Marshall Johnson, Nairobi (Partner Associate)**; zaangażowany w rozwój warsztatów i biur dla międzynarodowych korporacji i prestiżowych rezydencji w Nairobi; 1991-1992;

4.10 **Dalgliesh Marshall Johnson, Nairobi (Architekt Projektu)**; zaangażowany w zarządzanie pracą w magazynie, nowym kampusie uniwersyteckim (United States International University - Afryka), Instytucie Badań Rolniczych (EEC Funded) i wielopoziomowym parkingu w centrum Nairobi; 1990;

4.11 **Paul T. Kelly and Associates, Nairobi (asystent architekta); projektant** hotelu z motywami afrykańskimi w Centralnym Nairobi; 1989;

4.12 **Design Group Cambridge, Anglia (Asystent Architekta)**; zaangażowana w opracowanie projektu i opracowanie szczegółów zabudowy historycznej Chatham - prestiżowych lokali mieszkalnych na terenie chronionym; 1989;

4.13 **Cambridge Design Architects, Anglia (Assistant Architect)**; zaangażowany w opracowanie projektu i opracowanie szczegółów nowego hostelu dla Clare College, Cambridge; 1988 - 89;

4.14 **Dalgliesh Marshall Johnson, Nairobi (asystent i architekt projektu)** na biurowcu (Central Nairobi), przebudowa mleczarni na szkołę szkoleniową (sfinansowana przez DANIDĘ), zagospodarowanie nieruchomości na plaży, nowicjat dla sióstr w Karen (Nairobi) i prestiżowe rezydencje w Nairobi; 1986 - 87;

4.15 **Różni architekci (asystent architekta)**; podczas wakacji uniwersyteckich z architektami Brucem Creagerem (Amerykaninem), Nelkandem Chhayą i Kurulą Varkey (Indianinem), Paulem T. Kelly & Associates (Amerykaninem), Mehrazem Ehsanim (Irańczykiem) i Dalgliesh Marshallem (Brytyjczykiem); 1981 - 86; oraz

4.16 **Dalgliesh Marshall, Nairobi (praktykant);** po "A" Levels; 1980.

## 5.0 ADMINISTRACJA/ODPOWIEDZIALNOŚĆ

### 5.1 Odpowiedzialność wydziału/szkoły/college'u

5.1.1 **Wykładowca**, Wydział Architektury i Budownictwa, School of the Built Environment, University of Nairobi (UON), Kenia; październik 2003 r. do chwili obecnej;
5.1.2 **In-charge**, Environmental Laboratory, Department of Architecture and Building Science, School of the Built Environment, University of Nairobi (UON), Kenya; październik 2003 do chwili obecnej;
5.1.3 **Wykładowca usług**, Wydział Planowania Miejskiego i Regionalnego, Szkoła Środowiska Budowlanego, Uniwersytet Nairobi (UON), Kenia; październik 2009 do 2015;
5.1.4 **Wykładowca usług**, Wydział Zarządzania Nieruchomościami i Budową; Szkoła Środowiska Budowlanego, Uniwersytet w Nairobi (UON), Kenia; październik 2008 do 2015;
5.1.5 **Wykładowca usług**, School of the Arts and Design, University of Nairobi (UON), Kenia; październik 2008 do 2015;
5.1.6 **Egzaminator zewnętrzny**, Wydział Architektury, Jomo Kenyatta University of Agriculture and Technology (JKUAT), Juja, Kenia; 2000-2003;
5.1.7 **Egzaminator zewnętrzny**, Instytut Technologii w Nairobi (Westlands Campus), powiązanie stopnia naukowego z Uniwersytetem Rolnictwa i Technologii Jomo Kenyatta, Wydział Architektury, Juja, Kenia; 2003 r.; oraz
5.1.8 **Wykładowca**, Wydział Architektury, Uniwersytet w Nairobi (UON), Kenia; grudzień 1989-1995.

## 6.0 ZAANGAŻOWANIE SPOŁECZNE/INNE WKŁADY

6.1 **Kenia Bureau of Standards** (Komitet Techniczny) ds: Pustaki stabilizowane; wyroby betonowe i betonowe; wyroby z lastriko i lastriko; oraz płytki z włókna betonowego itp. 1990 – 1996;
6.2 **International Islamic Relief Organization** (Project Advisory Panel: Educational Institutions) in Saudi Arabia (IIRO), 1993 - 2013;
6.3 **Giants Group of Nairobi - Simba** (drugi wiceprzewodniczący; oraz członek komitetu projektowego ds. planowania i realizacji Giant Children Home, Ngong, Nairobi), 1992 - 1999;
6.4 **Ministerstwo Robót Publicznych** (MoPW: Grupa zadaniowa ds. wykończenia szkła w budynkach), 1992;
6.5 **Stowarzyszenie Architektoniczne Kenii (AAK), Szanowny** Sekretarz Generalny (2000); oraz członek Rady (1996 - 2000);
6.6 **Rada Edukacji Architektonicznej**, Stowarzyszenie Architektoniczne Kenii (AAK), sekretarz / egzaminator (1993 - 4); i wiceprzewodniczący (1995);
6.7 **Carlmang Savings and Loans Cooperative Society** (Prezes), 1992-1998; oraz

6.8 **Stonebridge Apartments, Westlands, Nairobi** (Przewodniczący, Komitet Właścicieli), 2013 r. do chwili obecnej.

## 7.0 CYTOWANE W CZASOPISMACH

7.1 **Construction Review** (2002), Developing architecture and environmental design. Construction Review, październik 2002 r., str. 19-20.
7.2 **Ithula, M.** (2010), Copying termite technology to make environment friendly houses. The Standard Newspaper, National feature, Monday 7 June 2010, p.18 (Visit: https://www.standardmedia.co.ke/article/2000011063/copy-termite-technology-to-make-environment-friendly-houses).
7.3 **Ithula, M.** (2007), Aligning nature with buildings, The Standard Newspaper, Real Estate (Property Watch), czwartek 26 lipca 2007 r., str.26.
7.4 **Ithula, M. & Muthoni, M.** (2007), Czy twój budynek wytrzyma silne trzęsienie ziemi? The Standard Newspaper, Real Estate (Property Watch), Thursday 19 July 2007, pp.25 - 26 (Visit: http://allafrica.com/stories/200707181437.html).
7.5 **Muthoni, M.** (2007), Miejsce pracy wpływa na zdrowie, The Standard Newspaper, Real Estate (Property Watch), Czwartek 15 listopada 2007, str.27 - 28.

## 8.0 PROJEKTY CYFROWE

8.1 **Projekt 1**: Forma zabudowy miejskiej, rozwój oprogramowania i zmiany środowiskowe.
(Odwiedź: https://www.researchgate.net/project/built-form-climate-change-and-software-development) - Projekt 1 aktualizacja 23 maja 2018 r.
(Odwiedź: https://www.researchgate.net/publication/325320057).
8.2 **Projekt 2**: Historia nauki budowlanej, technologia cyfrowa i edukacja ekologiczna.
(Odwiedź: https://www.researchgate.net/project/project-2-building-science-history-digital-technology-and-environmental-education) - Projekt 2 aktualizacja 23 maja 2018 r.
(Odwiedź: https://www.researchgate.net/publication/325319962).
8.3 **Projekt 3**: Oprogramowanie drugiej i trzeciej generacji, aplikacje mobilne i złącza.
(Wizyta: https://www.researchgate.net/project/project-3-second-and-third-generation-software-mobile-apps-and-connectors) - Projekt 3 aktualizacja 23 maja 2018 r.
(Odwiedź: https://www.researchgate.net/publication/325320044).
8.4 **Projekt 4**: Narzędzia cyfrowe, aplikacje, architektura regionalna i powiatowa.
(Odwiedź: https://www.researchgate.net/project/project-4-digital-tools-applications-regional-and-county-architecture) - Projekt 4 aktualizacja 23 maja 2018 r.
(Odwiedź: https://www.researchgate.net/publication/325320037).
8.5 **Projekt 5**: Metody badawcze i edukacja architektoniczna.
(Odwiedź: https://www.researchgate.net/project/project-5-research-methods-and-architectural-education) - Projekt 5 aktualizacja 23 maja 2018 r.
(Odwiedź: https://www.researchgate.net/publication/325320029).
8.6 **Projekt 6**: Zespół chorego budynku, ocena oddziaływania na środowisko i audyty.

(Odwiedź: https://www.researchgate.net/project/project-6-sick-building-syndrome-environmental-impact-assessment-and-audits) - Projekt 6 Update 23 maja 2018 r. (Odwiedź: https://www.researchgate.net/publication/325319750).

8.7 **Projekt 7**: Ogromne struktury stworzone przez człowieka i zmiany w środowisku. (Odwiedź: https://www.researchgate.net/project/project-7-huge-man-made-structures-and-environmental-change) - Projekt 7 Update 23 maja 2018 r. (Odwiedź: https://www.researchgate.net/publication/325319611).

## 9.0 TEZA CYFROWA

9.1 **Wpływ miejskiej formy budowlanej na zmianę mikro-temperatury: Studium przypadku Komarock Infill B Estate Nairobi**, niepublikowana praca doktorska, Uniwersytet w Nairobi, 2017, 353 strony; 1 autor; Autor: Yusuf Ebrahim (wizyta: https://www.researchgate.net/publication/325214979).

## 10.0 ROZDZIAŁY CYFROWE

10.1 **Rozdział 6 (Wnioski i zalecenia)**: The effects of urban built form on micro-temperature change - A case study of Komarock Infill B Estate Nairobi, pp.245 - 260, Yusuf Hazara Ebrahim, Department of Architecture and Building Science, University of Nairobi, December 2017 (Visit: https://www.researchgate.net/publication/325531697), zainteresowanie "Suggested areas for further research.

10.2 **Przygotowanie do badań naukowych i prac dyplomowych od poziomu studiów licencjackich do podyplomowych**; Wydawnictwo Akademickie LAP LAMBERT (odwiedź: www.lap-publishing.com), we współpracy z Morebooks! Marketing SRL (Visit: www.morebooks.de), Balti, 4 Industriala Street, Mołdawia, Europa; 2018; 366 stron; 1 autor; Autor: Yusuf Ebrahim (Przedmowa i około - wizyta: https://www.researchgate.net/publication/326080916) (Podgląd książki - wizyta: https://www.researchgate.net/publication/326681360).

## 11.0 DANE CYFROWE

11.1 **Aligning nature with buildings** - Nairobi: The Standard Newspaper, Page 26, Thursday 15 November 2007 by Ithula, M. (Visit: https://www.researchgate.net/publication/325285230).

11.2 **Copying termite technology to make environmentally friendly houses** - Nairobi: The Standard Newspaper, National Feature, Monday 7 June 2010 Page 18 by Ithula, M. (Visit: https://www.researchgate.net/publication/325285342).

11.3 **Czy twój budynek wytrzyma silne trzęsienie ziemi?** - Nairobi: The Standard Newspaper, Real Estate, Thursday 19 July 2007, Pages 24 - 26 by Ithula, M. and Muthoni, M. (Visit: https://www.researchgate.net/publication/325285516).

11.4 **Tworzenie architektury i projektowanie środowiskowe** - Nairobi: Construction Review, październik 2002. (Odwiedź: https://www.researchgate.net/publication/325285495).

11.5 **Miejsce pracy wpływa na zdrowie** - Nairobi: The Standard Newspaper, czwartek 15 listopada 2007 r., str. 27-28, Muthoni, M. (wizyta: https://www.researchgate.net/publication/325285819).

## 12.0 OPROGRAMOWANIE DOSTĘPNE DO POBRANIA

12.1 **Ebclima Software** 2018 May, w formacie Microsoft Excel (Odwiedź: https://www.researchgate.net/publication/325464622);
12.2 **Ebenergy Software** 2018 May, w formacie Microsoft Excel (Odwiedź: https://www.researchgate.net/publication/325464561);
12.3 **Temperature Template Software** 2018 May, w formacie Microsoft Excel (Odwiedź: https://www.researchgate.net/publication/325464554, a także: https://www.researchgate.net/publication/325464021);
12.4 **Ebstats Software** 2018 May (Ebrahim PhD Ebstats 2017 Decb), w formacie Microsoft Excel (Odwiedź: https://www.researchgate.net/publication/325450503, a także: https://www.researchgate.net/publication/325396409 Kopia prywatna).

## 13.0 RYSUNKI CYFROWE DOSTĘPNE DO POBRANIA

13.1 Praca doktorska Ebrahima Drgs A4 2017 Decb, **rysunki rozprawy w programie AutoCAD 2007** i wyższej wersji (Odwiedź: https://www.researchgate.net/publication/325396507 Kopia prywatna).

## 14,0 PODRĘCZNIKI AKADEMICKIE NA POZIOMIE UNIWERSYTECKIM JAKO WSTĘPNY ETAP PRAC NAD PUBLIKACJĄ

14.1 **Regionalna architektura górskich regionów klimatycznych Kenii** (seria podręczników do nauki o budynkach; Książka 3: Tematyka tematyczna; Część 38) (Streszczenie i około - wizyta: https://www.researchgate.net/publication/326265196).
14.2 **Wpływ wysokości na zmiany mikrotermiczne w Kenii** (Building Science Textbook Series; Book 5: Software and Manuals; Part 14) (Abstract and about - Visit: https://www.researchgate.net/publication/326096445).
14.3 **Architektura regionalna dla czterdziestu siedmiu hrabstw Kenii** (Building Science Textbook Series; Book 3: Topical Themes; Part 47) (Abstract and about - Visit: https://www.researchgate.net/publication/326096330).
14.4 **Architektura regionalna sześciu regionów klimatycznych Kenii** (Building Science Textbook Series; Book 3: Topical Themes; Part 22) (Abstract and about - Visit: https://www.researchgate.net/publication/326096105).
14.5 **Architektura regionalna Starego Miasta Mombasa** (seria podręczników budowlanych; Książka 3: Tematyka tematyczna; Część 25) (Streszczenie i około - wizyta: https://www.researchgate.net/publication/326096087).
14.6 **Architektura regionalna nadmorskiego Kamiennego Miasta Lamu** (seria podręczników budowlanych; książka 3: Tematyka tematyczna; część 34) (Streszczenie i ok. - wizyta: https://www.researchgate.net/publication/326095361).

14.7 **Struktury dla projektantów** (seria Projektowanie e-Learning; Książka 1: Kurs podstawowy; Część 1) (Przedmowa i ok. - Odwiedź: https://www.researchgate.net/publication/326984920).

14.8 **Selby Mvusi: związek percepcji wizualnej z kontrolą w rozwoju projektowania** (seria podręczników do nauki o budownictwie; książka 3: Tematy przewodnie; część 39) (Streszczenie, wstęp, o i załącznik 1 (Selby Mvusi (1929 - 67): perspektywa historyczna - wizyta: https://www.researchgate.net/publication/327449057).

14.9 **Erich Meffert i nie tylko: lekcje projektowania termicznego** (seria podręczników budowlanych; książka 3: Tematyka tematyczna; część 11/sekcja 1) (Słowa z Mefferta, przedmowa i ok. - wizyta: https://www.researchgate.net/publication/327515610) (rozdział pierwszy: środowisko fizyczne - wizyta: https://www.researchgate.net/publication/327559237).

14.10 **Erich Meffert i nie tylko: lekcje projektowania tropikalnego** (seria podręczników do nauki o budynkach; książka 3: Tematyka tematyczna; część 11/sekcja 4) (Słowa z Mefferta, przedmowa i ok. - wizyta: https://www.researchgate.net/publication/327527007).

## 15,0 KSIĄŻKI NAUKOWE NA POZIOMIE UNIWERSYTECKIM W KOŃCOWYCH ETAPACH PUBLIKACJI

15.1 **Zmiana mikrotemperaturowa i forma urbanistyczna: podręcznik metodologii badań nad oceną i docenianiem wpływu**; Wydawnictwo Akademickie LAP LAMBERT (odwiedź: www.lap-publishing.com), we współpracy z Morebooks! Marketing SRL (Visit: www.morebooks.de), Balti, 4 Industriala Street, Mołdawia, Europa; 2018; 329 stron; 1 autor; Autor: Yusuf Ebrahim (Przedmowa i około - wizyta: https://www.researchgate.net/publication/325746781) (Podgląd książki - wizyta: https://www.researchgste.net/publication/326681437).

## 16.0 SPIS TREŚCI

Dr. Yusuf Hazara Ebrahim Greening, tropikalny, architekt i
konsultant ds. projektów środowiskowych,

Adres P.O. Box 34838, 00100 Nairobi, Kenya.
Mobile +254 020 722513617
Email (Personal/Ebrahim Consultants) ebrahimyusuf18@gmail.com
Email (Uniwersytet w Nairobi) ebrahim@uonbi.ac.ke
Data 18 października 2018 r.

Printed by Books on Demand GmbH, Norderstedt / Germany